装备科技译著出版基金

新材料新能源学术专著译丛

石墨烯相关体系的拉曼光谱学

Raman Spectroscopy in Graphene Related Systems

[巴西]阿杜·佐里奥(Ado Jorio)
[美]米尔德里德·德雷斯尔豪斯(Mildred Dresselhaus)
[日]斋藤理一郎(Riichiro Saito)
[美]吉恩·德雷斯尔豪斯(Gene F. Dresselhaus) 著

谭平恒 林妙玲 李晓莉 译

国防工业出版社
·北京·

著作权合同登记　图字:军-2015-148 号

图书在版编目(CIP)数据

石墨烯相关体系的拉曼光谱学/(巴)阿杜·佐里奥(Ado Jorio)等著;谭平恒,林妙玲,李晓莉译. —北京:国防工业出版社,2022.1

书名原文:Raman Spectroscopy in Graphene Related Systems

ISBN 978-7-118-12338-8

Ⅰ.①石…　Ⅱ.①阿…　②谭…　③林…　④李…　Ⅲ.①拉曼光谱-应用-碳-纳米材料-研究　Ⅳ.①O433　②TB383

中国版本图书馆 CIP 数据核字(2021)第 150146 号

Raman Spectroscopy in Graphene Related Systems by Ado Jorio, Mildred Dresselhaus, Riichiro Saito, and Gene F.: Dresselhaus.

ISBN:978-3-527-40811-5

※

国防工業出版社出版发行

(北京市海淀区紫竹院南路 23 号　邮政编码 100048)

国防工业出版社印刷厂印刷

新华书店经售

*

开本 710×1000　1/16　**插页** 2　**印张** 21　**字数** 370 千字

2022 年 1 月第 1 版第 1 次印刷　**印数** 1—2000 册　**定价** 158.00 元

(本书如有印装错误,我社负责调换)

国防书店:(010)88540777　　书店传真:(010)88540776

发行业务:(010)88540717　　发行传真:(010)88540762

序

我们非常高兴 *Raman Spectroscopy in Graphene Related Systems* 能够被翻译成中文版。特别地,我们认识谭平恒研究员已有 20 多年,他是石墨烯相关材料拉曼光谱领域的世界知名专家,因此我们认为他是翻译该书的最佳人选。

首先,原版书面向的是学生。它按教学方式来撰写,目的是使得拉曼光谱的初学者能够尽快入门,进而掌握拉曼光谱技术这门已经应用于物理、化学和生物的交叉技术,该技术已经由晦涩难懂的基础科学知识转向到材料工程、土壤学、考古学、艺术和其他领域的应用中。其次,原版书旨在引导越来越多具有丰富经验的研究人员利用拉曼光谱技术开展关于石墨烯这种重要新型材料的深层次研究和表征。原版书的内容是经过精心组织安排的,以使得那些对材料科学某一特定方面的问题,如“如何来测量掺杂?”或者“拉曼光谱的这个峰是什么?”感兴趣的研究人员都可以在目录中找到相关的信息与知识。最后一章还总结了一个简易的指南,指导人们如何利用拉曼峰来提取关于石墨烯相关材料的有用信息。

沉淀于教科书的知识都是对自然本源的解释,是硬科学,也是普适的。但是,我们所处的世界是一个多元文化的世界。一方面,这种多元文化体现了人类最美丽之所在;另一方面,对于那些想要学习用其他语言所写知识的人来说,词汇的匮乏和语法理解的困难则是横跨在人们面前的一道道壁垒。出于这个原因,我们真诚地感谢国防工业出版社和谭平恒研究员在与 Wiley-VCH 有限公司达成协议的情况下将此书翻译成中文版本所做出的努力。这些翻译工作为那些迫切想要用中文来学习拉曼光谱和石墨烯材料科学的学生和研究人员提供了便利和成功机会。

最后,我们代表吉恩·德雷斯尔豪斯,已故的米尔德里德·德雷斯尔豪斯以及我们自己,欢迎所有的读者加入拉曼光谱的研究领域。我们希望能够在将来有机会和你一起讨论。加油!

米纳斯吉拉斯州联邦大学,
贝洛奥里藏特,巴西

齋藤理一郎
R. Saito
东北大学,仙台,日本

2021年2月22日

译者序

纳米技术指的是在纳米尺度下控制或操纵物质,使之出现与纳米尺度相关的性质和现象,这是当今前沿研究领域之一,纳米材料和纳米技术在信息、能源、环境、医学等领域具有非常广泛的应用。但纳米技术发展之初在精确可重复地构建纳米尺度的构筑单元、发现并操纵建筑单元组成复杂系统的规则以及预测复杂系统新颖性质方面等存在诸多挑战。2004 年,Novoselov 等人利用机械剥离法成功制备了单层石墨烯,为纳米科学和技术注入了新鲜的血液。一方面,单层石墨烯是诸多 sp^2 纳米碳,如多层石墨烯、碳纳米管、石墨烯纳米带等的建筑单元,对石墨烯及其相关体系的研究有利于发现建筑单元与复杂系统的构筑规则并对其性质加以预测;另一方面,单层石墨烯本身具有诸多新奇的物理性质,如显著的机械和热学性质、超高的电子迁移率及半整数量子霍尔效应等。因此,石墨烯相关材料体系在纳米电子器件、超级电容、光伏器件等领域具有很多潜在的应用。

这些纷繁复杂的 sp^2 纳米碳从科学研究走向应用的过程中,必不可少的一项工作是对其物性进行无损、高效且高分辨率的表征和分析。拉曼光谱正是这样的一种实验技术手段,已广泛应用于研究和表征 sp^2 纳米碳的结构、电子结构信息、对称性、弹性系数、掺杂和缺陷等,为理解隐藏在 sp^2 纳米碳中的新颖物理现象提供了有力工具。sp^2 纳米碳众多的分支以及不断增多的家庭成员使得它们的拉曼光谱分析看起来非常复杂,其拉曼光谱随结构、堆垛方式、外界环境的变化发生显著改变,至今仍困扰着许多物理学家、化学家和材料学家。这些都让许多希望涉及 sp^2 纳米碳研究领域的非专业研究者们不知道如何涉足。因此,大家迫切地希望有这么一本专著:一方面能够详细阐述拉曼光谱的基础物理知识,以及如何应用拉曼光谱这一实验分析技术来表征不同维度 sp^2 纳米碳的各种物理特性;另一方面,非专业研究者们又能从公开发表的各种学术观点中迅速地抓住各种 sp^2 纳米碳拉曼光谱的本质,从而方便快速地鉴别不同结构和种类的 sp^2 纳米碳,并将其应用到一般的科学研究和工业过程监控中去。

本书正是大家所期待的这么一本学术著作。自其原版书出版以来,作为利用拉曼光谱研究石墨烯体系(即 sp^2 纳米碳)的权威性专著,一直是物理学家、化学家、材料学家和工程师的重要参考书。该书分为两部分:第一部分主要介绍拉曼光谱和 sp^2 纳米碳的基础概念,也阐述了选择 sp^2 纳米碳作为拉曼光谱研究范本的意义;第二部分主要介绍典型石墨烯体系的拉曼光谱及详细解析,既有包括温度效应、掺杂效应、双共振拉曼散射等在内的前沿实验结果,又有量子力学微扰理论和紧束缚理论等重要拉曼光谱处理方法。该书内容丰富,深入浅出且富有时代气息。各章末还附有思考题以便读者更深入理解每章内容,可以作为拉曼光谱研究和 sp^2 纳米碳物性表征的教学参考书,也可供从事凝聚态物理、光谱科学与技术和 sp^2 纳米科学等领域的研究生参考。针对中国研究机构日益增长的研究需求和 sp^2 纳米碳的工业发展,这部著作所囊括的物理概念、基础理论和物性表征等将为相关的科学研究提供指导并开拓新的思路。

本书共有 14 章,林妙玲博士和李晓莉副教授提供了全书初译稿。林妙玲博士翻译了第 1 章、第 4~6 章、第 11、第 13 和第 14 章,李晓莉副教授翻译了第 2和第 3 章、第 7~10 章和第 12 章,林妙玲博士对全部译稿进行了初审。谭平恒研究员全面指导了本书的翻译工作,对全部初译稿进行了逐字逐句的校核,并和林妙玲博士一起完成了全书的统稿工作。

本书沿用原文的风格进行翻译,译文也尽量保证句子通顺,坚持逻辑条理清晰、语言简练,表达准确、通俗易通等翻译原则,旨在提高译文的可读性。本书所涉及的专业范围极其广泛,既包括了 sp^2 纳米碳和拉曼光谱的专业内容,同时还囊括了凝聚态物理、量子力学和有机化学等领域的物理概念和专有词汇。由于译者水平及经验有限,书中的不妥和疏漏之处在所难免,恳请广大读者批评指正。希望本书的出版能为从事或者渴望进入 sp^2 纳米碳拉曼光谱研究领域的科研工作者和研究生带来有益参考。读者若对此书有任何疑问或意见,请直接发送电子邮件到 phtan@ semi. ac. cn 或者linmiaoling@ semi. ac. cn。

感谢本书作者的信任,将此书的翻译工作交给了译者,并对具体翻译工作提供了帮助。感谢国防工业出版社在出版过程中提供的大力协助,感谢肖姝编辑为本书的出版付出的辛勤劳动。同时,本书的出版还得到了有关领域专家的大力支持,在此表示衷心的感谢。

谭平恒　中国科学院半导体研究所
　　　　中国科学院大学
林妙玲　中国科学院半导体研究所
李晓莉　河北大学

2021 年 6 月

前 言

拉曼光谱学研究的是物质对光的非弹性散射。拉曼光谱对材料的物理和化学性质以及改变这些性质的环境效应都是高度敏感的,因此现在它已发展成为纳米科学和纳米技术最重要的工具之一。与通常的显微镜相关技术相比,光在纳米科学中应用的优势在实验和原理研究方面都有所体现。从实验方面来说,该技术非常容易获取,操作起来也相对简单,可以在室温和环境压力下进行实验,并且只需要相对简单的样品制备。从原理方面来说,光学技术使用光子这种无质量且无电荷的粒子作为探针,因此它(通常使用红外和可见光波长)是无损伤且无侵入性的。

为了更好地理解拉曼光谱,将实验和理论结合起来是很重要的,这是因为需要一些基本的固体物理学概念来解释拉曼光谱的复杂行为与许多实验参数(如光的偏振、光子能量、温度、压力和环境变化等)的函数关系。本书将从一些已知的物理和化学事例出发,介绍如何利用分子物理和固体物理的基本概念以及光学知识来理解拉曼散射。本书选择石墨烯、纳米石墨和碳纳米管(sp^2 碳)作为研究的材料,主要是由于它们对于纳米科学和纳米技术非常重要,同时拉曼技术能够非常成功地加深人们对这些纳米材料的理解。目前从 sp^2 杂化的单层碳原子,二维(2D)石墨烯片和由石墨烯窄带卷成直径为 1nm 的一维(1D)单壁碳纳米管中都可能观察到拉曼散射。这些结果只要简单地通过唾手可得的显微镜把光聚焦照射到纳米结构上就可能观察到。因此,本书将侧重于拉曼光谱和 sp^2 碳纳米材料的基本概念以及它们的相互作用。不同 sp^2 碳纳米材料(如石墨烯和碳纳米管)拉曼光谱的相似和不同之处为人们提供了对拉曼光谱能力的深入理解,这也是本书的着重之处。

人们对拉曼光谱的普遍感觉是它对于非专业人员来说太过于复杂。通常,拉曼光谱的普通用户只是将其作为样品表征的一种工具,这仅仅触及了拉曼技术万千魅力的表面。本书旨在通过教学的方式帮助广大的纳米科学和纳米科技用户更好地使用拉曼仪器来获得比以前更多的有关纳米结构的详细信息。写成本书的挑战在于如何从最基本的概念,如氢原子的薛定谔方程,一直深入到最高水平的拉曼光谱使用和应用,以使材料科学工作者有机会深入地研究纳米碳材料。

本书最初是为巴西米纳斯吉拉斯州联邦大学(UFMG)的研究生课程设计的,分为两个部分。第一部分给出了拉曼光谱学和纳米碳的基本概念,论述了为什么选择纳米碳作为模板材料来撰写本书。该部分适合于物理学者、化学学者、材料科学工作者和工程师,在这些领域之间建立了链接,为未来纳米科学的发展提供必要的储备。第二部分详细分析了纳米碳的拉曼光谱,系统介绍了拉曼光谱在基础材料科学和应用材料方面的使用。以 sp^2 杂化的碳材料纳米结构作为模板系统,既是出于物理学者、化学学者、材料科学工作者和工程师对这些系统的共同兴趣,也是因为这些系统在各个领域都具有一定规模的研究。第二部分还通过提供更多的细节,给出了具有大量物理知识的例子,使得人们可以从研究纳米碳中进行学习。

尽管早在20世纪20年代就首次观察到了拉曼效应,但值得相信的是这本书将是许多新科学前景的起点,即"纳米"时代正成为可能。希望读者能对拉曼光谱感兴趣,并面对各类研究人员正在努力解决将这种技术应用于纳米结构过程中所遇到的挑战。本书每章的末尾都附有思考题,旨在使读者能够更好地理解本书中所提出的概念并加强学习过程。如果读者愿意解答这些问题并将答案发送给作者,我们将不胜感激。使用此书的读者和学生可以将答案发布在以下网站上:http://flex. phys. tohoku. ac. jp/book10/index. html。

最后,作者对为本书的编写做出贡献的所有学生和同仁致以最真挚的感谢。

Ado Jorio
贝洛奥里藏特, 米纳斯吉拉斯州, 巴西
Riichiro Saito
仙台, 日本
Gene Dresselhaus 和 Mildred S. Dresselhaus,
剑桥, 马萨诸塞州,美国
2010 年 9 月

目录

第一部分　材料科学与拉曼光谱基础

第一部分

材料科学与拉曼光谱基础

第1章

sp^2 纳米碳：纳米科学和纳米技术的原型

本章主要介绍为什么要将纳米结构碳材料作为一个研究拉曼光谱及其在凝聚态物质、材料物理和其他相关科学领域中应用的模板材料系统。简单来说，“为什么是碳”和“为什么是纳米”的答案便是简单性和丰富性的复合体[1-2]。这使得准确探索涉及凝聚态物理和材料物理各领域的拉曼光谱的基本原理及其应用成为可能。拉曼光谱也成为高灵敏探测纳米世界的有力工具。

1.1 sp^2 纳米碳体系的定义

这里介绍 sp^2 杂化的概念，杂化意味着价电子态的混合。碳有 6 个电子，其中 2 个处于 1s 态，4 个为占据 2s 和 2p 轨道的价电子。能量 $E=-285eV$的 1s 轨道由 2 个电子占据，这 2 个 1s 电子称为内层电子。这些内层电子与原子核紧密结合，不参与原子间的成键。因此，它们对碳基材料的物理性质贡献极小，主要对外壳层电子起着介电屏蔽作用。位于第二壳层 $n=2$ 的电子相对灵活。由于 2s 和 2p 轨道的能量差小于 C—C 键结合所获得的能量，当碳原子彼此结合时，这些 2s 和 2p 轨道将彼此相互混合形成 sp^n($n=1,2,3$)杂化轨道。在形成金刚石结构时，1 个 2s 和 3 个 2p 电子混合形成 4 个 sp^3 轨道，因此每个碳原子与位于正四面体顶点的 4 个最近邻碳原子分别成键。相反，在 sp^2 配置中，1 个 2s 和 2 个 2p 轨道混合形成 3 个面内共价键(图 1.1)。这时，每个碳原子有 3 个最近邻的碳原子，形成石墨烯的六边形平面网格结构。最后，一个 2s 和一个 2p 电子轨道混合形成 sp 杂化也是可能的，在此基础上可形成碳原子线性链，是聚烯类化合物的基本单元，可填充到某些纳米管的内芯[3]，为相邻纳米管的聚合提供了可能[4]。

定义了 sp^2 杂化后，下面定义纳米碳。本书讨论的纳米碳是指尺寸介于分子和肉眼可见尺度之间的结构。国际标准组织(ISO)负责纳米技术标准的技术委员会(TC-229)将纳米科技定义为“应用科学知识在纳米尺度下控制或操纵物质，使之出现与纳米尺度相关的性质和现象(纳米尺度是指 1~100nm 范围的尺寸)”。

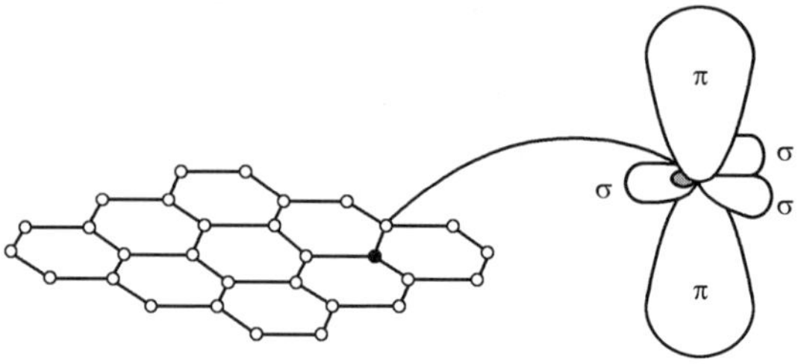

图 1.1　sp^2 蜂窝晶格中碳原子的 σ 和 π 轨道[5]

sp^2 纳米碳的理想概念来源于单个石墨烯片层(图 1.2(a)),即由 sp^2 杂化碳原子构成的平面蜂窝晶格,简记为 1-LG。尽管该系统在平面内可以很大(理论上无限大),但它仅具有单个原子层的厚度,因此是二维 sp^2 纳米碳的典型代表。将 2 个石墨烯片层堆叠起来,可得到双层石墨烯(2-LG)。3 个石墨烯片层可堆叠成 3 层石墨烯(3-LG),如图 1.2(b)所示,而很多石墨烯片层逐层堆叠就形成了石墨。宽度小于 100nm 的石墨烯窄带称为石墨烯纳米带。将这种石墨

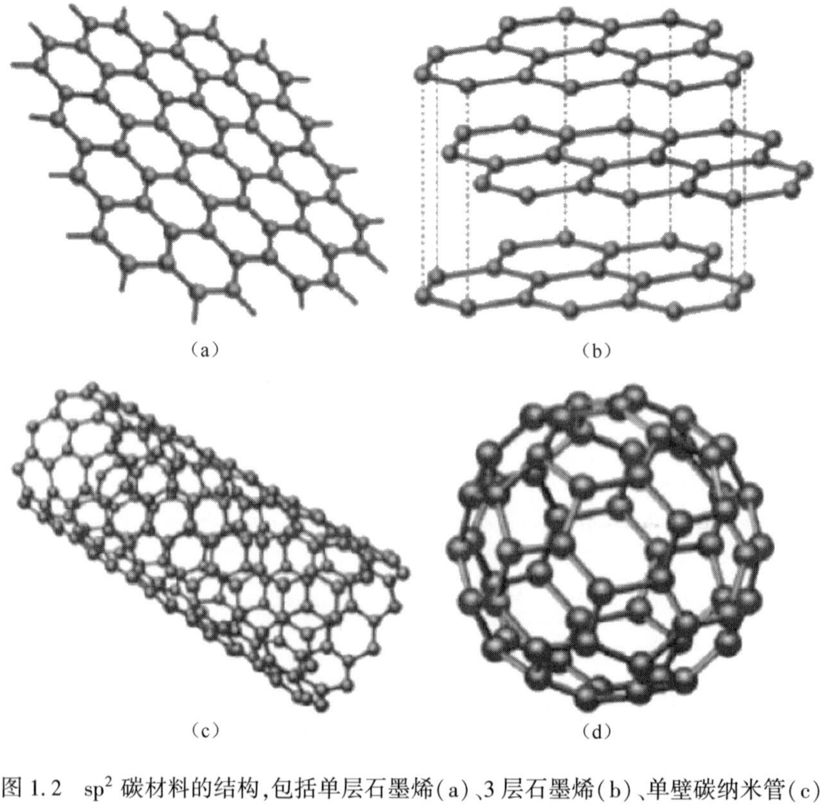

(a)　　(b)　　(c)　　(d)

图 1.2　sp^2 碳材料的结构,包括单层石墨烯(a)、3 层石墨烯(b)、单壁碳纳米管(c)和包含 12 个五边形和 20 个六边形的 C_{60} 富勒烯(d)[7-8]

烯窄带卷成无缝的圆柱体则变成单壁碳纳米管(SWNT),如图 1.2(c)所示。理论上,纳米带和纳米管可以无限长,因此它们代表一维系统。再增加一层和两层的同心圆柱体就可以分别得到双壁和三壁碳纳米管。许多层石墨烯窄带卷曲而成的多层圆柱体将形成多壁碳纳米管(MWNT)。一片平面尺寸小于几百纳米或者更小的石墨称为纳米石墨,是零维系统的代表之一。最后,“巴基球”(或者富勒烯)是最小的类 sp^2-sp^3 纳米碳结构(图 1.2(d),最常见的 C_{60}富勒烯)之一。富勒烯的发现彻底改变了人们对分子结构研究领域的认识。富勒烯具有奇特性质,可以看成是另一类材料,更细节的讨论参见文献[6]。由此看来,灵活多变的 sp^2 碳系统催生了很多可供深入研究且具有不同物理-化学相关性质的材料。另外,除了丰富的科学内涵外,sp^2 碳纳米材料在应用方面也起着重要作用(见 1.2 节)。

1.2 从发现到应用的简述

这里为了方便,按上述顺序阐述起源于石墨烯的不同 sp^2 纳米碳的理想概念,但历史上人类认识这些材料的顺序却完全相反。在地球表面作为矿物发现的三维(3D)石墨是最早认识的纯碳形态之一,它是石墨烯层按照 ABAB 的伯纳尔(Bernal)堆叠次序[2]排列而成①。在所有材料中,石墨基本上具有最高熔点(4200K),最高热导率(3000W/(m·K))和室温下高电子迁移率(30000cm²/(V·s))[9]。人工三维石墨是在 1960 年由 Arthur Moore 合成的[10-15],称为高定向热解石墨(HOPG)。石墨及其相关的碳纤维[16-18]已经使用了数十年[19]。相关应用覆盖了从导电填料和复合物中的力学结构加固剂(如在航空航天工业中)到用来增加回复力的电极材料(如在锂电池应用中)等广泛领域(表 1.1)[19-20]。

人们在 1985 年发现了另一种奇特的 sp^2 碳体系:第一个离散的碳纳米系统 C_{60}富勒烯分子[21]。从发现到 20 世纪末,富勒烯在诸多领域中激发了人们浓厚的科学兴趣[6],但是基于富勒烯的应用到目前为止还很少。碳纳米管的发现紧密跟随着 C_{60}富勒烯分子出现的脚步,到目前已经发展成人们深入系统研究的材料之一,碳纳米管和富勒烯已经成为共同触发纳米科技革命的关键材料。

尽管在 20 世纪 70 年代气相生长碳纤维中类似于碳纳米管的核芯结构就已被指认为小直径碳纤维[26-30],相关结构甚至在 20 世纪 50 年代的俄罗斯文献[23]中就有所提及(图 1.3),但是人们将巨大热情投入到碳纳米管的研究之

---

① ABAB 的伯纳尔堆垛次序是指如图 1.2(b)所示的石墨烯层堆叠顺序,一类碳原子 A 安置于一石墨烯层的垂直方向上,而另一类碳原子 B 则安置于相邻 A 原子石墨烯层的方向上。

中还是在用于生产富勒烯的碳电弧系统阴极上[27]发现了多壁碳纳米管之后。而最为广泛研究的碳纳米结构单壁碳纳米管,直到 1993 年才被有意地合成出来[25-26]。碳纳米管在结构、化学、热学、光学、光电子和电学等方面所具有的独特性质[20,31,32],引发了人们的研究兴趣和对相关应用的广泛探索。目前,已经能够在特定位置点并沿特定方向生长单根单壁碳纳米管,也能生长出纯度高达 100%的厘米级纳米管[33]。人们已经可以通过不同方法按照(n,m)结构指数、导电性能(半导体性或者金属性)或长度等参数对碳纳米管进行分离提纯[33],请参考文献[33];也可以对碳纳米管进行掺杂来改变它们的性质[34]。在纳米

表 1.1 包括碳纤维的传统石墨基材料的一些主要应用[19]

传统石墨材料	商业应用
石墨和石墨类产品	材料加工应用(如熔炉/坩埚)、冶金加工的大电极、电学和电子器件(如电刷、薄膜开关、可变电阻等)、电化学应用于一次和二次电池的电极材料、燃料电池分离器、核裂变反应堆、轴承和密封(机械的)以及油墨等分散剂 (2008 年市场预估:130 亿美元)
碳纤维类产品	碳纤维复合材料:航空航天(70%)、体育用品(18%)、工业设备(7%)、船舶(2%)、杂项(3%) (2008 年总市场:10 亿美元)
碳碳复合材料	高温结构材料、航空航天应用(如导弹端头帽、再入隔热板等)、刹车盘应用(质量小、高导热和稳定性)、转轴、活塞、轴承(低摩擦系数)和骨板等生物植入物(生物相容性)等 (2008 年估计市场:2.02 亿美元)

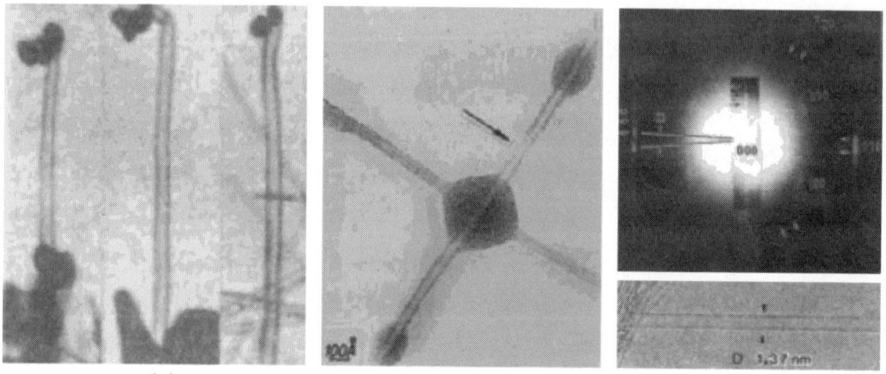

(a) (b) (c)

图 1.3 碳纳米管的透射电镜图像[22]

(a)1952 年[23]公布的图像;(b)1976 年公布的图像[24];(c)1993 年[25-26]观察到的单壁碳纳米管(对推动纳米管研究起到了重要作用)。

管的机械性质[35-36]、光学性质[37-43]、磁学性质[44]、光电性质[45-46]、输运性质[47]和电化学性质[48-49]所开展的研究也层出不穷,并发现了丰富而复杂的激子行为和其他集体激发现象。另外,也对量子运输现象,包括量子信息、自旋电子学和超导效应等进行了众多研究[47]。经过对碳纳米管15年左右的深入研究,越来越多的研究集中于与碳纳米管众多奇特和特殊性质相关的实际应用(表1.2)[19]。所有这些关于碳纳米管合成、结构、性质及其应用的核心主题都已收集于参考文献[20]中。

表1.2 纳米管按现在、近期(10年内将市场化)和远期(市场化在10年以后)分类的应用,以及按大体积(需要大量的材料)和有限体积(小体积和利用有序的纳米管结构)分类的应用[19]

时间段	大规模应用	有限规模应用(大部分基于工程化的纳米管结构)
现在	电池电极添加剂(MWNT) 复合材料(体育用品,MWNT) 复合材料(静电屏蔽应用,MWNT)	扫描探针针尖(MWNT);专业医疗设备(医用导管)
近期 (10年内)	电池和电容器电极 多功能复合材料(三维,静电阻尼) 燃料电池电极(催化剂载体) 透明导电膜 场致发射显示器/照明	单针尖电子枪; 多针尖阵列X射线源; 阵列探测测试系统; CNT电刷接头;CNT传感器件; 机电记忆器件;热管理系统
远期 (10年后)	电力传输电缆 结构复合材料(航空航天、机车等)	纳米电子学(FET,互连接); CNT基生物传感器; 光伏器件用CNT; CNT过滤/分离膜; 柔性电子学;药物传送

同时,纳米石墨作为纳米尺寸下π电子系统重要模型的相关研究也在开展中[50]。这些广泛研究得益于Novoselov等[51]发现的简单方法,用透明胶带将称为石墨烯(1-LG)的单原子 sp^2 碳从石墨的 c-面转移到合适的衬底上,以对单层石墨烯的电学和光学性质进行测量[52]。对单层石墨烯的制备可追溯到1947年Wallace等[53]的开创性理论工作。2004年,Novoselov等发现石墨烯又重新燃起了人们对这种曾经被认为只具有理论计算意义的 sp^2 碳的浓厚兴趣,从而为石墨、富勒烯、碳纳米管和其他 sp^2 纳米碳等材料的结构构筑提供了基础。令人惊奇的是,这个已经被研究了几十年的简单石墨烯系统突然展现出许多人们从未预料到的新奇物理性质[7,52]。因此,石墨烯科学的研究热潮在一两年之内就开展起来了。

除了优良的机械和热学性质(抗断强度约40N/m,杨氏模量约1.0TPa,室温热导率约 5000W/(m·K)[54])外,人们对石墨烯的科学兴趣还来源于大量报道的厚度不到 1nm 的单层石墨烯的传导电子(和空穴)所具有的相对论(无质量)属性。这一属性决定了此系统所具有的奇特电子输运性质(图 1.4),以至于悬浮石墨烯的电子迁移率可高达创纪录的 $\mu=200000cm^2/(V\cdot S)$[55-56]。人们也从理论预测并实验证实了石墨烯的其他独特性质,如最小电导率和半整数量子霍尔效应[57]、克莱恩隧穿(Klein tunneling)[58-64]、负折射率和韦斯莱格透镜效应(Veselago lensing)[62]、金属-超导体结的反常安德列夫反射(anomalous Andreev reflection)[58,63-66]、反点阵的各向异性[67]或者周期势[68],以及金属-绝缘体相变[69]。尽管目前判断石墨烯是否能与碳纳米管和其他材料在应用领域展开竞争还为时过早[70],但是石墨烯有关的诸多应用也相继被开发出来:复合材料填充剂、超级电容器、电池、连接线和场发射体等。

最后,利用高分辨刻蚀技术[71]可把石墨烯刻蚀成由石墨烯纳米带连接的纳米线路。许多研究团队正在利用石墨烯和一定长度、宽度的石墨烯纳米带制造光电器件,其中纳米带的边界在决定其电子结构和展现其异常的自旋极化性质方面具有决定性作用[72]。刻蚀技术在制备窄纳米带(宽度小于 20nm)方面也具有局限性,因此化学[73]以及人工合成[74]方法已经成功地用来制备窄纳米带,包括将 SWNT 切割并展开成碳纳米带[75-76]。

1.3 为什么 sp^2 纳米碳是纳米科学和纳米技术的原型

集成电路是人类应用纳米技术的第一个例子,也催生了信息时代。永不停止微缩的电子电路,分子生物学的快速发展和从原子、分子到蛋白质、量子点等复杂复合体的化学革新,以及其他方面进展一起催生了纳米科技。要清晰地预测纳米科技的未来、影响或者纳米材料潜在应用的极限都是不可能的,所要面临的挑战如下。

(1) 精确并且可重复地构建纳米尺度的建筑单元。

(2) 发现并控制将这些纳米对象装配成复杂系统的规则或方法。

(3) 预测并探测这些复杂系统的新颖性。

新颖现象指的是各单元组成整体所具有的复杂性质,这些最近邻单元间具有非常简单的相互作用。上述挑战并不仅在于技术方面,也在于概念方面:如何处理一个对第一性原理计算太大但对统计方法又太小的系统? 尽管这些挑战限制了纳米科学和纳米技术的发展,但若成功则代表了科学挑战在新颖现象和信息技术领域的更大尺度范围内取得了突破。例如,“简单材料如何呈现出复杂现象?”和“未来信息技术革新将如何延展?”等问题的回答,可能来自于如何利用纳米科学应对来自纳米技术的挑战[77]。

本书的内容展示了纳米碳在纳米技术方面能发挥很重要的作用。一方面，自然界揭示，像集成电路操控电子那样通过组装各种能维持生命的且具有自复制能力的碳基结构来操控物质和能量是可能的；另一方面，在周期表中，碳与硅元素同属Ⅳ族，且碳元素位于硅元素上方，具有更灵活的成键方式，更独特的物理、化学和生物性质。此外，碳纳米科学将在某些方面维系着未来电子学的持续革新。有 3 个重要因素使得 sp^2 碳材料能够面对以上所列举的纳米挑战：第一是相邻两碳原子间超强的 sp^2 共价成键；第二是来自 p_z 轨道的共有化 π 电子云；第三是 sp^2 碳系统的简单性。下面将简单地阐述这 3 个因素。

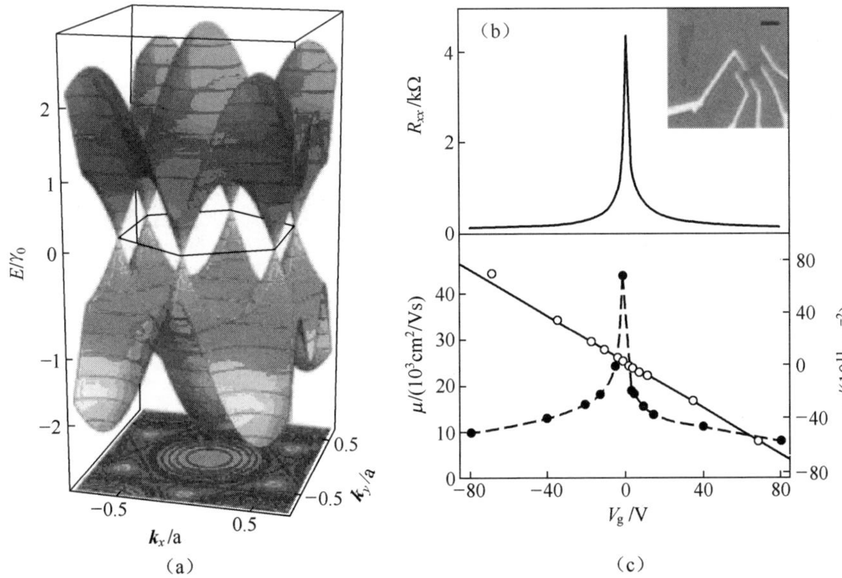

图 1.4 (a)石墨烯的电子能带结构。价带和导带在 6 个“狄拉克点”相连接。在这些狄拉克点附近，电子能量 E 和电子波矢 $\boldsymbol{k}$ 呈线性关系 ($E \propto \boldsymbol{k}$) 形成狄拉克圆锥，类似于无质量的粒子，与光锥($E=cp$，c 是光速)一样。(b)和(c)显示了单层石墨烯场效应晶体管器件的输运实验。(b) 门电压 V_g 相关的平面内电阻 R_{xx} 在狄拉克点具有极大值。电阻率 ρ_{xx} 可根据器件几何构型由电阻 R_{xx} 计算得到。插图是在 Si：SiO_2 衬底上石墨烯器件的照片图，Si 是底栅，5 个顶电极通过电子束光刻制作而成，标度尺为 5μm。(c) 迁移率 μ(点线)和载流子密度 n_S(实线)作为 V_g 的函数(空穴 $V_g<0$，电子 $V_g>0$)。迁移率和 V_g 的曲线有所偏离，但因电阻率有限，迁移率在狄拉克点达到一有限极值[5]。

在 sp^2 构型中，2s、p_x 和 p_y 轨道杂化形成 3 个共价键，在 xOy 平面内互呈 120°(图 1.1)。每个碳原子具有 3 个近邻，形成了六边形(蜂窝状)的网络结构。这些面内 sp^2 键是自然界中最强的键，可与金刚石的 sp^3 键相媲美，其所测杨氏模量的数量级达 1.0 TPa[54,78-79]。因此，把 sp^2 碳发展为纳米科学和纳米技术的模板材料是非常有利的,这是因为各种有趣的纳米结构(薄片、带、管、喇叭、富勒烯等)足够稳定和牢固以至于它们不怕暴露于各种类型的表征手段和工艺步骤。

垂直于六边形网络结构的 p_z 电子(图 1.1)形成了非局域的 π 电子态,进一步共同形成了能带中的价带和导带。基于此原因,包括石墨烯、石墨、碳纳米管、富勒烯以及其他含碳材料的 sp^2 碳称为 π 电子材料。单层石墨烯中非局域的电子态非同寻常,这是因为它们表现出类似于相对论狄拉克费米子的性质。也就是说,这些态在较小的能量和动量范围内具有无质量的线性能量-动量关系(与光子类似,如图 1.4(a))所示,并决定了单层石墨烯独特的输运(热学的和电子的)性质[5,7,52]。该异常的电子结构也决定了单层石墨烯独特的光学现象,这将在本书后面的拉曼光谱部分进行深入的讨论。

以上两个物理性质对应着 sp^2 碳一个非常重要的方面,即它是由单一原子所形成的周期性六边形结构所组成的简单系统。因此,与大部分材料不同,人们可以简单地通过实验和理论途径对 sp^2 纳米碳的特殊性质进行探究,能够对结构进行建模,这对于发展方法学和扩展知识至关重要。

1.4 sp^2 纳米碳的拉曼光谱

拉曼光谱一直在研究和表征石墨材料方面发挥着重要作用[16,80],在过去的 40 年里广泛地应用于表征热解石墨、碳纤维[16]、玻璃碳、沥青基石墨泡沫[81-82]、纳米石墨带[83]、富勒烯[6]、碳纳米管[31,80]和石墨烯[84-85]。对于 sp^2 纳米碳,拉曼光谱可以提供关于晶粒大小、sp^2 相的聚集、sp^3 杂化的存在和化学杂质、质量密度、光学能隙、弹性常数、掺杂和缺陷,以及其他方面,如晶体无序性、边缘结构、应力、石墨烯片层数目、纳米管直径、纳米管手性以及金属性/半导体性等信息,这些将在本书中进行讨论。

图 1.5 给出了不同晶相和无序度的 sp^2 碳纳米的拉曼光谱。第一条光谱为单层石墨烯,它是许多 sp^2 纳米碳的构建单元。从图 1.5 可明显看出每一种 sp^2 碳材料都各自显示出指纹性的拉曼光谱,可以用来理解这些不同 sp^2 碳各自所具有的独特性质。例如,图 1.5 中三维高定向热解石墨(图中记为 HOPG)具有显著区别于单层石墨烯(1-LG)的独特拉曼光谱,而单层石墨烯相应也显示出区别于各种少层石墨烯材料(如 2-LG 和 3-LG)的拉曼光谱特征[86]。

图 1.5 也给出了单壁碳纳米管(SWNT)的拉曼光谱。这里可以看到 SWNT 区别于其他 sp^2 碳纳米结构的光谱特征,如径向呼吸模(RBM)或者 G 模劈裂为 G^+ 和 G^- 模。碳纳米管从很多方面来说都是一种独一无二的材料,其一是它们的输运性质不是表现出金属性(它们的价带和导带在相应石墨烯布里渊区的

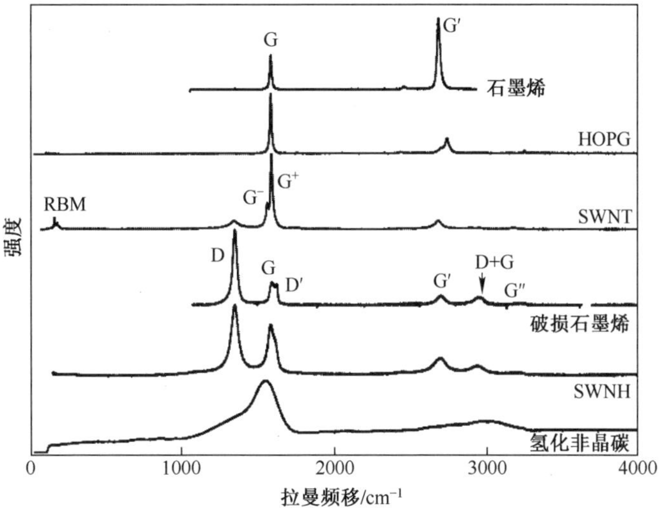

图 1.5　几种 sp^2 纳米碳的拉曼光谱。从上到下分别为:晶体单层石墨烯、高定向热解石墨(HOPG)、单壁碳纳米管束样品、破损石墨烯、单壁碳纳米喇叭(SWNH)和氢化非晶碳。最强的一些拉曼峰已在部分拉曼光谱中标注出[85]。

K/*K*′点相互交叠)就是表现出半导体性(它们的价带和导带之间通常有几百毫电子伏的带隙)。碳纳米管的独一无二性也在于它们的拉曼光谱会因纳米管本身是半导体性的(图 1.5)或金属性的(并未给出)而不同。

样品中无序性的产生会破坏石墨烯的晶体对称性并激活某些原本禁戒的晶格振动模,如图 1.5 中破损石墨烯的 D 模、D′模以及它们的 D+D′和频模。事实上,不同类型的缺陷会显示出它们各自特征的拉曼光谱,图 1.5 是关于破损石墨烯和 SWNH(即单壁碳纳米喇叭,sp^2 碳的另一种纳米结构,可能含有小部分 sp^3 键的五边形[87])拉曼光谱的比较。但是,如何鉴别两种不同缺陷类型石墨烯的拉曼光谱仍需要在未来开展更进一步的研究。当碳材料中无序占据主导地位使得只有近邻结构关联性存在时(图 1.5 中的非晶碳),就能看到拉曼光谱具有很宽的一阶和二阶拉曼峰特征,说明 sp^2 键和 sp^3 键同时存在。这些材料中部分氢的摄取也可以用来饱和它们的悬挂键[88]。

sp^2 碳材料拉曼光谱的快速发展已经极大地推动了该领域的许多进展,毕竟石墨已经可以人工制造并商业化。在碳纳米管相关研究经历了近 20 年的快速发展之后,如今碳纳米管也变得更加成熟。实际上,碳纳米管已经准备好由科学向应用转型,其中一个重要结点就是如何把实验室的应用探索成功转移到生产线上。石墨烯发展的时间还不长,但目前正吸引着许多研究者去挖掘隐藏在这种原型纳米结构背后的令人兴奋的新成果。研究石墨的基本性质对于理解新 sp^2 碳纳米结构的性质也至关重要,以至于该领域的进一步拓展正在逐渐

揭示隐藏在这些新 sp^2 碳纳米结构背后意想不到的新颖物理现象。让人们振奋的是从一开始,拉曼光谱就为理解 sp^2 碳体系提供了一个有力工具。自 C. V. Raman 爵士在碳基系统首次观察到拉曼光谱[89-90]至今已接近一个世纪,sp^2 碳材料的拉曼光谱仍然困扰着许多化学家、物理学家和材料学家,而这些材料为物理和化学界提供了一个极具挑战性的、可以相互学习的研究体系。

1.5 思 考 题

[1-1] 石墨烯中碳-碳间距(图 1.1)是 1.42Å。石墨烯平面中的单个碳原子占多大面积?

[1-2] 多层石墨烯或者石墨的层间距为 3.35Å(图 1.2(b))。石墨中单个碳原子占了多大的体积? 基于此,估计石墨的密度(单位为 g/cm^3),将估计值与文献数据 2.25g/cm^3 进行比较。

[1-3] 图 1.2(b)给出了形成石墨的石墨烯层的 AB 堆叠方式,解释两个石墨烯层是如何以 AB 堆叠方式堆垛的。

[1-4] 多个石墨烯层有好几种堆叠方式。当把第三层置于以 AB 方式堆叠的两层石墨烯之上时,有 ABAB 和 ABC 的两种可能堆叠方式。给出 ABAB 和 ABC 堆叠方式的简图并用文字阐述相关的堆叠方式,包括相邻平面碳原子位置之间的关系。

[1-5] C_{60}分子可以形成面心立方(fcc)结构。C_{60}晶体的密度为 1.72g/cm^3。根据此数据,估计 C_{60}-C_{60}的间距和面心立方结构的晶格常数。

[1-6] C_{60}分子的每个碳原子具有一个五角环和两个六角环。计算两个六角环的二面角以及六边形环和五边形环之间的二面角。

[1-7] 金刚石结晶成具有 4 个 sp^3 化学键的立方金刚石结构。任何一对化学键的键角都是相同的。利用解析方法计算两个化学键间的键角并用角度给出数值解。金刚石的 C-C 键间距为 1.544Å。估计立方体的边长和密度(以 g/cm^3 为单位)。

[1-8] 在光谱中,波数定义为 $1/\lambda$(λ 为波长),而在固体物理中,波数用 $2\pi/\lambda$ 定义。证明 1eV 的光子相当于 8065cm^{-1}(波数)。在拉曼光谱中,入射光和散射光的波数差别称为拉曼频移(以 cm^{-1}为单位)。

[1-9] 拉曼光谱涉及非弹性散射过程。入射光子在材料中可能失去或获得部分能量,而这部分能量正好分别由材料中的一些元激发如原子振动(声子)吸收或释放。这两个拉曼过程分别称为斯托克斯(Stokes)和反斯托克斯(anti-Stokes)过程。当波长为 632.8nm 的入射光入射到样品上,通过产生一个能量为 0.2eV 的声子而失去相应的能量时,散射光的波长为

多少？相应地，反斯托克斯拉曼信号的散射波长又是多少？

[1-10] 考虑具有角频率 $\omega = 2\pi\nu_0$ 和幅度 E_0 的入射光的光电场 $\boldsymbol{E} = \boldsymbol{E}_0\cos(\omega_0 t)$。双原子分子的极化矢量 $\boldsymbol{P}$ 应该与 $\boldsymbol{E}$ 成正比，$\boldsymbol{P} = \boldsymbol{\alpha}\boldsymbol{E}$，$\boldsymbol{\alpha}$ 为极化率。当分子以频率 ω 振动时，分子极化率 $\boldsymbol{\alpha}$ 也以频率 ω 振动，$\boldsymbol{\alpha} = \boldsymbol{\alpha}_0 + \boldsymbol{\alpha}_1\cos(\omega t)$。当将 $\boldsymbol{\alpha}$ 代入到公式 $\boldsymbol{P} = \boldsymbol{\alpha}\boldsymbol{E}$ 时，散射光（或者 $\boldsymbol{P}$）将具有 3 个频率，ω_0（弹性的，瑞利（Rayleigh）散射）、$\omega_0 \pm \omega$（非弹性的，斯托克斯（-）和反斯托克斯（+）拉曼散射）。

[1-11] 考虑共振效应。一个质量为 m 的粒子用弹性系数为 K 的弹簧与一个系统连接。当对其施以一个振荡力 $f_{\exp}(\mathrm{i}\omega t)$ 时，振动位移 u 的运动方程为 $m\ddot{u} + Ku = f_{\exp}(\mathrm{i}\omega t)$。求解此微分方程并在足够长时间坐标上画出 u 与 ω 的函数。当 $\omega = \omega_0 \equiv \sqrt{K/m}$ 时振动位移 u 出现奇点，请讨论该奇点的物理意义。

[1-12] 讨论相对于思考题[1-11]更为现实的模型，考虑具有阻力项 $\gamma\dot{u}$ 的运动方程 $m\ddot{u} + \gamma\dot{u} + Ku = f_{\exp}(\mathrm{i}\omega t)$ 画出这种情况下 u 与 ω 的函数，这种情况下奇点不再出现了。γ 是如何出现在函数 $\omega(u)$ 中的？分别考虑弱阻尼和强阻尼的两种极限情况，是什么决定了这些极限之间的过渡？

第 2 章

sp^2 纳米碳的电子

在电子-声子相互作用比较弱的范围内，通常拉曼光谱仅仅涉及声子信息，而与用来激发该材料拉曼光谱的激光能量和材料的电子跃迁无关，此外，通常拉曼散射信号都比较弱。然而，当激光能量与材料中光学允许的电子跃迁能量相匹配时，拉曼散射效率将大大增加，拉曼信号也变得很强。此拉曼强度增强过程称为共振拉曼散射(RRS)[91]。在 RRS 框架下，当光学跃迁涉及的电子态密度(DOS)很大时，共振拉曼强度会进一步增强。大电子态密度对一维系统尤为重要，这些一维系统在允许光学跃迁能量的起始处都存在电子态密度奇点。

本章需要回顾一些重要概念以便于理解 sp^2 纳米碳的拉曼光谱，并在分子和固体物理学之间建立联系。由于特殊的 π 电子结构(离域的 p_z 轨道，见 1.3 节和 2.2.2 节的讨论)，sp^2 纳米碳的拉曼光谱响应强烈地依赖于其电子结构，这是因为无处不在的共振拉曼散射过程决定了光的非弹性散射。基于此原因，有必要回顾一下这些系统的电学性质。

本章首先回顾与孤立分子的电子能级有关的基本概念以及当这些分子集聚成固态时会发生什么情况。2.1 节以氢原子为例介绍单电子系统，然后逐渐深入到越来越复杂的系统，2.1.5 节讨论分子轨道的形成并最终过渡到固态系统，特别是过渡到 sp^2 纳米碳系统(2.2 节和 2.3 节)。在这里分子轨道理论(成键和反键态)和共价键理论(杂化)都有所涉及。关于价键混合的讨论可能不一定严格，但它对于帮助理解 sp^2 碳系统是非常有用的。2.2.1 节介绍石墨烯的晶体结构，然后 2.2.2 节介绍单层石墨烯 π 带电子结构的紧束缚近似模型。该 π 带从费米点延伸到超紫外的整个能量范围，因此该 π 带对所有输运和光学现象都有贡献。2.2.3 节对 σ 带进行了回顾，以获得包含 π 带和 σ 带的石墨烯电子结构。σ 带对于平坦石墨烯的光学现象是不重要的。然而当卷曲存在时，就像碳纳米管的情况一样，会发生 σ-π 杂化而对光学响应有影响。本章其余部分将把这些概念扩展到少层石墨烯和多层石墨烯(2.2.4 节)以及纳米带中发生的量子限制现象(2.2.5 节)中。量子限制对纳米管电子结构的影响将在 2.3 节进一步讨论。2.3.1 节介绍碳纳米管的结构，随后讨论布里渊区的折叠过程(2.3.2 节)和电子态密度(2.3.3 节)，它们都对这些材料拉曼光谱的理解

(2.3.4 节)非常重要。2.4 节作为本章的小结,将简要讨论紧束缚近似和布里渊区折叠近似之外的一些问题。最后一节将对后面章节要用到的概念作一个简要介绍。

2.1 基本概念:从原子和分子到固体的电子能级

在讨论 sp^2 晶体系统的电学性质之前,首先 2.1.1 节将回顾用来描述单原子系统(也就是氢原子)电子能级的一些基本概念,然后转到分子系统,例如,2.1.2 节的 H_2 分子,2.1.3 节的 NO 分子和 2.1.4 节的 C_2H_2 分子,最后 2.1.5 节描述周期性晶格中一维线性原子链的电子结构。按照此顺序,希望读者在深入了解石墨烯、碳纳米管和其他 sp^2 碳系统的电子波函数时会感觉轻松一些。

2.1.1 单电子系统和薛定谔方程

这里回顾一下氢原子这个最基本的系统。它由一个电荷为 $-e$ 和质量为 m 的电子绕质量为 M 的原子核组成,其中电子围绕原子核转动。氢原子的薛定谔方程[92]可以写为

$$\left[-\frac{\hbar^2}{2\mu}\nabla^2+V(\boldsymbol{r})\right]\Psi(\boldsymbol{r})=E\Psi(\boldsymbol{r}) \tag{2.1}$$

其中约化质量 μ 定义为

$$\frac{1}{\mu}=\frac{1}{m}+\frac{1}{M},或\mu=\frac{M}{m+M}m \tag{2.2}$$

约化质量 μ 的物理意义如图 2.1 所示。

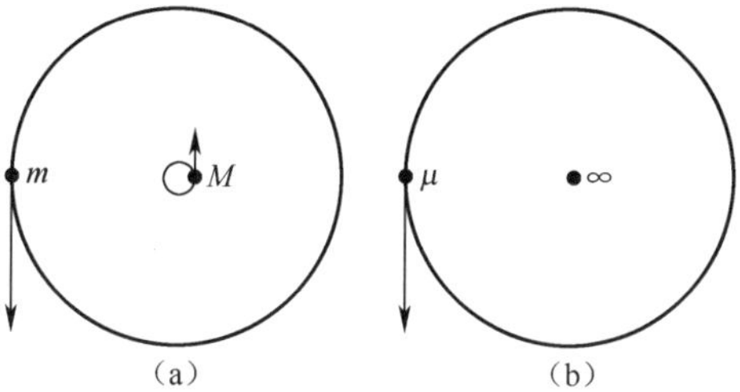

图 2.1 (a)由处于运动状态的质量 m 和 M 的粒子所组成模型系统的示意图,(b)相应约化质量的模型系统,即具有约化质量 μ 的粒子围绕着质量为无穷大的质心运动。

氢原子的库仑势 $V(\boldsymbol{r})$ 具有球对称性,表示如下:

$$\begin{cases} r=\sqrt{x^2+y^2+z^2} \\ V(\boldsymbol{r})=-\dfrac{Ze^2}{4\pi\varepsilon_0 r} \end{cases} \tag{2.3}$$

式中：Z 为原子核的电荷（对于氢原子 $Z=1$）；ε_0 为真空介电常数。由于哈密顿量在中心周围具有球对称性，式(2.1)中的波函数 Ψ 可以写为

$$\Psi(\boldsymbol{r}) = R(r)\Theta(\theta)\Phi(\phi) \tag{2.4}$$

因此，式(2.4)可以分解成关于 $R(r)$、$\Theta(\theta)$ 和 $\Phi(\phi)$ 的 3 个偏微分方程。由于 $V(\boldsymbol{r})$ 与 θ 和 ϕ 无关，式(2.4)的解可以简单地把 $\Theta(\theta)$ 和 $\Phi(\phi)$ 替换为自由空间的球谐函数 $Y_l^m(\theta,\phi)$。对于波函数 $R(r)$ 的径向部分，可以考虑拉盖尔（Laguerre）多项式来求解。这里不会探究求解细节，能量本征值的最终结果可写成[92]

$$E_n = -\frac{Z^2}{(4\pi\varepsilon_0)^2} \cdot \frac{\mu e^4}{2\hbar^2} \cdot \frac{1}{n^2} \quad (n = 1,2,3,\cdots) \tag{2.5}$$

以及对于给定的 n，$R_{nl}(r)$ 可表述为

$$R_{nl}(r) = \exp\left(-\frac{Zr}{na_0}\right)\left(\frac{Zr}{a_0}\right)^l G_{nl}\left(\frac{Zr}{a_0}\right) \tag{2.6}$$

式中：G_{nl} 为与变量 Zr/a_0 有关的拉盖尔多项式（其中 a_0 是玻尔半径，$a_0 = \hbar^2/me^2$）。本征值由 4 个量子数表征：主量子数 n、角动量量子数 l、角动量的 z 分量 m_l 和电子自旋 m_s。这些都没有明确写在式(2.5)中。这些量子数具有以下数值：

$$n = 1,2,3,\cdots \tag{2.7}$$

$$l = 0,1,2,\cdots,n-1 \tag{2.8}$$

$$m_l = -l, -l+1,\cdots,l-1,l \tag{2.9}$$

$$m_s = -\frac{1}{2},\frac{1}{2} \tag{2.10}$$

原子轨道通用符号 s、p、d、…分别对应于 $l = 0,1,2,\cdots$。

由于碳原子数 $Z=6$，主要考虑主量子数 $n=1,2$ 即可，其中 $n=1$ 轨道（1s）由一个自旋向上和一个自旋向下的核心电子完全填充，$n=2$ 由具有轨道（2s、$2p_x$、$2p_y$ 和 $2p_z$）的 4 个电子半满填充，它们具有与氢原子相比拟的能量。在最低的能量状态，这些 $n=2$ 电子填充了杂化的石墨烯轨道 sp^2+p_z，而金刚石的 4 个电子则填充一个对称的 sp^3 杂化轨道。在常温常压下，此 sp^3 杂化轨道具有更高的能量（参见 1.1 节）。

2.1.2 氢分子的薛定谔方程

现在回顾一下当 2 个氢原子结合成氢气分子时电子发生了什么情况。在氢分子这样一个具有两电子的系统中，薛定谔方程可写成矩阵形式，结果是需要解一个久期方程，一般写为

$$|\langle \Psi_i | \boldsymbol{H} | \Psi_j \rangle - E\langle \Psi_i | \Psi_j \rangle| = 0 \tag{2.11}$$

式中：$\langle \Psi_i | \boldsymbol{H} | \Psi_j \rangle$ 和 $\langle \Psi_i | \Psi_j \rangle$ 分别为基函数①的哈密顿量和重叠矩阵。这里考虑氢分子 H_2 并认为 Ψ_i 是每个氢原子的氢 1s 原子轨道。如果近似地认为 Ψ_1 和 Ψ_2 相互正交，则 $\langle \Psi_1 | \Psi_2 \rangle = 0$，那么薛定谔方程(2.11)可进一步写为

$$\begin{cases} E_{1s}\Psi_1 + V_0\Psi_2 = E\Psi_1 \\ V_0\Psi_1 + E_{1s}\Psi_2 = E\Psi_2 \end{cases} \tag{2.12}$$

式中：E_{1s} 为未被微扰(或本征)H 原子的能量；哈密顿矩阵元 $V_0 \equiv \langle \Psi_1 | \boldsymbol{H} | \Psi_2 \rangle < 0$。在计算哈密顿矩阵元时，还需要考虑哈密顿量中 2 个电子之间的库仑相互作用)②。这里只简单认为库仑相互作用已经包含在 V_0 和 E_{1s} 项中。式(2.12)的矩阵形式可以写为

$$\begin{bmatrix} E_{1s} & V_0 \\ V_0 & E_{1s} \end{bmatrix} \begin{bmatrix} \Psi_1 \\ \Psi_2 \end{bmatrix} = E \begin{bmatrix} \Psi_1 \\ \Psi_2 \end{bmatrix} \tag{2.13}$$

式(2.13)可以通过解久期方程③来对角化：

$$(E - E_{1s})^2 - V_0^2 = 0 \tag{2.14}$$

得到 $E = E_{1s} \pm V_0$。对角化可以通过哈密顿矩阵 $\boldsymbol{H}$ 的幺正变换 $\boldsymbol{U}^+ \boldsymbol{HU}$ 来完成，其中幺正矩阵 $\boldsymbol{U}$ 为④

$$\boldsymbol{U} = (1/\sqrt{2}) \begin{bmatrix} 1 & 1 \\ 1 & -1 \end{bmatrix} \tag{2.15}$$

由此产生的对称本征向量将是由原子轨道线性组合(LCAO)形成的两个分子轨道，按如下的对称(S)和非对称(AS)组合方式给出[94]：

$$\Psi_S = (1/\sqrt{2})(\Psi_1 + \Psi_2) \tag{2.16}$$

$$\Psi_{AS} = (1/\sqrt{2})(\Psi_1 - \Psi_2) \tag{2.17}$$

氢分子电子波函数的空间依赖性如图 2.2 所示，在这里对称组合 $\Psi_S = (1/\sqrt{2})(\Psi_1 + \Psi_2)$ 具有较低的能量($E_S = E_{1s} + V_0$)，其中 V_0 为负值，导致电子出现在两个 H 原子之间中心位置的概率增加。因此，这个状态通常称为成键态，描述了氢分子中被 2 个电子所填充的基态(一个自旋向上，一个自旋向下)。反对称组合 $\Psi_{AS} = (1/\sqrt{2})(\Psi_1 - \Psi_2)$ 具有较高能量 $E_{AS} = E_{1s} - V_0$，称为反键态，在两 H 原子之间中心位置处波函数存在一个节点，如图 2.2 所示。

---

① 基函数是原子轨道或分子轨道，变分原理用来获得相应能量 $E = \langle \Psi_i | H | \Psi_j \rangle / \langle \Psi_i | \Psi_j \rangle$。

② 如果对库仑相互作用采用哈特里-福克(Hartree-Fock)近似[93]来处理，相互作用包括一个直接库仑项和一个交换项。交换项修正了直接库仑相互作用项的过高估计，该项来源于泡利不相容原理所限定的具有相同自旋的两个电子不能位于相同位置。

③ 久期方程是由式(2.13)的矩阵行列式变为 0 时给出的。如果行列式不为 0，就可以得到逆矩阵，将逆矩阵乘以式(2.13)，就得到无意义的解 ${}^t(\Psi_1, \Psi_2) = {}^t(0,0)$。

④ $\boldsymbol{U}^+$ 是 $\boldsymbol{U}$ 的转置和复共轭。在幺正矩阵情况下，$\boldsymbol{U}^+ = \boldsymbol{U}^{-1}$。

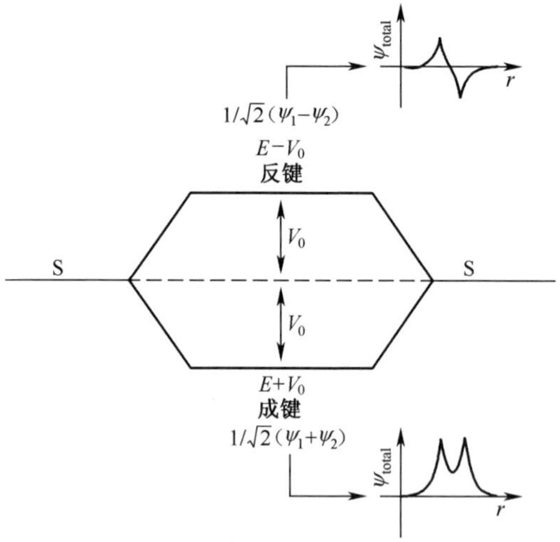

图 2.2　H_2 分子的成键和反键分子能级。此对称双原子分子的成键和反键轨道间的能量间隔为 $2V_0$。图中也给出了成键和反键态的波函数 $\Psi(r)$ 。

2.1.3　多电子系统:NO 分子

本节将阐述当一个双原子分子中的电子数目增加时,分子的电子能级复杂性是如何增加的。图 2.3 给出了异质双原子 NO 分子的电子能级示意图[94]。$1s^2$ 能级(核心电子,图中未显示)的能量位置很低。这些电子被紧紧地束缚在它们各自的原子上,对分子成键和分子性质几乎没有贡献。2s 能级的电子形成成键和反键态,被 4 个电子完全填充,类似于 2.1.2 节所探讨的情况。下面考虑 p 电子的成键情况,如果设定 z 轴沿着 NO 分子成键的方向,则能量最低的是 $2p_z$ 轨道。NO 分子的双原子势能打破了 $2p_z$ 和 $2p_{x,y}$ 轨道的简并,同时 NO 键可以混合沿 z 轴具有相同角动量 L($2s$ 和 $2p_z$ 的 $L=0$,$2p_x$ 和 $2p_y$ 的 $L=1$)的 N 和 O 原子的能级,形成成键和反键分子轨道①,如图 2.3 所示[94]。与 N 原子和 O 原子中 $n=2$ 原子壳层(N:$2s^2$,$2p^3$ 和 O:$2s^2$,$2p^4$)都有关的 11 个电子将填补 5 个最低能级,如图 2.3 所示(必须同时考虑自旋向上和自旋向下这两个态),另外一个额外的电子填充了最高的 π^* 反键态。最高填充的分子轨道和最低未被填充的分子轨道分别称为 HOMO 和 LUMO 能级。在 NO 分子情况下,π^* 称为单填充 MO(SOMO)。现在考虑一个 NO^+ 电离分子,其最高的 π^* 反键态将是空的(未被电子填充)而成为 LUMO 能级。基于 p_z 的 σ 能级将成为 HOMO 能级。

---

① 这里必须考虑在 NO 分子中 2s 和 $2p_z$ 的杂化。这就是 $2p_z$ 的 σ 能级比 $2p_x$ 和 $2p_y$ 的 π 能级的能量要高的原因。

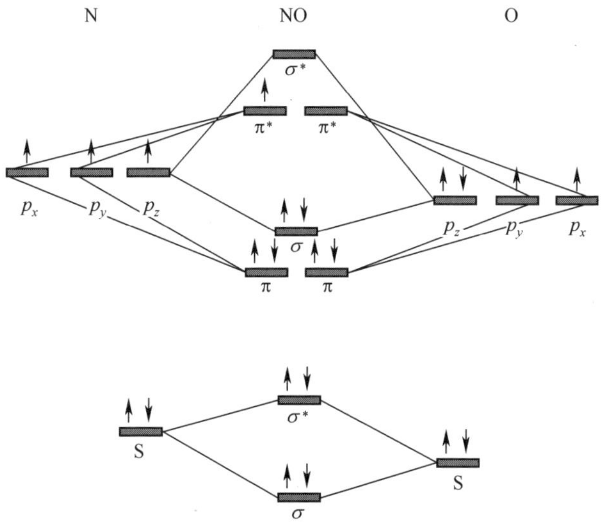

图 2.3　异质双原子 NO 分子的电子能级示意图,自旋向上和自旋向下的电子(灰色)填充了成键和反键态。

2.1.4　杂化:乙炔分子(C_2H_2)

现在来处理杂化的问题,即一个原子的原子轨道相互杂化,在特定方向上形成一个化学键。在图 2.3 中,假设一个原子的 2s 能级在能量上更接近于另外一个原子的 2p 能级。这种情况确实在 CO 分子中存在。或者,假设键合作用足够强以至于具有相同对称性的 2s 和 $2p_z$ 轨道会发生混合。这在某些情况下也会发生,这时分子键能量的最小化可能要求一个原子的电子波函数扩展到另外一个原子。这种波函数扩展可以通过来自相同原子的不同原子轨道的杂化(混合)来描述,乙炔 C_2H_2 就发生了这种情况[31]。考虑沿 x 方向的键合,两个碳原子的 p_x 电子将参与最强的原子间键合。这种键合称为 σ 键,导致电子波函数的扩展,图 2.4 为 $|2s\rangle$ 和 $|2p_z\rangle$ 轨道的混合情况(s-p 杂化)。

乙炔 C_2H_2 分子的两种线性组合原子轨道(LCAO)可写成如下形式:

$$|sp_a\rangle = \frac{1}{\sqrt{2}}(|2s\rangle + |2p_x\rangle) \tag{2.18}$$

$$|sp_b\rangle = \frac{1}{\sqrt{2}}(|2s\rangle - |2p_x\rangle) \tag{2.19}$$

这两个轨道分别沿 $+x$ 和 $-x$ 方向延伸(图 2.4), $|sp_a\rangle$ 和 $|sp_b\rangle$ 分别是左边和右边原子的杂化轨道。此外, $|sp_a\rangle$ 和 $|sp_b\rangle$ 可形成对称和反对称组合 $|sp_a\rangle \pm |sp_b\rangle$,通常把它们分别称为 σ 和 σ^* 态。σ 态对形成两个碳原子之间强的共

价键有贡献,而 σ^* 是一个未填充的空态。垂直于 x 成键方向的两个剩余 p_y 和 p_z 电子态形成了所谓(弱)的 π 键,导致乙炔分子 HC≡CH 中对称和反对称轨道的组合[31]。对称和反对称组合与成键和反键轨道概念具有相似性,但这两个概念并不完全相同。在 sp^2 碳系统中,杂化是通过混合 2s、$2p_x$ 和 $2p_y$ 轨道来实现的,最终形成 3 个杂化轨道。这 3 个杂化轨道向最近邻的 3 个原子扩展(sp^2 杂化)。sp^2 杂化轨道形成 3 个 σ(成键)和 3 个 σ^*(反键)轨道,余下的 $2p_z$ 形成 π 和 π^* 轨道。对于 sp^2 碳的情况,π 和 π^* 轨道分别对应于 HOMO 和 LUMO。所有这些概念已广泛地应用于 sp^2 纳米碳的描述中。

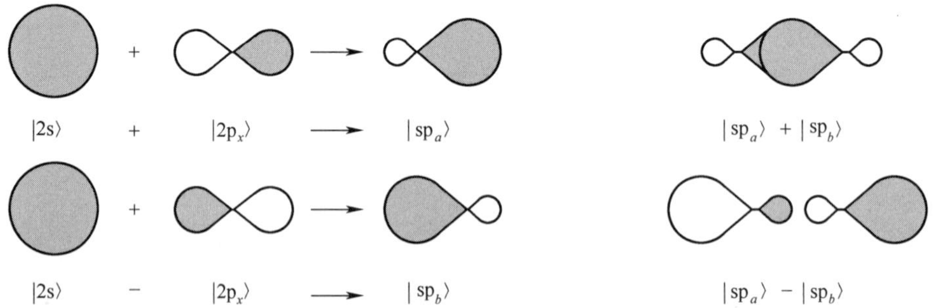

图 2.4 sp 杂化和键合形成的示意图[31]。阴影表示波函数 $|sp_a\rangle = |2s\rangle + |2p_x\rangle$ 的正值部分,这里键合沿 x 正方向延伸,而态 $|sp_b\rangle = |2s\rangle - |2p_x\rangle$ 沿 x 负方向延伸。对称波函数组合($|sp_a\rangle + |sp_b\rangle$)和反对称波函数组合($|sp_a\rangle - |sp_b\rangle$)分别构成“成键”和“反键”的 σ 态。

2.1.5 固体电子结构的基本概念

下面分析晶态固体的电子结构,并尝试将分子电子学中使用的简单概念延伸到固体中。晶体中电子的薛定谔方程写为

$$\left[-\frac{\hbar^2}{2m}\nabla^2 + V(\boldsymbol{r})\right]\Psi = E\Psi \tag{2.20}$$

式中:$V(\boldsymbol{r})$ 为周期势。由于晶体具有准无限数量的原子,电子能级的数量也是准无限的。如果通过分子轨道方法求解电子态,就会产生一个准无限数目的久期方程。然而晶体的情况简单得多,晶体是建立在原胞基础上的周期性结构。晶体可由原胞沿以下晶格矢量不断的周期性自我复制而成

$$\boldsymbol{R} = n\boldsymbol{a}_1 + m\boldsymbol{a}_2 + l\boldsymbol{a}_3 \tag{2.21}$$

式中:$\boldsymbol{a}_1$、$\boldsymbol{a}_2$、$\boldsymbol{a}_3$ 为晶格的基矢,且 n、m 和 l 都是整数。由于势 $V(\boldsymbol{r})$ 是基于平移矢量的周期函数($V(\boldsymbol{r}) = V(\boldsymbol{r}+\boldsymbol{R})$),求解式(2.20)可得到如下波函数:

$$\Psi_{\boldsymbol{k}}(\boldsymbol{r}) = e^{i\boldsymbol{k}\cdot\boldsymbol{r}}u_{\boldsymbol{k}}(\boldsymbol{r}) \tag{2.22}$$

其中

$$u_{\boldsymbol{k}}(\boldsymbol{r}) = u_{\boldsymbol{k}}(\boldsymbol{r} + \boldsymbol{R}) \tag{2.23}$$

也是周期性函数[31,95]，这即是布洛赫定理。图 2.5 说明了线性原子链中布洛赫态的形成，这些布洛赫态是通过原胞波函数 $u_{\boldsymbol{k}}$（如图 2.5 所示的 s 态和 p 态）和 $e^{i\boldsymbol{k}\cdot\boldsymbol{r}}$ 项来定义的。$e^{i\boldsymbol{k}\cdot\boldsymbol{r}}$ 项作为相位因子来改变布洛赫态的符号和幅度。这里 $\boldsymbol{k}$ 为波矢，其大小由下式给出

$$k = 2\pi/\lambda \tag{2.24}$$

式中：λ 为波函数的波长。

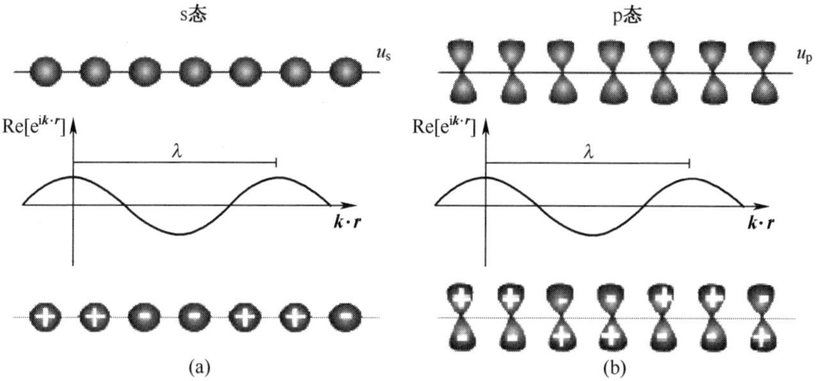

图 2.5　由 s(a) 和 p_z (b) 原子轨道形成的一维布洛赫轨道示意图

上方给出了每个原子的波函数；中间给出了布洛赫轨道 $e^{i\boldsymbol{k}\cdot\boldsymbol{r}}$ 的相位；下方给出了布洛赫轨道的幅度。

因为 $\boldsymbol{k}$ 是一个好量子数（或是说 $\boldsymbol{k}$ 是平移操作 $\boldsymbol{R}$ 的守恒量），晶体的电子结构是通过电子能量 $E_{\boldsymbol{k}}$ 与电子波矢 $\boldsymbol{k}$ 之间的函数关系给出的，此关系曲线称为能量色散关系。它是由在有限能量范围内的一系列准连续态构成的，后者即为电子能带。从原胞的某个原子轨道，可以构造出一个布洛赫函数并产生一个能带，该能带可以被两个电子（每原胞）所填充。由于能带是准连续的，因此这些能带含有近乎无限数量的电子能级。

实坐标空间 (x,y,z) 给出了原子可以填充的位置（图 1.2），在此位置可以发现一个波函数为 Ψ 的电子的概率是通过 Ψ 的平方给出的（图 2.5）。倒易空间 (k_x,k_y,k_z) 是波函数的波矢 $\boldsymbol{k}$ 所在的空间。电子能量与倒易空间坐标的函数关系称为电子色散关系。

下面假设存在一个由-N-O-单元准无限重复排列所构成的一维晶体。考虑 $\boldsymbol{a}_{-\mathrm{N-O}}$ 为实空间的最小平移矢量，由-N-O-单元之间的距离给出。λ 的允许值（或 k，见式（2.24））为 $a_{-\mathrm{N-O}}, 2a_{-\mathrm{N-O}}, 3a_{-\mathrm{N-O}}, \cdots, Na_{-\mathrm{N-O}}$，其中 N 是一维晶体中-N-O 单元的数目（$N \sim 10^{23}$）。与 2.1.3 节所讨论的 NO 分子相比，NO

晶体不再是由 N:$2s^2$,$2p^3$ 和 O:$2s^2$,$2p^4$ 电子组合得到的 11 个电子能级,而是 $11\times N$ 个电子能级。倒易空间中的能量色散关系($E_{\boldsymbol{k}}-\boldsymbol{k}$ 关系)将由 11 个能带组成,这里能带数量由原胞中原子轨道的总数量给出。在这 11 个电子能带(类似于 NO 分子的 11 个能级)中,5 个较低能带完全或部分被电子填充。

与分子情况类似,晶体的电子能级也按照从最低能级到最高能级的顺序被电子填充。如果原胞的电子数目为奇数,最高填充能带有一半是被电子填充的,呈现出金属行为。当电子沿一维晶体移动时,电子波函数就会改变相位。把被电子填充能级和未被电子填充能级之间的分界线所对应的能量称为费米能级(E_F)。如果费米能量处于一个电子能带内,电子从填充能级跃迁到非填充能级时不需要任何能量,则该材料是金属①。如果费米能量处于价带(最高被填充的能带)和导带(最低未被填充的能带)之间的能隙中,则该材料为半导体(能隙为 1eV 量级)或者绝缘体(能级为 10eV 量级)②。石墨烯是一个有趣的系统,晶体对称性导致了其价带和导带之间的能量间隔为零。因此,石墨烯是一个零带隙半导体(或金属),其二维(k_x,k_y)倒易空间的某些特定点的价带和导带具有对称性施加的简并特性[94]。

最后来定义布里渊区,它是在倒易空间中基于对称性考虑后的原胞,提供了对指定晶体合适的波矢表示方式。在布里渊区内允许的 $\boldsymbol{k}$ 波矢数目也总是受到晶体中原胞数目 N 的限制,其中 $-\pi/a\leqslant k\leqslant\pi/a$ 定义了布里渊区的边界区域。

图 2.5 显示了 $\lambda=2a_{-A-B}$ 的情况,这里 $k=\pi/a_{-A-B}$ 为第一布里渊区的边界。在第一布里渊区以外($k_{\text{out}}>\pi/a$ 或 $\lambda<2a_{-A-B}$)的区域,电子能带结构以 $k=k_{\text{out}}-K$ 为周期重复第一布里渊区内的电子能带,这里 $K=2\pi/a_{-A-B}$ 给出了一个倒易晶格矢量,所确定的区域称为扩展布里渊区[95]。倒易空间的这种周期性同样可以应用于声子。第 3 章将要用到声子的这种周期性。本节总结的所有概念都已经应用在 sp^2 纳米碳的研究中。还不熟悉固体物理学的读者需要参考更多的固体物理书籍,如基特尔(Kittel)[95]所写的书籍。

2.2 石墨烯的电子

现在将 2.1.5 节所讨论的内容应用到 sp^2 纳米碳。石墨烯提供了一个简单事例来说明色散关系的分支数与原胞内的电子数目的对应关系。石墨烯的每个原胞有两个碳原子,意味着有两组 2s 态和 2p 态(每个原胞共有 8 组电子

---

① 因为 NO 分子的 π 态填充有一个电子(见 2.1.3 节),这种情况可能发生在假设的 NO 晶体中。

② 因为 NO^+ 分子的 LOMO 是空的(见 2.1.3 节),这种情况可能发生在假设的 NO^+ 晶体中。

态),所以共有 8 个电子能带,分别来源于 3σ、3σ*、1π 和 1π* 能级。每个原胞的 8 个电子将按自旋向上和自旋向下的排布填充 3σ 和 1π 键相关的 4 个低能带,而 3σ* 和 1π* 键相关的 4 个高能带则没有电子填充①。

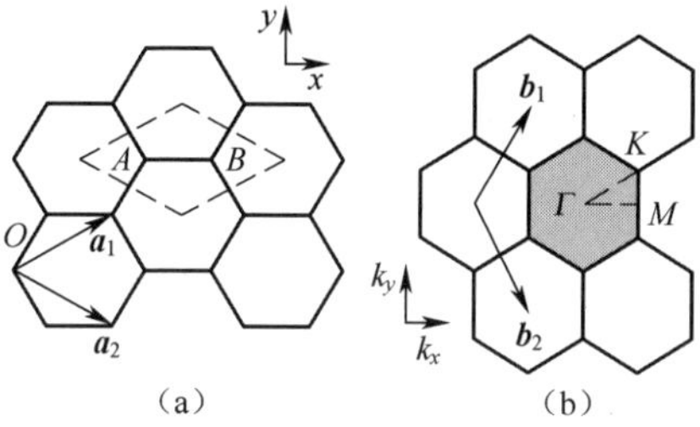

图 2.6 单层石墨烯的(a)原胞和(b)布里渊区分别用虚线菱形和阴影六边形表示,其中 $\boldsymbol{a}_i$ 和 $\boldsymbol{b}_i(i=1,2)$ 分别表示实空间的单位矢量和倒易晶格矢量。沿高对称点 Γ,K 和 M 连接的虚线三角形三个边的能量色散关系参见图 2.7 的插图。

2.2.1 单层石墨烯的晶体结构

构成 sp^2 碳纳米结构的基本晶体结构是石墨烯。石墨烯是一个二维平面结构,其原胞包含 A 和 B 两个碳原子,原胞单位矢量 $\boldsymbol{a}_1$ 和 $\boldsymbol{a}_2$ 如图 2.6(a)所示。单层石墨烯的碳原子位于六边形的顶点。

如图 2.6(a)所示,六角晶格实空间的单位矢量 $\boldsymbol{a}_1$ 和 $\boldsymbol{a}_2$ 在笛卡儿坐标系中表示为

$$\begin{cases}\boldsymbol{a}_1=\left(\dfrac{\sqrt{3}a}{2},\dfrac{a}{2}\right)\\ \boldsymbol{a}_2=\left(\dfrac{\sqrt{3}a}{2},-\dfrac{a}{2}\right)\end{cases} \tag{2.25}$$

式中:$a=|\boldsymbol{a}_1|=|\boldsymbol{a}_2|=1.42\times\sqrt{3}=2.46(\text{Å})$ 为单层石墨烯的晶格常数。同样地,倒易空间的原胞由图 2.6(b)中的阴影六边形表示,其倒易晶格的单位矢量 $\boldsymbol{b}_1$ 和 $\boldsymbol{b}_2$ 由下式给出

$$\begin{cases}\boldsymbol{b}_1=\left(\dfrac{2\pi}{\sqrt{3}a},\dfrac{2\pi}{a}\right)\\ \boldsymbol{b}_2=\left(\dfrac{2\pi}{\sqrt{3}a},-\dfrac{2\pi}{a}\right)\end{cases} \tag{2.26}$$

对应于倒易空间的晶格常数 $4\pi/\sqrt{3}a$。倒易六边晶格的单位矢量 $\boldsymbol{b}_1$ 和 $\boldsymbol{b}_2$

---

① 单层石墨烯的电子能带如图 2.10 所示。

(图 2.6(b))是通过实空间的单位矢量 $\boldsymbol{a}_1$ 和 $\boldsymbol{a}_2$ 分别旋转 30°而得。布里渊区有 3 个高对称点,即 Γ,K 和 M ,分别是六边形的中心、顶点和边的中心。其他高对称点或对称线沿 ΓK (命名为 T)、KM (命名为 T')和 ΓM (命名为 Σ)方向。

在单层石墨烯中,碳原子的 3 个电子通过 sp^2 杂化形成 σ 键,第四电子形成 $2p_z$ 轨道,垂直于石墨烯平面,形成了 π 共价键。2.2.2 节将用紧束缚近似来处理石墨烯的共价 π 能带,这是确定石墨烯固态性质的最简单方法,反映了平面内碳原子的超强耦合。2.2.3 节将回顾 σ 带,并一起分析 π 带以给出石墨烯的电子能带结构。

2.2.2 石墨烯的 π 带

本节将回顾基于紧束缚模型推导出石墨烯电子 π 带的过程。由于石墨烯碳原子间的平面键合非常强,紧束缚模型可以用来提供单层石墨烯 π 带的近似描述。关于将紧束缚模型应用到石墨烯和其他 sp^2 碳系统的更详细讨论,请参见文献[31-32]。

在紧束缚方法框架内,未被扰动的本征矢量由原子轨道表示,晶体势场可看成是对原子轨道的扰动,从而形成了由布洛赫态描述的晶体电子态。两个布洛赫公式(Φ_A 和 Φ_B)可由图 2.6(a)中位于 A 和 B 位置的两个非等价碳原子的 p_z 原子轨道(φ)来构造, $\Phi_{A,B} \propto \sum\limits_{\boldsymbol{R}} e^{i\boldsymbol{k}\cdot\boldsymbol{R}}\varphi(\boldsymbol{r}-\boldsymbol{R})$,这为描述单层石墨烯(1-LG)的电子结构提供了基函数。久期方程由 2×2 的哈密顿矩阵获得,矩阵元 $H_{i,j}=\langle \Phi_i \mid \boldsymbol{H} \mid \Phi_j \rangle$,包含 4 个耦合 Φ_A 和 Φ_B 的矩阵元。当只考虑最近邻相互作用时,可得对角矩阵元 $H_{AA}=H_{BB}=\epsilon_{2p}$,其中 ϵ_{2p} 为孤立碳原子的 2p 能级能量。对于非对角矩阵元 H_{AB} ,必须考虑相对于 A 原子的 3 个最近邻 B 原子,通过连接 A 原子到其 3 个最近邻 B 原子的矢量 $\boldsymbol{R}_1$,$\boldsymbol{R}_2$ 和 $\boldsymbol{R}_3$ 来标记。可得非对角矩阵元

$$H_{AB}=t(e^{i\boldsymbol{k}\cdot\boldsymbol{R}_1}+e^{i\boldsymbol{k}\cdot\boldsymbol{R}_2}+e^{i\boldsymbol{k}\cdot\boldsymbol{R}_3})=tf(k) \tag{2.27}$$

式中:t 为最近邻重叠积分($\langle \varphi_A \mid H \mid \varphi_B \rangle$),在文献中通常标记为 $-\gamma_0(t=-\gamma_0)$,其中 γ_0 为正值;$f(k)$ 为相位因子 $e^{i\boldsymbol{k}\cdot\boldsymbol{R}_j}(j=1,2,3)$ 之和的函数。采用图 2.6(a)的 x、y 坐标,$f(k)$ 可以表示为

$$f(k)=e^{ik_x a/\sqrt{3}}+2e^{-ik_x a/2\sqrt{3}}\cos(k_y a/2) \tag{2.28}$$

由于 $f(k)$ 是复函数,并且哈密顿量为厄米矩阵,因此可得 $H_{BA}=H_{AB}^*$,其中 * 表示复共轭。利用式(2.28),重叠积分矩阵,$S_{ij}=\langle \Phi_A \mid \Phi_B \rangle$,可以给出 $S_{AA}=S_{BB}=1$,$S_{AB}=sf(k)=S_{BA}{}^*$,其中 $s=\langle \varphi_A \mid \varphi_B \rangle$ 表示 p_z 波函数的最近邻重叠积分。$\boldsymbol{H}$ 和 $\boldsymbol{S}$ 的具体表示形式可写成

$$\boldsymbol{H}=\begin{bmatrix} \epsilon_{2p} & tf(k) \\ tf(k)^* & \epsilon_{2p} \end{bmatrix},\boldsymbol{S}=\begin{bmatrix} 1 & sf(k) \\ sf(k)^* & 1 \end{bmatrix} \tag{2.29}$$

通过求解久期方程 $\det(\boldsymbol{H}-E\boldsymbol{S})=0$(这里"det"表示行列式)以及采用式(2.29)给出的 $\boldsymbol{H}$ 和 $\boldsymbol{S}$,可以获得石墨烯 π 能带的本征值 $E(\boldsymbol{k})$ 作为 $\boldsymbol{k}=(k_x,k_y)$ 的函数:

$$E(\boldsymbol{k})=\frac{\epsilon_{2p}\pm tw(\boldsymbol{k})}{1\pm sw(\boldsymbol{k})} \tag{2.30}$$

其中分子和分母同时取"+"号给出成键 π 的能带,反之取"-"号给出反键 π* 能带,π 和 π* 能带分别为 Φ_A 和 Φ_B 的对称和反对称组合(见 2.1.2 节),同时函数 $w(\boldsymbol{k})$ 表示为

$$w(\boldsymbol{k})=\sqrt{|f(\boldsymbol{k})|^2}=\sqrt{1+4\cos\frac{\sqrt{3}k_x a}{2}\cos\frac{k_y a}{2}+4\cos^2\frac{k_y a}{2}} \tag{2.31}$$

图 2.7 给出了单层石墨烯 π 带在整个二维第一布里渊区内的电子能量色散关系,插图给出了沿图 2.6(b)所示的三角形三个边的高对称轴方向的能量色散关系。为了与第一性原理计算的石墨能带结果吻合[16,96],可以采用以下参数值 $\epsilon_{2p}=0$,$t=-3.033\text{eV}$ 和 $s=0.129$。能量色散曲线的上半部分描述了 π*-能量"反键"带,下半部分是 π-能量成键带①。由于每个原胞包括 2 个 π 电子,这两个 π 电子完全填充满了 π 能带。因此,该 π 带是被自旋向上和自旋向下电子填充的,而 π* 带是空的。非掺杂单层石墨烯能量高的 π* 带和能量低的 π 带在 $K(K')$ 点上是简并的,费米能级穿过 $K(K')$ 点。

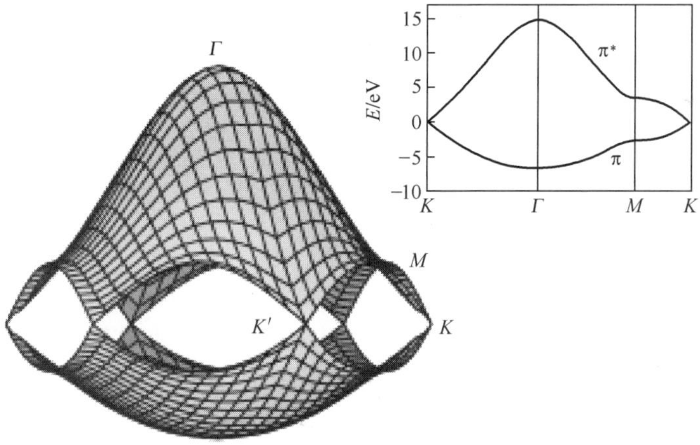

图 2.7 石墨烯第一布里渊区内的能量色散关系[31]。石墨烯的价带和导带汇合于 K 和 K' 点,通过时间反演对称性相关联[94]。插图给出了沿三角形 ΓMK 高对称方向(图 2.6(b))的能量色散关系 $E(\boldsymbol{k})$。

① 由于六方对称性,关于成键和反键的指认对石墨烯不是严格正确的。

零带隙存在于 $K(K')$ 点是满足对称性要求的结果。六方晶格的两个碳位点 A 和 B 是有区别的,但根据对称性它们彼此等同。如果 A 和 B 位点有不同的原子,如 B 和 N,则 B 和 N 的位置能量 ϵ_{2p} 不同。因此,所计算得到的能量色散将在 π 和 π* 带之间具有能隙(对于 BN,$E_g = 3.5\text{eV} = \epsilon_{2p}^{B} - \epsilon_{2p}^{N}$)。

当石墨烯的重叠积分 s 为零时,π 和 π* 带在 $E = \epsilon_{2p}$ 处对称,这可以从式(2.30)来理解。通常将 $s = 0$ 时的能量色散关系作为在 $E = \epsilon_{2p}$ 附近单层石墨烯电子结构的一个简单近似:

$$E(k_x, k_y) = \pm t\left\{1 + 4\cos\frac{\sqrt{3}k_x a}{2}\cos\frac{k_y a}{2} + 4\cos^2\frac{k_y a}{2}\right\}^{1/2} \tag{2.32}$$

在这种情况下,电子能量在布里渊区高对称点 Γ、M 和 K 分别取值 $\pm 3t$, $\pm t$ 和 0,能带宽度为 $6t$,与每个原子有 3 个 π 键一致。

应当指出的是,价带与导带在 $K(K')$ 点附近具有线性的 $E(\boldsymbol{k})$ 关系。Wallace 的早期工作已经显示出 $K(K')$ 点附近 $E(\boldsymbol{k})$ 具有线性关系[53]。大部分石墨烯文献采用 $s = 0$ 时的能带色散关系式(2.30),并将此公式在布里渊区 K 和 K' 点附近保留最低阶项进行展开。布里渊区 K 和 K' 点可以通过时间反演对称性来关联。这时可以得到

$$E^{\pm}(\boldsymbol{k}) = \pm \hbar\nu_F |\boldsymbol{k}| \tag{2.33}$$

式中:ν_F 为 π 电子的费米速度(约为 10^6m/s),可通过下式进行估计

$$\nu_F = \sqrt{3}(\gamma_0 a/2\hbar) \tag{2.34}$$

式中:a 为石墨烯的晶格常数,$a = \sqrt{3}a_{C-C}$,$a_{C-C} = 1.42$Å 是最近邻 C-C 原子间距[53]。

非常有趣的是,由式(2.33)给出的线性色散关系是无质量狄拉克哈密顿方程在 $K(K')$ 点的解[97]:

$$\boldsymbol{H} = \hbar\nu_F(\boldsymbol{\sigma}\cdot\boldsymbol{\kappa}) \tag{2.35}$$

式中:$\boldsymbol{\kappa} = -\mathrm{i}\nabla$;$\boldsymbol{\sigma}$ 为作用于石墨烯 A 和 B 子晶格上的电子波函数振幅空间的泡利矩阵(赝自旋)。式(2.35)给出了由式(2.33)所定义的准粒子的“手性”性质。此狄拉克哈密顿量(或者有效质量近似模型)深入阐述了单层石墨烯中电子的相对论性质,这对于描述石墨烯费米能级附近的输运效应非常重要。然而,在利用此表达式分析光学现象必须注意,此精确性仅限于低能量范围。尽管如此,在可见光范围内,关于 $\boldsymbol{k}$ 的线性色散关系(图 2.7)已经足以精确地解释大部分实验结果。

2.2.3 石墨烯的 σ 带

接下来讨论石墨烯的 σ 能带。每个碳原子有 sp^2 共价键合的 3 个原子轨

道，2s、$2p_x$ 和 $2p_y$。因此，含 2 个原子的原胞有 6 个布洛赫轨道，形成 6×6 哈密顿矩阵，产生 6 个 σ 带。利用 6×6 的哈密顿量以及与之相应的 6×6 重叠矩阵就可以计算单层石墨烯 6 个 σ 带的电子能带结构，并求解每个 $\boldsymbol{k}$ 点的久期方程。由于石墨烯平面几何形状满足哈密顿量 $\boldsymbol{H}$ 的偶对称，对称算符 2s、$2p_x$ 和 $2p_y$ 关于 xy 平面呈镜面反射的偶对称，以及算符 $2p_z$ 的奇对称，σ 和 π 能带可以分别独立求解，这是因为不同对称类型的矩阵元在哈密顿量中不发生耦合。由此得到的本征值，6 个 σ-带中的 3 个是成键 σ-带，处于费米能级之下，而剩下的 3 个 σ-带为反键 σ*-带，处于费米能级之上。

哈密顿量和重叠矩阵可以使用很少的参数进行解析计算。下面根据自由原子的原子标记设定矩阵元素的排列顺序：$2s^A$、$2p_x^A$、$2p_y^A$、$2s^B$、$2p_x^B$ 和 $2p_y^B$。然后，相同原子耦合（如 A 和 A）的矩阵元可以由一个 3×3 小矩阵来表示，它是 6×6 矩阵的子矩阵。在最近邻位点近似下，小哈密顿量和重叠矩阵都是对角矩阵，表示如下：

$$\boldsymbol{H}_{AA}=\begin{bmatrix}\epsilon_{2s} & 0 & 0\\ 0 & \epsilon_{2p} & 0\\ 0 & 0 & \epsilon_{2p}\end{bmatrix},\boldsymbol{S}_{AA}=\begin{bmatrix}1 & 0 & 0\\ 0 & 1 & 0\\ 0 & 0 & 1\end{bmatrix} \tag{2.36}$$

式中：ϵ_{2s} 和 ϵ_{2p} 分别为 2s 和 2p 能级的轨道能量。

A 和 B 原子布洛赫轨道的耦合矩阵元可以通过计算 $2p_x$ 和 $2p_y$ 在平行或垂直于 σ 键方向的分量获得。图 2.8 展示了如何旋转 $2p_x$ 的原子轨道以及如何获得此图最右边键的 σ 和 π 分量①，可看出，$|2p_x\rangle$ 波函数可以分解成 σ 和 π 的分量：

$$|2p_x\rangle=\cos\frac{\pi}{3}|2p_\sigma\rangle+\sin\frac{\pi}{3}|2p_\pi\rangle \tag{2.37}$$

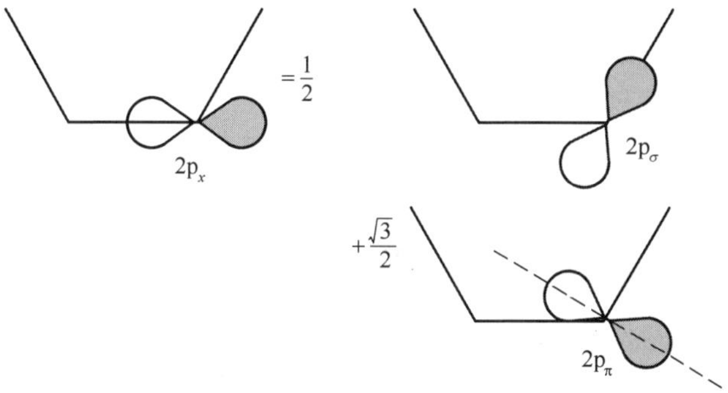

图 2.8　$2p_x$ 的旋转。图中展示了如何把 $2p_x$ 映射到其右边 C—C 键方向上的 σ 和 π 分量。此方法仅对 p 轨道有效[31]。

① 这里 π 分量（面内）与 2.2.2 节所讨论的 π 轨道（平面外）无关。π 分量之所以称为 π 是因为它垂直于所考虑的 σ 轨道。

这种分解方式称为 Slater-Koster 方法[94]。

通过旋转 $2p_x$ 和 $2p_y$ 轨道到所需键合的平行和垂直方向上，矩阵元仅有如图 2.9 所示的 8 种情况，其中阴影区和非阴影区分别表示波函数的正幅度值和负幅度值。图 2.9(a)~(d)的 4 种情况对应于非零矩阵元，而剩余的另外 4 种情况如图 2.9(e)~(h)，对应于因对称性要求导致的零值矩阵元。哈密顿量和重叠矩阵元的相应参数如图 2.9 所示。

当计算出 6×6 哈密顿量和重叠矩阵的所有矩阵元时，σ-带的能量色散关系就可以从求解久期方程中获得。由于 6 × 6 哈密顿量的解析求解对于实际应用来说太复杂，因此可以使用如 Lapack 软件包①的方法求得哈密顿量的数值解。图 2.10 给出了计算得到的 σ 和 π 能带，是通过用施加对称性后的能带函数形式来拟合第一性原理能带计算所获得的高对称点处能量数值[31,96]所得到的。

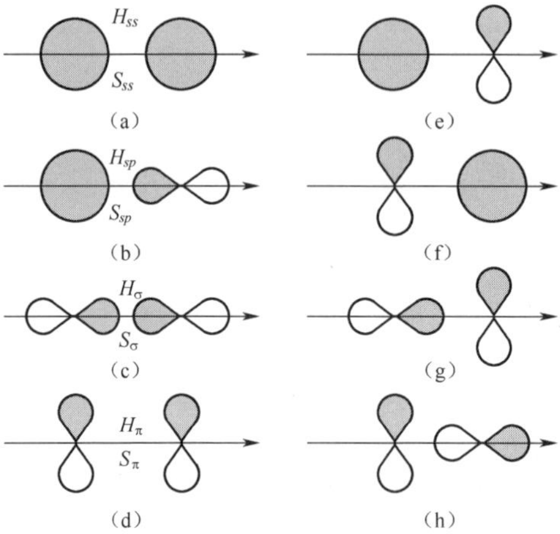

图 2.9　σ-带的带参数。(a)~(d)的 4 种情况对应于非零矩阵元，剩余的(e)~(h)这 4 种情况对应于零值矩阵元。

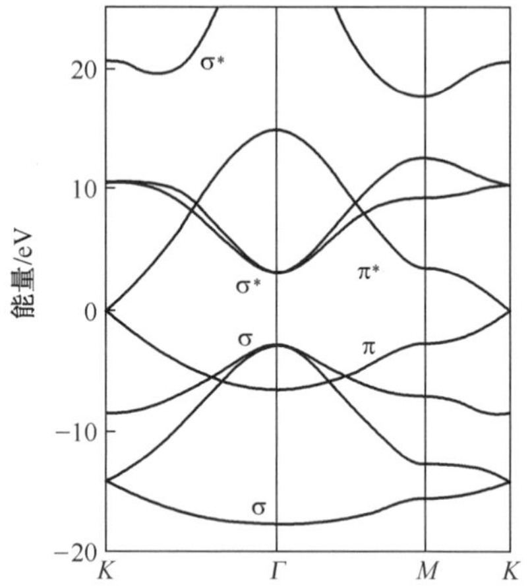

图 2.10　单层石墨烯的 σ-和 π-带沿高对称轴方向的能量色散关系[31]。计算中选择了费米能级(E_F)作为零能量。

2.2.4　*N* 层石墨烯体系

当把多个石墨烯层按照伯纳尔 AB 堆叠方式逐层堆叠成 *N* 层石墨烯(*N*-LG)时，*N*-LG 的原胞将由 2*N* 个原子构成。相应地，π 和 π* -带将劈裂成对称和反对称组合的石墨烯态。图 2.11(a)、(b)给出了 $N=2$ 的原胞，即双层石墨

---

① Lapack 是使用 Fortran 或 C 语言编写的线性代数包，为免费软件，可以从程序库自行下载，且该程序已被许多研究组使用并得到验证。使用者不需要使用子程序进行矩阵计算，仅仅需要调用此程序库。请于互联网搜索“LAPACK”获得有关详细信息。目前有好几个版本的 Lapack 库。英特尔编译器支持 Lapack 库，相应的名称为数学核心库。

烯(2-LG),而图 2.11(c)给出了其 π-带的电子结构。对于 AB 堆叠的 3-LG,图 2.11(a)俯视图顶部的 A_1 和 B_1 原子将被 A_3 和 B_3 原子替代而具有 3π 和 $3\pi^*$ -带。四层石墨烯(4-LG)的堆叠看起来正好像两个 2-LG 直接相互堆叠而成,据此可想象其他 N-LG 的堆叠方法。2-LG 的电子结构可以通过 Slonczewski-Weiss-McClure (SWM)模型[16,99-100]来描述。由于按伯纳尔 AB 堆叠方式堆垛的 2-LG 具有与石墨一样的原胞,也具有相同的层堆叠结构,因此可以采用与描述石墨的 SWM 模型紧密相关的模型来表示 2-LG 的电子结构。对 2-LG 的电子能带结构的描述需要用到与交叠和转移积分相关的更多参数 γ_0、γ_1、γ_3 和 $\gamma_4$①(更多细节见 11.3 节),这些重叠和转移积分的计算需要考虑本层以及相邻层的最近邻原子。然而,即使对于三维石墨,两相邻层之间的相互作用与层内相互作用相比也要小很多,这是因为层与层之间距离 3.35Å 要远大于层内两最近邻碳原子之间的距离,a_{C-C}=1.42Å。因此,石墨烯的电子结构为 N-LG 和三维石墨的电子结构提供了构建单元。

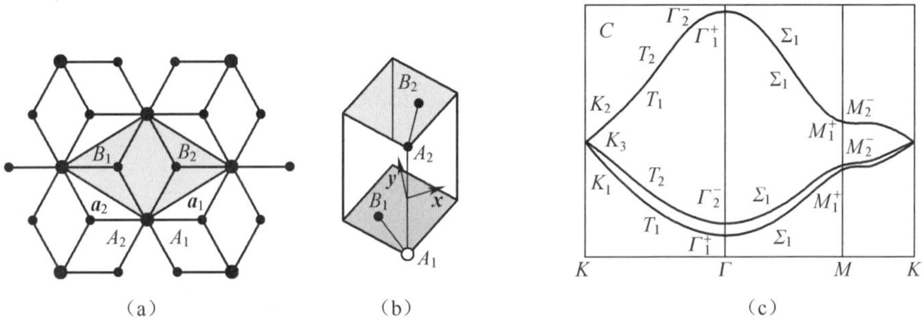

图 2.11 (a)AB 伯纳尔堆垛的双层石墨烯(2-LG)的原胞的实空间俯视图,给出了第一个层中两个不等价的 A_1 和 B_1 碳原子以及第二层的 A_2 和 B_2 碳原子。也显示了原胞矢量 $\boldsymbol{a}_1$ 和 $\boldsymbol{a}_2$,这里原点位于 A_1 和 A_2 原子之间距离的 1/2 处。A 原子处于相邻层的上方,但 B 原子在相邻层中位置是交错排布的,如(b)中的三维视图所示。(c)利用 DFT (密度泛函理论)计算所得 2-LG 的 π 电子沿 KΓMK 方向的电子色散关系。如何通过群论来标记能带将在第 6 章详细讨论[98]。

N-LG 具有一个重要特征,即 1-LG 的线性能带色散也出现在奇数层石墨烯费米能量附近,而偶数层石墨烯的能带呈现抛物线能量色散关系。Koshino 和 Ando[101]解释了此结果,如果只考虑层间相互作用 γ_1,哈密顿量就能够分离成 2×2 子矩阵。因此,N-LG 载流子的有效质量是零还是有限值,取决于石墨烯层数是奇数还是偶数,这与基本粒子物理学中两种粒子,例如无质量玻色子(光

① γ_2 和 γ_5 为次近邻层的传递积分。

子、中微子）和有限质量费米子（电子、质子）的存在取决于对称性相似。如果考虑费米速度 $\nu_F = 1\times10^6 m/s$，约等于光速 c 的 1/300，可以把石墨烯与粒子物理进行类比。

2.2.5 纳米带结构

当从体材料变成在某一个或几个纳米尺度方向的低维结构时，电子态会在相应纳米尺度方向上被量子效应所限制或约束。如果低维系统具有与更高维度母体材料相同的晶体结构，低维系统的电子态可以被认为是体材料电子态的子集。当把二维石墨烯片裁剪成一维碳纳米带（或纳米管）时，在纳米尺度方向上的波矢分量只能取离散值，以便维持波函数节点的整数值。也就是说，这些波矢分量被量子化了。每个原子给定轨道（如 2s，$2p_x$）的量子化电子态数目等于更高维度母体材料在低维结构纳米尺度方向上原胞的数量。

将石墨烯的二维电子结构限制到一维结构的过程会在 2.3 节以碳纳米管为例详细讨论。但在讨论碳纳米管之前，先简要介绍一下石墨烯纳米带。这种纳米带是由宽度有限而长度无限的石墨烯组成的，如图 2.12 所示。因此，纳米带的原胞由宽度方向为 $2N$ 个碳原子组成①，其周期性体现在长度方向上。波

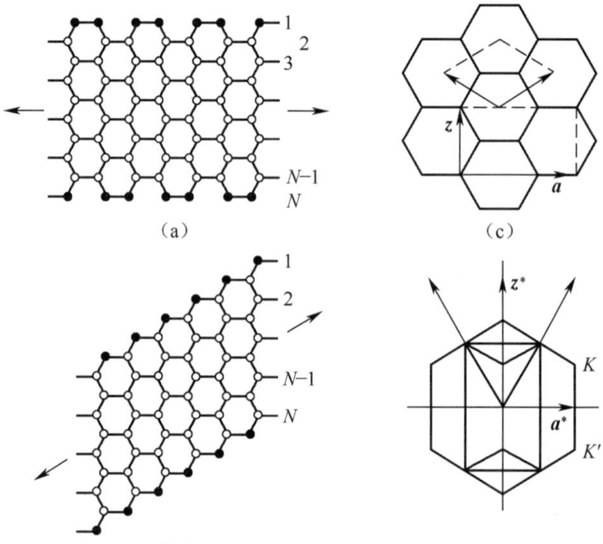

图 2.12 (a)、(b)为两个纳米带的结构示意图。(a)从边界一端到另一端的 C 原子连线 $N = 10$，类扶手椅型边界结构；(b) $N = 5$，类锯齿型边界结构。箭头指示石墨烯纳米带的周期平移方向。石墨烯在(c)实空间和(d)倒易空间的原胞。矢量 $\boldsymbol{a}$ 和 $\boldsymbol{a}^*$（$\boldsymbol{z}$ 和 $\boldsymbol{z}^*$）与扶手椅型（锯齿型）纳米带有关。

① 这里 N 是 CC 二聚体沿纳米带宽度方向的数目。通常用 N 来表示石墨烯层的数目。

矢在宽度方向上是量子化的，对于 π($2p_z$) 带，如果简单地采用布里渊区折叠的方法，那么在布里渊区中将有 $2N$ 个一维子能带(图 2.13)。

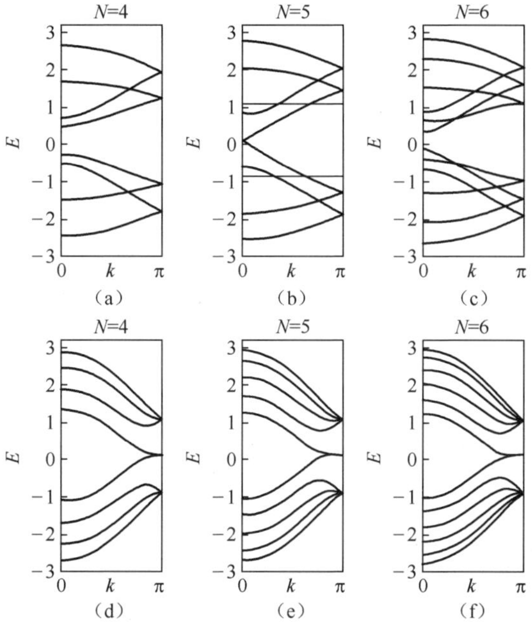

图 2.13 通过布里渊区折叠过程得到的各种宽度石墨烯纳米带的能带结构 $E(\boldsymbol{k})$
(a)、(b)和(c)分别为 $N=4$，$N=5$ 和 $N=6$ 的扶手椅型纳米带；
(d)、(e)和(f)分别为 $N=4$，$N=5$ 和 $N=6$ 的锯齿型纳米带[102]。

沿着某些线切割二维电子色散关系构建一维电子能带子带的方法，称为“布里渊区折叠方法”[31]。切割线指的是在石墨烯二维布里渊区中所允许的一维纳米带的 $\boldsymbol{k}$ 波矢，它们沿纳米带轴向是连续的，沿管宽方向是离散的。每个切割线的长度是 $2\pi/\boldsymbol{T}$，其中 $\boldsymbol{T}$ 是沿纳米带平移方向或纳米管轴向的一维单位矢量。两条相邻切割线之间的距离与纳米带宽度(或纳米管直径)成反比。在二维倒易空间中，切割线的方向由切割方向确定，也就是纳米带轴向与石墨烯(二维石墨烯母本材料非折叠的平面层[31])主轴的相对取向来确定。边界结构是非常重要的。下面考虑两种可能的边界：扶手椅型和锯齿型边界，它们比其他形状的边界[103]更稳定，其结构如图 2.12 所示。具有扶手椅型和锯齿型边界的纳米带分别称为扶手椅型纳米带(A-NR)和锯齿型纳米带(Z-NR)。对于这两种情况，边界碳原子都有两个 σ 键和一个 π 键，而其余 σ 键要么被 H 原子终止，要么以悬挂键形式存在。

对于纳米带的 π 能带，在 Z-NR 中，从 K 到 M 点的电子能带色散曲线在费米能级附近出现一个平带(图 2.13(d)~(f))，但在 A-NR 中没有出现边界态

(图 2.13(a)~(c))。因此,Z-NR 的电子态密度在费米能级附近出现奇点;而对于 A-NR,能带间隙随着 N 振荡,当 $N = 3n - 1$ 时,A-NR 呈现金属性,其他情况下则呈现半导体特性(图 2.13(a)~(c))。

当把布里渊区折叠方法作为纳米带电子结构的一级近似时,边界态的出现可以显著改变其基本电子学性质。例如,不同于图 2.13 所显示的结果,第一性原理计算[104]和实验[105]都表明,由于局域边界态的存在,所有纳米带都是半导体材料,其带隙大小与依赖于 N 的纳米带宽度有关。位点 A 和 B 的电子幅度比可以由赝自旋势来描述,Z-NR 的边界态可以理解为赝自旋偏振态。由此可以得出许多有趣的物理现象,如半金属态(两自旋电流中仅有一个位于费米能级处)和锯齿型边界处的磁性[104,106]。一旦带状结构被卷曲成闭合的碳纳米管,这种复杂的边界物理将会消失,这将在 2.3 节讨论。

2.3 单壁碳纳米管的电子

本节将介绍碳纳米管的结构(2.3.1 节),及其电子色散关系(2.3.2 节)和电子态密度(2.3.3 节)。2.3.4 节将讨论碳纳米管电子结构和激发光能量对所观察到的拉曼光谱细节的重要影响。

2.3.1 纳米管结构

单壁碳纳米管(SWNT)是由单层石墨烯卷曲成一个无缝的圆柱状结构而形成的[31]。石墨烯层的坐标系取向是:扶手椅方向沿 x 轴方向,而锯齿方向沿 y 轴方向,如图 2.14 所示。纳米管结构是由手性矢量 $\boldsymbol{C}_h$ 唯一决定的,其中 $\boldsymbol{C}_h$ 为石墨烯层被卷成管状时围绕圆柱周长的矢量。手性矢量可以写成 $\boldsymbol{C}_h = n\boldsymbol{a}_1 + m\boldsymbol{a}_2$,其中 n 和 m 是整数,矢量 $\boldsymbol{a}_1$ 和 $\boldsymbol{a}_2$ 可围成石墨烯中含有 A 和 B 两不等价碳原子的新原胞。手性矢量可以用一对整数 n 和 m 简单唯一地表示,记为 (n,m),相同的符号广泛地用于表征每个具有不同几何构型的 (n,m) 纳米管。

纳米管还可以通过其直径 d_t 和与锯齿方向所成的手性角 θ 来描述。它们决定了手性矢量的长度 $C_h = |\boldsymbol{C}_h| = \pi d_t$ 以及它在石墨烯层上的取向(图 2.14)。d_t 和 θ 都可以用系数 n 和 m 来表示,从图 2.14 中推导出,$d_t = a\sqrt{n^2 + nm + m^2}/\pi$ 和 $\tan\theta = \sqrt{3}m/(2n + m)$,其中 $a = |\boldsymbol{a}_1| = |\boldsymbol{a}_2| = \sqrt{3}a_{C-C} = 0.246\text{nm}$ 是石墨烯的晶格常数,$a_{C-C} = 0.142\text{nm}$ 是最近邻 C—C 距离[31]。例如,图 2.14 中所示的手性矢量为 $\boldsymbol{C}_h = 4\boldsymbol{a}_1 + 2\boldsymbol{a}_2$,相应纳米管可以由一对整数 $(4,2)$ 来表示。由于单层石墨烯具有六重对称性,所有非等价的碳纳米管都可以通过整数对 (n,m) 来表征,其中 $0 \leqslant m \leqslant n$。纳米管分为手性($0 < m < n$)和非手性($m = 0$ 或 $m = n$)两种,后者又分为锯齿型($m = 0$)和扶手椅型($m =$

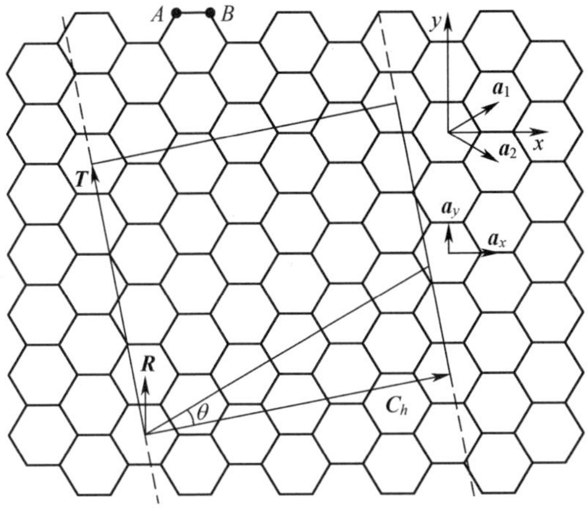

图 2.14　投影到石墨烯平面的未卷曲的纳米管。当纳米管被卷起，手性矢量 $\boldsymbol{C}_{\mathrm{h}}$ 变成圆柱的周长，平移矢量 $\boldsymbol{T}$ 沿着圆柱的轴向。$\boldsymbol{R}$ 是对称矢量，θ 是手性角。石墨烯层的单位矢量用 $(\boldsymbol{a}_1,\boldsymbol{a}_2)$ 表示①。顶部标示了石墨烯层原胞内的非等价 A 和 B 位点[31]。

n)碳纳米管。(4,2) 手性纳米管是目前已合成的最小直径纳米管之一[107]，由于其曲率大[108]，需要用特殊计算方法来处理。

在石墨烯层上的未卷曲纳米管原胞是由以矢量 $\boldsymbol{C}_{\mathrm{h}}$ 和平移矢量 $\boldsymbol{T}$ 为边界的长方形(如图 2.14 所示(4,2)纳米管的长方形)构成的。$\boldsymbol{T}$ 由 $t_1\boldsymbol{a}_1+t_2\boldsymbol{a}_2$ 给出，其中整数 t_1 和 t_2 由 $\boldsymbol{C}_{\mathrm{h}}\cdot\boldsymbol{T}=0$ 和 $\mathrm{gcm}(t_1,t_2)=1$ 给定。这里的 gcm 是 (n,m) 的最大公约数。纳米管原胞的面积可以很容易通过这两个矢量的叉乘来计算，$|\boldsymbol{C}_{\mathrm{h}}\times\boldsymbol{T}|=\sqrt{3}a^2(n^2+nm+m^2)/d_R$，其中 $d_R=\mathrm{gcm}(2n+m,2m+n)$。由 d_R 可给出 t_1 和 t_2，$t_1=(2m+n)/d_R$，$t_2=-(2n+m)/d_R$。

将矢量叉乘 $|\boldsymbol{C}_{\mathrm{h}}\times\boldsymbol{T}|$ 除以石墨烯层的原胞面积 $|\boldsymbol{a}_1\times\boldsymbol{a}_2|=\sqrt{3}a^2/2$ 时，可以得到在纳米管原胞中六边形的数目 $N=2(n^2+nm+m^2)/d_R$。对于(4,2)纳米管，$N=28$，因此(4,2)纳米管原胞(图 2.14 中的长方形)中含有 28 个六边形，或者说含有 2×28=56 个碳原子(表 2.1)[31]。

单层石墨烯的原胞可以用矢量 $\boldsymbol{a}_1$ 和 $\boldsymbol{a}_2$ 来定义。石墨烯倒格子的基矢 $\boldsymbol{b}_1$ 和 $\boldsymbol{b}_2$ 可以根据标准定义 $\boldsymbol{a}_i\cdot\boldsymbol{b}_j=2\pi\delta_{ij}$ 由 $\boldsymbol{a}_1$ 和 $\boldsymbol{a}_2$ 来构造，其中 δ_{ij} 是克罗内克 δ 函数。由此产生的倒格子单位矢量，$\boldsymbol{b}_1=\boldsymbol{b}_x+\boldsymbol{b}_y$ 和 $\boldsymbol{b}_2=\boldsymbol{b}_x-\boldsymbol{b}_y$ 构成六边形倒易晶格的单位矢量，其中，$\boldsymbol{b}_x=2\pi\hat{\boldsymbol{k}}_x/\sqrt{3}a$ 和 $\boldsymbol{b}_y=2\pi\hat{\boldsymbol{k}}_y/a$，如图 2.15 所示。注意，实空间的六边形(图 2.14)与倒易空间的六边形(图 2.15)相对旋转了一定

① 注意图 2.14 中 $(\boldsymbol{a}_1,\boldsymbol{a}_2)$ 与图 2.6(a) 中的 $(\boldsymbol{a}_1,\boldsymbol{a}_2)$ 选择不同。

角度。

以类似的方式,也可以创建纳米管的倒易空间[31]。因为纳米管在石墨烯层上未卷曲的原胞由矢量 $\boldsymbol{C}_h$ 和平移矢量 $\boldsymbol{T}$ 来定义,所以,根据标准定义 $\boldsymbol{C}_h \cdot \boldsymbol{K}_1 = \boldsymbol{T} \cdot \boldsymbol{K}_2 = 2\pi$ 和 $\boldsymbol{C}_h \cdot \boldsymbol{K}_2 = \boldsymbol{T} \cdot \boldsymbol{K}_1 = 0$,可获得纳米管的倒空间矢量 $\boldsymbol{K}_1$ 和 $\boldsymbol{K}_2$。考虑到 $\boldsymbol{a}_i \cdot \boldsymbol{b}_j = 2\pi\delta_{ij}$,矢量 $\boldsymbol{K}_1$ 可以写成如下形式,$\boldsymbol{K}_1 \propto t_2\boldsymbol{b}_1 - t_1\boldsymbol{b}_2$,与矢量 $\boldsymbol{T}$ 正交。类似地,$\boldsymbol{K}_2 \propto m\boldsymbol{b}_1 - n\boldsymbol{b}_2$,与矢量 $\boldsymbol{C}_h$ 正交。归一化条件 $\boldsymbol{C}_h \cdot \boldsymbol{K}_1 = \boldsymbol{T} \cdot \boldsymbol{K}_2 = 2\pi$ 可用来计算比例系数,所得倒易空间矢量大小为 $|\boldsymbol{K}_1| = 2/d_t$ 和 $|\boldsymbol{K}_2| = 2\pi/|\boldsymbol{T}|$。因此,倒易空间矢量可用如下表达式表示,$\boldsymbol{K}_1 = -(t_2\boldsymbol{b}_1 - t_1\boldsymbol{b}_2)/N$ 和 $\boldsymbol{K}_2 = (m\boldsymbol{b}_1 - n\boldsymbol{b}_2)/N$(表 2.1)。利用倒易空间矢量 $\boldsymbol{K}_1$ 和 $\boldsymbol{K}_2$,可以构造纳米管的切割线,如图 2.15 所示。矢量 $\boldsymbol{K}_1$ 和 $\boldsymbol{K}_2$ 是正交的,$\boldsymbol{K}_2$ 沿着纳米管的轴向方向,因此切割线也沿着管轴方向。

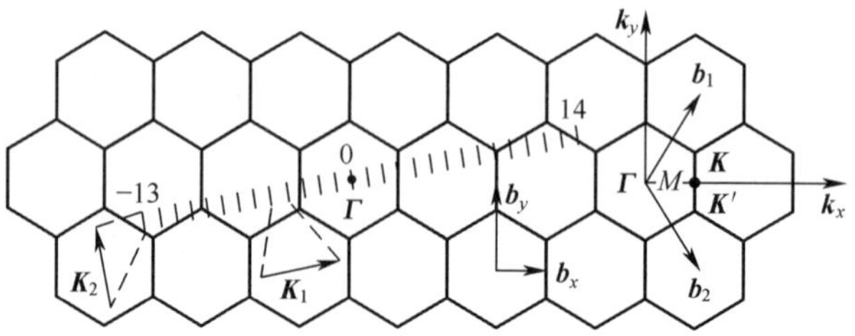

图 2.15　石墨烯层的倒易空间。平行等距线代表 (4,2) 纳米管的切割线,由切割线指数 μ 标记,其数值从 $1 - N/2 = -13$ 到 $N/2 = 14$。在图中,倒易晶格的单位矢量 $(\boldsymbol{b}_1, \boldsymbol{b}_2)$ 沿着纳米管(已缩放的)倒格子基矢 $(\boldsymbol{K}_1, \boldsymbol{K}_2)$ 方向[31]。

表 2.1　单壁碳纳米管的参数①

符号	名称	公式
a	石墨烯晶格常数	$a = \sqrt{3}a_{C-C} = 0.246\text{nm}$
$\boldsymbol{a}_1, \boldsymbol{a}_2$	石墨烯单位矢量	$\left(\frac{\sqrt{3}}{2}, \frac{1}{2}\right)a, \left(\frac{\sqrt{3}}{2}, -\frac{1}{2}\right)a$
$\boldsymbol{b}_1, \boldsymbol{b}_2$	石墨烯倒格矢量	$\left(\frac{1}{\sqrt{3}}, 1\right)\frac{2\pi}{a}, \left(\frac{1}{\sqrt{3}}, -1\right)\frac{2\pi}{a}$
$\boldsymbol{C}_h$	纳米管手性矢量	$\boldsymbol{C}_h = n\boldsymbol{a}_1 + m\boldsymbol{a}_2 \equiv (n, m)$
C_h	$\boldsymbol{C}_h$ 的长度	$C_h = \|\boldsymbol{C}_h\| = a\sqrt{n^2 + m^2 + nm}$
d_t	纳米管直径	$d_t = C_h/\pi$
θ	纳米管手性角	$\tan\theta = \frac{\sqrt{3}m}{2n + m}$
d	gcd (n, m) ②	两个整数 n 和 m 的最大公约数

（续）

符号	名称	公式
d_R	gcd $(2n+m, 2m+n)$	$d_R=\begin{cases} d & \text{如果}(n-m)\text{不是}3d\text{的公倍数} \\ 3d & \text{如果}(n-m)\text{是}3d\text{的公倍数} \end{cases}$
N	纳米管原胞中六边形的数目	$N=\dfrac{2(n^2+m^2+nm)}{d_R}$
$\boldsymbol{T}$ t_1, t_2	沿纳米管轴向的平移矢量	$\boldsymbol{T}=t_1\boldsymbol{a}_1+t_2\boldsymbol{a}_2$ $t_1=\dfrac{2m+n}{d_R}, t_2=-\dfrac{2n+m}{d_R}$
T	$\boldsymbol{T}$ 的长度	$T=\lvert\boldsymbol{T}\rvert=\dfrac{\sqrt{3}C_{\mathrm{h}}}{d_R}$
$\boldsymbol{R}$ p, q	纳米管的对称性矢量	$\boldsymbol{R}=p\boldsymbol{a}_1+q\boldsymbol{a}_2$ $t_1q-t_2p=1, 1\leqslant mp-nq\leqslant N$
τ	$\boldsymbol{R}$ 的距离	$\tau=\dfrac{(mp-nq)T}{N}=\dfrac{MT}{N}$
ψ	$\boldsymbol{R}$ 的旋转角	$\psi=\dfrac{2\pi}{N}$
M	$N\boldsymbol{R}$ 中 T 的数目	$N\boldsymbol{R}=\boldsymbol{C}_{\mathrm{h}}+M\boldsymbol{T}, M=mp-nq$
$\boldsymbol{K}_1$ $\boldsymbol{K}_2$	纳米管的倒格矢	$\boldsymbol{K}_1=-(t_2\boldsymbol{b}_1-t_1\boldsymbol{b}_2)/N$ $\boldsymbol{K}_2=(m\boldsymbol{b}_1-n\boldsymbol{b}_2)/N$ $K_1=\lvert\boldsymbol{K}_1\rvert=2/d_{\mathrm{t}}, K_2=\lvert\boldsymbol{K}_2\rvert=2\pi/T$ $\boldsymbol{K}_1 /\!/ \boldsymbol{C}_{\mathrm{h}}$ $\boldsymbol{K}_2 /\!/ \boldsymbol{T}$
	切割线 $\boldsymbol{K}_1$ -扩展的平移矢量	$N\boldsymbol{K}_1=-t_2\boldsymbol{b}_1+t_1\boldsymbol{b}_2$ $\boldsymbol{K}_2-M\boldsymbol{K}_1=\dfrac{m+Mt_2}{N}\boldsymbol{b}_1-\dfrac{n+Mt_1}{N}\boldsymbol{b}_2$
	切割线 $\boldsymbol{K}_2$ -扩展的平移矢量	$(N/Q)\boldsymbol{K}_2=\dfrac{m}{Q}\boldsymbol{b}_1-\dfrac{n}{Q}\boldsymbol{b}_2$ $Q\boldsymbol{K}_1-W\boldsymbol{K}_2=r_1\boldsymbol{b}_1+r_2\boldsymbol{b}_2$
Q		$Q=\mathrm{gcd}(M,N)^b$
W		$W=r_2t_2-r_1t_1$
r_1, r_2		$nr_1-mr_2=Q, 1\leqslant t_2r_2-t_1r_1\leqslant\dfrac{N}{Q}$
① 表中，n、m、t_1、t_2、r_1、r_2、p 和 q 是整数，d、d_R、N、M、Q 和 W 是这些整数的整数函数； ② gcd (n,m) 表示两个整数 n 和 m 的最大公约数		

未卷曲纳米管在平移矢量 $\boldsymbol{T}$ 方向上延伸，在手性矢量 $\boldsymbol{C}_{\mathrm{h}}$ 方向上为纳米级尺寸(图2.14)。由于平移矢量 $\boldsymbol{T}$ 与倒易空间矢量 $\boldsymbol{K}_2$ 在同一条直线上，手性矢

量 $\boldsymbol{C}_{\mathrm{h}}$ 对应于倒易空间矢量 $\boldsymbol{K}_1$，未卷曲纳米管的倒易空间(图 2.15)在 $\boldsymbol{K}_1$ 方向是量子化的，在 $\boldsymbol{K}_2$ 方向上是连续的。

因此，第 N 个波矢 $\mu\boldsymbol{K}_1$，其中 μ 是从 $1-N/2$ 变化到 $N/2$ 的整数(注意，N 总是偶数)，形成纳米管未卷曲倒易空间 $\boldsymbol{K}_1$ 矢量方向上的第 N 个量子态，每一个态在沿纳米管未卷曲倒易空间 $\boldsymbol{K}_2$ 矢量方向上都形成一个长度为 $K_2=|\boldsymbol{K}_2|$ 的线段。这 N 个线段可以由波矢 $\boldsymbol{K}_1$ 和 $\boldsymbol{K}_2$ 定义，表示纳米管在未卷曲倒易空间中的切割线，其长度和取向由波矢 $\boldsymbol{K}_2$ 决定，而两相邻切割线的间隔由波矢 $\boldsymbol{K}_1$ 给出。以(4,2)纳米管为例，$N=28$ 切割线如图 2.15 所示，可用参数 μ 来计数，μ 从 $1-N/2=-13$ 变化到 $N/2=14$。其中，中间切割线 $\mu=0$ 跨过 Γ 点，即石墨烯层第一布里渊区的中心。在理想的无限长纳米管中，沿纳米管轴向(沿 $\boldsymbol{K}_2$ 矢量)的波矢是连续的。如果纳米管的长度 L 足够小，但仍比原胞长度 $T=|\boldsymbol{T}|$ 大得多，则沿着纳米管轴向的波矢也变成量子化的，为 $\xi(T/L)\boldsymbol{K}_2$，其中，ξ 是从 $(2T-L)/(2T)$ 到 $L/(2T)$ 的整数。这种量子化效应已经在短碳纳米管[109]中被实验观察到。SWNT 的参数列于表 2.1。

2.3.2 能量色散关系的布里渊区折叠

单壁碳纳米管的电子结构可以简单地从石墨烯的电子结构获得。在以 $\boldsymbol{C}_{\mathrm{h}}$ 标记的圆周方向上采用周期性边界条件，与 $\boldsymbol{C}_{\mathrm{h}}$ 方向相关的波矢将量子化，而在平移矢量 $\boldsymbol{T}$（或沿纳米管轴向）方向上波矢仍是连续的①。图 2.16 给出(4,2)纳米管（$\boldsymbol{\kappa}_1=28\boldsymbol{K}_1$ 和 $\boldsymbol{\kappa}_2=\boldsymbol{K}_2-6\boldsymbol{K}_1$）和石墨烯的倒易空间。暗灰色区域为第一布里渊区，可利用倒格矢量平移到相邻的布里渊区，以浅灰色表示，如图 2.16 所示。因此，其能带由一系列一维的能量色散曲线所组成，这些一维能量色散曲线为石墨烯能量色散曲线的横截面(图 2.17(a))。

对石墨烯的能量色散曲线进行折叠，可获得 N 对一维的能量色散曲线 $E_\mu(k)$（图 2.17(b)）。这些一维的能量色散曲线可表示为

$$E_\mu(k)=E_{\mathrm{g2D}}\left(\frac{k}{|\boldsymbol{K}_2|}\boldsymbol{K}_2+\mu\boldsymbol{K}_1\right)\qquad\left(\mu=0,1,\cdots,N-1,\ -\frac{\pi}{T}<k<\frac{\pi}{T}\right)\tag{2.38}$$

对应于单壁碳纳米管的能量色散关系，其中 E_{g2D} 由式(2.30)给出。由式(2.38)给出的 N 对能量色散曲线对应于图 2.17(a)所示的二维能量色散曲面的横截面，是沿直线 $\dfrac{k}{|\boldsymbol{K}_2|}\boldsymbol{K}_2+\mu\boldsymbol{K}_1$ 进行切割而成的。

---

① 对于真实的碳纳米管，如果纳米管长度（L_{CN}）小于或等于微米，将产生分立的 $\boldsymbol{k}$ 矢量（$\Delta k=2\pi/L_{\mathrm{CN}}$）。

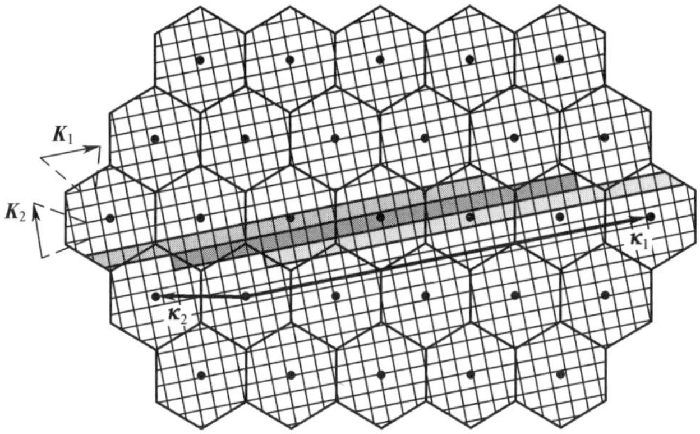

图 2.16 单层石墨烯的倒易空间，$\boldsymbol{K}_1$ 和 $\boldsymbol{K}_2$ 为倒易空间晶格矢量。平行等间距的直线为 (4,2) 纳米管的切割线。第一布里渊区用深灰色表示。浅灰色的矩形是由倒易空间结构的单位矢量 $\boldsymbol{\kappa}_2$ 得到的布里渊区[110]

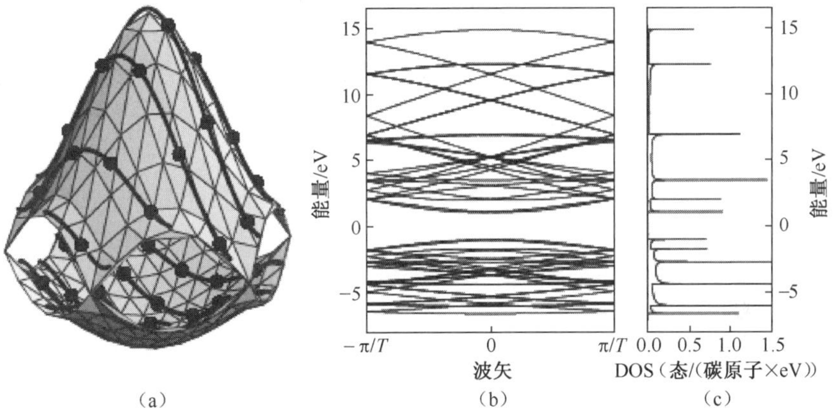

图 2.17 (a) 根据 π 能带最近邻紧束缚近似模型[31]计算得到的单层石墨烯在第一布里渊区中的导带和价带[31]。实线为(4,2)纳米管切割线的简约表示，实心点代表 $\boldsymbol{K}_1$ - 扩展表示的切割线端点。(b) 通过(a)的布里渊区折叠所得到的 (4,2) 纳米管电子能带图。(c)(b)中能带图对应的电子态密度[110]。

对于特定的 (n,m) 纳米管，如果存在一条切割线穿过二维布里渊区的一个 K 点，石墨烯的 π 能带和 π^* 能带在 K 点处因对称性简并，使相应的一维能带带隙为零，呈现金属性。如果所有切割线均不穿过 K 点，则碳纳米管呈现出半导体行为，其价带和导带间存在有限带隙。

存在金属性能带的条件是，矢量 $\overrightarrow{YK}$ 的长度与在图 2.18 中矢量 $\boldsymbol{K}_1$ 的长度比值是一个整数①。矢量 $\overrightarrow{\boldsymbol{YK}}$ 表达如下：

$$\overrightarrow{\boldsymbol{YK}} = \frac{2n + m}{3}\boldsymbol{K}_1 \tag{2.39}$$

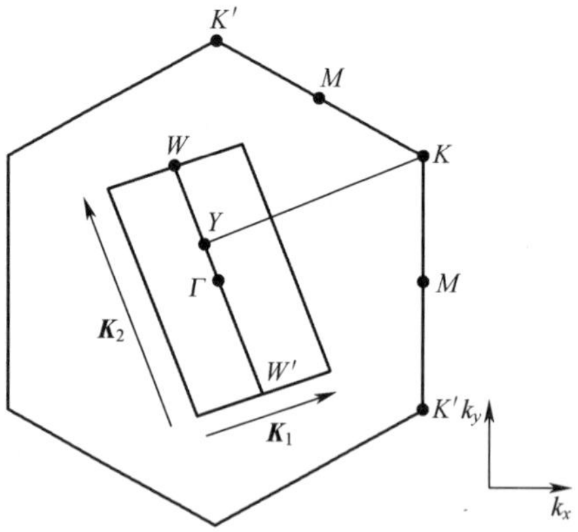

图 2.18　获得金属性能带的条件：矢量 $\overrightarrow{\boldsymbol{YK}}$ 长度与矢量 $\boldsymbol{K}_1$ 长度的比值是一个整数[31]

所以金属性纳米管的存在条件是($2n+m$)或与之等价的($n-m$)为 3 的倍数②。特别是，(n,n) 扶手椅型纳米管总是金属性的，而 (n,0) 锯齿型纳米管仅当 n 为 3 的倍数时才是金属性的。

如图 2.19 所示，K 点附近切割线有 3 种可能情况，$n-m=3l$，$n-m=3l+1$ 和 $n-m=3l+2$，其中 l 是整数。如上所述，$n-m=3l$ 对应于切割线穿越 K 点的情况，导致金属性能带结构。另外两种情况 $n-m=3l+1$ 和 $n-m=3l+2$(或者采用不同的标记，可等价于 $2n+m=3l+2$ 和 $2n+m=3l+1$)对应于 K 点分别位于两相邻切割线之间距离的 1/3 处和 2/3 处，由于切割线不经过 K 和 K' 点，相应纳米管表现出半导体性能带结构。因此，可得出初步结论，半导体性纳米管的数目大致为金属性纳米管的 2 倍。

半导体性纳米管的两种情况，$n-m=3l+1$ 和 $n-m=3l+2$，是互不相同的，这取决于电子态密度(DOS)第一个范霍夫奇点(vHS)出现在纳米管非折叠二维布里渊区 K 点的哪一侧，2.3.3 节将进一步进行讨论。按照 ($n-m-3l$) 数值等于 1 或 2，这两种类型的半导体性纳米管分别记为 mod1 类和 mod2 类。采用其他表示方法，如 $2n+m=3l+1$ 和 $2n+m=3l+2$，可分别称为 Ⅰ 和 Ⅱ 类

① 石墨布里渊区存在两个不等价的 K 和 K'点，如图 2.18 所示，因此得到金属性能带的条件同样可以通过 K'点得到。但是，由于 K 和 K'是 $\boldsymbol{k}$ 空间的时间反演对称对，因此所得结果与图 2.18 中从 $\overrightarrow{\boldsymbol{YK}}$ 所得结果相一致。

② 由于 $3n$ 为 3 的倍数，因此 $(2n+m)/3$ 和 $(n-m)/3$ 的余数是一致的。

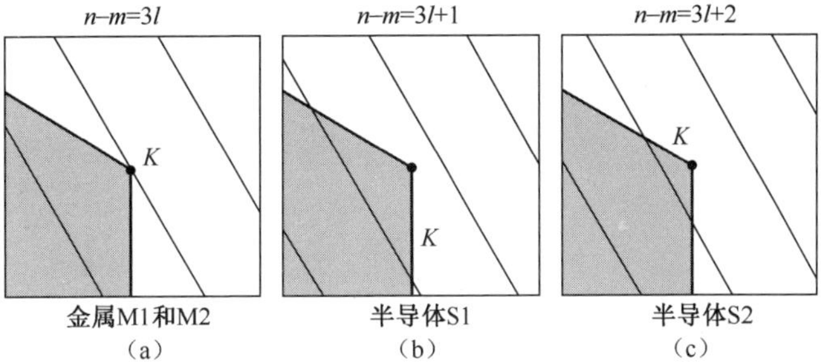

图 2.19　K 点附近 3 种不同情况的切割线。(a) $n-m=3l$ 对应 M1 和 M2 类金属性纳米管。(b)、(c) $n-m=3l+1$ 和 $n-m=3l+2$ 分别对应 mod1(或者Ⅱ、S2)和 mod2(或者Ⅰ、S1)类型的半导体性纳米管[110]。

(或者 S1 和 S2 类)。应仔细注意在文献[110]中所采用不同符号的对应关系，如 mod1(mod2)类对应于 S2(S1)类。以类似的方式，可以通过在 K_1 扩展表示下将 K 点划分切割线的比值对金属性纳米管进行归类。

2.3.3　态密度

如前所述，将二维石墨烯片卷成一维纳米管时，纳米管一维倒易空间的不同子带会以一组平行等距的直线或切割线扩展到相应单层材料的二维倒易空间。图 2.20(a)给出了 K 点附近能态的切割过程。

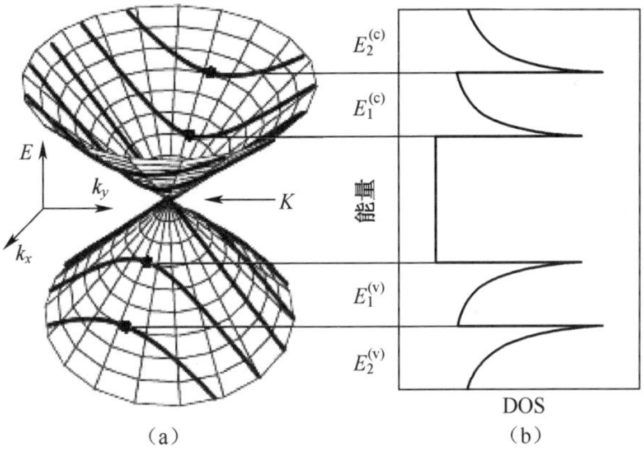

图 2.20　(a)二维系统价带和导带的能量-动量等高线图，每个能带 $E(\boldsymbol{k})$ 都呈线性关系，存在两个带在 K 点简并形成零带隙半导体。该等高线图中切割线表示从二维体系中获得的一维体系的色散曲线。每一条切割线形成一个不同的能量子带。每条切割线在波矢 $\boldsymbol{k}_i$ 处的能量极值 E_i 称为范霍夫奇点。图中实心点给出了价带和导带中范霍夫奇点的能量 $E_i^{(v)}$ 和 $E_i^{(c)}$ 以及相应波矢 $\boldsymbol{k}_i^{(v)}$ 和 $\boldsymbol{k}_i^{(c)}$ 。(b)对应于(a)中粗线所示的子带能量色散关系 $E(\boldsymbol{k})$ 中导带和价带的一维态密度(DOS)。DOS 属于金属性一维系统，这是因为(a)中存在切割线穿过简并狄拉克点(即石墨烯布里渊区的 K 点)。对于半导体性一维体系，无切割线穿过简并点，这导致 DOS 中在范霍夫奇点 $E_1^{(v)}$ 和 $E_1^{(c)}$ 之间打开一个带隙[110]。

图 2.20(b)给出了图 2.20(a)所示纳米管电子能带结构的电子态密度(DOS)(也可见图 2.17(c))。图 2.20(a)的每条切割线(除了穿越简并 K 点的那条)都在相应 DOS 中产生了一个局部最大值,也就是为人熟知的(一维)范霍夫奇点(vHS),表达如下:

$$g(E)=\frac{2}{N}\sum_{\mu=1}^{N}\int\left[\frac{\partial E_{\mu}(\boldsymbol{k})}{\partial \boldsymbol{k}}\right]^{-1}\delta[E_{\mu}(\boldsymbol{k})-E]\mathrm{d}\boldsymbol{k} \tag{2.40}$$

图 2.20(b)价带和导带中电子子带的 4 个 vHS 可分别标记为 $E_i^{(v)}$ 和 $E_i^{(c)}$。一维能带结构 DOS 中 vHS 的存在使得这些能带结构表现出不同于相应二维和三维材料的性质,如图 2.21 所示。

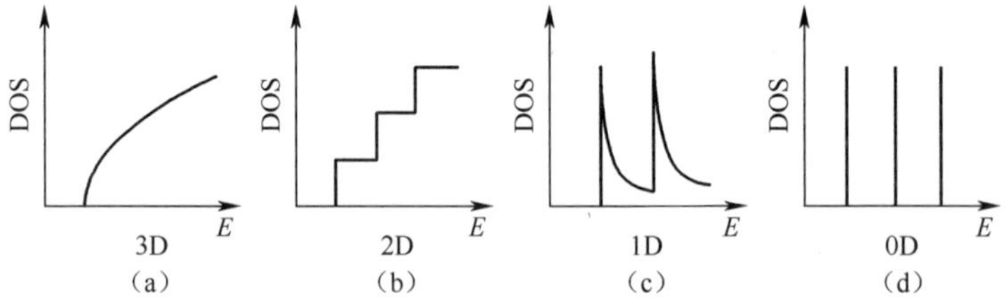

图 2.21 (a)3D,(b)2D,(c)1D 和(d)0D 系统典型的电子态密度

更广泛地说,不同维度(3D、2D、1D 和 0D)系统的 DOS 轮廓彼此间具有非常大的区别,如图 2.21 所示。在能带极值附近,DOS 与能量的典型依赖关系 $g(E)$ 为 $g(E) \propto (E-E_0)^{(D/2)-1}$,其中 D 是一个整数,表示空间维度,对应于一维、二维和三维系统,D 值分别为 1、2 和 3 [90]。这里 E_0 表示导带(或价带)的能带最小值(或最大值)。对于一维系统,E_0 对应于 DOS 的 vHS,位于每个子带的边缘,该处 DOS 非常大。图 2.21 显示出一维系统的 DOS 轮廓与零维系统的情况相当类似,零维和一维系统在某些特定的能量处具有非常尖锐的极大值,这与二维和三维系统的 DOS 随能量单调增加的情况完全不同(图 2.21)。但是,一维体系 DOS 与零维体系 DOS(能量的 δ 函数)也有不同,一维体系 DOS 具有锐利极值和衰减的拖尾,因此一维体系在尖锐最大值间不会像零维体系那样降低为零(图 2.21)。vHS 处极高的 DOS 使得在各种实验中可观察到对应于单个一维对象的物理现象,这将在 2.3.4 节详细讨论。

对于金属性纳米管,存在一条穿越 K 点费米能级的切割线。沿着纳米管轴方向每单位长度的态密度是一个常数,表达如下:

$$N(E_{\mathrm{F}})=\frac{8}{\sqrt{3}\pi a|t|} \tag{2.41}$$

式中:a 为石墨烯层的晶格常数;$|t|$ 为最近邻 C—C 的紧束缚交叠能量,在石墨文献中通常用 γ_0 表示[111]。

半导体性纳米管在导带和价带第一范霍夫奇点之间的 DOS 为零,能隙正比

于 $1/d_t$，即纳米管直径 d_t 的倒数①

$$E_g = \frac{|t| a_{C-C}}{d_t} \tag{2.42}$$

式中：$a_{C-C} = a/\sqrt{3}$ 为单层石墨烯的最近邻 C—C 距离。

2.3.4 电子结构和激发激光能量对 SWNT 拉曼光谱的重要性

图 2.22(a)~(c)给出了 3 种不同 SWNT 的电子态密度(DOS)，由于 SWNT 是一维系统，其 DOS 具有特别的 vHS。其尖锐的 vHS 定义了具有很大 DOS 强度的狭窄能量范围。因此，每个碳纳米管实际上表现出一个"类分子"行为，每个 vHS 处都具有明确的电子能级。图 2.22(a)~(c)给出的 3 条 DOS 曲线来自不同 (n,m) 的 SWNT [112]。当激发激光能量等于价带和导带中 vHS 之间的能量间隔(如图 2.22 中 E_{11}^S、E_{22}^S 和 E_{11}^M)时，可以获得来自单根碳纳米管的可观测拉曼信号，但仅限于满足光学允许电子跃迁相关的选择定则的时候(见第 6 章)。满足这些选择定则的价带-导带态可通过光学跃迁作为激发光子能量的函数关系获得，相关的关系图称为联合态密度(JDOS)曲线。

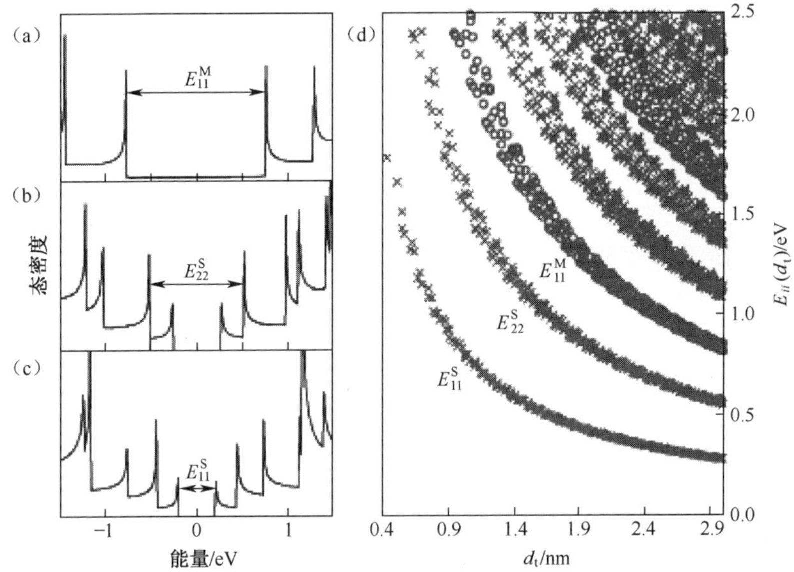

图 2.22 由文献[31]所述紧束缚模型计算得到的(a)扶手椅型(10,10)SWNT，(b)手性(11,9)SWNT 和(c)锯齿型(22,0)SWNT 的电子态密度。(d)采用简单的最近邻紧束缚模型[31]获得直径从 0.4~3.0nm 的不同 (n,m) SWNT 的电子跃迁能量 E_{ii} 曲线(称为 Kataura 曲线[113])。该简单单电子模型在计算 $d_t \leq 1$nm 的 SWNT 的较低能量跃迁 E_{11}^S 时可能出现一定偏差。此时基于多体相互作用的修正也很重要[112]。

① 半导体性纳米管的能隙也与手性角有微弱的关系。

采用拉曼光谱表征纳米管,需要考虑如图2.22(d)所示的能量 E_{ii} 与纳米管直径 d_t 的关系[113]。该图每个点代表一根给定 (n,m) SWNT 的一个光学允许的电子跃迁能量(E_{ii})。十字符号对应于半导体性 SWNT,圆圈对应于金属性 SWNT。该曲线可以用来回答如下问题:“如果我用一个给定 E_{laser} 的激光来激发样品,哪个 (n,m) 碳纳米管能与激光线相共振呢?”换句话说,可观察到的拉曼光谱主要来自于与 E_{laser} 共振的那些纳米管,因此图 2.22 指出了给定激光能量时可通过拉曼光谱观察到的纳米管。

由于上述共振过程,研究单根纳米管级别的拉曼光谱可获得 SWNT 非常详细的电子和声子结构。图 2.22(d)所示 E_{ii} 与 d_t 的关系曲线[113]是常提及的 Kataura 曲线。早期的 Kataura 曲线是通过最近邻紧束缚模型和本章所述的布里渊区折叠理论[31]得到的。如后所述,共振拉曼光谱表明图 2.22(d)所示的整体趋势是正确的,但如果需要精确确定每个 (n,m) SWNT 中 E_{ii} 值,还需要考虑其他效应,2.4 节将对此进行简单讨论,详细内容详见第 10 章。

2.4 简单的紧束缚近似和布里渊区折叠范围之外的理论

用于描述 sp^2 系统电子行为的简单紧束缚理论是有教学意义的,并且能很好地给出石墨烯和其他 sp^2 纳米碳电子能带的一级近似。但是,对于物理性质的精确描述还需要考虑其他效应。

(1) 多体效应,例如电子-电子(e-e)和电子-空穴(e-h)的相互作用,在描述石墨烯的激发态能量时需要考虑。

(2) 当一维量子限制效应发生时,激子(电子-空穴)相互作用等多体效应就变得极为重要,这对碳纳米管和纳米带的光学性质和拉曼光谱具有重要影响。

(3) 当纳米管和纳米带的大小(如碳纳米管直径、纳米带宽度)达到纳米尺度时,纳米管的弯曲和纳米带的边界效应会显著改变这些材料的电子性质。

这些概念将在本书其他章节进行详细讨论。这里将简单说明 2.3 节所提及的描述对于研究(4,2)碳纳米管等小直径 SWNT 有一定的不准确性。小直径纳米管性质偏离石墨烯层电子色散关系的简单线性近似来源于碳纳米管壁的弯曲所产生电子轨道的 $\sigma-\pi$ 杂化[114]。弯曲相关的效应会在布里渊区 K 和 K' 点附近费米能级处的电子色散关系中引入带隙。该带隙在许多方面影响着小直径 SWNT 的电子能带结构和物理性能。卷曲效应与碳纳米管直径的平方成反比,这对于小直径纳米管尤其重要,例如(5,0)纳米管由于卷曲效应会变成金属性的。图 2.17 所述的简单 π 能带最近邻紧束缚近似无法描述这种卷曲效应,这是由于描述纳米管的弯曲要求至少考虑每个碳原子的 4 个轨道:2s、$2p_x$、

$2p_y$、$2p_z$，详见第 10 章讨论。此外，次近邻相互作用也会影响石墨烯层的电子能带结构，影响的不仅是 K 和 K' 点附近的电子能带结构，这可以通过最近邻近似和第三近邻近似与第一性原理所计算结果的比较看出来[115]。因此，图 2.17 并不能反映(4,2)纳米管真实的电子能带结构，这里由于采用最低阶近似，(4,2)纳米管仍显示出半导体性，但在小直径极限下对 SWNT 采用更为详细的计算是非常必要的。采用第一性原理计算(4,2)纳米管的电子能带结构[108]可得到与布里渊区折叠方法显著不同的结果，这将在第 10 章进行详细讨论。

2.5 思 考 题

[2-1] 使用式(2.5)，估计 B、C 和 N 原子 1s 能级的能量。为了观察核态能量，通常使用 XPS(X 射线光电子能谱)测量。用示意图说明如何通过 XPS 测量这些原子的 1s 态。

[2-2] 电子 p 轨道具有角动量 $l=1$。$l=1$ 和 $m=-1,0,1$ 的球谐函数为 $Y_{lm}(\theta,\phi)$。结合这 3 个函数，构建 p_x、p_y 和 p_z 函数。画出 p_x、p_y 和 p_z 函数的三维形状。

[2-3] 画出式(2.2)中 1s、2s 和 2p 态的 $R_{nl}(r)$ 函数随 r 变化的大致形状。解释这些函数如何彼此正交。

[2-4] 当通过式(2.5)中 Z 变为 $Z-2$ 来解释两个 1s 电子之间的屏蔽时，估算 B、C 和 N 原子 2s 能级的能量。

[2-5] 为了求解式(2.1)，将波函数表示为 $\Psi(\boldsymbol{r})=R(r)\Theta(\theta)\Phi(\phi)$，获得关于变量 r、θ 和 ϕ 的方程。定性解释为什么 2p 轨道比 2s 轨道具有更高的能量。只有在氢原子中，2s 和 2p 能级才具有相同能量。

[2-6] 请使用式(2.15)中的幺正矩阵 $\boldsymbol{U}$，对角化式(2.13)中的哈密顿量。

[2-7] 在 $s=\langle\Psi_1|\Psi_2\rangle$ 不为零的情况下求解 H 分子的薛定谔方程，得到其特征值和波函数。

[2-8] 采用紧束缚模型获得聚乙炔 π 电子的电子能带结构。在聚乙炔中，有两种结构，顺式和反式结构(图 2.23)。根据反式聚乙炔是双键还是单键结构，其 π 电子重叠积分 t 可能有两个取值：t_1 和 t_2。解释说明反式聚乙炔的能量带隙正比于 $|t_1-t_2|$。

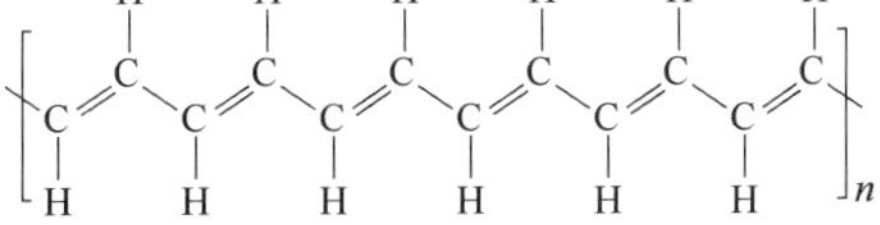

图 2.23　反式聚乙炔的结构，在反式构型中 C—C 键是交替可换的。在顺式聚乙炔中(图中未给出)，C—C 链构成扶椅型边界

[2-9] 求出 $\boldsymbol{k}$ 空间中 K、M 和 Γ 点的坐标,并用最简单的紧束缚近似方法得到在石墨烯布里渊区中这些高对称点处的能量值(式(2.32))。

[2-10] 推导式(2.33)和式(2.34),估算费米速度的大小。

[2-11] 说明在二维材料中能量色散关系为 $E=a\sqrt{k_x^2+k_y^2}$ 时,态密度与 E 成正比。一维材料具有线性色散时其态密度与 E 有什么关系?

[2-12] 绘制抛物线能带 $E=a(k_x^2+k_y^2)$ 的态密度。

[2-13] 将式(2.28)中的 $f(k)$ 在 K 点附近展开,证明其哈密顿量矩阵可以写成式(2.35)的形式。

[2-14] 通过数值计算解释如何获得余弦能带 $E=a[\cos(k_x a)+\cos(k_y a)]$ 的态密度。

[2-15] 计算 (n,m) SWNT 的直径:(5,5),(9,0),(10,5)SWNT 的直径分别是多少?哪些 (n,m) 数值使得 SWNT 的直径处于 1.5nm±0.02nm 范围?

[2-16] 对于给定的 (n,m) SWNT,给出 $\boldsymbol{T}=(t_1,t_2)$ 与 n、m 的函数表达式。$\boldsymbol{T}$ 的长度是多少?

[2-17] 证明 $|\boldsymbol{a}_1\times\boldsymbol{a}_2|=\sqrt{3}a^2/2$,以及纳米管原胞中六边形数目为 $N=2(n^2+nm+m^2)/d_R$。

[2-18] 证明 (n,m) SWNT 的关系式 $|\boldsymbol{C}_\mathrm{h}\times\boldsymbol{T}|=\sqrt{3}a^2(n^2+nm+m^2)/d_R$,其中 $d_R=\mathrm{gcm}(2n+m,2m+n)$,gcm 是最大公约数的整数函数。

[2-19] 在二维倒易空间中证明倒易晶格单位矢量 $(\boldsymbol{K}_1,\boldsymbol{K}_2)$ 是 n 和 m 的函数。

[2-20] 证明 $|\boldsymbol{K}_1|=2/d_\mathrm{t}$ 和 $|\boldsymbol{K}_2|=2\pi/|\boldsymbol{T}|$。

[2-21] 给出(10,10)和(18,0)SWNT 的一维电子结构。画出这两种 SWNT 在石墨烯二维布里渊区的二维倒易空间中的切割线(SWNT 的一维布里渊区)。

[2-22] 在图 2.18 中,证明 $\boldsymbol{YK}=[(2n+m)/3]\boldsymbol{K}_1$,也就是式(2.39)。

[2-23] 绘制Ⅰ类、Ⅱ类半导体性和金属性 SWNT 的切割线并指出这 3 种情况下,哪些切割线对应于 E_{11}^{S}、E_{22}^{S}、E_{33}^{S} 和 E_{11}^{M} 跃迁。

第3章

sp^2 纳米碳的振动性质

虽然拉曼散射的非弹性过程来源于产生和湮灭极化子、等离激元、磁振子或分子和固体材料的其他元激发，但是文献中拉曼光谱所涉及的主要是声子，也就是原子振动的量子，这也是本章重点讨论内容。sp^2 纳米碳的声子像电子一样依赖于原子结构，因此拉曼声子谱可用来研究 sp^2 纳米碳家族中各种材料之间的相似处和差别，从而提供一个灵敏的工具将 sp^2 纳米碳家族中一个成员从其他成员中鉴别出来。

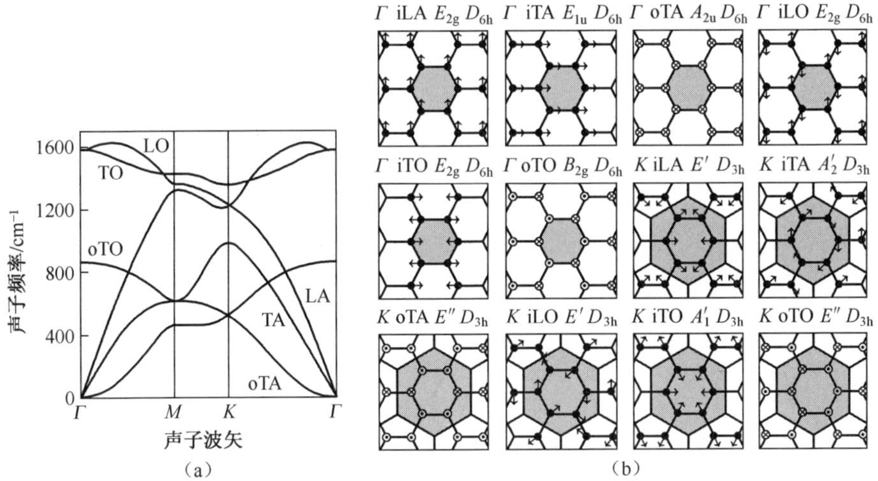

图 3.1 (a)石墨烯的声子色散关系，(b)在布里渊区高对称性 Γ 点和 $K(K')$ 点处面内声子的本征振动矢量。12 个声子模对应的原子位移均已标出[117]。i/o 分别表示平面内/外；T/L 分别表示横向/纵向；A/O 代表声学的/光学的。其他符号是根据群论给出的对称性标识，将在第 6 章详细讨论。

图 3.1(a)给出了根据力常数模型计算得到的单层石墨烯的声子色散关系 $\omega(\boldsymbol{q})$[31,116]，单层石墨烯是构成其他 sp^2 碳纳米结构的基本单元。由于晶体原胞具有两个不等价的原子(A 和 B)，因此声子色散曲线有 6 个声子支。Γ 点($\boldsymbol{q}=0$，即波长 $\lambda \to \infty$)的 6 个本征矢量包含了沿晶体 x、y 和 z 3 个方向频率为

零(因为没有回复力)的平动模,再加上3个振动模,其中两个是简并的。图3.1所显示的Γ点声子包含了石墨烯原胞中C—C键的伸缩振动,相应的声子模根据其原子振动沿着或垂直于波矢$\boldsymbol{q}$的方向(未标出)分别记为LO和TO。由于石墨烯原胞由两个相同类型的原子组成,石墨烯是一种非离子型晶体,这种非离子型的特性使得石墨烯晶体中的LO和TO声子模在Γ点是简并的①。对于K点声子,$\boldsymbol{q} \neq 0$,一个原胞的声子本征函数相对于其相邻原胞存在一个相位因子。

前面简要介绍了处理晶体声子的物理图像,本章将描述sp^2碳的振动性质。类似于第2章所涉及的内容,本章先从一个简单分子的能级去理解有关声子色散的基本概念,然后建立晶体的声子色散结构,如图3.1所示。因此,从3.1节开始简要回顾一些基本概念:如用于描述分子振动基础物理的简谐振子(3.1.1节);从分子到晶体的简正模概念(3.1.2节);力常数模型(3.1.3节),在该模型中原子间作用力可以用弹性常数来表示以计算晶体的声子色散关系。有了这些基本概念,就可以建立石墨烯的力常数模型(3.2节)。类似于电子能带结构的紧束缚近似(第2章),可以通过力常数模型非常简单进行解析求解,因此有利于理解如何构建石墨烯的声子结构。同时与电子类似,碳纳米管也具有声子限制效应,在一阶近似条件下,可以通过布里渊区折叠模型来描述,见3.4节。最后,3.4.2节和3.5节讨论了布里渊区折叠模型和力常数模型的局限性。将力常数模型应用到三维石墨,可以通过增加近邻原子的数目和相应力常数的数目来获得更精确的描述,但是当电子-声子耦合效应很重要时,该模型将失效。实际上这种失效对于解释sp^2碳纳米管的拉曼光谱是非常重要的,本章将做简要讨论。当需要用电子-声子相互作用这样的新概念来解释与sp^2碳拉曼光谱相关的一些特殊现象时,我们将给出更进一步的讨论。本书只着眼于sp^2碳的拉曼光谱,许多有关拉曼光谱的基础教科书可作为本书的有效补充[119-122]。

3.1 基本概念:从分子到固体的振动能级

为提供一个基本介绍,首先回顾谐振子模型(3.1.1节),该模型对声子的定义以及描述与拉曼强度计算相关的声子振幅和原子位移都非常重要;然后,将讨论分子的简正振动模,并讨论从小分子到具有"无限"数量原子的晶体,简正模的数目是如何演变的,从而建立起晶体的声子色散曲线(3.1.2节);最后,

---

① 对于离子晶体,如NaCl,由于离子间存在库仑相互作用,LO模比TO模的频率高。LO-TO的劈裂与介电常数相关,可通过Lydane-Sacks-Teller (LST)来描述[118]。

将简单地阐述振动的力常数模型(3.1.3 节)。

3.1.1 简谐振子

分子和固体的原子运动可以通过振动的简正模来描述,即由一组正交的谐振子来表示。经典的谐振子可以描述为

$$m\frac{\mathrm{d}^2(x-x_{\mathrm{eq}})}{\mathrm{d}t^2}=-K(x-x_{\mathrm{eq}}) \tag{3.1}$$

式中:m、x_{eq} 和 K 分别为谐振子的质量、平衡位置(图 3.2)和力常数,式(3.1)的解为

$$x(t)=x_{\mathrm{eq}}+A\cos(\omega t+\phi),\omega\equiv\sqrt{\frac{K}{m}} \tag{3.2}$$

式中:A、ω 和 ϕ 分别为振动的振幅、频率和相位。A 和 ϕ 是由时间 $t=0$ 的初始条件决定的。

然而,上述描述并没有考虑原子的量子特性,该量子特性可以通过求解量子简谐振子(HO)的含时薛定谔方程来描述

$$\left(-\frac{\hbar^2}{2m}\frac{\partial^2}{\partial x^2}+\frac{1}{2}Kx^2\right)\Psi_n=E_n\Psi_n \quad (n=0,1,2,\cdots) \tag{3.3}$$

式中:Ψ_n 为谐振子的波函数;n 为谐振子的量子态。正比于 $\sqrt{n}$ 的振幅 Ψ_n 是量子化的,不同振动能级可以由振动量子的数目来描述,该振动量子称为声子。声子可用量子数 n 来量化(图 3.2)。

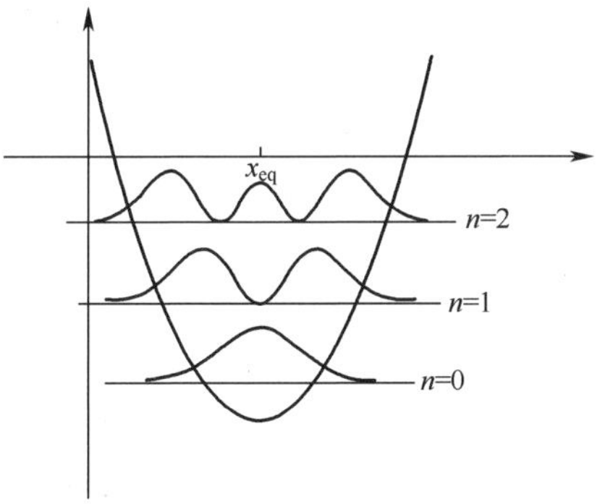

图 3.2 谐振子的势能表现为分子振动模的量子化能级。
任一能级上的波表示在给定 x 值处发现原子间距离的概率。

为了解释声子的量子特性及能量,下面引进湮没算符 a 和产生算符 $a^\dagger$,分

别表示湮灭和产生一个能量为 $\hbar\omega$ 的声子：

$$\begin{cases} a = \dfrac{p - \mathrm{i}\omega m x}{\sqrt{2\hbar\omega m}} \\ a^{\dagger} = \dfrac{p + \mathrm{i}\omega m x}{\sqrt{2\hbar\omega m}} \end{cases} \tag{3.4}$$

湮没算符 a 使态 $|n\rangle \equiv \Psi_n$ 的量子数降到 $|n-1\rangle$，而产生算符 $a^{\dagger}$ 使态 $|n\rangle$ 的量子数增加到 $|n+1\rangle$。根据对易公式 $[p,x] = \hbar/\mathrm{i}$，可以得到

$$[a, a^{\dagger}] = 1 \tag{3.5}$$

因此式(3.3)中简谐振子的哈密顿量可以写成算符 a 和 $a^{\dagger}$ 的形式：

$$H = \frac{1}{2m}[(p + \mathrm{i}\omega m x)(p - \mathrm{i}\omega m x) + m\hbar\omega] \tag{3.6}$$

$$H = \hbar\omega\left[a^{\dagger}a + \frac{1}{2}\right] \tag{3.7}$$

考虑到 $N = a^{\dagger}a$ 为粒子数算符，式(3.6)的哈密顿量可以写为

$$H|n\rangle = \hbar\omega\left[N + \frac{1}{2}\right]|n\rangle = \hbar\omega\left(n + \frac{1}{2}\right)|n\rangle \tag{3.8}$$

因此，简谐振子的本征值为

$$E = \hbar\omega\left(n + \frac{1}{2}\right) \quad (n = 0,\ 1,\ 2,\ \cdots) \tag{3.9}$$

如图3.2所示，n 对应于频率为 ω 的声子数目。声子幅度将与声子的数量 n 相关，该数量 n 依赖于声子能量和温度，由玻色-爱因斯坦分布函数给出(见4.3.2节)。

3.1.2 从分子到周期晶格的简正振动模

对于含有 N 个原子的分子，其振动存在 $3N-6$ 个自由度。这 $3N-6$ 个振动模中，6个自由度对应于质心的平动和转动，要么不存在回复力(平动具有零频率)，要么具有非常小的频率(转动)①。该分子的任何原子运动可以通过 $3N-6$ 个独立且正交的振动线性组合而成，称为简正模。

举一个简单的例子，NO分子的分子振动对于 $3N-6$ 规则是个例外，具有 $3N-5$ 个简正模。NO分子具有两个原子，其原子运动在三维空间具有6个自由度，但只有一个振动模。其中3个自由度为沿 x、y 和 z 方向的分子平动，只有2个自由度涉及绕 x 轴和 y 轴的分子转动。绕 z 轴(N—O键)转动对于直线型分

① 典型的转动能量约为1meV的数量级，发生在远红外频率范围。分子的振动模出现在中红外范围，一般在20~100meV范围内，也是分子拉曼光谱通常的研究对象。

子并不意味着运动,因此 NO 分子只有 $3N - 5 = 1$ 个振动模。该振动模即 N—O 键的伸缩振动,是一种呼吸模,不会改变分子的对称性,仅仅改变 N—O 键的键长(偶极矩)。

当分子大小从两个原子增加到 3 个原子时,CO_2 分子是一个很好的例子。CO_2 分子也是一个直线型分子,碳原子位于中心,每个氧原子位于距离碳原子(如沿 z 方向)的 $\pm z_0$ 处。在此情况下,CO_2 分子有 9 个自由度,其中 4 个属于振动自由度。这将产生一个对称的呼吸模,其中 C 原子保持静止,氧原子在 $\pm z$ 方向上移动以保持质心不变。第二种振动模是反对称拉伸模,例如,碳原子沿 $+z$ 方向移动时,两个氧原子沿 $-z$ 方向移动以保持质心不变。此外,还有一个双重简并的弯曲模,即一个碳原子和两个氧原子在垂直于分子轴(也就是 $\pm x$ 和 $\pm y$)方向上振动。在这种情况下,弯曲模和反对称拉伸模会产生偶极矩,因此是红外活性的,而对称伸缩模(或称为呼吸模)可转化为一个对称的二阶张量,因此是拉曼活性的。这些涉及拉曼活性的对称性概念可以通过群论来描述,将在第 6 章讨论。

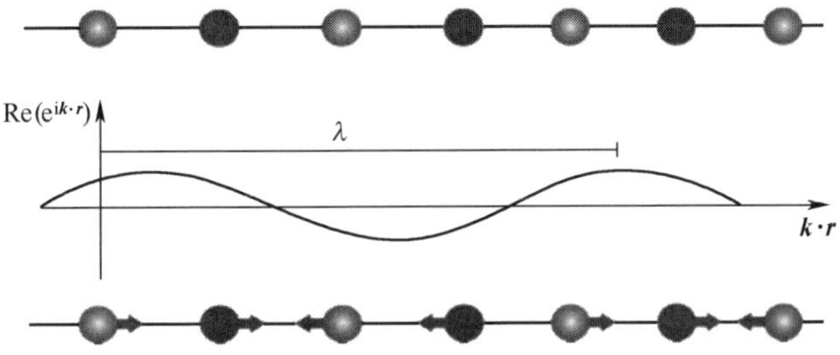

图 3.3　原胞中含有两个原子的一维晶体中声子本征矢量的示意图。
声子模为纵向声学(LA)声子支,$q = 8\pi/9a(\lambda = 9a/4)$。

最后,获得大而复杂分子(如蛋白质)的简正模并不是一项容易的任务,这是因为它存在大量的自由度。在这种情况下,常见的处理方法是找出与局域键(如 C ═ C、C—H、C ═ O 等)的伸展和弯曲所对应的光谱特征,而不是整个完整分子的简正模。晶体具有大量原子(理想状态下是无限的),但无论是在实空间还是倒易空间均能简单地从分子角度来描述这种周期性系统,并需要使用声子色散曲线 $\omega(\boldsymbol{q})$ 这一概念,其中 $\boldsymbol{q}$ 是声子波矢。

2.1.5 节所阐述的电子布洛赫定理可以用来描述晶体的振动结构。类似的概念,如实空间和倒易空间的原胞和布里渊区等,也能用于振动结构的描述,但是术语“支”代替“带”来描述声子色散关系。若每个原胞含有 N 个原子,$N_\Omega \sim 10^{23}$ /mol 表示每摩尔晶体所含有的原胞数,则晶体有 $3 \times N_\Omega \times N$ 个振动模,对于无限大晶体而言这是一个无限大的数值,但这些准无限数目的振动模可分为不同的声子支。类似于电子能带的数目可以由原胞中电子数定义,声子支的数量也可由原胞中原子的数量(N)定义。同一声子支中不同声子间的差别不是由原胞内各原子的运动给定的,而是由一个原胞到相邻原胞之间振动相位的变化所决定的。一种理想的 $N = 2$ 一维晶体所对应的声子振动矢量如图 3.3 所示,类似于图 2.5 中 s 和 p 电子的示意图。原胞内声子间的差异可用声子波矢来描述,通常用 $\boldsymbol{q}$ 来表示($\boldsymbol{k}$ 一般用来描述电子波矢),声子能量由 $E_{\boldsymbol{q}} = \hbar\omega_{\boldsymbol{q}}$,或者 $E(\boldsymbol{q}) = \hbar\omega(\boldsymbol{q})$ 给出。石墨烯的 $\omega_{\boldsymbol{q}} - \boldsymbol{q}$ 关系,即声子色散曲线如图 3.1(a) 所示[31]。

N_{Ω} 个原胞沿实空间 3 个方向的平动对应着 $3 \times N_{\Omega}$ 个模。但是,沿 x、y 和 z 方向的平动只有在波长 λ 无限时(即波矢 $\boldsymbol{q} = 0$,Γ 点)才表示整个晶体的平动(无回复力,频率为零)。所有其他 $3N_{\Omega} - 3$ 个振动模实际上有来自相邻原胞的回复力。由于它们在长波范围内与声波的传输有关①,所有这些振动模可分为 3 支,称为声学支。一般来说,纵波的声速比横波声速快。对于高对称性晶体如二维石墨烯和三维石墨,可以根据波矢 $\boldsymbol{q}$ 来定义波传播方向。对于给定的 $\boldsymbol{q}$,其中一个晶格振动的振幅平行于波的传播方向 $\boldsymbol{q}$,定义为纵向声学(LA)支,另外两个晶格振动的振幅垂直于 $\boldsymbol{q}$,定义为横向声学(TA)支(图 3.4)。

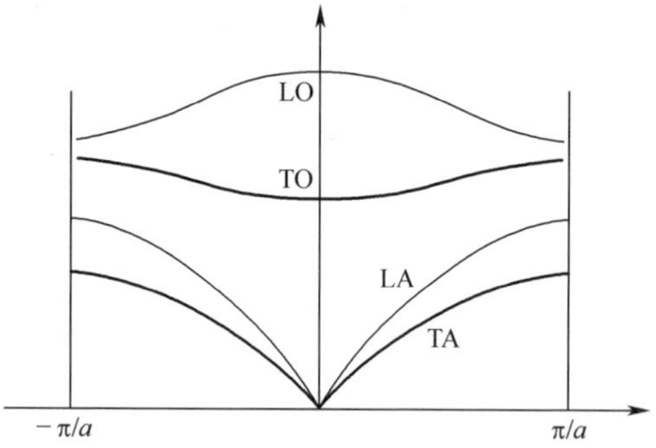

图 3.4 两个不同原子重复排列成假想的一维晶体的声子色散关系示意图。粗线表示的声学支和光学支都是双重简并的。

晶体中原胞的转动是不允许的。所有其他 $N_{\Omega}(3N - 3)$ 个模也是振动模,可将其分为 $3N - 3$ 支。由于它们经常通过光学方法来研究,因此这些声子支称为光学支。类似于声学支,光学支也可分为纵向和横向的模,通常分别用 LO 和 TO 来表示(“O”表示光学,取代声学的“A”)。

举一个例子,图 3.4 给出了由两个不同原子交替排列组成的一个假想一维晶体(图 3.3)的声子色散关系示意图。两个较低能量的声子支是声学声子,而两个较高能量的声子支是光学声子。因为原胞有两个原子,二维石墨烯②具有

① 如果声速为 10km/s 以及声波最高频率为 20kHz,长波声子将具有波长 $\lambda>50$cm。

② 原书中“三维石墨”有错误,译者已改正。

6 个声子支(3 个声学支和 3 个光学支)。但是,对于假想的一维晶体情况,由于沿 x 或 y 方向的原子振动具有相同的能量,因此其中两个声学支和两个光学支都是双重简并的。

另一个重要概念是声子色散的布里渊区边界,已在 2.1.5 节讨论过,图 3.4 所示的区域边界为 $q = \pm \pi/a$ 。该边界就是第一布里渊区的边界, $q = 2\pi/\lambda = 2\pi/2a$ 定义了其最大可能的数值。任何比此值大的数值都可以折叠回第一布里渊区的 $\pm\pi/a$ 的边界以内。例如,如果在图 3.3 中画出 $q = 0(\lambda \to \infty)$ 和 $q = 2\pi/a(\lambda = a)$ 的原子振动,就会看出相同原子的运动是等效的。

理解图 3.1 和图 3.4 所示的声子色散关系的意义对于拉曼光谱和材料科学都是非常重要的,这正是本节的目的所在。3.1.3 节将介绍一个可用来计算实际材料声子色散关系的模型。

3.1.3 力常数模型

一般情况下,在具有 N 个原子的原胞里,第 i 个原子偏离平衡位置位移的运动方程, $\boldsymbol{u}_i = (x_i, y_i, z_i)$,由如下方程给出

$$M_i \ddot{\boldsymbol{u}}_i = \sum_{\mathrm{j}} \boldsymbol{K}^{(ij)}(\boldsymbol{u}_j - \boldsymbol{u}_i) \quad (i = 1, 2, \cdots, N) \tag{3.10}$$

式中: M_i 为第 i 个原子的质量; $\boldsymbol{K}^{(ij)}$ 为第 i 和 j 个原子间的 3×3 力常数张量①。式(3.10)对 j 的求和通常只考虑相对于第 i 个位置的少数近邻距离。对于二维石墨烯,文献[123]已经考虑了多至第 4 近邻相互作用。为了重现实验结果,甚至要考虑到第 20 近邻的相互作用[116,124]。在一个周期系统中,可以对波矢为 $\boldsymbol{q}'$ 的第 i 个原子的位移进行傅里叶变换以获得简正模的位移 $\boldsymbol{u}_{\boldsymbol{q}'(i)}$ 。

$$\boldsymbol{u}_i = \frac{1}{\sqrt{N_\Omega}} \sum_{\boldsymbol{q}'} \mathrm{e}^{-\mathrm{i}(\boldsymbol{q}' \cdot \boldsymbol{R}_i - \omega t)} \boldsymbol{u}_{\boldsymbol{q}'(i)} \text{ 或 } \boldsymbol{u}_{\boldsymbol{q}(i)} = \frac{1}{\sqrt{N_\Omega}} \sum_{R_i} \mathrm{e}^{\mathrm{i}(\boldsymbol{q} \cdot \boldsymbol{R}_i - \omega t)} \boldsymbol{u}_i \tag{3.11}$$

其中,求和是对第一布里渊区的所有波矢 $\boldsymbol{q}'$(N_Ω 个)②进行的, $\boldsymbol{R}_i$ 表示晶体中第 i 个原子的位置。当假设所有 $\boldsymbol{u}_i$ 都具有相同的特征频率 ω 时,也就是 $\ddot{\boldsymbol{u}}_i = -\omega^2 \boldsymbol{u}_i$,则式(3.10)可以通过定义一个 $3N \times 3N$ 的动力学矩阵 $\boldsymbol{D}(\boldsymbol{q})$ 后写成

$$\boldsymbol{D}(\boldsymbol{q}) \boldsymbol{u}_{\boldsymbol{q}} = 0 \tag{3.12}$$

要得到 $\boldsymbol{D}(\boldsymbol{q})$ 的本征值 $\omega^2(\boldsymbol{q})$ 和非平庸的本征矢量 $\boldsymbol{u}_{\boldsymbol{q}} \neq 0$,对于特定的 $\boldsymbol{q}$ 矢量,就需要求解其久期方程 $\det\boldsymbol{D}(\boldsymbol{q}) = 0$。可以很方便地把动力学矩阵 $\boldsymbol{D}(\boldsymbol{q})$ 分

---

① 二阶张量由一个 3×3 矩阵定义,其元素 $(K_{xx}, K_{xy}, \cdots, K_{zz})$ 可以转化为 $\boldsymbol{U}^{-1}\boldsymbol{K}\boldsymbol{U}$,其中 $\boldsymbol{U}$ 是幺正矩阵,通过这个 $\boldsymbol{U}$ 矩阵可将 x、y、z 坐标转换成另一正交 x'、y'、z' 坐标,而不改变长度单位。

② N_Ω 是固体中原胞的数量, N_Ω 一般在 10^{23}/mol 量级。

解为一系列 3×3 小矩阵 $\boldsymbol{D}^{(i,j)}(\boldsymbol{q})(i,j = 1,2,\cdots,N)$,并用 $\{\boldsymbol{D}^{(i,j)}(\boldsymbol{q})\}$ 表示 $\boldsymbol{D}(\boldsymbol{q})$,由式(3.12)得到 $\boldsymbol{D}^{(i,j)}(\boldsymbol{q})$ 的相应表达式为

$$\boldsymbol{D}^{(i,j)}(\boldsymbol{q}) = \left(\sum_{j''} \boldsymbol{K}^{(ij'')} - M_i\omega^2(\boldsymbol{q})\boldsymbol{I}\right)\delta_{ij} - \sum_{j'} \boldsymbol{K}^{(ij')} \mathrm{e}^{\mathrm{i}\boldsymbol{q}\cdot\Delta\boldsymbol{R}_{ij'}} \tag{3.13}$$

式中:$\boldsymbol{I}$ 为一个 3×3 单位矩阵;$\Delta\boldsymbol{R}_{ij} = \boldsymbol{R}_i - \boldsymbol{R}_j$ 为第 i 个原子相对于第 j 个原子的坐标。第 i 个原子的振动通过力常数张量 $\boldsymbol{K}^{(ij)}$ 与第 j 个原子的振动相耦合。对 j'' 的求和遍布第 i 个原子的所有近邻位置且 $\boldsymbol{K}^{(ij'')} \neq 0$,对 j' 求和遍布所有与第 j 个原子等效的位置。只有当 $i = j$ 时,式(3.13)的前两项①不等于零;只有当第 j' 原子通过 $\boldsymbol{K}^{(ij')} \neq 0$ 与第 i 个原子相耦合时,最后一项才不等于零。

在周期系统中,动力学矩阵元由力常数张量 $\boldsymbol{K}^{(ij)}$ 和相位差因子 $\mathrm{e}^{\mathrm{i}\boldsymbol{q}\cdot\Delta\boldsymbol{R}_{ij}}$ 的乘积给出。这种情况与能带结构的紧束缚计算中矩阵元素由原子矩阵元和相位差因子相乘得到(见 2.22 节)的情况类似。

3.2 石墨烯的声子

下面介绍石墨烯的力常数模型。由于石墨烯的原胞有两个不等价的碳原子,A 和 B,在式(3.12)中必须讨论 6 个坐标 $\boldsymbol{u}_{\boldsymbol{k}}$(或者 6 个自由度),因此需要求解 6×6 动力学矩阵 $\boldsymbol{D}$ 的久期方程。石墨烯的动力学矩阵 $\boldsymbol{D}$ 可写成3×3 矩阵的形式:各种原胞中(1)A 和 A 的耦合 D^{AA} ,(2)A 和 B 的耦合 D^{AB} ,(3)B 和 A 的耦合 D^{BA} 和(4)B 和 B 的耦合 D^{BB} 。

$$\boldsymbol{D} = \begin{pmatrix} D^{AA} & D^{AB} \\ D^{BA} & D^{BB} \end{pmatrix} \tag{3.14}$$

当考虑某个 A 原子时,与其最近邻的 3 个原子(图 3.5 和图 3.6)为 B_1、B_2 和 B_3,它们对 $\boldsymbol{D}$ 的贡献都包含在 D^{AB} 中,而如图 3.5(a)中用实方框所示的 6 个次近邻原子都是 A 原子,它们对 $\boldsymbol{D}$ 的贡献都包含在 D^{AA} 中,依此类推。图 3.5(a)、(b)分别给出了石墨烯中以 A 和 B 原子为中心的从最近邻到第 4 近邻的原子。值得注意的是,对于第 n 近邻,A 和 B 位点并不总是交替出现的。事实上,图 3.5 中的第 3 和第 4 近邻原子属于等价的原子。

剩下的问题是如何构造力常数张量 $\boldsymbol{K}^{(ij)}$ 。这里给出了一种获得 $\boldsymbol{K}^{(ij)}$ 的简

① 这些项对应于动力学矩阵的对角矩阵块。式(3.13)的最后一项位于动力学矩阵的非对角线 ij 矩阵块。当第 i 个原子在其近邻原胞中具有等效的相邻原子时,最后一项可以出现在动力学矩阵的对角矩阵块。

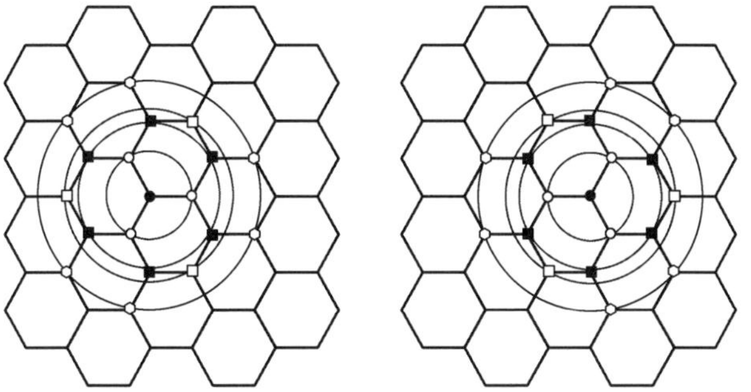

图 3.5　石墨烯中以实线圆圈表示的(a)A 原子和(b)B 原子为中心所画出的从最近邻到第 4 近邻的原子。从第 1 到第 4 近邻原子,分别画了 3 个空心圆形(最近邻),6 个实线方形(次近邻),3 个空心方形(第 3 近邻)和 6 个空心六边形(第 4 近邻)。为了便于观察,图中画出了连接相同近邻原子的圆圈[31]。

单方法①。首先考虑 A 原子和一个最近邻 B_1 原子之间沿 x 轴方向的力常数,如图 3.6 所示(也可以见图 2.6(a))。力常数张量表达如下:

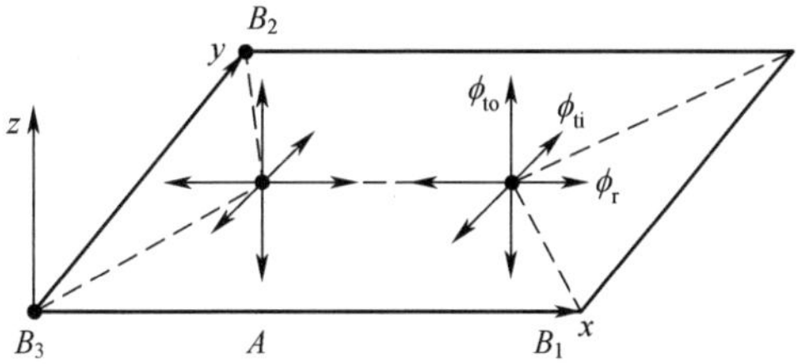

图 3.6　石墨烯片的 A 和 B_1 原子间的力常数。这里的 ϕ_r、ϕ_{ti} 和 ϕ_{to} 分别表示最近邻原子之间在径向(键的拉伸)、面内和面外切向(键的弯曲)方向的力。B_2 和 B_3 是与 B_1 等价的最近邻原子,它们的力常数张量可以通过适当地旋转 A 和 B_1 的 $\boldsymbol{K}^{(ij)}$ 张量得到。

$$\boldsymbol{K}^{(A,B_1)}=\begin{bmatrix}\phi_r^{(1)} & 0 & 0\\ 0 & \phi_{ti}^{(1)} & 0\\ 0 & 0 & \phi_{to}^{(1)}\end{bmatrix} \tag{3.15}$$

式中:$\phi_r^{(n)}$、$\phi_{ti}^{(n)}$ 和 $\phi_{to}^{(n)}$ 分别为第 n 近邻力常数在径向(键的拉伸)、面内和面外切向(键的弯曲)方向的分量。这里石墨烯平面是 xy 平面,径向方向(图 3.6

① 由于动力学矩阵的行列式是一个标量变量,在原胞所属点群的任何操作下,行列式应该是不变的。因此,力常数张量 $\boldsymbol{K}^{(ij)}$ 和相位差因子 $e^{i\boldsymbol{q}\cdot\Delta\boldsymbol{R}_{ij}}$ 的乘积项的合适组合是由群论所决定的。根据周期结构对称群的不可约表示可以将矩阵进行对角化(见第 6 章)。详细的讨论可从与 Si 和 Ge[125] 以及石墨[126] 的相关文献中找到。

的 x 轴)对应于 σ 键(点线)的方向,两个切线方向(y 轴和 z 轴)对应于径向的两个垂直方向。由于石墨是各向异性材料,可以引入两个参数来描述面内 (y) 和面外 (z) 切向方向的声子模,位于 $(a/\sqrt{3},0,0)$ 的 B_1 原子相应的相位因子 $e^{i\boldsymbol{q}\cdot\Delta\boldsymbol{R}_{ij}}$ 简化为 $\exp(-iq_x a/\sqrt{3})$ 。

根据二阶张量规则,另外两个最近邻原子 B_2 和 B_3 的力常数矩阵可通过转动式(3.15)的矩阵得到,

$$\boldsymbol{K}^{(A,B_m)} = \boldsymbol{U}_m^{-1}\boldsymbol{K}^{(A,B_1)}\boldsymbol{U}_m \quad (m=2,3) \tag{3.16}$$

其中,幺正矩阵 $\boldsymbol{U}_m$ 在这里定义为绕 z 轴的旋转矩阵,如图 3.6 所示,它可将 B_1 原子变换到 B_m 原子①

$$\boldsymbol{U}_m = \begin{bmatrix} \cos\theta_m & \sin\theta_m & 0 \\ -\sin\theta_m & \cos\theta_m & 0 \\ 0 & 0 & 1 \end{bmatrix} \tag{3.17}$$

为了详细说明该方法,接下来展示位于 $[-a/(2\sqrt{3}),a/2,0]$ 处的 B_2 原子的力常数矩阵。假设 $\theta_2 = 2\pi/3$ 可得到 $\boldsymbol{U}_2$,则

$$\boldsymbol{K}^{(A,B_2)} = \frac{1}{4}\begin{bmatrix} \phi_{\mathrm{r}}^{(1)} + 3\phi_{\mathrm{ti}}^{(1)} & \sqrt{3}(\phi_{\mathrm{ti}}^{(1)} - \phi_{\mathrm{r}}^{(1)}) & 0 \\ \sqrt{3}(\phi_{\mathrm{ti}}^{(1)} - \phi_{\mathrm{r}}^{(1)}) & 3\phi_{\mathrm{r}}^{(1)} + \phi_{\mathrm{ti}}^{(1)} & 0 \\ 0 & 0 & \phi_{\mathrm{to}}^{(1)} \end{bmatrix} \tag{3.18}$$

相应的相位因子为 $\exp[-iq_x a/(2\sqrt{3}) + iq_y a/2]$ 。

表 3.1 二维石墨烯高达第 4 近邻的力常数参数(单位:10^4dyn/cm)[123]。此处下标 r、ti、to 分别表示径向、平面内横向和平面外横向(图 3.5 和图 3.6)

径向	切向	
$\phi_{\mathrm{r}}^{(1)} = 36.50$	$\phi_{\mathrm{ti}}^{(1)} = 24.50$	$\phi_{\mathrm{to}}^{(1)} = 9.82$
$\phi_{\mathrm{r}}^{(2)} = 8.80$	$\phi_{\mathrm{ti}}^{(2)} = -3.23$	$\phi_{\mathrm{to}}^{(2)} = -0.40$
$\phi_{\mathrm{r}}^{(3)} = 3.00$	$\phi_{\mathrm{ti}}^{(3)} = -5.25$	$\phi_{\mathrm{to}}^{(3)} = 0.15$
$\phi_{\mathrm{r}}^{(4)} = -1.92$	$\phi_{\mathrm{ti}}^{(4)} = 2.29$	$\phi_{\mathrm{to}}^{(4)} = -0.58$

① 该公式是通过坐标轴的旋转将原子 A 与其等价的相邻原子联系起来。但是,为了更好地理解,式(3.16)表示为原子旋转。旋转坐标轴的矩阵与旋转原子的矩阵互为转置矩阵。

对于计算单层石墨烯声子色散关系的情况，仅考虑两个最近邻原子之间的相互作用无法重现实验结果，一般来说就需要考虑长程力的贡献，例如来自第 n 级（$n = 1,2,3,\cdots$）相邻原子①。为了描述 4 个原子的扭转运动，即外面 2 个原子在里面 2 个原子所成的键附近振动，如图 3.7 所示，至少需要考虑到第 4 近邻相互作用的贡献[127]。力常数的数值[123]（表 3.1）是通过拟合实验所确定的布里渊区内 2D 声子色散关系获得的，比如从电子能量损失谱[128]，非弹性中子散射[123]或非弹性 X 射线散射[129-130]获得的声子色散关系。

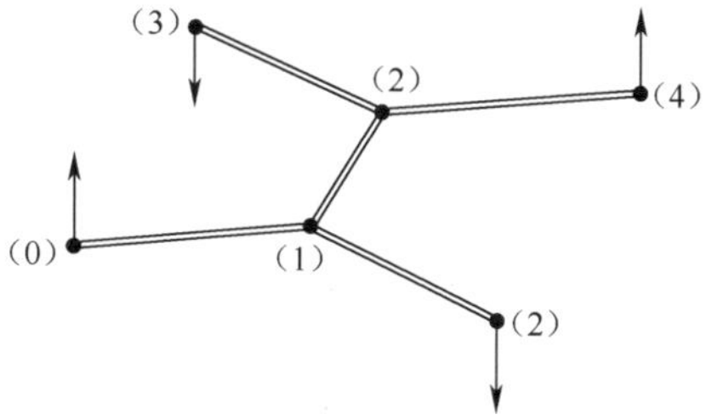

图 3.7　为了描述 4 个原子的扭转运动，至少需要考虑到第 4 近邻相互作用。图中所示的数字表示最左边 0 原子的第 n 近邻原子。

图 3.8（a）实线给出了单层石墨烯的声子色散曲线，它是通过表 3.1 的一组力常数计算得到的。图 3.8（b）给出了每个 C 原子在以 cm^{-1} 为单位的声子态密度，其中能量以波数为单位。总体上，图 3.8（a）所计算的声子色散曲线重现了通过电子能量损失谱[127-128]所获得的实验数据点，但 K 点附近光学声子的计算并不是很准确（见图 3.8、图 3.1 与文献[129]之间的区别）。因此，在一阶近似下考虑到第 4 近邻相互作用来计算石墨烯的声子色散关系是足够的，但如果要更准确地描述 K 点附近的声子结构，必须考虑其他效应，这将在 3.5 节简要讨论。

源自布里渊区 Γ 点的 3 个声子色散支（图 3.8（a））对应于声学模，按照能量递增的顺序可分别列为，平面外模（oTA），平面内切向（键的弯曲）模（iTA）和平面内的纵向（或径向，键的拉伸）模（iLA）②。剩下的 3 个声子支与光学模对应：一个平面外模（oTO）和两个平面内模（iTO 和 iLO）。

值得注意的是，oTA 声子支在 Γ 点附近显示出 $\boldsymbol{q}^2$ 的能量色散关系，而另外平面内的两个声学支就与普通声学模一样，具有线性的 $\boldsymbol{q}$ 依赖关系。平面外声

---

① 当考虑第 n 近邻原子的力常数矩阵时，这些原子并不总是位于 x（或 y）轴。这时，不可能像式（3.15）那样建立初始力常数矩阵。这种情况发生在石墨烯的第 4 近邻原子。但是，如果考虑在 x 轴上有一个虚拟原子，然后旋转矩阵，就可以很容易地得到相应的力常数矩阵。

② 由于纵向模始终是平面内的声子模，因此可以省略 iLA 或 iLO 中的“i”。

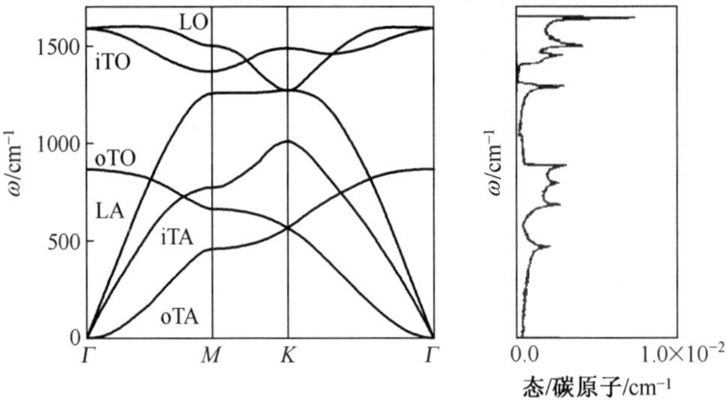

（a）　　　　　　　　（b）

图 3.8　(a)采用表 3.1 的力常数计算得到的二维单层石墨烯沿高对称方向的声子色散曲线[123]；(b)声子模的声子能量相对应的态密度,单位为(态/碳原子/cm^{-1})$\times 10^{-2}$[31]。

学模具有 $\boldsymbol{q}^2$ 依赖关系的原因很简单,这是因为这个声子支对应的是一个二维声子模,而且石墨具有三重旋转对称性。式(3.16)清楚地显示出,单层石墨烯所有的旋转 $\boldsymbol{U}$ 都在 x、y 平面内。因此,力常数矩阵可以分解成一个含 x、y 分量的 2×2 矩阵和含 z 分量的 1×1 矩阵。第 n 近邻原子的 1×1 力常数张量 $\boldsymbol{K}_{zz}^{(ij)}$ 不依赖于坐标系,因此 $\omega(\boldsymbol{q})$ 变成一个 $\boldsymbol{q}$ 的偶函数,这个函数是通过差分相位因子 $e^{i\boldsymbol{q}\cdot\Delta\boldsymbol{R}_{ij}}$ 求和得到的①。在讨论电子结构时,如果只考虑 3 个最近邻原子,差分相位因子求和就是式(2.28)中的 $f(k)$ 。因此,所获得的能量色散关系(见式(2.31))在 Γ 点附近是 $\boldsymbol{q}$ 的偶函数。基于相同原因,平面外横向光学支(约 865cm^{-1},图 3.8(a)中 Γ 点处)也具有 $\boldsymbol{q}^2$ 依赖关系。因此,Γ 点处振动的 z 分量既没有相速度也没有群速度,声子态密度为一个阶梯函数,即具有二维范霍夫奇点(图 3.8(b))的特性。最后,虽然图 3.8 引入了石墨烯声子色散的所有基本概念,但描述实验测量结果还不足够准确,尤其是在描述 Γ 和 K 点附近面内光学模时。3.4.2 节将进一步讨论此问题,本书后面章节也将就此进行深入讨论。

---

① 一般来说,如果把 $\boldsymbol{q}$ 变为 $-\boldsymbol{q}$,相位因子 $e^{i\boldsymbol{q}\cdot\Delta\boldsymbol{R}_{ij}}$ 就变为其共轭复数。因此当把 $\boldsymbol{q}$ 变为 $-\boldsymbol{q}$ 时,二维系统中 z 分量的动力学矩阵会变成其复共轭形式。显然,对于厄米矩阵 $\boldsymbol{D}$, 有 $|\boldsymbol{D}^*| = |\boldsymbol{D}|$,因而在 $\boldsymbol{q} = 0$ 附近(r 点),特征值为 $\boldsymbol{q}$ 的偶函数。尽管 $\omega(\boldsymbol{q})$ 是 $\boldsymbol{q}$ 的偶函数,$\omega(\boldsymbol{q})$ 中可能出现正比于 $|\boldsymbol{q}|$ 的项。例如,对于力常数为 K 的一维弹性常数模型,可以得到 $\omega(q) = 2\sqrt{K/M}\,|\sin qa| \propto |q| (q \sim 0)$。石墨 z 轴方向的声子色散关系缺少 $\boldsymbol{q}$ 的线性项来源于其 z 轴为三重旋转轴 C_3。因为这种对称性,$\omega(q_x, q_y)$ 应具有围绕 C_3 轴的三重旋转对称性。然而,q_x 和 q_y 的线性组合,如 $aq_x + bq_y$(a、b 为常数值),在围绕 q_z 轴的 $2\pi/3$ 旋转操作下不具有不变性。最简单的不变量形式是一个常数,而且 $q_x^2 + q_y^2$ 的二次形式也是不变的。这就是平面外分支 $\omega(\boldsymbol{q})$ 具有 $\boldsymbol{q}^2$ 依赖关系的原因。当力常数矩阵与原子位置有关时,例如对于面内振动模,将此不变性条件应用到力常数矩阵和相位差因子的乘积项时,$\omega(\boldsymbol{q})$ 通常会有一个 $\boldsymbol{q}$ 的线性项。

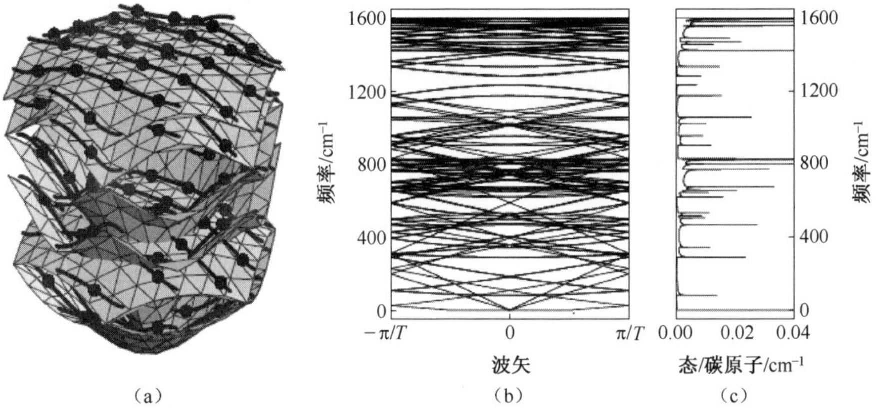

图 3.9 (a)石墨烯层第一布里渊区的声子色散关系,计算所使用力常数是通过各种石墨材料的拉曼散射数据拟合得到的[133]。实线代表在简约标记下(4,2)纳米管的切割线。实心点表示在 K_1 -扩展表示图中切割线的端部。(b)通过对图(a)进行布里渊区折叠所获得的(4,2)纳米管的声子色散关系。(c)由单层石墨烯导出的(b)中声子模的声子态密度[110]。

3.3 纳米带的声子

纳米带的声子色散由许多一维声子色散关系组成,作为一阶近似,这些声子色散关系可以采用 2.2.5 节所介绍的布里渊区折叠方法获得。像第 2 章讨论电子那样,3.4 节讨论如何将布里渊区折叠方法应用到碳纳米管。由于圆周边界条件,该方法对碳纳米管来说完全适用。但是,纳米带具有终止边界,因此在使用布里渊区折叠方法时必须非常小心。

拉曼光谱的一些特殊振动模非常有意思。纳米带沿宽度方向振动所导致的宽度呼吸声子模是拉曼活性的,具有 A 对称性。此振动模源自石墨烯的 LA 声子模。此外,根据石墨纳米带的边界结构,就可以预计会出现边界局域声子模[131]。通过计算表明,在锯齿型和扶手椅型的边界应该分别在 1450cm^{-1} 和 2060cm^{-1} 观察到这样的振动模。在锯齿型边界结构中观察到频率比 G 模(约 1585cm^{-1})更低的 1450cm^{-1} 模的原因是该边界原子只有两个化学键。

在扶手椅型边界条件下,边界原子 A 和 B 的悬挂键会形成另一个 π 键,使得在扶手椅型边界的 C—C 键变成一个三重键,相应的光学声子模位于 2000cm^{-1} 左右。类似的拉曼光谱在被单壁碳纳米管包裹在内的多烯 C_nH_2(n = 8,10,12)中观察到了,位于 2000cm^{-1} 附近的频率范围内[4]。当悬挂键被氢原子饱和时,三键变成双键,其频率可能出现在 1530cm^{-1} 附近[132]。频率从

1585cm^{-1}降低到1530cm^{-1}的原因可以通过考虑氢原子的质量来理解。由于H原子比C原子质量轻得多,而且C—H键比C—C键硬得多,因此可以认为该边界碳原子的质量从12变为13。事实上,当$\sqrt{12/13}\times1585\text{cm}^{-1}$时,即可得到$1530\text{cm}^{-1}$。因此,通过显微拉曼光谱测量与边界相关的拉曼模,就能够获得关于石墨烯及其相关功能化材料的边界结构信息。

3.4 单壁碳纳米管的声子

碳纳米管的振动结构是通过将石墨烯纳米带卷曲成一个圆筒获得的。本节介绍布里渊区折叠图像,这样在一阶近似下可获得纳米管的声子色散关系(3.4.1节),而纳米管的卷曲效应将在3.4.2节详细讨论。

3.4.1 布里渊区折叠图像

作为一阶近似,碳纳米管的声子结构可以采用类似于获得其电子结构(2.3节)的方法来得到,把K_1扩展表示中的x个切割线叠加到石墨烯层倒易空间的6个声子频率表面即可[31,110]。纳米管相应的一维声子能量色散关系$\omega_{1D}^{m\mu}(q)$可表示为

$$\omega_{1D}^{m\mu}(q)=\omega_{2D}^{m}\left(q\frac{\boldsymbol{K}_2}{|\boldsymbol{K}_2|}+\mu\boldsymbol{K}_1\right)$$

$$\left(m=1,\cdots,6,\mu=0,1,\cdots,N-1,\ \text{以及}\ -\frac{\pi}{T}<q\leqslant\frac{\pi}{T}\right)\tag{3.19}$$

式中:$\omega_{2D}^{m}(q)$为单层石墨烯的二维声子色散关系,q为一维波矢;T为一维平移矢量$\boldsymbol{T}$的大小;μ为切割线序号。

根据布里渊区折叠图像,对每根碳纳米管,该折叠过程会产生$6N$个声子模。来自于序号为μ和$-\mu$切割线($\mu=1,2,\cdots,(N/2-1)$)的$6(N/2-1)$对声子模通常是双重简并的,类似于电子子带的情况。而来自序号$\mu=0$和$\mu=N/2$切割线的声子模是非简并的。不同声子支的总数为$3(N+2)$。对于(4,2)这一典型纳米管,$N=28$,因此有90个不同的声子支。

一些尖峰会出现在碳纳米管的声子态密度(DOS)中,这类似于电子DOS中出现尖峰(范霍夫奇点)的情况(图3.9(c))。由于声子模的数目比电子能带的数目大得多,而且石墨烯层的声子色散关系具有比电子色散关系更复杂的结构,因此声子DOS中尖峰的数量比电子DOS尖峰的数量更多。但是,因为对称选择定则,声子DOS尖峰对实验结果产生的影响不会像电子DOS尖峰那么重要。在碳纳米管的大量声子模之中,只有少数是拉曼活性或红外活性的[134-135]。第6章将进一步讨论关于声子模选择定则的细节,其中会涉及相关

的群论讨论。沿着图 3.9(a) 中给出的(4,2)碳纳米管切割线,图 3.9(b) 给出了通过力常数模型计算得到的(4.2)纳米管声子色散关系。图 3.9(c) 显示了(4,2) 纳米管相应的声子态密度。

3.4.2 布里渊区折叠图像之外的其他效应

布里渊区折叠图像忽略了碳纳米管壁的卷曲。同时,纳米管的卷曲使得石墨烯层的平面内和平面外声子模发生互相耦合,这种耦合对其低频声学声子模的影响尤为显著。在石墨烯层的 3 个声学声子模中,两个平面内振动模中只有一个能产生对应于纳米管沿管轴方向振动的声学声子模;其他两个平面内和平面外声学声子模分别引起了扭转模(TW,沿纳米管圆周方向的振动)和径向呼吸模(RBM,沿纳米管径向方向的振动)。纳米管这两个声学声子模(在垂直于纳米管轴的两个正交方向的振动)可以表示为具有波矢 $q = 2/d_t$ 的声学模的线性组合[31]。

布里渊区折叠图像预言碳纳米管布里渊区中心的 TW 和 RBM 声子模的频率都为零($q = 0, \omega = 0$),这是因为它们来自于石墨烯层的声学声子模。TW 声子模是一个对应于键弯曲的平面内声子模,但由于 RBM 声子模是一个对应于键伸缩的平面内声子模,因此其声子频率不为零。从这个意义上来说,RBM 模不是一个声学声子模,而是一个光学声子模。RBM 的频率与纳米管的直径成反比,对于从 2.0~0.5nm 的典型纳米管直径,其频率变化范围为 $60 \sim 450\text{cm}^{-1}$。该结果最早是通过力常数模型[123]预测到的,随后被共振拉曼散射光谱[136]以及第一性原理计算[137]所证实。后者还揭示了 RBM 频率微弱地依赖于纳米管的手性。尽管布里渊区折叠图像为高频声子模(光学模)提供了更好的物理解释,并为第一性原理计算[138]所证实,但是它并不能解释 RBM 的特征[123]。为了克服布里渊区折叠方法在解释低频声子模方面的局限性,人们直接利用力常数模型构建并求解基于纳米管原胞的 $6N \times 6N$ 动力学矩阵,以替代基于石墨烯层原胞的 6×6 动力学矩阵以及相应的布里渊区折叠方法[31]。此外,第一性原理方法可以代替力常数模型用来计算声子模[116,124],但所采用的原胞对于第一性原理方法来说不能太大。因此,第一性原理计算目前仅限于非手性纳米管以及原胞相对较小的几个手性纳米管。另外,实验精度显著超过了目前第一性原理计算方法所能达到的精度。

3.5 力常数模型和布里渊区折叠方法之外的效应

石墨烯层的声子色散关系可以用力常数模型[31],紧束缚方法[139],或第一性原理方法[116]来计算得到。在力常数模型中,为了与实验结果吻合,需要考虑石墨烯层中尽可能多的近邻相互作用。单层石墨烯沿着布里渊区高对称性方向的声子色散关系可以通过电子能量损失谱[128]、非弹性中子散射[123]和非弹性 X 射线散射[129-130]测得。考虑到第 4 近邻力常数所计算的结果与通过非弹性中子散射[123]所测石墨的声子频率相吻合。此外,在考虑高达第 20 近邻项后的力常数模型可以很好地拟合非弹性 X 射线散射数据[140]。

令人惊奇的是,sp^2 碳结构的共振拉曼散射并不限定于 Γ 点($\boldsymbol{q}=0$ 选择定则),但拉曼光谱对第一布里渊区高对称点 $K(K')$ 附近的区域也非常敏感,这将在第 12 章和第 13 章进行更为详细的讨论。事实上,探测 sp^2 结构碳布里渊区中心振动模的拉曼实验证实了力常数模型、紧束缚理论和第一性原理计算方法在描述高对称点附近的声子色散关系时都是有问题的。只有考虑了电子声子耦合导致的声子能量重整化后[141],计算结果才是正确的。

在有电子-声子耦合的情况下,声子寿命不再是无限的。当把电子-声子相互作用考虑为一个微扰项时,声子能量可通过电子的虚激发来修正。这种效应对于 Γ 和 K 点的声子都是显著的。因为电子的虚激发,声子的寿命变得有限,而由于海森堡测不准原理,声子频率出现展宽。当声子波矢 $\boldsymbol{q}=2\boldsymbol{k}_{\mathrm{F}}$($\boldsymbol{k}_{\mathrm{F}}$ 是费米波矢)时,这种现象总体上变得非常强,这种效应称为科恩异常效应[141]。在石墨烯和碳纳米管中,Γ 和 K 点的声子具有科恩异常效应。第 8 章将进一步讨论科恩异常对拉曼光谱的影响。

3.6 思 考 题

[3-1] 两个原子质量为 M ,原子间通过弹性常数为 K 的弹簧相连,且两端都与墙连接(也就是,墙-原子-原子-墙的构型),求解该系统的频率。这里只考虑振动沿着键轴的纵向振动模。假设两面墙都具有无限大的质量,将两种简正模在图中显示出来,并用箭头来表示原子的位移矢量。

[3-2] 与思考题[3-1]的模型类似,求解存在 3 个原子时的频率,即墙-原子-原子-原子-墙的构型。在图中画出 3 个简正模,并用箭头表示出 3 个原子的位移矢量。为了求解该问题,可考虑一个事实,即任何简正模在反演操作 $x\to -x$ 下,都应该是对称或者反对称的。

[3-3] 在两面墙之间有 $N-1$ 个原子,把 x_0 和 x_n 作为两面墙的坐标,证明所有的运动方程都可由相同的公式来表示。再考虑布洛赫定理后,将 $x_l=A\exp[\mathrm{i}(qla-\omega t)]$ 代入运动方程求得声子频率 $\omega(q)$ 的色散关系。绘制第一布里渊区域内的声子色散曲线。

[3-4] 在思考题[3-3]中,如果使用固定边界条件 $x_0=x_n=0$,从边界条件求解 $N-1$ 个独立于 q 的声子频率值。

[3-5] 在思考题[3-3]中,如果采用周期边界条件 $x_0 = x_n$,将有什么结果? 这里假设质心运动为零。

[3-6] 通过将结果与本章前几个问题的答案相比较,证明前面的结果在 $N-1=2$ 和 $N-1=3$ 的情况下均成立。

[3-7] 思考题[3-5]描述了每个原胞含有一个原子的一维晶体的声子色散关系。如果用不同的原子替换每个偶数原子,该系统将成为每个原胞包含两个原子的一维晶体,具有双倍尺寸的原胞。证明第一个布里渊区减小到了原来的1/2,声子色散可以通过单原子声子色散的布里渊区折叠来表示。

[3-8] 在图 3.3 中,选择任何原胞振动模并证明 $q=0(\lambda\rightarrow\infty)$ 和 $q=2\pi/a(\lambda=a)$ 的原子运动是相同的。

[3-9] 考虑具有原子质量 M 和弹性常数 K 的二维正方晶格的声子色散。给出声子色散曲线与 q_x 和 q_y 之间的函数关系。

[3-10] 考虑具有原子质量 M 和弹性常数 K 的二维蜂窝状晶格的声子色散。在这种情况下,每个原胞有两个原子。给出第一布里渊区并画出第一布里渊区内高对称方向的声子色散关系。

[3-11] 考虑一个由 $2(N-1)$ 个原子组成的线性原子链,其中两个不同原子 A(质量 M_A)和原子 B(质量 M_B)通过一个链(墙-A-B-A-B-…- B-墙)相连接。求解并画出此系统的声子色散关系。

[3-12] 在思考题[3-11]中,画出每个声子模在 Γ 点和布里渊区边界的简正模。

[3-13] 考虑含有 $2(N-1)$ 个同一种原子(质量为 M)的线性原子链,其中两个弹性常数按墙-(K1)-原子-(K2)- …-(K1)-墙的顺序交替改变。该系统将有两个声子支,画出其声子色散曲线。

[3-14] 当考虑横声子模时,应该如何考虑质量为 M 的相同原子所组成的线性链的力常数? 证明:当把沿链的方向设为 x 时,在这种线性链中拉伸弹簧不会导致 y 或 z 方向的形变。

[3-15] 正四面体 CH_4、线性链 C_2H_2 和切去顶端的二十面体 C_{60}分子分别存在多少个简正模?

[3-16] 考虑 H_2O 分子,假设 H—O 键之间的拉伸力常数为 K_1,H—O—H 键角力常数为 K_2,求解其声子简正模。根据实验所测得的拉曼模频率拟合求解这些力常数。

[3-17] 考虑原子质量 M 和最近邻原子间力常数 K 的二维正方格子,写出横向声子模的运动方程并给出其振动模频率的解。

[3-18] 考虑 C_{60}分子的声子模。当考虑五边形和六边形 C—C 键的两个弹性

常数时,阐述如何建立动力学矩阵以及如何计算声子模。

[3-19] 锯齿型和扶手椅型石墨烯纳米带分别具有锯齿型的和扶手椅型的边缘。通过定义纳米带的宽度,求出在纳米带宽度方向上离散的 $\boldsymbol{q}$ 矢量。

[3-20] 考虑由 N 个碳原子组成的环,相邻原子通过弹性常数为 K 的弹簧连接并仅考虑径向呼吸声子模,证明相应的声子频率与 N 成反比。

[3-21] 对于石墨烯二维布里渊区的六角形顶点,即 K 和 K' 点,证明声子特征矢量具有 $\sqrt{3}\times\sqrt{3}$ 超胞的周期性。此超胞包含多少个原子?

[3-22] 在思考题[3-21]中考虑 M 点的情况,M 点定义为二维布里渊区六边形边界的中心。

[3-23] 研究关于 LO 和 TO 声子模的一般理论,这两个模频率的比值取决于材料的介电常数。特别地,证明在三维石墨中,LO 和平面内 TO 声子在 Γ 点 ($q = 0$) 处是简并的。

[3-24] 石墨的 LA 声子模的声速约为 21km/s。估算石墨 C—C 化学键的弹性常数。

[3-25] 回顾非弹性中子散射和非弹性 X 射线散射的原理。这两种实验技术在研究碳系统(如石墨烯和碳纳米管)时有什么优点?

[3-26] 为了从非弹性中子散射测量中获得动量和能量信息,需要一个单色仪对中子束进行色散。如何获得具有固定动能的中子束?

[3-27] 当使用 10keV 的 X 射线来观察 0.1eV 的声子时,需要非常高的精度来测量散射角。在这样的实验中,估算 X 射线探测器所需达到的角度精度。

第4章

拉曼光谱：从石墨到 sp^2 纳米碳

本章将从更广视角介绍拉曼光谱如何为碳基材料乃至 sp^2 纳米碳材料提供一种特别灵敏的表征工具。因为许多其他的光学效应也可以用来探测 sp^2 碳的性质，为了清晰地理解拉曼散射过程，需要将光学过程置于光和物质相互作用的大背景下来加以讨论。首先，为了用一个合适的视角来阐述拉曼效应，我们简要地回顾一些光物理现象(4.1 节和 4.2 节)。其次，从 sp^2 碳纳米材料开始介绍拉曼光谱的主要图像(4.3 节)。然后介绍每个拉曼峰对应拉曼模的原子振动性质，并阐述不同 sp^2 结构所对应拉曼光谱的差别(4.4 节)。这里所介绍的内容都是比较基础的，并追随历史发展的视角，意在给予读者一个从体石墨到 sp^2 纳米碳拉曼光谱的广阔图像。第 5 章和第 6 章将分别介绍拉曼散射过程中的量子描述和选择定则。本书第二部分将着重于本章节所介绍的每个拉曼模的物理根源，并向大家展示从每一种特定 sp^2 碳体系的相应拉曼特征光谱中所获取的大量信息。

4.1 光 吸 收

当一束光照射到物体(分子或者固体)上时，部分能量简单地穿过样品(通过透射)，而剩余的光子将通过光吸收、反射、光致发光和光散射等过程与系统发生相互作用。光的透射量有多少以及所有光-物质相互作用的细节将由材料的电子和振动性质来决定。另外，由于不同能量的光子在介质中将与不同的光学跃迁联系起来，因此不同能量的光子照射到一个给定材料也将发生不同的现象[1,142]。如图 4.1 给出了半导体材料的光学吸收曲线示意图，显示了光和物质相互作用可能具有的详细信息。作为一个例子，该图给出了光和材料相互作用时可能出现的诸多效应。

从图 4.1 的高能一侧说起：

(1) 电子吸收光子(1~5eV)导致从价带到导带的跃迁，用半导体物理中的术语来说，这个过程将在导带上形成一个自由电子，同时在价带上产生一个空穴。

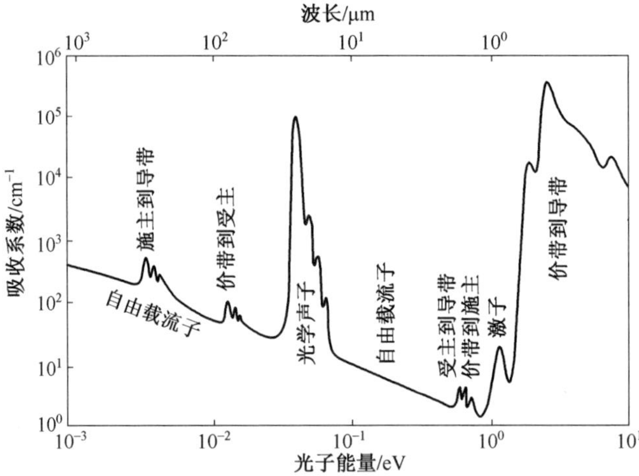

图 4.1　不同波段电磁波即不同能量范围的光与材料相互作用的光物理效应

（2）当光子所携带的能量小于能隙时可产生一个激子能级，对应一个电子通过库仑相互作用与空穴配对。在一般的半导体系统中，激子能级位于带隙以下的几个毫电子伏特，而在碳纳米管中，激子能级更深（为几百个毫电子伏特的数量级）。

（3）当半导体晶体含有杂质（外来原子）时，电子可以被杂质原子束缚而在能隙中引入新的能级。如果杂质原子比它所替代的原子具有更多的价带电子，那么称为电子施主，反之称为电子受主。光能被吸收，导致电子从价带到施主杂质能级的跃迁或者从受主能级到导带的跃迁。相应的光子能量比能隙小 10～100meV。

（4）当光子能量与光学声子能量差不多时（对一阶过程为 10meV～0.2eV），光被吸收，从而产生声子。由于简谐模以及和频模都能被观察到，因此光子能量扩展到 350meV 左右。这些过程发生在红外能量范围（红外吸收），在红外光谱领域中发挥了重要作用。

（5）从浅施主能级跃迁到导带或者从价带能级跃迁到浅受主能级都会产生相应的光吸收。这个过程对应的光子能量显著低于来自亮态的更强激发。在某些情况下，更低的能态是一个暗态，无法通过光吸收来产生。

（6）自由载流子，如金属系统的电子和掺杂半导体系统的电子和/或空穴，可以吸收 1～10meV 能量范围的光子。其他没给出的自由载流子过程也可能发生。在更高能量范围内（1～20eV），会发生电子的集体激发行为。这就是通常所说的等离激元吸收。

而在更高的能量范围，如紫外和 X 射线电子激发（图 4.1 中未表示），与内层电子能级相关的跃迁也能发生。在这种情况下，利用实验手段比如深紫外光电子光谱仪(UPS)和 X 射线光电子谱仪(XPS)等也可以观察到光激发的电子。

晶体光吸收的一个重要方面与波矢或者说晶体动量守恒相关。在可见光波段,光波长 λ_{light} 的数量级约为 500nm。布里渊区的维度可通过波矢 $\boldsymbol{k}$ 的最大值来定义,也就是通常给出的 $k_{BZ} = \pi/a$ (见 2.1.5 节),原胞中最小平移矢量一般在 0.1~0.2nm。因此,光子波矢与布里渊区的最大值(k_{BZ})的关系可由下式给出

$$k_{light} = \frac{2\pi}{\lambda_{light}} \approx \frac{k_{BZ}}{3000} \tag{4.1}$$

由于 $k_{light} \ll k_{BZ}$,因此可以说一个光子将一个电子从价带激发到导带,前后具有相同的 $\boldsymbol{k}$ 。这个跃迁在电子能量色散曲线中是垂直的,也就是说,在电子能量色散中波矢没有发生改变。

4.2 其他光物理学现象

4.1 节系统地介绍了半导体材料在光吸收过程中所涉及的诸多物理机制,如图 4.1 所示。现在介绍通过光和物质相互作用所发生的不同现象(图 4.2)。

(1) 被吸收的光子能量在某种情况下能够转换成原子振动,也就是热。当光能量刚好与允许的声子跃迁吻合时,光子能直接将能量转移,产生声学和光学声子(图 4.2(a))。因为声子能量发生在红外频率范围,这个共振过程称为红外(IR)吸收。

(2) 即使光子能量无法与光学声子匹配,光子能量也能转移给电子。光激发的电子通过电子-声子耦合的方式产生具有不同频率的多个声子,从而失去能量。在金属中,这些光子激发的电子将通过电子-声子耦合作用弛豫到其基态能级,如图 4.2(b)所示。

(3) 如果这种材料在占据态(价带)和非占据态(导带)之间有能隙,光激发的电子将首先通过电子-声子过程弛豫到导带的底端,再通过发射一个与能隙相同能量的光子而到达基态(图 4.2(c))。这个过程称为光致发光。

(4) 光子可能被材料虚吸收(并不是真实的吸收),也就是光子(振荡电场)只干扰了电子,随后电子将该能量散射回另一个与入射光子具有相同能量的光子。在这种情况下,入射和散射光子具有相同的能量,这个散射过程称为是“弹性”的,也就是常说的瑞利散射(图 4.2(d))。

(5) 光子可能再次通过非真实吸收干扰电子,从而导致原子以其本征振动频率进行振动(产生声子)。在这种情况下,当电子将能量散射回另一个光子,这个光子将把能量传给原子的振动或者从原子振动得到能量。这个非弹性散

射过程可以产生或者吸收声子,并称为拉曼散射(图 4.2(e)),其中光子失去能量并产生一个声子的散射过程称为斯托克斯过程,而光子吸收声子而得到能量的过程称为反斯托克斯过程。由于反斯托克斯过程需要一个额外的声子能量 E_{ph},该过程具有温度依赖性,其强度正比于 $\exp(-\hbar\omega_{ph}/k_B T)$。

(6) 在固体中,非弹性散射过程还有更为细致的区分:与声学声子相关的布里渊散射和与光学声子相关的拉曼散射。这个概念对于分子系统是不适用的(3.1.2 节),这是因为声学声子将引起分子的平移。需要记住的是,拉曼散射和布里渊散射也可以用于固体和分子中与其他元激发相关的光散射过程,但这本书将拉曼散射的讨论局限于由光学声子引起的这种最普通的非弹性散射过程。

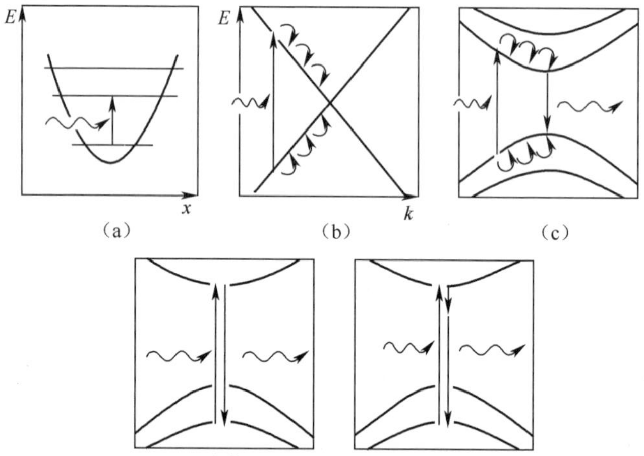

图 4.2 光和物质相互作用最常发生的过程。波浪箭头表示入射和散射光子。垂直箭头表示光诱导的(a)振动能级(图 3.2)和(b)~(e)电子能态之间的跃迁。弯曲的箭头片段代表电子-声子(空穴-声子)散射事件。图(e)中最短的垂直箭头也表示拉曼散射的电子-声子跃迁。(d)和(e)中,如果入射(或散射)光的能量刚好与初态和激发态间的能量差相匹配,该过程将会共振。当远离共振窗口时,该跃迁称为虚跃迁。共振拉曼散射的强度会远大于虚跃迁过程相应的强度。

这里未列出的其他可能发生的过程通常都与非线性光学相关。它们在光与物质相互作用的能量平衡方面并不是那么重要,因此本书没有提及。另外,明确拉曼散射(图 4.2(e))和光致发光(图 4.2(c))的区别也很重要,如图 4.3 所示[143]。数个光散射峰在图 4.3(b)中用圆圈标出。图 4.3(a)中垂直灰线表示位于带隙 $E_{PL} = E_{11} = 1.26\text{eV}$ 的光致发光峰。水平灰带表示不同声子支所参与的与热激发过程相关的几乎连续的荧光发射谱。图 4.3(b)用垂直点线标示出了其截止能量 1.06eV。图 4.3(b)中倾斜点线表示的是三个不同声子模

(G 模、M 模和 G′模)所对应的共振拉曼散射过程相关的发射。值得注意的是,图 4.3(a)中 E_{11} 处的强发射点通常都有拉曼线穿过。图 4.3(b)用圆圈标示了这些交叉点。它们与光致发光和共振散射过程的混合相关。两者的区别在于线宽(拉曼峰更加尖锐)以及下面这一事实,即当改变激发激光波长时,光致发光发射峰的峰位位于 E_{11} 处固定不动,而拉曼峰的绝对频率将发生改变,但是相对于激光线的能量移动保持不变。当两者发生在相同能量位置时,这两个过程在部分文献中有时会混淆,最主要的原因就是当光子能量与能隙相当时,固体中拉曼散射将具有很强的强度(一般来说比 10^3 倍还高)。这种效应就是共振拉曼散射(RRS)[144]。为了区别这些过程,只需要查看当改变激发光能量时哪种过程对应的现象发生即可。另外的区别方法是,PL 峰一般比较宽(几百个波数,甚至更宽),而拉曼峰位一般很尖锐(几十个波数,甚至更窄)。

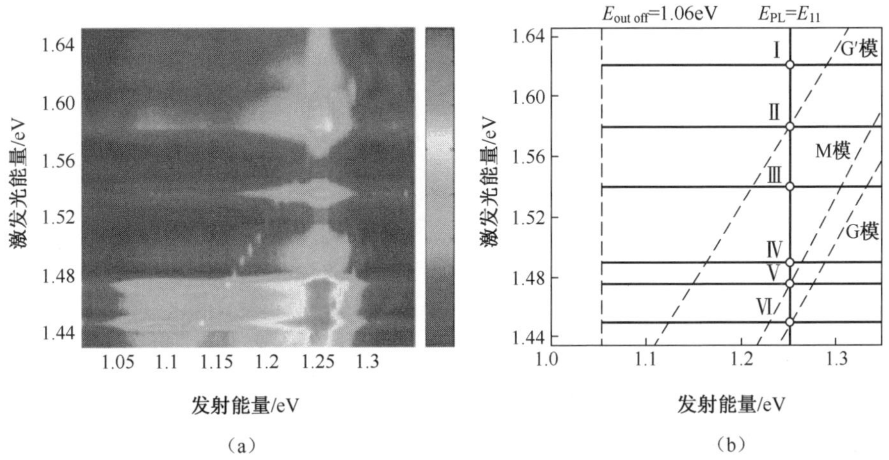

图 4.3 (见彩图)(a)具有(6,5)高丰度 DNA-SWNT 样品的二维激发-发射等高线图。光谱强度用右边的对数坐标表示。(b)激发光能量-发射光子能量关系图中所观察到的光发射示意图。不同过程的具体描述见正文[143]。

拉曼和 PL 在线宽上的区别主要在于拉曼散射过程中处于初态(入射光子加光吸收发生前的系统能量)和终态(已发射的光子加光发射后的系统能量)之间的中间态是虚态。这些虚态并不对应于物理系统的实态(即本征态),因此原则上任何光激发频率都是可以的。但是,光致发光的光学激发态必须是系统的一个实态,在这种情况下,真实的光吸收过程发生时往往会伴随着位于不同频率的真实的光发射过程。这里,真实的吸收过程指的是光激发的电子能够在激发态上待上足够长时间以备测试,如 1ns。

4.3 拉曼散射效应

在光学过程中,光散射技术为研究固体和分子的基本激发提供了一种非常有效的工具,因为光能够被非弹性散射以至于入射和散射光子具有不同的频率,同时,该频率差值也直接与每种物质的性质相联系。光的非弹性散射称为拉曼散射效应。之所以命名为“拉曼”主要是为了纪念印度科学家 Chandrasekhara Venkata Raman(1888—1970 年)在 1927 年发现该效应所做的贡献①。

在拉曼过程中,能量为 $E_{\mathrm{i}}=E_{\mathrm{laser}}$ 和波矢为 $\boldsymbol{k}_{\mathrm{i}}=\boldsymbol{k}_{\mathrm{laser}}$ 的入射光子到达样品并被散射,产生了具有不同能量 E_{s} 和波矢 $\boldsymbol{k}_{\mathrm{s}}$ 的光子。考虑能量和动量守恒:

$$\begin{cases} E_{\mathrm{s}}=E_{\mathrm{i}} \pm E_{\boldsymbol{q}} \\ \boldsymbol{k}_{\mathrm{s}}=\boldsymbol{k}_{\mathrm{i}} \pm \boldsymbol{q} \end{cases} \tag{4.2}$$

式中:$E_{\boldsymbol{q}}$ 和 $\boldsymbol{q}$ 为在散射过程中介质的激发所导致的能量和动量改变。虽然拉曼散射会涉及不同激发,但最常见的散射现象都与声子有关(第 3 章),这时,$E_{\boldsymbol{q}}$ 和 $\boldsymbol{q}$ 就是非弹性拉曼散射事件中所产生或者湮灭的声子的能量和动量。

在拉曼散射中,光子会干扰电子。光子在振动模原子位移的不同原子位置处干扰电子的能力是不同的,因此声子将引发光的非弹性散射。光子扰动电子的能力可以通过极化率来衡量(参见 4.3.1 节和图 4.4 关于拉曼效应的经典描述)。这些特征振动模称为简正模,与材料的化学和结构性质息息相关。由于每种材料都具有一套独特的这种简正模,拉曼光谱可以用来详细地探测材料的性质,并可以对特定材料的某些拉曼活性的声子模进行精确表征。

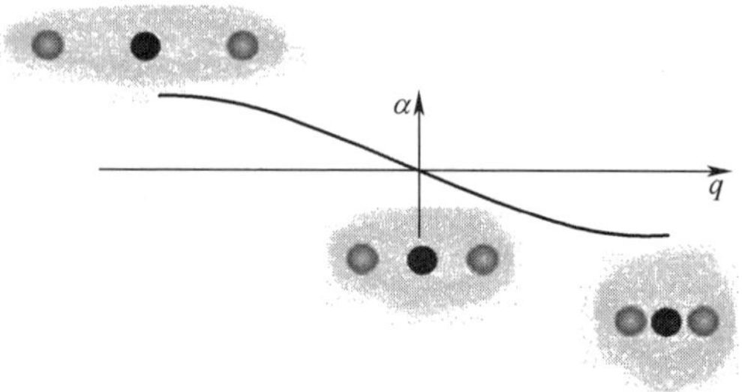

图 4.4 简单示意了 CO_2 分子键的伸缩如何改变分子的极化率 α。当氧原子朝碳原子远离或者靠近移动时,将分别导致电场更容易或者更困难地移动电子云,从而使分子发生极化。因此随着分子振动,其极化率将展现出振荡行为。

① C. V. Raman 先生因其“光散射”工作而获得 1930 年诺贝尔奖,拉曼散射也由此以他名字命名。

4.3.1 光与物质相互作用和极化率

用拉曼效应的经典描述讨论光与物质相互作用和极化率。作为一种光学现象,拉曼光谱的基本概念可以用经典电磁学的框架来描述。在描述光学现象时,介电常数和磁化系数这些概念都是比较熟悉的,但在讨论非弹性散射时需要引入材料的极化率概念。本节将简单讨论材料极化率并给出拉曼效应的经典描述。

在描述材料中原子的极化率 $\boldsymbol{\alpha}$ 时,可通过原子的极化矢量 $\boldsymbol{p}$ 和在原子位置处的局域电场 $\boldsymbol{E}_{\text{local}}$ 来定义:

$$\boldsymbol{p} = \boldsymbol{\alpha}\boldsymbol{E}_{\text{local}} \tag{4.3}$$

极化率 $\boldsymbol{\alpha}$ 由原子的性质决定,而材料的介电常数 $\boldsymbol{\epsilon}$ 取决于原子以何种方式排列成晶体。对于非球状原子, $\boldsymbol{\alpha}$ 可用一个张量描述①。晶体或者分子的极化 $\boldsymbol{P}$ 可以近似地对晶体(或分子)中每一个原子的极化率和局域电场的乘积求和

$$\boldsymbol{P} = \sum_j N_j \boldsymbol{p}_j = \sum_j N_j \boldsymbol{\alpha}_j \boldsymbol{E}_{\text{local}}(j) \tag{4.4}$$

式中: N_j 为每一种原子的浓度,这里对式(4.3)所描述的所有原子的极化进行了求和。如果局域电场 $\boldsymbol{E}_{\text{local}}(j)$ 由洛伦兹关系 $\boldsymbol{E}_{\text{local}}(j) = \boldsymbol{E} + \left(\frac{4\pi}{3}\right)\boldsymbol{P}$ 给出,可得

$$\boldsymbol{P} = \sum_j N_j \boldsymbol{\alpha}_j \left(\boldsymbol{E} + \frac{4\pi}{3}\boldsymbol{P}\right) \tag{4.5}$$

求解此方程可得到磁化系数

$$\boldsymbol{\chi} \equiv \frac{\boldsymbol{P}}{\boldsymbol{E}} = \frac{\sum_j N_j \boldsymbol{\alpha}_j}{1 - \frac{4\pi}{3}\sum_j N_j \boldsymbol{\alpha}_j} \tag{4.6}$$

利用介电常数 $\boldsymbol{\epsilon}$ 的定义,即位移矢量 $\boldsymbol{D}$ 和电场 $\boldsymbol{E}$ 可通过关系 $\boldsymbol{\epsilon} = 1 + 4\pi\boldsymbol{\chi}$ 联系,可以得到克劳修斯-莫索提(Clausius-Mossotti)关系

$$\frac{\boldsymbol{\epsilon} - 1}{\boldsymbol{\epsilon} + 2} = \frac{4\pi}{3}\sum_j N_j \boldsymbol{\alpha}_j \tag{4.7}$$

式(4.7)将介电常数 $\boldsymbol{\epsilon}$ 和电子极化率 $\boldsymbol{\alpha}$ 联系起来,但仅仅适用于那些晶体结构满足洛伦兹局域场关系的情况。

---

① 在此情况下,二阶张量 $\boldsymbol{\alpha}$ 是一个 3×3 矩阵。当在另一个坐标系下考虑 $\boldsymbol{p}$ 和 $\boldsymbol{E}_{\text{local}}$ 时, $\boldsymbol{p}$ 和 $\boldsymbol{E}_{\text{local}}$ 的每一个分量都可以用幺正矩阵 $\boldsymbol{U}$ 进行转换,幺正矩阵可以表示旋转、反演等,转换后为 $\boldsymbol{Up}$ 和 $\boldsymbol{UE}_{\text{local}}$ 。然后, $\boldsymbol{\alpha}$ 可通过酉变换 $\boldsymbol{U\alpha U}^{-1}$ 进行转换,并保持长度不变。一个矩阵如果可通过 $\boldsymbol{U\alpha U}^{-1}$ 进行坐标变换,则称为二阶张量。$\boldsymbol{p}$ 和 $\boldsymbol{E}_{\text{local}}$ 均为矢量,由于在一个坐标或者更普遍的酉变换下 $\boldsymbol{U}$ 只出现一次,因此称它们为一阶张量。

光散射可以在经典电磁场理论基础上进行简单理解。当电场 $\boldsymbol{E}$ 作用于固体时,将产生极化 $\boldsymbol{P}$:

$$\boldsymbol{P} = \overleftrightarrow{\boldsymbol{\alpha}} \cdot \boldsymbol{E} \tag{4.8}$$

式中:$\overleftrightarrow{\boldsymbol{\alpha}}$ 为固体中原子的极化率张量,表示在施加电场时正电荷沿一方向移动而负电荷沿相反方向移动。根据这些结论可以得到拉曼效应的经典阐述。

在光散射实验中,光的电场以光频率 ω_i 振荡

$$\boldsymbol{E} = \boldsymbol{E}_0 \sin(\omega_{\mathrm{i}} t) \tag{4.9}$$

固体中频率为 $\omega_{\boldsymbol{q}}$ 的晶格振动可以调制原子的极化率 $\boldsymbol{\alpha}$,这里

$$\boldsymbol{\alpha} = \boldsymbol{\alpha}_0 + \boldsymbol{\alpha}_1 \sin(\omega_{\boldsymbol{q}} t) \tag{4.10}$$

式中:$\omega_{\boldsymbol{q}}$ 为固体中可以与光场耦合的简正模频率,因此施加电场所诱导的极化可表示为

$$\begin{aligned} \boldsymbol{P} &= \boldsymbol{E}_0 (\boldsymbol{\alpha}_0 + \boldsymbol{\alpha}_1 \sin\omega_{\boldsymbol{q}} t) \sin(\omega_{\mathrm{i}} t) \\ &= \boldsymbol{E}_0 \left[\boldsymbol{\alpha}_0 \sin(\omega_{\mathrm{i}} t) + \frac{1}{2} \boldsymbol{\alpha}_1 \cos(\omega_{\mathrm{i}} - \omega_{\boldsymbol{q}}) t - \frac{1}{2} \boldsymbol{\alpha}_1 \cos(\omega_{\mathrm{i}} + \omega_{\boldsymbol{q}}) t \right] \end{aligned} \tag{4.11}$$

因此,式(4.11)表明,光既在频率 ω_{i} 处发生弹性散射(瑞利散射),也可发生非弹性散射,分别向低频方向(也就是,对应声子发射的斯托克斯过程)或者高频方向(对应声子吸收的反斯托克斯过程)移动的频率大小正好为原子的特征振动频率 $\omega_{\boldsymbol{q}}$ 。为了更好描述 $\boldsymbol{\alpha}_1$,有必要引入量子理论,这是第 5 章的主要内容。本章只简要介绍拉曼光谱的基本概念。

4.3.2 拉曼效应的基本特征

本节将简单总结几个拉曼效应的重要特征,它们在本书中具有广泛的应用。

1. 斯托克斯和反斯托克斯拉曼过程

在非弹性散射过程中,入射光子将通过在介质中产生(斯托克斯过程)或者湮灭(反斯托克斯过程)一个声子激发来减少或者增加其能量。式(4.2)中以及式(4.11)圆括号内的加号和减号分别对应于从介质获取拉曼信号所激发的能量或者将此能量传递给介质。这两类事件发生的概率依赖于激发光子能量 E_{i} 、散射光子能量 E_{s} 和温度。

湮灭或者产生一个声子的概率取决于声子所遵循的统计规律,由玻色-爱因斯坦(Bose-Einstein)分布函数给出。在给定温度下,具有能量 $E_{\boldsymbol{q}}$ 的声子平均数目 n 由下式给出:

$$n = \frac{1}{\mathrm{e}^{E_{\boldsymbol{q}}/k_{\mathrm{B}}T} - 1} \tag{4.12}$$

式中:k_{B} 为玻耳兹曼常数;T 为温度。简谐振子振动能量为 $E_{\boldsymbol{q}}$ 的 n 个声子能量

总和为 $E_{\boldsymbol{q}}\left(n+\frac{1}{2}\right)$，因此 n 个声子参与的散射事件依赖于温度。斯托克斯(Stokes,S)和反斯托克斯(anti-Stokes,aS)过程的散射概率之所以不同，是因为在斯托克斯过程中，系统声子数从 n 变为 $n+1$，而在反斯托克斯过程中，系统声子数变化相反，从 $n+1$ 变为 n。利用时间反演对称性，跃迁过程 $n \to n+1$(斯托克斯)和 $n+1 \to n$(反斯托克斯)的矩阵元是相同的，因此给定声子的斯托克斯和反斯托克斯信号的强度比可以由下式给出

$$\frac{I_{\mathrm{S}}}{I_{\mathrm{aS}}} \propto \frac{n+1}{n} = \mathrm{e}^{E_{\boldsymbol{q}}/k_{\mathrm{B}}T} \tag{4.13}$$

式中：I_{S} 和 I_{aS} 分别为实验测试的斯托克斯和反斯托克斯峰强度。

因为式(4.13)是通过时间反演对称性得到的，这个关系式仅当利用不同入射光子能量(不同 E_{laser})测量斯托克斯和反斯托克斯过程时是适用的，也就是说，应用式(4.13)时斯托克斯过程的入射光子能量和反斯托克斯过程的散射光子能量必须匹配(时间反演)。但是，由于声子能量一般远小于激光能量，使得入射和散射光子能量相互都非常接近，因此，上述条件通常是不重要的。当与尖锐能级有关的共振拉曼散射发生时，上述假设是不成立的。这种情况下，如果利用相同 E_{laser} 来测量 I_{S} 和 I_{aS}，相应比值将严重偏离式(4.13)，这是由于在同一 E_{laser} 激发下斯托克斯和反斯托克斯拉曼散射的共振条件有可能是不同的。

最后，因为反斯托克斯信号的强度通常比斯托克斯信号弱，人们通常只关心斯托克斯光谱，所以，如果没有特别说明散射过程的类型，本书所提及的都是斯托克斯过程。

2. 拉曼光谱

拉曼光谱是散射强度 I_{S} 与 $E_{\mathrm{laser}}-E_{\mathrm{s}}$(拉曼频移，见图4.5)的函数关系图。式(4.2)的能量守恒关系是拉曼光谱一个非常重要的方面。拉曼光谱在声子能量 $\pm E_{\boldsymbol{q}}$ 处显示出相应的峰，这里 $E_{\boldsymbol{q}}$ 是拉曼效应所对应元激发的能量。一般约定，在拉曼光谱中，斯托克斯过程的能量发生在正能量而反斯托克斯过程发生在负能量。因此，在将散射光色散到不同方向的光谱仪(光栅)中，相对于中间的瑞利信号来说，反斯托克斯信号与斯托克斯信号出现在相反的方向。

3. 拉曼线型和拉曼光谱线宽 $\boldsymbol{\Gamma_q}$

拉曼光谱在 $E_{\mathrm{laser}}-E_{\mathrm{s}}=E_{\boldsymbol{q}}$ 处出现一个峰，其中声子激发可以用受到阻尼衰减的简谐振子表示，该阻尼来源于介质中声子与其他激发的相互作用(类似液体中的质量弹簧系统)。因此，拉曼峰的形状可类比为具有本征频率 $\omega_{\boldsymbol{q}}$ 的简谐振子受到频率为 ω 的外场阻尼后的响应。考虑由 $\Gamma_{\boldsymbol{q}}$ 给出的阻尼能量，在满

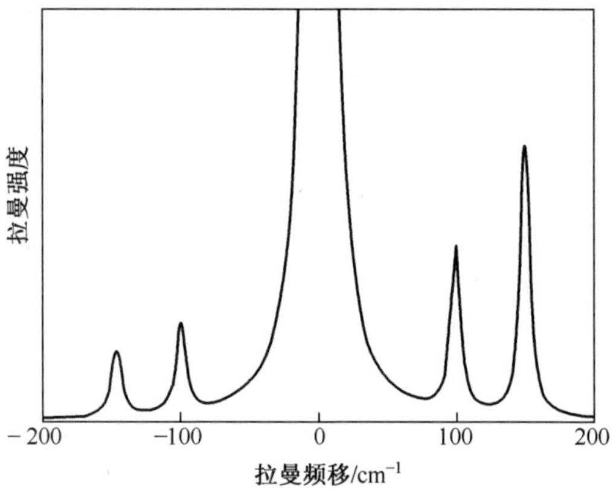

图 4.5 瑞利线($0cm^{-1}$)和拉曼光谱的示意图。瑞利线强度总是远强于拉曼峰,因此任何拉曼实验首先必须滤除瑞利线。声子产生/湮灭的统计原理使得斯托克斯过程(正频率拉曼峰)通常比反斯托克斯过程(负频率拉曼峰)强很多。

足频率 $\omega_q \gg \Gamma_q$ ①的限制条件下,受迫阻尼简谐振子的功率耗散为洛伦兹曲线

$$I(\omega)=\frac{I_0}{\pi}\frac{\Gamma_q}{(\omega-\omega_q)^2+\Gamma_q^2} \tag{4.14}$$

该线型在最大强度半值处的全宽(半高全宽,或半高宽)为 $\mathrm{FWHM}=2\Gamma_q$ 。洛伦兹线型的中心位置给出了本征振动频率 ω_q ,而 Γ_q 与阻尼强度、能量不确定性,或者声子寿命有关[145]。因此,当阻尼大小随散射光能量改变而发生并用 Γ_q 表征时,相应的声子具有有限的寿命 Δt 。不确定性原理 $\Delta E\Delta t \sim \hbar$ 给出了声子能量在数值上的不确定度,如同拉曼光谱所测的那样,该不确定度对应于光谱的半高宽 $2\Gamma_q$ 。因此, Γ_q 是声子寿命的倒数,这样拉曼光谱也能够提供声子寿命的信息。

声子寿命有限主要有两个原因:

(1) 声子势能的非简谐性。对于远离势能最小值的较大 $\boldsymbol{q}$ 来说, $\boldsymbol{q}_{eq}$ 不再是一个好量子数,声子散射可以通过发射声子(三阶过程)或者声子-声子散射(四阶非简谐性)来完成。非简谐性是热膨胀(三阶过程)和热传导(四阶过程)的主要贡献者。

(2) 另一种可能的相互作用是电子-声子相互作用。一个声子将价带的一个电子激发到导带或者散射一个光激发的电子到其他的非占据态。由于前一种电声子过程对价带中的电子有效,而后一种与非简谐性有关的电声子过程对

① 受迫阻尼简谐振子的解并不是洛伦兹线型。只有当 $\omega_q \gg \Gamma_q$ 时才趋近于洛伦兹方程。如果 ω_q 与 Γ_q 接近时,线型将与洛伦兹线型相去甚远。

处于激发态上的电子有效，因此这两种电子-声子过程的起源是不同的。

在特殊情况下，拉曼特征将偏离简单的洛伦兹线型。一个显著的例子就是：当拉曼特征实际上是来自一个以上声子的贡献叠加时，拉曼峰将是多个洛伦兹峰的卷积或叠加，具体线型取决于每个声子贡献的权重。另一种情况是当晶格振动和电子相耦合时，也就是，当电子-声子相互作用发生时。这种情况下，将导致拉曼峰线型的额外展宽，甚至线型也发生扭曲（非对称的）。这种效应被称为科恩异常。在声子和电子发生耦合时，拉曼峰可能显示出所谓的 Breit-Wigner-Fano（BWF）线型，由下式给出[147]：

$$I(\omega) = I_0 \frac{\left[1 + \dfrac{\omega - \omega_{\mathrm{BWF}}}{q_{\mathrm{BWF}}\Gamma_{\mathrm{BWF}}}\right]^2}{1 + \left(\dfrac{\omega - \omega_{\mathrm{BWF}}}{\Gamma_{\mathrm{BWF}}}\right)^2} \tag{4.15}$$

式中：$1/q_{\mathrm{BWF}}$ 用于衡量分立能级（声子）和连续态（电子）之间的相互作用；ω_{BWF} 为在最大强度 I_0 处 BWF 峰的频率；Γ_{BWF} 为 BWF 峰的半高宽。这种效应在某些金属性 sp^2 碳材料中被观察到。第 8 章将结合金属性碳纳米管的情况进行详细讨论。

4. 波数表示的能量单位

拉曼光谱能量坐标轴的单位通常用 cm^{-1}显示。$1cm^{-1}$表示波长为 $2\pi cm$ 的光子的能量。激光通常用光的波长来表示，也就是以 nm 为单位，但是声子能量如果用纳米单位来表示通常就太小了，所以拉曼频移就以 cm^{-1}为单位（$1cm^{-1}$和 $10^{-7}nm^{-1}$等价）。而且，普通拉曼光谱仪的精度量级为 $1cm^{-1}$。需要特别注意的是，波的数目通常以 cm^{-1}为单位，但是这时波数的定义为 $k = 1/\lambda$（这里 λ 是光的波长）。这与固体物理中波数的定义 $k = 2\pi/\lambda$ 是不同的。相应的能量转换因子为 $1eV = 8065.5cm^{-1} = 2.418 \times 10^{14}$ Hz = 11600K。同时，1eV 对应于 1239.8nm 的波长。

5. 共振拉曼散射和共振窗口宽度 $\boldsymbol{\gamma}_r$

激发光能量通常比声子的能量高得多。所以，尽管光与物质间的能量交换是传递给了原子振动，但光-物质相互作用还是以电子为媒介。通常光子能量并不足够大到使电子完成一个真实的电子跃迁，吸收了光的电子被说成是被激发到了一个“虚态”，电子通过此态与晶格相互耦合，并发生拉曼散射过程。但是，当激发光能量 E_{laser} 与半导体介质价带和导带之间的真实能隙 E_{g}（或者更广泛地说，是占据初态和非占据末态之间的能隙）相匹配时，散射事件发生的概率将增大很多个数量级（约 10^3），这个过程称为共振拉曼过程（否则称为非共振拉曼过程）。如果散射光能量（$E_{\mathrm{laser}} \pm E_q$，其中“+”表示反斯托克斯过程而“-”表示斯托克斯过程）与电子跃迁 E_{g} 相匹配时也会发生类似的共振过程。因此,通过改变 E_{laser} 使其跨过分立能级 E_{g} ,当 $E_{\text{laser}} \to E_{\text{g}}$ (与入射光共振)或 $E_{\text{laser}} \to E_{\text{g}} \pm E_{\boldsymbol{q}}$ (与散射光共振)时,拉曼强度就会得到极大增强。拉曼强度相对于 E_{laser} 的变化曲线就能给出拉曼激发谱轮廓,即如下式所示

$$I(E_{\text{laser}}) = \left| \frac{A}{(E_{\text{laser}} - E_{\text{g}} - i\gamma_r)(E_{\text{laser}} - (E_{\text{g}} \pm E_{\boldsymbol{q}}) - i\gamma_r)} \right|^2 \tag{4.16}$$

在上述拉曼激发谱轮廓中每个峰的半高宽就是共振窗口宽度 γ_r ,它与激发态的寿命有关,也就是拉曼散射过程的寿命,即从入射光子的吸收到出射光子的发射之间的时间延迟。换句话说,γ_r 是光激发载流子寿命的倒数。光激发载流子可以通过以下途径从激发态进行弛豫:

(1) 所有可能声子的电子–声子相互作用(寿命小于 1ps)。

(2) 电子–光子相互作用(寿命小于 1ns)。

(3) 例如 Auger 过程(库仑相互作用)等其他激发(sp^2 碳的相关寿命范围仍未知)。

因此从 $\boldsymbol{k}$ (光激发态)到能量–动量守恒的 $\boldsymbol{k}+\boldsymbol{q}$ 的电子-声子耦合起主导作用。需要注意的是,γ_r (共振窗口宽度)和 $\Gamma_{\boldsymbol{q}}$ (拉曼强度与散射光能量关系中轮廓的宽度,$\Gamma_{\boldsymbol{q}}$ 与声子寿命相联系,具体论述见 4.3.2 节)的概念是不同的。这两个实验宽度可能相关或者无关,取决于电子–声子耦合。这些宽度之间的关系背后所隐藏的物理机制将在本书第二部分具体阐述。

由于纳米材料的样品尺寸非常小,相应的拉曼信号总体上来说非常弱,因此纳米尺度系统中共振效应是非常重要的。共振拉曼效应所引起拉曼信号的巨大增强将使得观察来自拉曼结构的可测量拉曼信号更为容易。例如,与共振拉曼散射(RRS)过程相关的巨大信号增强为研究来自单层石墨烯、单个石墨烯纳米带或者单根碳纳米管等的拉曼光谱提供了一种有效方法。这将在 4.4 节详细阐述。

6. 动量守恒和背散射配置

如本节所讨论,声子的矢量 $\boldsymbol{q}$ 携带了振动的波长($q = 2\pi/\lambda$)和振荡发生所沿方向的信息。在非弹性散射过程中,需要满足式(4.2)中的动量守恒。光不同散射的几何构型可以通过相对于入射光方向合理地配置散射光的探测器来实现。如果选择某一种特定的几何构型,就可以根据拉曼散射选择定则所决定的散射事件的各向异性来选择性激发不同的声子。

在一般的散射几何构型中,散射光波矢 $\boldsymbol{k}_{\text{s}}$ 与入射波矢 $\boldsymbol{k}_{\text{i}}$ 之间的夹角为 ϕ ,声子波矢 $\boldsymbol{q}$ 的模将由下面的余弦定理给出:

$$q^2 = k_{\text{i}}^2 + k_{\text{s}}^2 \pm 2k_{\text{i}}k_{\text{s}}\cos\phi \tag{4.17}$$

在光的背散射配置下,入射光波矢 $\boldsymbol{k}_{\text{i}}$ 和散射光波矢 $\boldsymbol{k}_{\text{s}}$ 具有相同的方向但相反的符号,因此可得到最大的 $\boldsymbol{q}$ 矢量。当研究纳米材料时,由于显微镜通常需要

把入射光聚焦到很小的样品,同时散射光也通过相同的显微镜来收集,因此背散射配置是最常见的散射几何构型。

对于拉曼允许的单声子散射过程,动量转移通常是可忽略的,也就是说,$\boldsymbol{k}_s - \boldsymbol{k}_i = \boldsymbol{q} \approx 0$。一阶光散射过程所涉及动量的量级为 $k_i = 2\pi/\lambda_{light}$,其中 λ_{light} 在可见光范围内(400~800nm)。因此,k_i 相对于第一布里渊区的大小来说非常小。限制在第一布里渊区范围内的波矢不会大于 $q = 2\pi/a$,其中实空间原胞晶格矢量 $\boldsymbol{a}$ 的量级为十分之一纳米,对于石墨烯和碳纳米管来说 $a = 0.246\text{nm}$。以上讨论解释了为什么一阶拉曼过程只能探测到 $\boldsymbol{q} \to 0$,也就是非常接近 Γ 点的声子。因此,只有在讨论缺陷诱导的或者高阶的拉曼散射过程时,$\boldsymbol{q} \neq 0$ 的声子定量才变得尤为重要。

7. 一阶和高阶拉曼过程

拉曼过程的阶数是由参与到拉曼过程的散射事件的数量决定的。最常见的情况是一阶斯托克斯拉曼散射过程,这时光子能量交换在晶体中产生了一个动量非常小 ($\boldsymbol{q} \approx 0$) 的声子。如果有两个、三个或者更多个散射事件参与到拉曼过程中,就分别称为两阶、三阶和高阶拉曼散射过程。一阶拉曼过程给出了振动的基频,而高阶过程则可以提供有关倍频模与和频模的一些非常有趣的信息。对于倍频模来说,拉曼信号出现在 $nE_{\boldsymbol{q}}(n = 2,3,\cdots)$ 处,而和频模的拉曼信号出现在不同声子能量之和($E_{\boldsymbol{q}1} + E_{\boldsymbol{q}2}$ 等)处。有趣的是,对于固体材料的高阶拉曼信号来说,一阶拉曼散射所需满足的 $\boldsymbol{q} \approx 0$ 动量守恒条件驰豫了。位于 $\boldsymbol{k}$ 点的光激发电子可被散射到 $\boldsymbol{k} + \boldsymbol{q}$ 点,再经过第二次散射事件,即被波矢为 $-\boldsymbol{q}$ 的声子散射回到最初的 $\boldsymbol{k}$ 点,这种情况下光激发的电子与相应空穴的复合是允许的。选择出 $\boldsymbol{q}$ 和 $-\boldsymbol{q}$ 声子对的概率通常很小,因此这在固体中并不是很重要。但是,第 12 章和第 13 章将介绍,特殊共振条件(多重共振条件)下,在 sp^2 碳纳米材料中会观察到来自 $\boldsymbol{q} \neq 0$ 散射事件的特殊拉曼信号。

例如,图 1.5 中,sp^2 碳的单声子拉曼模的频率高达 1620cm^{-1},而频率高于 1620cm^{-1} 的拉曼模由倍频模(G′=2D,2G)以及和频模(D+D′)组成。由缺陷诱导的单声子 D 和 D′特征峰是一个二阶拉曼散射过程,两者都涉及一个 $\boldsymbol{q} \neq 0$ 的声子和另一个由对称性破缺的弹性散射过程所涉及的散射事件,后者可以由一个波矢 $\boldsymbol{q}_{defect} = -\boldsymbol{q}$ 的缺陷来完成,以确保整个二阶散射过程的动量守恒。相关缺陷效应将在第 13 章详细介绍。

8. 相干性

定义一个实际系统是否足够大到可以被有效地当成无限系统从而显示出连续的声子(或电子)能量色散关系是非常重要的。色散关系能否被定义其实取决于待评估的过程以及该过程的特点。在拉曼过程中,通常会问:一个被入射光子激发的电子需要花费多长时间来弛豫?考虑到散射需要时间,通过电子波函数可以探测到多长的距离？这些问题的讨论在凝聚态物理书籍中通常会涉及相干性这一概念。相干时间指的是电子经历一个改变其状态的过程例如散射过程所需的时间。相干长度指的是电子同时保持其量子态一致和相干性所跨越的尺寸大小。相关长度可以通过电子速度和相干时间来定义,两者都可以通过实验测得。拉曼过程是一个非常快的过程,一般在飞秒量级(10^{-15}s)。考虑到石墨和石墨烯中电子速度约为10^6m/s,此电子速度可以给出纳米量级的相干长度。有趣的是,这个尺寸远小于可见光的波长。但是,这时仅考虑了散射过程的粒子特性,在碳纳米结构中,同时考虑电子和声子的粒子特性和波特性是非常重要的。这些概念在处理与缺陷相关的局域过程是非常有趣且重要的,第13章会详细讨论。

4.4 sp^2 碳拉曼光谱的总体介绍

接下来,将在以上介绍的拉曼光谱基本概念的基础上简单阐述 sp^2 碳基材料的拉曼光谱。图1.5给出了不同晶体和无序 sp^2 碳纳米结构的拉曼光谱,其中包括石墨和非晶碳的。本节将跟随历史的脉络来介绍在多种 sp^2 碳拉曼光谱中观察到的光谱特征,从前驱体材料石墨开始,经历碳纳米管,最后以最基础的材料石墨烯结束。

4.4.1 石墨

晶体石墨的拉曼光谱有两个位于1580cm^{-1}和2700cm^{-1}的特征峰,分别命名为G模和G′模(有时也称为2D模),这里符号G取名于石墨(Graphite,见图1.5)。1970年,Tuinstra和Koenig认为最低频率的拉曼峰(G模,见图4.6)是由平面内C—C键间扭曲导致的一阶拉曼活性的振动模[148-149]。最高频率

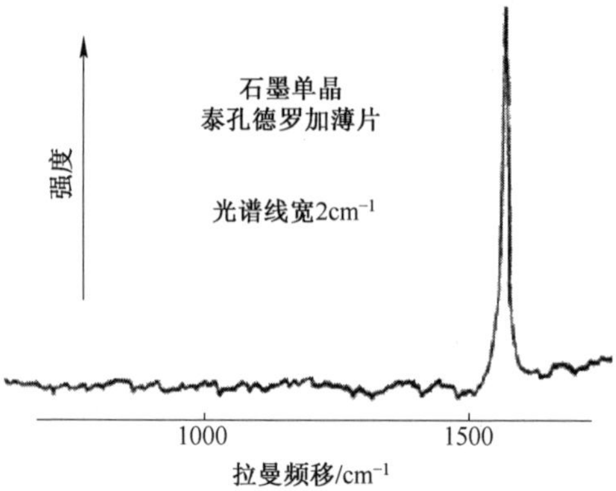

图4.6 石墨单晶的拉曼光谱,观测到拉曼允许的单声子G模的存在[148]

的拉曼峰(G′模)来自于 Nemanich 和 Solin 的报道[150-151],随后被认为一个 $\boldsymbol{q} \neq 0$ 的二阶(双声子)拉曼模。

在具有小晶粒尺寸 L_a(小于 0.5μm,即小于光波长)样品的拉曼光谱中,在约 1350cm^{-1}处出现了一个新的峰(图 4.7(a))。Tuinstra 和 Koenig 将此峰归结于碳六边形的呼吸模,“在晶体边界处由于失去平移对称性而具有拉曼活性”[148-149]。因为此拉曼模的频率是二阶 G′模频率的一半而被认为 G′模的一阶模。由于 1350cm^{-1}峰只出现在有缺陷的样品中,而在具有完美结构的石墨晶体中并没有被观察到,该振动模命名为 D 峰(符号 D 来源于缺陷,Defect,或者无序,Disorder)。基于 D 模也有与边界区域和界面相关联的假设,他们假设该模强度应该正比于样品中晶体边界的数目,并发现无序诱导的 D 模和一阶石墨 G 模之间的强度比值(I_D/I_G)与晶粒尺寸 L_a 的倒数成线性关系(图 4.7(b))[148-149]

$$I_D/I_G = A/L_a \tag{4.18}$$

式中:A 对于固定的拉曼激发频率来说是一个常数。此关系可以应用到尺寸足够大的碳 sp^2 晶体,而将 I_D/I_G 拓展到具有小 L_a 值的完全非晶化样品是 Ferrari 和 Robertson[88]于 2000 年提出来的(图 4.7(c))。正如 Ferrari 和 Robertson 所提出的,I_D/I_G 随着 sp^2 碳六边形结构的逐渐消失而减小。另外,研究表明 I_D/I_G 强度比对激发光能量具有依赖性[152]。另一个无序诱导的振动模位于 1620cm^{-1},尽管其强度相对于 D 模来说要小很多,但通常可在无序石墨材料的拉曼光谱中被观察到。此特征最早在 1978 年由 Tsu 等人报道[153],并命名为 D′模,其强度也依赖于 L_a 和 E_{laser}。

1981 年 Vidano 等人[154]显示出 D 和 G′模都是色散的,也就是说,它们的频率会随着入射激光能量 E_{laser} 的改变而改变,相应的斜率分别为 $\frac{\Delta\omega_D}{\Delta E_{laser}} \sim 50cm^{-1}/eV$ 和 $\Delta\omega_{G'}/\Delta E_{laser} \sim 100cm^{-1}/eV$。平面外的堆垛方式也会影响 G′模的拉曼光谱[155-157]。Baranov 等人在 1987 年提出 D 模的色散行为来自于激发的电子和散射的声子之间的耦合共振,如同早先半导体物理中讨论的情况一样[91,142]。双共振模型的完整阐述出现在 2000 年,由 Thomsen 和 Reich 提出[159],随后被扩展并解释了在文献中通常观察到的其他许多色散性拉曼峰背后的物理机制[160],并产生了对有序和无序石墨中观察到的所有拉曼特征的解释[88]。许多很弱的拉曼特征峰也是色散的,据此可以测量石墨的声子色散曲线[160],也就是具有不同波矢的原子振动。由于动量守恒的要求,声子色散曲线通常只能通过非弹性中子散射得到。由双共振模型得到的另一个有趣结果是关于石墨边界原子结构的定义(见第 13 章)[161]。

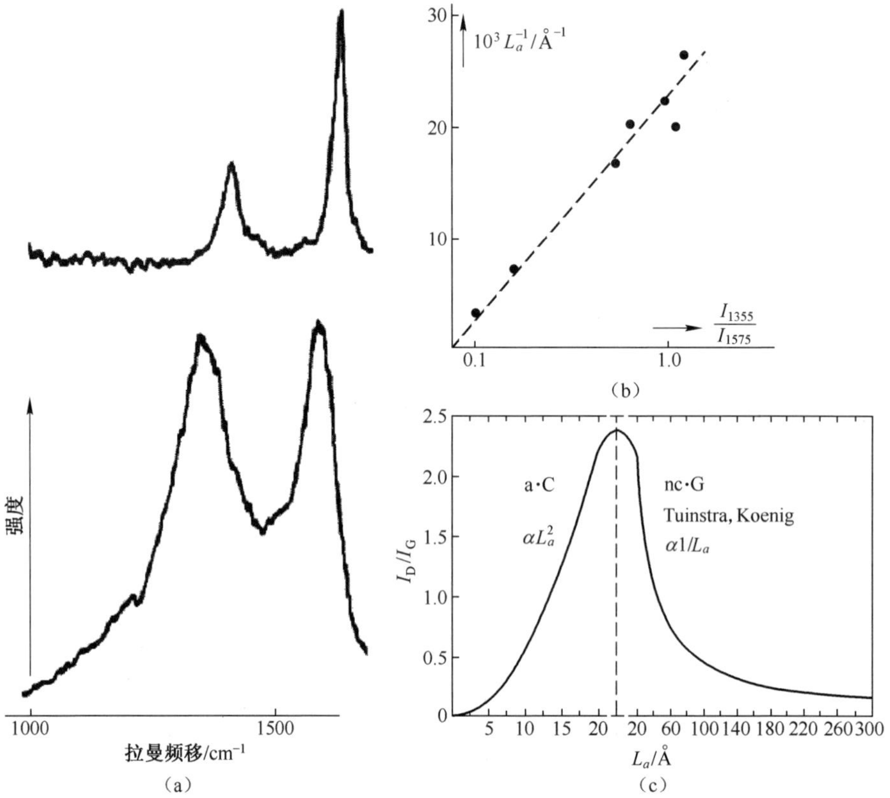

图 4.7 (a)纳米石墨的拉曼光谱。顶部光谱来自于商业石墨,底部光谱来自于活性炭。x 轴给出的拉曼频移以 cm^{-1} 为单位。(b)X 衍射所得的 L_a 和拉曼测得的无序诱导 D 模与拉曼允许 G 模之间强度比值 I_D/I_G 的函数关系[148]。(c)在宽范围 L_a(Å) 数值情况下 I_D/I_G 的非晶化轨迹曲线[148]。

在通过固体物理方法来揭示 sp^2 碳拉曼光谱的同时,利用分子手段获取石墨拉曼光谱的方法也在多环芳香烃碳氢化合物(PAH)的基础上逐渐发展起来[162-164]。这里 PAH 用来标记一类平面的二维 π 键共轭结构,它包括凝聚的芳香环,具有与石墨烯类似的结构(图 4.8)。PAH 材料可以按照指定的大小和形状合成出来,可以采用量子化学计算方法研究限制效应以及 π-电子的非局域性。量子化学研究表明,PAH 的两种集体的振动位移特征将产生很强的拉曼信号,第一个峰出现在 1200~1400cm^{-1} 的频率范围内,在与 D 模相关的完全对称原子振动上有很大的投影;第二个峰出现在 1600~1700cm^{-1} 的频率范围内,在与 G 模原子位移上有类似的投影(图 4.8)。由于 π-电子限制效应所导致的结构弛豫,PAH 的类 D 模是拉曼活性的。具有有限尺寸的石墨晶畴或者边界的存在将会诱导限制和非局域性效应。这些效应会随着与无序和纳米结构 sp^2

碳材料相关联的分子尺寸的改变而逐渐变化,并表现出明显依赖于尺寸的共振现象。这些概念的提出晚于与周期石墨烯结构相关的长程电子-声子耦合模型的发展,例如第 8 章讨论的科恩异常现象等[141]。

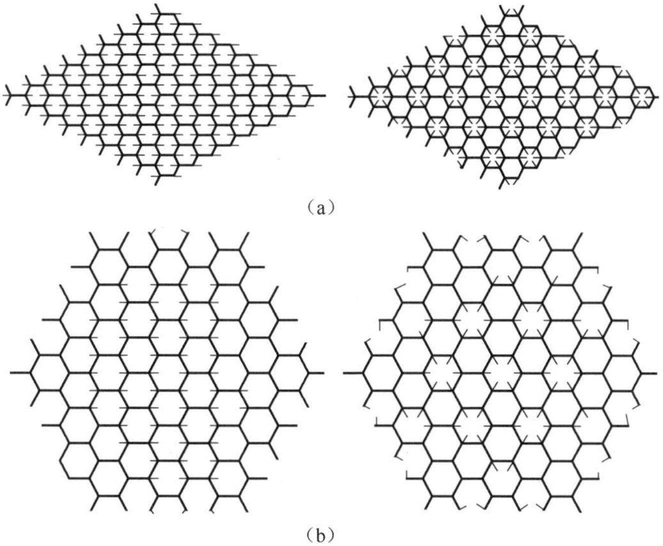

图 4.8 (a)完美二维石墨烯单层的 G 模(Γ 点)和 D 模(K 点)声子相关的原子位移。(b)与 $C_{114}H_{30}$ 的简正模相比较,可采用半经典量子自洽力场 π 电子方法(QC FF/PI)计算得到。

到目前为止,对 sp^2 纳米碳拉曼光谱有重要影响的因素均已介绍完。G 模给出了一阶信号。由于量子限制效应、卷曲效应和电子-声子耦合,G 模在纳米结构系统中表现出极其丰富的特征。G′模对电子和振动结构的微小变化都很敏感,可以用于探测电子和声子以及在每一种 sp^2 纳米碳所具有的独特性。对称性破缺效应导致无序诱导的 D 模(以及强度较弱的 D′模)的出现,并且,结合理论工作,还可以提供与局域无序有关的重要信息。D 模是一个二阶过程,包括了一个非弹性散射事件,因此 D 模不是 G′模的一阶过程,后者只涉及同一声子的双声子散射过程。最后,在拉曼光谱中还可以观察到与特定物理性质相关的很多弱特征峰。

在关于石墨拉曼光谱的这个简单回顾的最后,需要说明的是,当出现严重的非晶化时,实质上是增加了 sp^3 碳样品的成分,相应地在拉曼线型上就能观测到显著的变化[88]。非晶碳和类金刚石材料已被深入地研究,它们被广泛地应用到表面涂层。本书将深入地讨论与 sp^2 结构的对称性破缺相关的无序化特征,但讨论与非晶化相关的拉曼光谱在本书的范围之外。关于 sp^3 碳系统更详细的介绍,请参见文献[88]。

4.4.2 碳纳米管的历史背景

拉曼光谱在表征碳材料中的应用[90,168]促使科学家们在 1993 年 SWNT 成功合成后,很快就将其应用于 SWNT 的表征[25-26]。尽管 1994 年实验所用样品中估计只有约 1%的含碳材料与 SWNT 相关[169],但是实验还是在拉曼光谱中观测到了不同于寻常的特殊现象,即 G 模的双峰结构。这些发现进一步激发了利用这种非损坏性技术表征 SWNT 的研究应用,而 1996 年发展的激光烧蚀技术有利于合成更多数量的高质量 SWNT 材料[170],为该领域的研究打开了新局面[136]。

SWNT 拉曼光谱的第一阶段探索经历了 4 年之久(1997—2001 年)。图 4.9 给出了典型 SWNT 束样品拉曼光谱的总体图像。这些有两个主要拉曼特征的拉曼光谱将 SWNT 束样品与其他形式碳材料区别开来。第一个与其低频特征有关,通常出现在 100~300cm^{-1}的范围,源于径向呼吸模(RBM)的声子散射,对应于所有碳原子在径向方向做对称同相的位移振动(图 4.9(d))。第二个特征与其具有多峰结构的高频特征有关,大致位于 1500~1600cm^{-1},SWNT 的切向(G 模)振动模,与早期实验[169]的观察结果和出现在石墨拉曼光谱中的拉曼允许的特征峰有关(图 4.9(b)、(c))。在 SWNT 拉曼光谱中,不管是 RBM 特征还是多峰结构的 G 模都没有在其他以 sp^2 成键的碳材料中观测到过。

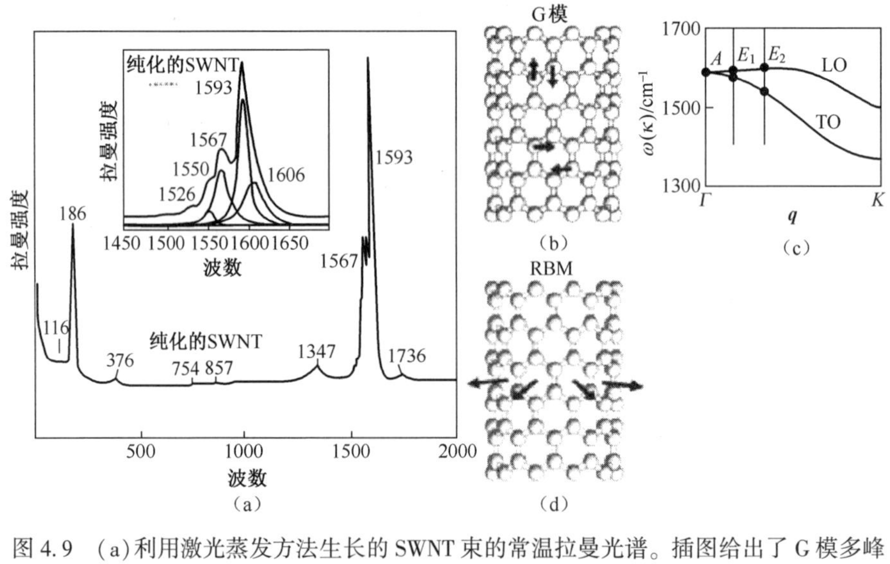

图 4.9 (a)利用激光蒸发方法生长的 SWNT 束的常温拉曼光谱。插图给出了 G 模多峰结构的洛伦兹拟合[112,136]。(b)表征 C—C 键伸缩振动模的 G 模本征矢量,G 模包含多达 6 个拉曼活性的一阶拉曼峰。它们的振动与管壁表面相切,3 个沿着管轴方向(LO),3 个沿着圆周方向(TO),分别具有 A、E_1 和 E_2 对称性(都有两个模)。(c)在这 3 个峰一组的拉曼模中,只有振动的相对相位发生了改变,在管的圆周方向上分别包括了 0,2 或者 4 个节点,与沿着布里渊区 ΓK 方向非折叠石墨烯声子色散曲线 $\omega(\boldsymbol{q})$ 中 $\boldsymbol{q}$ 的增加有关。(d)(a)中 186cm^{-1}附近径向呼吸模(RBM)的本征矢量。

与石墨相似，关于碳纳米管 D、G、G′模，其他和频模以及倍频模已有数个研究[112]。拉曼光谱用来研究碳纳米管的能力主要是通过共振拉曼效应的探索而被发掘出来的。这时，拉曼强度在电子态密度奇点处得到极大地增强，这些奇点主要来源于电子态在一维方向上的限制效应。在观察到 SWNT 的共振拉曼光谱[136]不久，就发现共振轮廓曲线可以用来把金属性 SWNT 从半导体性 SWNT 中区别开来。特别地，金属性纳米管的较低频 G 模特征峰（G^-）的线型比较宽，可以用 Breit-Wigner-Fano 线型进行拟合，其频率相对于类似直径的半导体性纳米管来说向低频移动（图 4.10（a））[147,171]。由于电子结构的限制效应[172]，SWNT 束 RBM 模的强度随激发光能量的改变而出现振荡行为，G′模也存在类似的效应[173]。所有这些共振拉曼效应的系统解释都得益于 Kataura 及其同事在 1999 年发表的 Kataura 图[174]。该图显示了每根（n,m）SWNT 的光学跃迁能量与管径之间的函数关系，如图 4.10（b）所示。碳纳米管的合成在 1997—2001 年间也取得了巨大进展，利用催化化学气相沉积（CVD）方法可以在绝缘衬底，比如在氧化硅片（Si/SiO_2）上实现了单根离散 SWNT 的生长[175]。

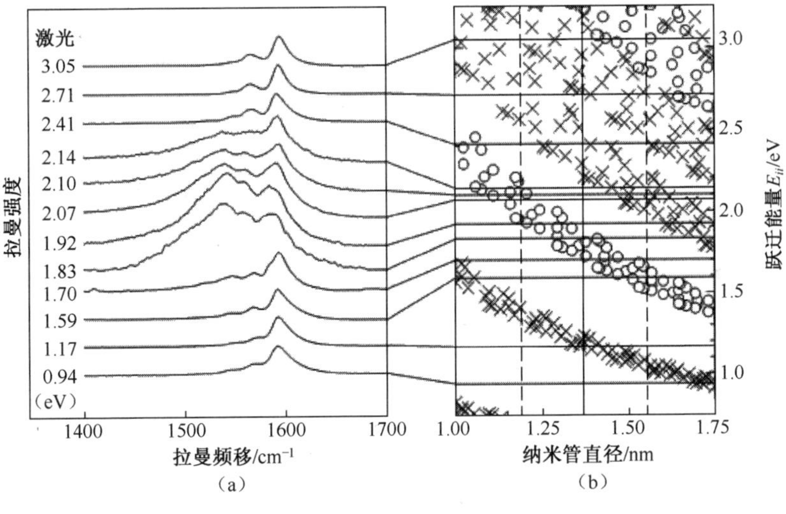

图 4.10 （a）碳纳米管束切向 G 模在不同激发光下的拉曼光谱，图中显示了半导体性和金属性碳纳米管的典型线型[171]。（b）碳纳米管束的光学跃迁能量与纳米管直径分布的关系图（垂直实线表示平均的纳米管直径，垂直虚线给出了纳米管样品的直径分布的半高全宽）。十字叉表示半导体性纳米管的光学跃迁能量，而空圆圈表示金属性 SWNT 相应的能量。当激发光能量与金属 SWNT 的光学跃迁共振时，G 模变得展宽且频率向低频移动，如图（a）所示[110]。

SWNT 拉曼光谱的第二阶段探索出现在 2001—2004 年之间的 4 年间，这阶段开启于单根离散 SWNT 拉曼光谱的观测[176]，如图 4.11 所示。对单根纳米管径向呼吸模频率以及共振能量 E_{ii} 的测量可确定 SWNT 的 (n,m) 整数与直径 d_t 和手性角 θ 的函数关系[31]。一旦确定了给定纳米管的 (n,m)，就可以发现拉曼光谱中每个特征峰的频率、线宽和强度与直径和手性角的关系，包括一阶和更高阶频率范围内的 RBM、G 模、D 模、G′模以及各种倍频模与和频模（见图 4.12 中 ω_G 和 $1/d_t$ 的关系图）[80,179]。这些研究对一维系统拉曼光谱的基础性理解和实际 SWNT 样品的表征方面具有极大的促进作用[80,177-178]。

SWNT 拉曼光谱的第三阶段探索研究始于 2004 年。这主要始于高压 CO（HiPCO）和压缩合成纳米管技术的发展，可以生长出大量直径在 0.7～1.3nm 内的 SWNT，同时源于在溶液中将纳米管束分离成离散碳纳米管的技术进步。小直径离散纳米管的出现使得可以利用光致发光实验来细致地研究半导体性纳米管的第一个电子跃迁 E_{11}^S[180]（$E_{ii} \propto 1/d_t$，当纳米管直径 $d_t > 1.3$nm 时，E_{11}^S 通常位于远红外光谱范围）。对小直径 SWNT 的研究导致观察到与紧束缚模型预言的“比例定律”相左的结果[181]，即对于扶手椅型纳米管来说理论预言 $E_{22}^S/E_{11}^S = 2$。对 $2n + m$ 家族效应的观察[180,182]使人们认识到需要更为复杂的第一性原理和紧束缚模型来处理一维系统的多体效应。

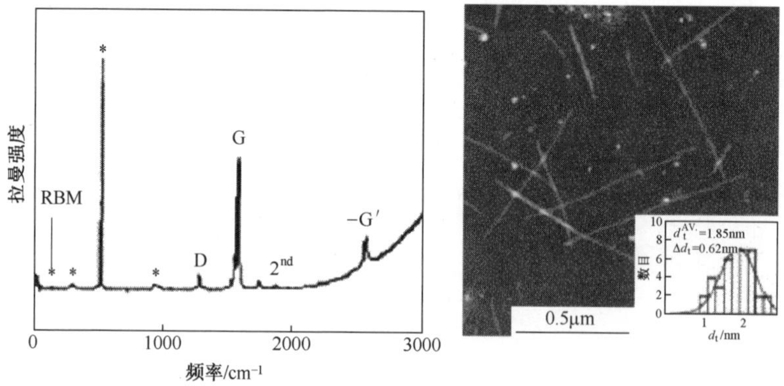

图 4.11 (a)单根级别 SWNT 样品的拉曼光谱，“ * ”标记的拉曼峰来自 Si/SiO_2 衬底。(b)实验所用 SWNT 样品的原子力显微镜图像，插图（右下角）给出了(b)中样品的直径分布[176]。

为了准确地研究光学跃迁能量，可以采用多条激光线和可调谐激光系统（基于染料激光和钛宝石激光系统）进行共振拉曼实验[183-184]。采用数条具有一定能量间隔的激发线做斯托克斯共振拉曼测试，可以获得 RBM 光谱以 E_{laser} 作为函数的二维图像。图 4.13(a)给出了在 $1.52\text{eV} \leqslant E_{laser} \leqslant 2.71\text{eV}$ 范围内利用 76 条激光线对碳纳米管 RBM 特征谱做斯托克斯共振拉曼测试所获得的二维图像，该碳纳米管是通过 HiPCO 方法制备的，然后分散于水溶液中，并用十二烷基硫酸钠（SDS）包裹[185]而形成的。图 4.13(a)显示了多个 RBM 峰位，每

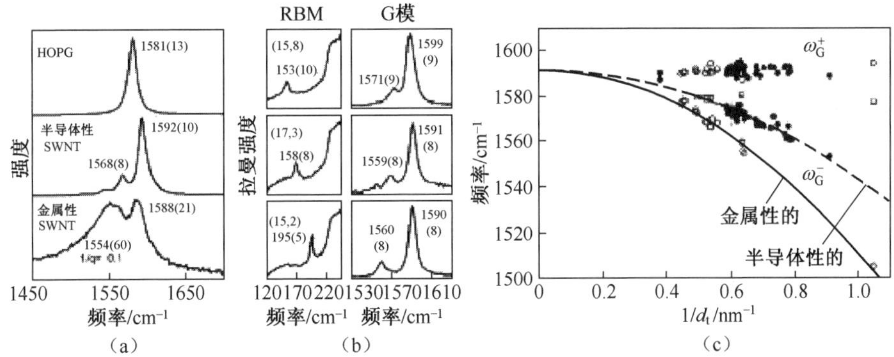

图 4.12 (a)高定向热解石墨(HOPG),半导体性 SWNT 和金属性 SWNT 的 G 模。C_{60} 富勒烯的拉曼光谱在 1469cm^{-1} 处有一个拉曼峰,但并非 G 模。(b)3 个不同 (n,m) 的半导体性碳纳米管的径向呼吸模(RBM)和 G 模。(c)离散半导体性和金属性 SWNT 的 G 模中两个最强峰(ω_{G^-} 和 ω_{G^+})的频率与 $1/d_t$ 的变化关系[179]。

个峰对应于与 E_{laser} 共振的某个 (n,m)SWNT,因此可以同时得到每一 (n,m)SWNT 随 E_{laser} 变化的共振光谱以及相应的共振窗口(在能观察到 RBM 特征峰的能量范围内,拉曼强度与激光能量的函数关系)。

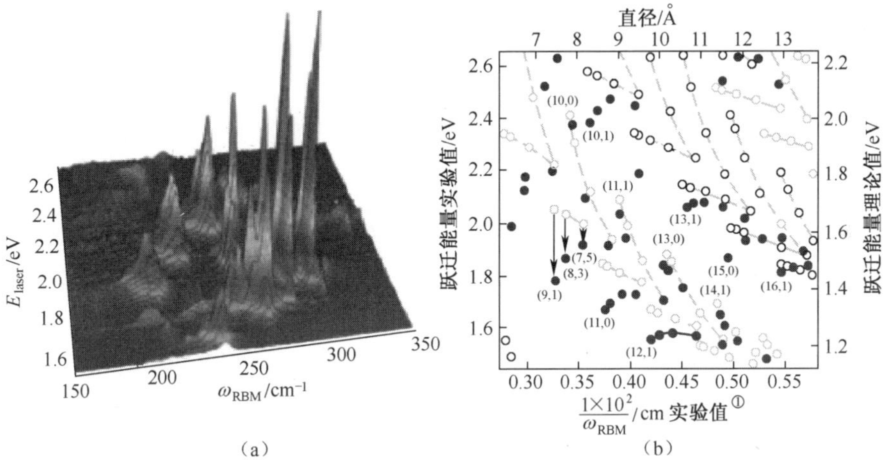

图 4.13 (见彩图)(a)采用 76 条不同激发光线 E_{laser} [183]所测得 HiPCO SWNT 的 RBM 拉曼光谱[185]。为了对光谱强度和频率进行校准,每次 RBM 测试后都独自测量了 CCl_4溶液的非共振拉曼光谱。(b)实心圆是 Telg 等人[184]从一个非常类似于(a)的实验分析得到 E_{ii} 与 ω_{RBM} 之间的函数关系。纵坐标"跃迁能量实验值"实际上表示激发光能量(E_{laser})。空心圆显示了利用三阶近邻紧束缚模型计算所得的结果,可以看出即使在基于 π 键的紧束缚模型中考虑了更多近邻相互作用仍不足以正确地解释实验结果。灰色和黑色圆圈分别表示理论计算的半导体性(E_{22}^S 和 E_{33}^S) 以及金属性 (E_{11}^M) 纳米管的光学跃迁能量。

① 原书有误,译者已改正。

图4.13(b)给出了实验和理论Kataura图的比较结果。实心圆是Telg等人[184]从一个非常类似于Fantini等人所做的实验(图4.13(a))[183]分析得到E_{ii}与ω_{RBM}间的函数关系。空心圆数据来自于三阶近邻紧束缚计算的结果[184]。黑色和灰色圆圈分别表示金属性和半导体性SWNT。图中也给出了部分几何构型$(2n+m)$=常数的碳纳米管家族(灰色虚线)所对应的(n,m)和E_{22}^{S}、E_{11}^{M}和E_{33}^{S}等数值。由于紧束缚理论过于简单,尽管已经考虑了高达三阶近邻的相互作用,共振能量理论值并不能与实验很好地吻合。但是,所观察到的几何图像可以与理论预期图像相比拟,从而对每一族SWNT的(n,m)进行指认。基于这些结果,已经建立起了扩展的紧束缚模型,包括与管壁曲率相关的σ-π杂化,光激发电子-空穴对的强激子效应以及电子间的库仑排斥作用[186]。这些理论进展使得精确计算(n,m)依赖的共振拉曼截面成为可能[187-188]。该领域的近期工作已开始致力于对纳米管环境和纳米管缺陷等效应的研究[191]。

4.4.3 石墨烯

在sp^2碳系统中,单层石墨烯是最简单的,因此也具有最简单的拉曼光谱(图4.14)。石墨烯科学的大量研究是近些年才开始的(2004年[51]),但碳-拉曼群体已经在利用拉曼技术表征新sp^2碳以取得重要成就方面做好了充分的准备[5,86]。石墨烯研究的一个有趣之处在于人们获得了研究sp^2碳的一个完美模型系统。利用改变激发光能量来获得双层石墨烯G′模的色散信息,可以研究其电子结构的层间耦合作用[192]。同时,也从应力、电荷转移效应和无序等方面空前地系统研究了不同衬底以及不同栅压对石墨烯G和G′模的影响[193-195]。正是因为这些表征研究,使得拉曼光谱成为测试石墨烯电子器件[196]和碳纳米管[191]掺杂情况的有力工具。这只是石墨烯的研究成果如何帮助理解纳米管实验结果的例子之一,反之亦然。因为石墨烯独特和几乎唯一的电子色散关系,即石墨烯是在费米能级附近具有线性$E(\boldsymbol{k})$色散关系的一种零带隙半导体材料,G模声子(能量为0.2eV)可以将电子从价带激发到导带。此系统的电子-声子耦合非常强,以至于能够引起电子和声子能量的重整化,包括电子能带结构非常敏感地依赖于电子或空穴掺杂[196]。

另外,石墨烯纳米带的G模还具有有趣的限制性效应和偏振效应,如图4.15所示[83]。HOPG衬底上纳米带的低频G_1模可以通过激光加热纳米带的方法使其与衬底上高频G_2模分离开(图4.15)。由于衬底的热导率较石墨烯纳米带的高,激光加热会导致纳米带的温度高于衬底,使得纳米带的ω_{G_1}较衬底HOPG的ω_{G_2}降低更多。纳米带的G_1模表现出了明显的天线效应,当光偏振方向和纳米带坐标轴方向垂直时拉曼信号消失,与理论预测结果一致[80]。

G′模对电子结构的高度敏感性可以用来区别单层、两层和多层石墨烯

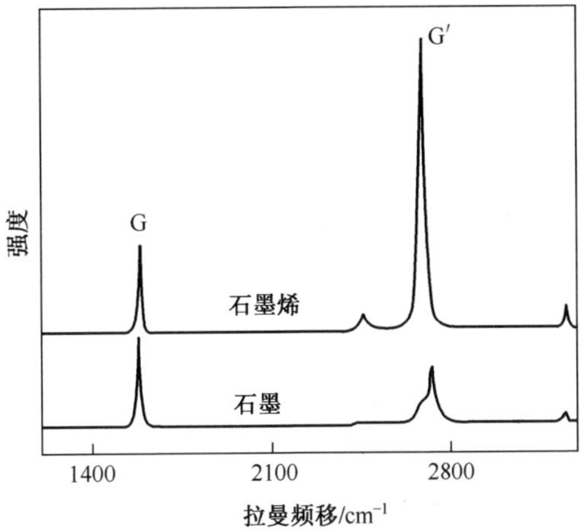

图 4.14　用 514nm 激光（E_{laser} = 2.41eV）测试的单层石墨烯和石墨的拉曼光谱。两个最强的拉曼特征是一阶拉曼活性的 G 模和二阶 G′模。本征单层石墨烯的光谱在 sp^2 碳中是比较独特的，与 G 模特征相比，其 G′模非常强。

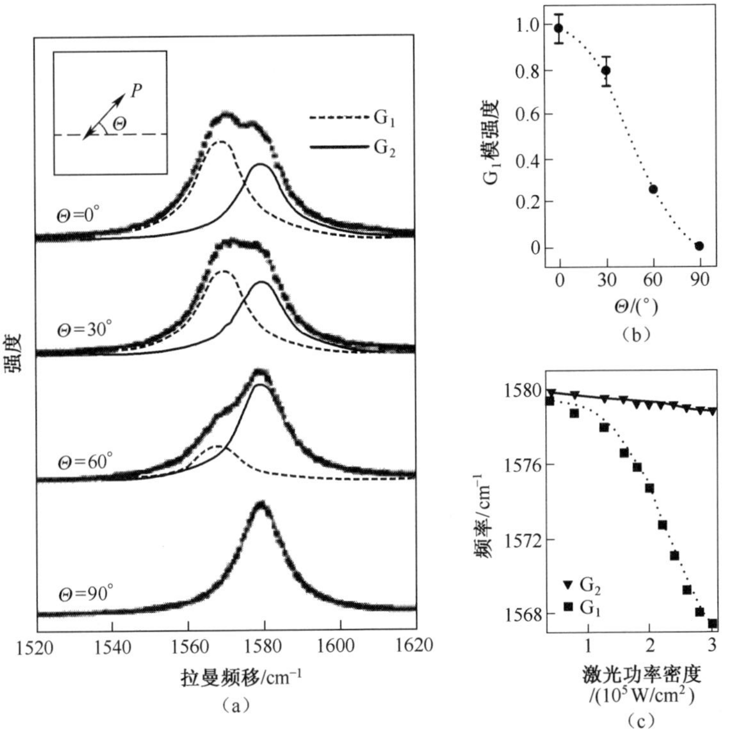

图 4.15　(a)石墨烯纳米带(G_1)以及其所处石墨衬底(G_2)的 G 模拉曼谱。(b)G_1 模强度依赖于光偏振方向与纳米带轴之间的夹角，黑点表示实验数值，虚线表示理论预测值。(c)石墨烯纳米带(G_1)和 HOPG 衬底(G_2)的 G 模拉曼峰频率与入射激光功率之间的关系[83]。

(图 4.14)[86,197],甚至是折叠石墨烯层(区别于 AB 堆垛石墨)[198]。因此拉曼光谱很快就成为快速鉴别少层石墨烯样品的指纹技术。由于拉曼强度随少层石墨烯层数的不同而改变[197],因此拉曼成像也可以区分大片石墨烯薄膜的不同层数区域,尽管该信息还不能成为精确地鉴定少层石墨烯层数的工具。在 SiC 衬底上外延生长的石墨烯等样品以及其他化学诱导的环境相互作用等都可以通过拉曼光谱来研究[199]。

4.5 思　考　题

[4-1] 该问题主要测试对共振拉曼散射(RRS)和热荧光(PL)过程之间区别的理解:考虑一种材料具有能量为 E_g 的分立的光学能级和一个能量为 $E_{\boldsymbol{q}}$ 的声子。作出 E_i 和 E_s 的关系曲线并在该曲线中标出 PL 和 RRS 该出现的位置。作一简图显示,当它们能量交叠时如何区分这两个过程。

[4-2] 从式(4.6)推导出式(4.7)。

[4-3] 考虑在力 F_0 驱动下的阻尼简谐振荡方程:

$$m\frac{\partial^2 x}{\partial t^2}+\gamma\frac{\mathrm{d}x}{\mathrm{d}t}+Kx=F_0\mathrm{e}^{\mathrm{i}(\omega t+\phi)} \tag{4.19}$$

(1)计算并画出简谐振子的响应 x 与驱动频率 ω 的函数关系。

(2)当自然谐振频率远大于半高宽时,证明功率响应($|x|^2$)为洛伦兹线型,给出半高宽随时间变化的表达式。

[4-4] 证明 1eV 相当于 8065cm^{-1}。石墨拉曼光谱的 G 模位于 1580cm^{-1},其能量等于多少电子伏?

[4-5] 以 eV 为单位计算出波长为 633nm 的激光光子能量,并给出从 nm 到 eV 和从 eV 到 nm 的转换公式。

[4-6] 在 514.5nm 激光激发下,石墨烯 G 模(1590cm^{-1})的斯托克斯和反斯托克斯散射光的波长分别为多少?

[4-7] 考虑碳纳米管的室温(300K)拉曼光谱,对于管径为 1nm 的单壁碳纳米管,其 G 模(1590cm^{-1})和径向呼吸模($\omega_{\mathrm{RBM}}=227\mathrm{cm}^{-1}$)的反斯托克斯和斯托克斯线的强度比 $I_{\mathrm{aS}}/I_{\mathrm{S}}$ 分别为多少?当温度从 4K 变化到 2000K 时,$I_{\mathrm{aS}}/I_{\mathrm{S}}$ 分别为多少?

[4-8] 推导拉曼峰半高宽和声子寿命之间的关系。

[4-9] 计算 488nm、514nm 和 633nm 激光的波矢并将它们与石墨烯 K 和 M 点的波矢进行比较。

[4-10] 考虑石墨烯的线性能量色散关系,

$$E(\boldsymbol{k}) = \pm \frac{\sqrt{3}\gamma_0}{2}(\sqrt{k_x^2 + k_y^2})a$$

其中,±分别表示价带和导带, $\gamma_0 = 2.9\text{eV}$ (光学跃迁的最近邻转换能量), $a = 0.246\text{nm}$ 。证明该能量色散关系有两个狄拉克锥形结构并且它们的顶点在 K(狄拉克)点相交。计算出用514nm激光激发的光学跃迁所对应的 $|\boldsymbol{k}|$ 值($\boldsymbol{k}$ 空间距离 Γ 点的距离)。

[4-11] 对于思考题[4-10],当发射能量为1580cm^{-1}的光学声子(LO支)时,写出能量色散关系中在能量-动量守恒条件下的末态,并在图中画出可能的 $\boldsymbol{q}$ 波矢(提示:末态必须在一个能量为 $E_{\text{laser}} - E_{\boldsymbol{q}}$ 的准能量等高线中)。

[4-12] 对于石墨烯的情况,狄拉克锥形状不仅出现在 K 点,也出现在 K' 点。解释在什么情况下 K 点和 K' 是不等价的。如果考虑从 K 狄拉克锥的 $\boldsymbol{k}$ 点到 K' 狄拉克锥的 $\boldsymbol{k}-\boldsymbol{q}$ 点的非弹性散射,在二维布里渊区中画出从 $\boldsymbol{\Gamma}$ 点算起所有可能波矢的 $\boldsymbol{q}$ 值。

[4-13] 在以上问题中,对于一个给定的激发光,光激发电子的 $\boldsymbol{k}$ 波矢处于一个准能量等高线上。在二维布里渊区中画出可能的波矢 $\boldsymbol{q}$ 。

[4-14] 共振拉曼效应的条件由 $E_{\text{laser}} = E_{\text{gap}}$ 给出,其中 E_{gap} 表示价带到导带之间的能量间隔。如果将共振条件应用到能量为 $E_{\boldsymbol{q}}$ 声子的散射共振情况下,写出散射光的共振条件。解释为什么散射光共振条件依赖于声子能量而入射光共振条件不具有该性质。

[4-15] 拉曼强度与 E_{laser} 的函数图(拉曼激发谱轮廓)存在两个峰:一个对应于入射共振条件,另一个对应于散射共振条件。当有两个具有不同能量的声子时,请说明预期的拉曼激发谱轮廓会如何?

[4-16] 解释反斯托克斯频移的共振条件。说明斯托克斯和反斯托克斯拉曼信号的拉曼激发谱轮廓的不同之处。解释为什么这两种拉曼激发谱轮廓不会出现在相同的激发能量位置。

[4-17] 如果考虑石墨烯的 $\boldsymbol{q} \neq 0$ 声子的二阶拉曼散射,对于一个 $\boldsymbol{q} \neq 0$ 的散射过程,将有两个波矢 $\boldsymbol{q}$ 值。应用双狄拉克锥模型解释一下这种现象。这两种散射事件可分别记为谷内散射和谷间散射。

[4-18] 在前向($\boldsymbol{q}$)和背向($-\boldsymbol{q}$)散射几何构型下,利用谷间散射来解释一下思考题4-17的结果。

[4-19] 解释在石墨烯的声子色散曲线(图3.1)中,哪些声子能够参与谷内和谷间 $\boldsymbol{q} \neq 0$ 散射过程。解释在前向和背向散射情况下将会发生什么。

[4-20] 对于一个谷内散射过程,当考虑两个激光能量 $E_1 < E_2$ 时,证明 $E_{\text{laser}} = E_2$ 所选择的波矢 $\boldsymbol{q}$ 更大。当激发光能量增大时,在声子能量色

散中散射波矢 $\boldsymbol{q}$ 是如何被选择出来的?

[4-21] 如果在单壁碳纳米管(SWNT)的拉曼测试中选择某一 E_{laser},就只能得到 SWNT 的拉曼信号,且满足共振条件 $E_{laser}=E_{ii}$。当需要观察频率与直径成反比的径向呼吸模(RBM)时,如何由已知的 E_{ii} 以及 ω_{RBM} 计算数值中确定参与实验的 (n,m) 数值?解释一下用来得到 (n,m) 数值的过程。

[4-22] 为了得到一个给定样品中 SWNT 的所有 (n,m) 数值,需要一个能量几乎连续可调输出的 E_{laser}。假设有一个能量连续可调的激光系统,如何设计实验过程来获得所有的 (n,m) 数值?解释一下实验目的和所采用的方法。

[4-23] 假设 Si 衬底上只有一根单壁碳纳米管。利用光学显微镜无法确定其位置。解释为何通过拉曼光谱确定特定 SWNT 的 (n,m) 值是很困难的。为了克服这个困难,应该如何准备实验样品或者如何安排相应的实验装置?

[4-24] 根据第 2.2.4 节讨论的情况,对于石墨烯,请将图 4.14(b)中 G′模的光谱特征改变与电子能带结构的变化关联起来。

[4-25] 石墨烯中 I_D/I_G 强度比值是如何依赖于其缺陷浓度的?利用系统的一些特征长度来讨论一定缺陷浓度条件下的物理图像。

第 5 章

拉曼散射的量子描述

第 4 章所阐述的拉曼效应经典描述提供了碳纳米管拉曼光谱中所观察到频率的一些解释,包括了对一些主要光谱特征的定量描述。所观察到的拉曼线都会依照相应的声子能量相对于激光线有一定移动,发生的每一个散射过程都会遵循能量守恒定律。对于拉曼强度的定量描述来说,发展拉曼散射过程的量子描述理论是很有必要的。由于 sp^2 纳米碳中存在共振拉曼散射过程,这种量子处理也是很有必要的。即使对于主要的拉曼特征,他们所观察到的拉曼频率也严重依赖于内部散射事件的量子描述。本章目的是引入拉曼散射过程的量子描述,首先介绍为散射过程提供一个理论基础的费米黄金定则,最后介绍电子-光子和电子-声子相互作用哈密顿量的形式。

5.1 费米黄金定则

本节将回顾含时微扰理论的一些结果和费米黄金定则的使用方法,为 5.2 节讨论拉曼效应的量子力学描述提供铺垫。对这些主题更为详尽的描述可参考量子力学参考书[92,200]。拉曼光谱描述形式的发展严重依赖于随时间变化的电磁场的使用。最重要的情况是外场随时间的变化关系成正弦函数。对大多数的实际应用,外场比较弱,因此相关效应可以在微扰理论的框架下处理。此时未被微扰的原系统波函数将作为描述微扰系统的基函数来处理。如果微扰是随时间明显变化的,将需要采用含时微扰理论来处理。

在处理含时微扰理论时,通常需要求解薛定谔方程的含时形式,即

$$i\hbar \frac{\partial \psi}{\partial t} = H\psi = (H_0 + H'(t))\psi \tag{5.1}$$

式中:$H'(t)$ 为含时微扰项。随后可以将随时间变化的波函数 $\psi(\boldsymbol{r},t)$ 用 H_0 的本征函数完备集形式 $u_n(\boldsymbol{r})\mathrm{e}^{-\mathrm{i}E_nt/\hbar}$ 展开:

$$\psi(\boldsymbol{r},t) = \sum_n a_n(t)u_n(\boldsymbol{r})\mathrm{e}^{-\mathrm{i}E_nt/\hbar} \tag{5.2}$$

式中:$a_n(t)$ 为含时展开系数。

结合式(5.1)和式(5.2)可得

$$\dot{a}_m(t)=\frac{1}{\mathrm{i}\hbar}\sum_n a_n(t)\mathrm{e}^{\mathrm{i}\omega_{mn}t}\langle m\mid H'(t)\mid n\rangle \tag{5.3}$$

式中：ω_{mn} 为玻尔(Bohr)频率,正比于 m 和 n 态之间能量差

$$\omega_{mn}=(E_m-E_n)/\hbar \tag{5.4}$$

$\langle m\mid H'(t)\mid n\rangle$ 为与时间相关的矩阵元,可由下式给出：

$$\langle m\mid H'(t)\mid n\rangle=\int u_m^*(\boldsymbol{r})H'(t)u_n(\boldsymbol{r})\mathrm{d}^3\boldsymbol{r} \tag{5.5}$$

由于 $H'(t)$ 是含时物理量,因此该矩阵元也是含时的。

利用微扰理论时,可以认为 $\langle m\mid H'(t)\mid n\rangle$ 是一个小量,可以将每一个时间相关的幅度写成微扰理论中的一个展开

$$a_m=a_m^{(0)}+a_m^{(1)}+a_m^{(2)}+\cdots=\sum_{i=0}^{\infty}a_m^{(i)} \tag{5.6}$$

式中:上标 (i) 表示微扰理论中每一项的阶数,即 $a_n^{(0)}$ 是零阶项,而 $a_n^{(i)}$ 是对 a_n 进行的第 i 阶修正。从式(5.3)可看出,在含时微扰中,$a_m(t)$ 只随时间改变。因此,未微扰的状态(即零阶微扰理论)应该给出不随时间改变的零阶项,并且只对标记为 l 的初态有一个数值

$$\dot{a}_m^{(0)}=0\ ,\ a_m^{(0)}=\delta_{ml} \tag{5.7}$$

其中,当 $m=l$ 时,$\delta_{ml}=1$;当 $m\neq l$ 时,$\delta_{ml}=0$(克罗内克的 δ 函数)。所以,一阶修正将为

$$\dot{a}_m^{(1)}=\frac{1}{\mathrm{i}\hbar}\sum_n a_n^{(0)}\langle m\mid H'(t)\mid n\rangle\mathrm{e}^{\mathrm{i}\omega_{mn}t}=\frac{1}{\mathrm{i}\hbar}a_l^{(0)}\langle m\mid H'\mid l\rangle\mathrm{e}^{\mathrm{i}\omega_{ml}t} \tag{5.8}$$

这里出于应用目的,考虑微扰 $H'(t)$ 与时间和频率成正弦关系,所有共振现象基本也是这种情况。这样 $H'(t)$ 可以写成

$$H'(t)=H'(0)\mathrm{e}^{\pm\mathrm{i}\omega t} \tag{5.9}$$

式(5.9)给出了随时间变化的明确关系,因此对式(5.8)进行积分,并对某些项进行处理后,就可以获得在 m 态上找到一个电子的概率,也就是

$$|a_m^{(1)}(t)|^2=\frac{|\langle m\mid H'\mid l\rangle|^2}{\hbar^2}\frac{4\sin^2((\omega_{ml}\pm\omega)t/2)}{(\omega_{ml}\pm\omega)^2}(m\neq l) \tag{5.10}$$

式中：ω 为施加的频率；ω_{ml} 为对应跃迁的共振频率。这里,准确的含时关系包含在一个振荡项 $[\sin^2(\omega' t/2)/\omega'^2]$ 内,其中 $\omega'=\omega_{ml}\pm\omega$ 。该函数也可以在衍射理论中遇到,与图 5.1 中所表示的类似。

这里特别有意思的是,对该函数的主要贡献来自 $\omega'\approx 0$,主峰高度与 $t^2/4$ 成正比,峰宽与 $1/t$ 成正比。这意味着中心峰的面积与 $t/4$ 成正比。如果 ω' 变成零,这个系统将存在一个从 l 态到对应 m 态之间的选择性跃迁,跃迁概率与 t

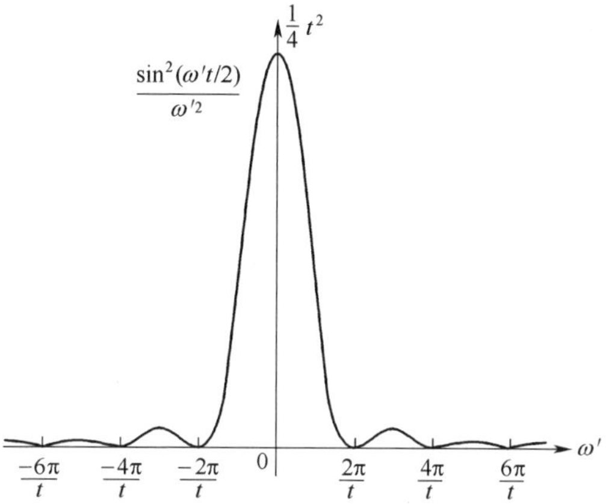

图 5.1 $[\sin^2(\omega' t/2)/\omega'^2]$ 和 ω' 的关系图,即计算典型含时微扰问题时用到的函数[200]

成正比。如果等待足够长的时间,且光子的共振频率 ω_{lm} 存在时,处于能量态 l 的系统将最终跃迁到 m 态①。

由于跃迁概率正比于 t,因此很有必要定义一个单位时间跃迁概率的物理量,提供此物理量的关系式就称为费米黄金定则(以第一位引入该定则来计算相应跃迁概率的科学家 Enrico Fermi 的名字命名)。

在推导费米黄金定则时,必须考虑系统所受微扰的时间足够长,这样才能在海森堡不确定性原理的框架下实现有意义的测量。此时的海森堡不确定性原理由下式表示:

$$\Delta E \Delta t \geqslant \hbar \tag{5.11}$$

因此在微扰施加的时间内能量(或频率)的不确定性为

$$\Delta E \geqslant \hbar / t \tag{5.12}$$

或

$$\omega_{lm} \geqslant 2\pi / t \tag{5.13}$$

但是,这是图 5.1 所示振荡函数的精确周期。这里必须考虑单位时间跃迁概率这一概念,这是因为考虑不确定性原理时,需要包含一定范围内的能量和时间。在固体中,由于波矢 $\boldsymbol{k}$ 是一个准连续的可变量,在任何情况下进行这样的处理是很自然的。也就是说,存在大量 $\boldsymbol{k}$ 态的能量与给定能量相近,这是由于在具有大约 10^{22}原子/cm^3 的固体中,波矢 $\boldsymbol{k}$ 标记的量子态靠得很近。由于光子源本身具有一定带宽,自然就需要考虑一定范围的能量差值 $\hbar\delta\omega'$。从这个角度看,可以引入单位时间跃迁概率 W_m 来考虑一个到 m 态的跃迁

---

① 当 $|a_m^{(1)}|^2 \approx 1$ 时,微扰处理将不再适用。这里讨论的增加项 $|a_m^{(1)}|^2$ 仅适用于 $|a_m^{(1)}|^2 \ll 1$。

$$W_m = \frac{1}{t}\sum_{m' \approx m} |a_{m'}^{(1)}(t)|^2 \tag{5.14}$$

其中求和是对满足能量不确定性原理的一系列能态进行的；$\Delta\omega_{mm'} \sim 2\pi/t$。

对式(5.10)中的 $|a_{m'}^{(1)}(t)|^2$ 进行替换,可得

$$|a_m^{(1)}(t)|^2 = \frac{4|\langle m|H'|l\rangle|^2}{\hbar^2}\frac{\sin^2(\omega' t/2)}{\omega'^2} \tag{5.15}$$

将式(5.14)中的求和换成在很窄能量范围内的积分,积分的权重用态密度 $\rho(E_{m'})$ 来表示,即单位能量范围内态的数目。然后可得

$$W_m = \frac{4}{\hbar^2 t}\int |H'_{m'l}|^2 \frac{\sin^2(\omega_{m'l}t/2)}{\omega_{m'l}^2}\rho(E_{m'})\mathrm{d}E_{m'} \tag{5.16}$$

其中,已经将矩阵元形式 $\langle m' | H' | l\rangle$ 写成 $H'_{m'l}$。但是前面的假设仅仅考虑在 E_m 附近很小能量范围内的 $E_{m'}$,在此范围内,矩阵元和态密度不会改变太大。但是,函数 $[\sin^2(\omega' t/2)/\omega'^2]$ 却变化很快,如图 5.1 所示。因此,只在快速变化的函数 $\sin^2(\omega t/2)/\omega^2$ 范围内对式(5.16)进行积分就足够了。利用 $\mathrm{d}E = \hbar\mathrm{d}\omega'$,有

$$W_m \approx \frac{4|H'_{ml}|^2\rho(E_m)}{\hbar t}\int \frac{\sin^2(\omega' t/2)}{\omega'^2}\mathrm{d}\omega' \text{①} \tag{5.17}$$

对式(5.17)中积分贡献最重要的部分来自于接近 ω 的 ω'。另外,因为大家知道如何在 $-\infty$ 和 $+\infty$ 之间对式(5.17)进行积分,即

$$\int_{-\infty}^{\infty}\frac{\sin^2 x}{x^2}\mathrm{d}x = \pi \tag{5.18}$$

因此,令 $x = \omega' t/2$,基于式(5.18)就可以得到式(5.17)的一个近似关系:

$$W_m \approx \frac{2\pi}{\hbar}|H'_{ml}|^2\rho(E_m) \tag{5.19}$$

此简单公式就是熟知的费米黄金定则。当考虑固体的光学性质,包括拉曼散射强度的情况下,该定则主要用来计算单位时间内的跃迁概率。

如果初态是一个分立能级(如施主杂质能级)而末态是连续的能级(如导带),则利用式(5.19)所写的费米黄金定则可推导出单位时间内的跃迁概率,$\rho(E_m)$ 可解释为末态的态密度。类似地,如果末态是分立的而初态是连续的,那么,W_m 也可给出单位时间内的跃迁概率,只是这时 $\rho(E_m)$ 可解释为初态的态密度。如果对从初始连续态到最终连续态的跃迁感兴趣,那么费米黄金定则需要借助联合态密度来解释,这时初态和末态通过诱发跃迁的光子能量 $\hbar\omega$ 分隔开。

通过以上费米黄金定则背后的基本概念的介绍,也就提供了对 W_m 每一项

① 原书中式(5.17)有误,译者已改正。

的理解以及它与不确定性原理之间的联系。为了进一步解释拉曼光谱,需要考虑一阶单声子散射过程和二阶双声子散射过程的情况,如图 5.2 和图 5.3 所示。因此,为了描述拉曼过程,通常需要考虑二阶和更高阶微扰理论,也就是从初态出发,散射到一个或者更多个中间态,最后散射回末态。5.2 节将给出利用这些高阶微扰理论所获得的拉曼强度的表达式。本书不再给出二阶和更高阶微扰理论的具体推导过程,因为这个过程特别繁杂,也不会增加新的物理认识,

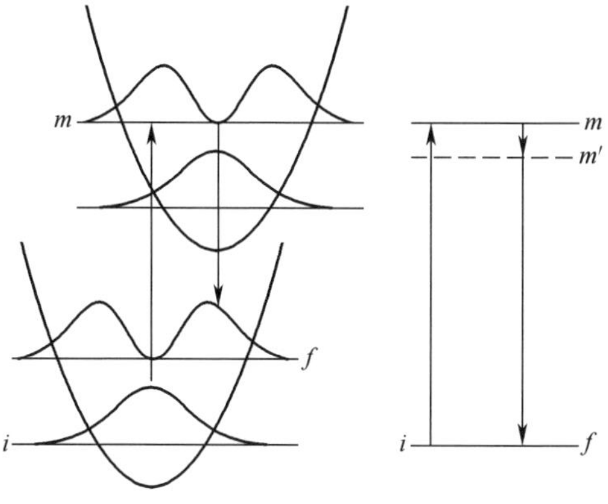

(a)　　　　　　(b)

图 5.2　(a)小分子二阶拉曼过程的示意图,与图 3.2 类似,电子(抛物线)能级和振动能级均在图中标出。注意到两个抛物线间存在水平位移,意味着两个不同的电子能级具有不同的原子位置。上箭头表示以光子吸收为媒介的电子振动态跃迁 $i \to m$,下箭头表示以光子发射为媒介的电子振动态跃迁 $m \to f$。入射光子和散射光子之间的能量差对应于原子振动的量子。(b)常用于描述晶体拉曼过程的三阶散射过程的示意图,向上 $i \to m$ 和向下 $m' \to i$ 的大箭头分别表示电子诱导的光子吸收和光子发射,向下 $m \to m'$ 小箭头表示电子通过电子-声子散射过程将能量传递给晶格。该图中振动能级没有表示出来。

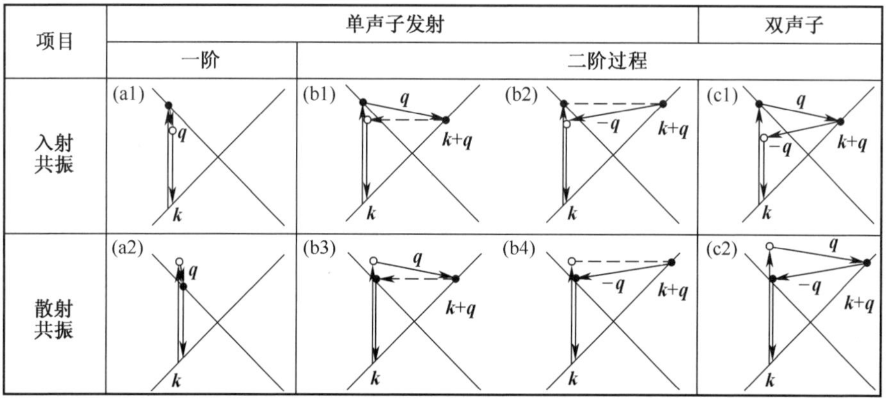
项目
单声子发射
双声子
一阶
二阶过程
入射共振
散射共振
(a1)
(b1)
(b2)
(c1)
(a2)
(b3)
(b4)
(c2)
q
−q
k+q
k

图 5.3　(a)单声子一阶;(b)单声子二阶;(c)双声子二阶,共振拉曼散射过程。其中(a1)、(b1)、(b2)和(c1)表示入射光子共振条件,(a2)、(b3)、(b4)和(c2)表示散射光子共振条件。对于单声子二阶跃迁,两个散射过程之一是弹性散射过程(虚线)。共振点用实心圆表示[80]。

并且,这些详细推导在标准量子力学参考书[92,200-201]中都可以找到。总之,通过增加微扰理论的阶数,需要增加一个矩阵元并在分母中增加一项,并对所有可能中间态求和即可,5.2 节将对其进行具体讨论。

5.2 拉曼光谱的量子描述

在计算小分子中全对称声子相关的拉曼光谱时,需要利用弗兰克-康登(Frank-Condon)效应,即一个电子被一个光子激发后改变了分子中的原子排布,因此振动态 $n_{\boldsymbol{q}}$ 和 $n_{\boldsymbol{q}}+1$ 之间存在交叠是可能的(图 5.2(a))。也就是说,由于激发态具有不同的波函数,分子中的原子在不同波函数下具有不同的稳定位置,这些原子将从其基态的原始位置移动到激发态的位置,从而引发原子振动。图 5.2(a)的每个能级(共 4 个)都代表不同的振动电子能级,由此可指认一个给定的电子能级和振动能级。

但是在更大分子或者晶体中,激发一个电子态并不能改变原子排布,二阶微扰理论也只能解释光的弹性(瑞利)散射。在这种情况下,有必要引入三阶微扰理论,这时激发的电子将会微扰原子,从而通过电子-声子相互作用产生一个声子。这个过程如图 5.2(b)所示,与标注有电子和振动能级的图 5.2(a)不同,后者标出了电子振动态之间的跃迁。图 5.2(b)只显示了电子能量,相应的系统具有相同的初始和最终电子能级,尽管声子已经通过图中向下小箭头所表示的电子-声子散射事件而留在系统中。图 5.2(b)比较形象,激发能级 m 和 m' 没有必要表示真实的电子态,仅仅代表电子从其初始能量 E_i 获得的能量,具体在下面讨论。

如果电子最初处于一个具有能量 E_i 的态 i ,光散射可以从激光(E_{laser})吸收一个激发能量(E_m-E_i)把电子激发到具有能量 E_m 的更高能量态 m (图 5.2(b))。如果 m 是一个真实电子态(通常用实线表示),光吸收是一个共振过程。该电子将进一步被一个 $\boldsymbol{q}=0$ 的声子散射到一个"虚态" m' ,最后通过发射散射光而弛豫回态 i 。虚态一般用虚线表示,在微扰理论框架范围内,它们可以用系统电子本征态的线性组合来描述。该电子本征态具有大的能量不确定性和短的寿命,以满足不确定性原理。因此,最初"系统"是由一个处于 i 态的电子和一个能量为 (E_m-E_i) 的光子组成,而最终"系统"具有一个处于 i 态的电子、一个具有能量 $E_{\boldsymbol{q}}$ 的声子以及一个具有能量 $(E_m-E_i-E_{\boldsymbol{q}})$ 的光子。类似地,入射光子可以将电子激发到能量为 E_m 的虚态 m ,光散射通过发射能量 (E_m-E_i) 让系统回到更低能量的末态 E_i 。在这种情况下,光子发射是共振的,而不是光子吸收是共振的。这个过程如图 5.3 所示。图 5.2(b)只讨论分立的电子能级的情况,而图 5.3 显示了石墨烯 K 点处费米能级附近的连续电子色散内的拉曼散射过程(具体参见 2.2.2 节)。图 5.3(a1)与图 5.2(b)类似,图 5.3(a2)显示了散射光参与共振过程情况下的一阶拉曼散射,而图 5.3 的其他情况给出了其他可能的过程,这将在后面讨论。

因此,一阶拉曼强度与声子能量 $E_{\boldsymbol{q}} = \hbar\omega_{\boldsymbol{q}}$ 和入射激光能量 E_{laser} 之间的关系可由三阶微扰理论[91,142]给出

$$I(\omega_{\boldsymbol{q}}, E_{\text{laser}}) = \sum_{f} \left| \sum_{m,m'} \frac{M^{\text{op}}(\boldsymbol{k}-\boldsymbol{q}, im')M^{\text{ep}}(\boldsymbol{q}, m'm)M^{\text{op}}(\boldsymbol{k}, mi)}{(E_{\text{laser}} - \Delta E_{mi})(E_{\text{laser}} - \hbar\omega_{\boldsymbol{q}} - \Delta E_{m'i})} \right|^2 \tag{5.20}$$

其中

$$\Delta E_{m^{(')}i} \equiv (E_{m^{(')}} - E_i) - i\gamma_r \tag{5.21}$$

i、m、m' 和 f 分别表示电子的初态,两个激发的中间态和末态,而 γ_r 表示的是共振过程的展宽因子(参考 4.3.2 节)。该物理过程可以理解为,一个具有波矢 $\boldsymbol{k}$ 的电子被入射光子通过电偶极子相互作用 $M^{\text{op}}(\boldsymbol{k}, mi)$ 从态 i 激发到态 m ,随后电子通过电子-声子相互作用 $M^{\text{ep}}(\boldsymbol{q}, m'm)$ 发射能量为 $\omega_{\boldsymbol{q}}$ 波矢为 $\boldsymbol{q}$ 的声子而被散射到态 m' ,最后处于态 m' 的电子通过与相互作用 $M^{\text{op}}(\boldsymbol{k}-\boldsymbol{q}, im')$ 相关的电偶极子跃迁发射一个光子而到达最终电子态 $f = i$ 。由于动量守恒的要求,$\boldsymbol{q} \approx 0$。如果 i 和 m 态之间的能量间隔为 E_{mi} ,共振条件为,入射光子 $E_{\text{laser}} = E_{mi}$,或者散射光子 $E_{\text{laser}} = E_{mi} + \hbar\omega_{\boldsymbol{q}}$ 。要达到一个给定末态,式(5.20)必须对所有可能的中间态 m 和 m' 求和。中间态 m 可以通过指定的初态 i 和能量-动量守恒来确定。为了对所有的中间态进行求和,就需要知道电子-光子相互作用的电偶极矩阵元 M^{op} 和电子-声子相互作用的矩阵元 M^{ep} ,这将在 5.4 节详细讨论。在散射过程中,电子和声子必须满足能量-动量守恒条件,但该条件并没有在式(5.20)中清晰地显示出。

对于更高阶拉曼过程,如图 5.3(b1)~(b4)和图 5.3(c1)、(c2)所示各种示意图给出了各种非弹性散射过程,必须用四阶微扰理论来解释。图 5.3(b1)~(b4)包含了一个中间态电子被声子散射的过程,还有一个被晶格缺陷或杂质散射的过程,后者是一个弹性散射事件。声子的发射和吸收都是可能的,弹性和非弹性散射过程的次序也是可交换的。这些过程第 13 章将具体阐述。图 5.3(c1)和图 5.3(c2)显示了两个二阶双声子拉曼散射过程。这时,其强度与 E_{laser} 之间以及强度与两声子能量和 $\omega = \omega_1 + \omega_2$ 之间的关系可用下式表示:

$$I(\omega, E_{\text{laser}}) \propto \sum_{i} \left| \sum_{m',m'',\omega_1,\omega_2} J_{m',m''}(\omega_1, \omega_2) \right|^2 \tag{5.22}$$

其中

$$J_{m',m''}(\omega_1,\omega_2)=\frac{M^{\mathrm{op}}(\boldsymbol{k},im'')M^{\mathrm{ep}}(-\boldsymbol{q},m''m')M^{\mathrm{ep}}(\boldsymbol{q},m'm)M^{\mathrm{op}}(\boldsymbol{k},mi)}{(E_{\mathrm{laser}}-\Delta E_{mi})(E_{\mathrm{laser}}-\hbar\omega_1-\Delta E_{m'i})(E_{\mathrm{laser}}-\hbar\omega_1-\hbar\omega_2-\Delta E_{m''i})}$$

(5.23)

现在考虑的是涉及波矢为 $\boldsymbol{q}$ 和 $-\boldsymbol{q}$ 的双声子散射过程，所以动量守恒在 $\boldsymbol{q}\neq 0$ 时是可能的。由于这时是整个散射过程的动量守恒，很多时候 m 和 m'' 态是相同的，因为一般其他态在能量上都相距较远。为了同时满足两个共振条件，一个中间电子态 $E_{m'i}$ 总是处于共振状态（$E_{\mathrm{laser}}=\Delta E_{m'i}+\hbar\omega_1$），再加上入射共振条件（$E_{\mathrm{laser}}=\Delta E_{mi}$）和出射共振条件（$E_{\mathrm{laser}}=\Delta E_{m''i}+\hbar\omega_1+\hbar\omega_2$）之一是满足共振条件的。另外，对于二阶单声子过程，拉曼强度一般通过将其中一个双声子散射过程替换成弹性杂质散射过程来计算。另外值得一提的是能量不确定性 γ_r 问题，它由式(5.21)给出并在式(5.20)和式(5.23)中出现。实际上，不同分母有可能具有不同的 γ_r 值，因为它们对应着不同的散射事件。但是为了简单起见，当没有实验信息表明它们不同时，通常考虑相同的 γ_r 值。γ_r 的物理根源已在4.3.2节详细讨论了。

5.3 光散射的费曼图

用费曼图来跟踪吸收或产生一个激发的非弹性散射事件中的各种可能的过程非常有用。例如，图5.4(a)～(f)显示了产生一个激发的6个散射过程（也就是拉曼斯托克斯过程）。绘画费曼图所用的基本符号包括传播子，如电子、声子或光子和一些有相互作用发生的顶点，如图5.4(g)所示。在图5.4的费曼图中，时间由左向右演化。如图5.4(a)为拉曼过程最基本的费曼图，取自Yu和Cardona的*Fundamentals of Semiconductors*[202]一书。通过图5.4(a)中顶点的不同阶数所获得的其他排列如图5.4(b)～(f)所示，也可参考文献[202]。对每个费曼图应用费米黄金定则（式(5.19)）时，可以将每个顶点概率相乘。例如，图5.4(a)的第一个顶点为单位时间散射概率贡献了一项，

$$\frac{\langle n\mid H_{\mathrm{eR}}(\omega_{\mathrm{laser}})\mid i\rangle}{[E_{\mathrm{laser}}-(E_n-E_i)]}$$

式中：哈密顿量 $H_{\mathrm{eR}}(\omega_{\mathrm{laser}})$ 为电子和入射电磁辐射场（$\omega_i=\omega_{\mathrm{laser}}$）之间的相互作用，将系统由初态 i 激发到中间态 n。第二个顶点的相互作用能量 $H_{\mathrm{e-ion}}(\omega_{\mathrm{laser}})$ 源于电子和离子的晶格振动（或者电子-声子相互作用），相应的能量分母为

$$E_{\text{laser}} - (E_n - E_i) - \hbar\omega_{\boldsymbol{q}} - (E_{n'} - E_n) = [E_{\text{laser}} - \hbar\omega_{\boldsymbol{q}} - (E_{n'} - E_i)]$$

这里 $E_{\text{laser}} = \hbar\omega_{\text{laser}}$，$\hbar\omega_{\boldsymbol{q}}$ 是声子能量，E_i 为初态的电子能量，$E_{n(')}$ 是中间态的电子能量。对于第三个顶点，分母成为 $[E_{\text{laser}} - \hbar\omega_{\boldsymbol{q}} - \hbar\omega_{\text{s}} - (E_f - E_i)]$，但是由于最初的和最终的电子能量相同，能量守恒要求增加 δ 函数，$\delta(\hbar\omega_{\text{laser}} - \hbar\omega_{\boldsymbol{q}} - \hbar\omega_{\text{s}})$，以计算图 5.4(a) 费曼图的拉曼散射的单位时间概率：

$$P_{\text{ph}}(\omega_{\text{s}}) = \frac{2\pi}{\hbar}\left|\sum_{n,n'}\frac{\langle i \mid H_{\text{eR}}(\omega_{\text{s}}) \mid n'\rangle\langle n' \mid H_{\text{e-ion}} \mid n\rangle\langle n \mid H_{\text{eR}}(\omega_{\text{laser}}) \mid i\rangle}{[E_{\text{laser}} - (E_n - E_i)][E_{\text{laser}} - \hbar\omega_{\boldsymbol{q}} - (E_n' - E_i)]}\right|^2 \times \delta(\hbar\omega_{\text{laser}} - \hbar\omega_{\boldsymbol{q}} - \hbar\omega_{\text{s}}) \tag{5.24}$$

式中：$\hbar\omega_{\text{s}}$ 为散射光的光子能量。

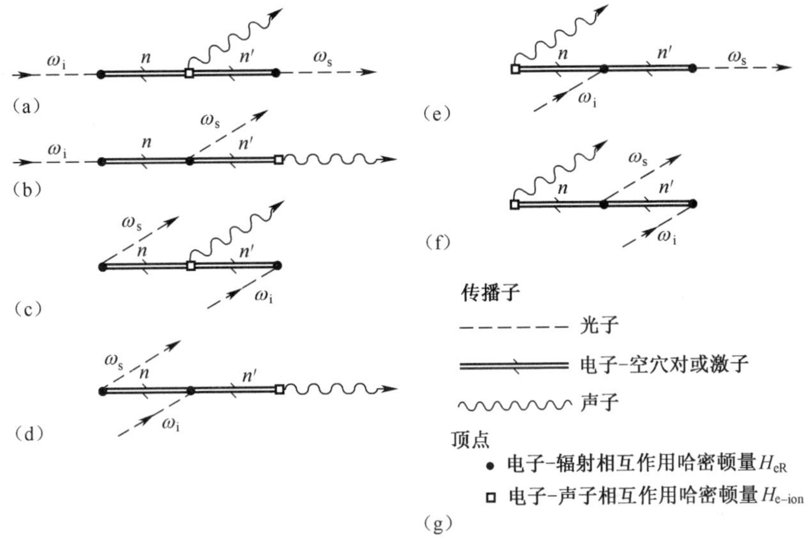

图 5.4 (a)~(f) 对单声子(斯托克斯)拉曼散射过程有贡献的 6 个散射过程的费曼图。其中 $\omega_{\text{i}} = \omega_{\text{laser}}$，$\omega_{\text{s}}$ 是散射光的频率。(g) 拉曼散射费曼图所用的各种符号[202]

绘画费曼图的规则如下：

(1) 发生拉曼散射过程所涉及的激发(如光子、声子和电子-空穴对)用线(或传播子)表示。这些传播子可以用激发的性质来标记，如波矢、频率和偏振方向。

(2) 两种激发间的相互作用可以用两传播子间的交叉来表示。这个交叉称作顶点，有时也用一个实心圆(如电子-光子相互作用)或者空心正方形(电子-声子相互作用)来表示。

(3) 传播子通常带有箭头，以此来表示激发在相互作用中是产生还是湮灭。箭头指向顶点表示激发的湮灭，而箭头远离顶点表示激发的产生。

(4) 当涉及多个激发相互作用时，通常假设它们按顺序由左向右依次进行。

(5) 当用绘画费曼图表示某个特定过程之后,其他过程可以通过改变顶点在费曼图中发生的时间顺序来推导。

然后,对图 5.4 中的 6 个费曼图求和即可得到以下结果:

$$
\begin{aligned}
P_{\mathrm{ph}}(\omega_{\mathrm{s}}) = \frac{2\pi}{\hbar}\Bigg| \sum_{n,n'} & \frac{\langle i \mid H_{\mathrm{eR}}(\omega_{\mathrm{s}}) \mid n'\rangle\langle n' \mid H_{\mathrm{e-ion}} \mid n\rangle\langle n \mid H_{\mathrm{eR}}(\omega_{\mathrm{laser}}) \mid i\rangle}{[\hbar\omega_{\mathrm{i}} - (E_n - E_i)][\hbar\omega_{\mathrm{i}} - \hbar\omega_{\boldsymbol{q}} - (E_{n'} - E_i)]} \\
& + \frac{\langle i \mid H_{\mathrm{e-ion}} \mid n'\rangle\langle n' \mid H_{\mathrm{eR}}(\omega_{\mathrm{s}}) \mid n\rangle\langle n \mid H_{\mathrm{eR}}(\omega_{\mathrm{laser}}) \mid i\rangle}{[\hbar\omega_{\mathrm{i}} - (E_n - E_i)][\hbar\omega_{\mathrm{i}} - \hbar\omega_{\mathrm{s}} - (E_{n'} - E_i)]} \\
& + \frac{\langle i \mid H_{\mathrm{eR}}(\omega_{\mathrm{laser}}) \mid n'\rangle\langle n' \mid H_{\mathrm{e-ion}} \mid n\rangle\langle n \mid H_{\mathrm{eR}}(\omega_{\mathrm{s}}) \mid i\rangle}{[-\hbar\omega_{\mathrm{s}} - (E_n - E_i)][-\hbar\omega_{\mathrm{s}} - \hbar\omega_{\boldsymbol{q}} - (E_{n'} - E_i)]} \\
& + \frac{\langle i \mid H_{\mathrm{e-ion}} \mid n'\rangle\langle n' \mid H_{\mathrm{eR}}(\omega_{\mathrm{laser}}) \mid n\rangle\langle n \mid H_{\mathrm{eR}}(\omega_{\mathrm{s}}) \mid i\rangle}{[-\hbar\omega_{\mathrm{s}} - (E_n - E_i)][-\hbar\omega_{\mathrm{s}} + \hbar\omega_{\mathrm{i}} - (E_{n'} - E_i)]} \\
& + \frac{\langle i \mid H_{\mathrm{eR}}(\omega_{\mathrm{s}}) \mid n'\rangle\langle n' \mid H_{\mathrm{eR}}(\omega_{\mathrm{laser}}) \mid n\rangle\langle n \mid H_{\mathrm{e-ion}} \mid i\rangle}{[-\hbar\omega_{\boldsymbol{q}} - (E_n - E_i)][-\hbar\omega_{\boldsymbol{q}} + \hbar\omega_{\mathrm{i}} - (E_{n'} - E_i)]} \\
& + \frac{\langle i \mid H_{\mathrm{eR}}(\omega_{\mathrm{laser}}) \mid n'\rangle\langle n' \mid H_{\mathrm{eR}}(\omega_{\mathrm{s}}) \mid n\rangle\langle n \mid H_{\mathrm{e-ion}} \mid i\rangle}{[-\hbar\omega_{\boldsymbol{q}} - (E_n - E_i)][-\hbar\omega_{\boldsymbol{q}} - \hbar\omega_{\mathrm{s}} - (E_{n'} - E_i)]}\Bigg|^2 \\
& \times \delta(\hbar\omega_{\mathrm{i}} - \hbar\omega_{\mathrm{s}} - \hbar\omega_{\boldsymbol{q}})
\end{aligned} \tag{5.25}
$$

这里用 $\hbar\omega_{\mathrm{i}}$ 代替 E_{laser}。需要注意的是,分母是否含有 $\hbar\omega_{\mathrm{i}}$ 取决于光吸收在费曼图中所发生的位置(时间顺序),并不是所有的项都是共振的,也就是说,当分母中只要有一项消失时,跃迁概率将会发散而发生共振过程。因此,式(5.25)中所有项都对非共振拉曼散射有贡献。当考虑价带和导带之间固定能量的共振拉曼散射时,式(5.25)中只有一项起主要作用。有趣的是,该项是拉曼散射中最直观发生的事件,也就是光吸收、电子-声子散射、光发射(式(5.25)的第一项)。出于这个原因,更为简单的式(5.20)足以用于计算处于共振的拉曼强度。这个概念在本章思考题中还会进一步巩固。

5.4 相互作用哈密顿量

本节将讨论各种相互作用哈密顿量的形式,例如,电子和电磁辐射场之间的相互作用(电子-光子相互作用)哈密顿量 H_{eR},以及电子和离子晶格振动之间的相互作用(电子-声子相互作用)哈密顿量 $H_{\mathrm{e-ion}}$。加上电子、振动态以及激发场的相关信息,这些哈密顿量就可以用于计算矩阵元 M^{op} 和 M^{ep}。

5.4.1 电子-辐射相互作用

哈密顿量 H_{eR},用来获得电子在电磁场中所受到的洛伦兹力,可用下式表示：

$$H_{\mathrm{eR}}=\frac{1}{2m}(\boldsymbol{p}-e\boldsymbol{A})^2+V(\boldsymbol{r}) \tag{5.26}$$

式中：m 和 e 为电子的质量和电荷量；$\boldsymbol{p}$、$\boldsymbol{A}$ 和 $V(\boldsymbol{r})$ 分别为动量、矢量势和晶体势。由经典的电磁波理论可知，在存在电磁场的情况下，传统的动量须在 S.I. 单位制下做 $\boldsymbol{p}\to\boldsymbol{p}-e\boldsymbol{A}$ 的转换。在库伦规范（$\nabla\cdot\boldsymbol{A}=\boldsymbol{0}$）下，式(5.26)变为

$$H_{\mathrm{eR}}=\left[\frac{p^2}{2m}+V(\boldsymbol{r})\right]-\frac{e}{m}\boldsymbol{p}\cdot\boldsymbol{A}+\frac{e^2\boldsymbol{A}^2}{2m} \tag{5.27}$$

两括号间的项给出了在势能 $V(\boldsymbol{r})$ 下电子的哈密顿量 H_0。由于电磁场并不是很强，$\boldsymbol{A}^2$ 那一项可以被忽略（弱场近似），此时电子-电磁场相互作用可以写为

$$\boldsymbol{H}_{\mathrm{eR}}=-\frac{e}{m}\boldsymbol{p}\cdot\boldsymbol{A} \tag{5.28}$$

对晶体光散射来说，光波长远大于原胞尺寸，电子基函数 $\varphi(\boldsymbol{r})$（如紧束缚波函数）局域在原子 $\boldsymbol{r}_0$ 位置附近（在分子光散射中也同样适用）。考虑单色的平面波（$\boldsymbol{A}(\boldsymbol{r},t)\propto \mathrm{e}^{\mathrm{i}\boldsymbol{k}\cdot\boldsymbol{r}}$），相互作用哈密顿量 H_{eR} 可以在偶极近似范畴内考虑，即 $\boldsymbol{A}(\boldsymbol{r},t)\mid\Psi\rangle\approx\boldsymbol{A}(\boldsymbol{r}_0,t)\mid\Psi\rangle$。

最后，考虑 $\boldsymbol{p}\equiv m(\mathrm{d}\boldsymbol{r}/\mathrm{d}t)$，$H_{\mathrm{eR}}$ 可以写成电场和位置矢量的函数：

$$H_{\mathrm{eR}}=-e\boldsymbol{r}\cdot\boldsymbol{E}(\boldsymbol{r}_0,t) \tag{5.29}$$

这里考虑了三阶近似，也就是，忽略了微分项 $\partial[\boldsymbol{r}\cdot\boldsymbol{A}(\boldsymbol{r}_0,t)]/\partial t$ 的贡献，而只是考虑整个场振动周期内对时间的平均效果。

5.4.2 电子-声子相互作用

电子-声子相互作用哈密顿量 $H_{\mathrm{e-ion}}$ 描述了当原子穿过形变势能时原子能量是如何改变的[203]

$$H^{\sigma}_{\mathrm{e-ion}}(\boldsymbol{R}_{s'},\boldsymbol{R}_s)=\int\phi(\boldsymbol{r}-\boldsymbol{R}_{s'})\nabla\nu(\boldsymbol{r}-\boldsymbol{R}_\sigma)\phi(\boldsymbol{r}-\boldsymbol{R}_s)\mathrm{d}^3\boldsymbol{r} \tag{5.30}$$

式中：$\phi(\boldsymbol{r}-\boldsymbol{R}_s)$ 为位于 $\boldsymbol{R}_s$ 的电子波函数；$\nu(\boldsymbol{r}-\boldsymbol{R}_\sigma)$ 为原子的势能①。纳米碳中电子-声子相互作用的计算将在 11.7 节具体处理，在这里仅考虑一个简化的物理图像，光学声子的电子-声子矩阵元可以通过在相应声子振动引起的原子结构形变下所产生的电子能带移动来表示[204-205]

$$M^{\mathrm{ep}}(\boldsymbol{k}-\boldsymbol{q},m\,m')=\sqrt{\frac{\hbar}{2N_\Omega M\omega_{\boldsymbol{q}}}}\sum_a \epsilon^{\boldsymbol{q}}_a\frac{\partial E_m}{\partial \boldsymbol{u}_a} \tag{5.31}$$

其中，对 a 求和针对的是原胞中所有原子。波矢和电子态的能带指数在这里分

---

① 出于完整性考虑，当计算用来决定电子-声子耦合作用的这些矩阵元时，需要同时考虑来自电子和空穴的影响。

别用 $\boldsymbol{k}$ 和 m 标记。$\boldsymbol{q}$ 指数表示具有偏振矢量 $\epsilon_a^{\boldsymbol{q}}$ 的声子而 E_m 是电子能量，$\boldsymbol{u}_a$ 是原子位移。N_Ω 、M 和 $\omega_{\boldsymbol{q}}$ 分别表示系统中原胞数目、原子质量和声子的本征能量。

5.5 绝对拉曼强度和对 E_{laser} 的依赖性

式(5.20)和式(5.22)中，拉曼强度正比于跃迁概率。不同作者给出不同的比例参数，由于绝对拉曼强度取决于具体的实验细节，因此测量绝对拉曼强度并不是一个简单的工作。最简单的方法就是通过测量一个绝对拉曼强度已公认的拉曼散射体(如一个标准参考物质)的拉曼光谱对实验的拉曼强度进行校正。例如，环丙烷液体(C_6H_{12})的绝对拉曼散射截面可从文献[206]找到。

特别有趣的是，拉曼散射理论[207-215]预测出的正比例系数为 ω_s^4 依赖关系。这个 ω_s^4 依赖性并不是拉曼光谱的特殊结果，而是来自偶极子辐射的一个普遍理论。简而言之，用 $\boldsymbol{d}=e\boldsymbol{r}$ 来定义偶极矩，其中 e 是电子电荷，$\boldsymbol{r}$ 是连接偶极子中正负电荷的矢量。大家都知道，只有当电荷加速运动时才产生辐射。因此，场($\boldsymbol{H}$ 和 $\boldsymbol{E}$)与偶极矩动量对时间的二次微分成正比，即 $\boldsymbol{H} \propto \ddot{\boldsymbol{d}} = e\ddot{\boldsymbol{r}}$ 和 $\boldsymbol{E} \propto \ddot{\boldsymbol{d}} = e\ddot{\boldsymbol{r}}$ 。如果 $\boldsymbol{r}=\boldsymbol{r}_0 e^{i\omega_s t}$ ，$\ddot{\boldsymbol{d}} = -\omega_s^2 d$ 。另外，散射强度 I 还与波印亭矢量 $\boldsymbol{S}$ 给出的能流密度有关，对于平面波，散射强度 I 与场强的平方有关($I \propto S \propto \boldsymbol{H}^2 \propto (\ddot{\boldsymbol{d}})^2$ 或者 $I \propto S \propto \boldsymbol{E}^2 \propto (\ddot{\boldsymbol{d}})^2$)。由此给出了光发射的 ω_s^4 依赖关系①。在拉曼光谱中，入射光和散射光具有不同的能量，但是由于声子能量 $\hbar\omega_{\boldsymbol{q}}$ 通常远小于激发激光能量，$\hbar\omega_i \sim \hbar\omega_s$ 是一个很好的近似，因此通常说绝对拉曼强度应该随 E_{laser}^4 增加。

5.6 思　考　题

[5-1] 利用麦克斯韦方程，解释为什么需要在矢量势 $\boldsymbol{A}$ 和静电势 ϕ 中引入规范场。明确地考虑一些规范，并解释在哪些情况下这些规范有利于解释物理现象。

[5-2] 在真空中，证明电场可用矢量势 $\boldsymbol{A}$ 表达。

[5-3] 考虑矢量势存在的哈密顿量并将哈密顿量展开并保留 $\boldsymbol{A}$ 的线性项。这过程对应于电子-光子耦合常数的哈密顿量微扰项。对所得到的结果进行库仑规范 $\text{div}\boldsymbol{A} = \boldsymbol{0}$。

---

① 这也是天空是蓝色的主要原因，具体解释可见文献[216]。

[5-4] 在思考题[5-3]中,还可以得到正比于 $\boldsymbol{A}^2$ 的项。当此项为线性项的1/10时可忽略此项。这时对应的电场强度有多大？如果 $\boldsymbol{A}$ 给出的电场强度大于此数值,就应该考虑光的非线性 $\boldsymbol{A}^2$ 效应①。

[5-5] 波印亭矢量 $\boldsymbol{S}=\boldsymbol{E}\times\boldsymbol{H}$ 指的是电磁场单位面积的功率密度。对于普通的显微拉曼测试系统,光斑直径约为 1μm,激光功率为 1mW。估计此显微拉曼系统的功率密度并计算 E 。证明所得到的电场并没有强到能够进入非线性区域。

[5-6] 石墨烯具有 C_2 旋转对称性。C_2 旋转对称性意味着绕某点旋转 180°,晶格结构不发生改变。请指出该 C_2 旋转的对称轴。

[5-7] 在 C_2 旋转对称性下,原胞中 A 和 B 碳原子位置发生了互换。证明晶格中所有 A 和 B 碳原子在任意 C_2 旋转下都发生了互换。

[5-8] 当把坐标系原点定在石墨烯 C_2 旋转轴的轴点上时,证明石墨烯与入射光束相互作用的微扰哈密顿量是坐标的奇函数。

[5-9] 当求解石墨烯 π 键的一个简单 2 × 2 紧束缚哈密顿量(式(2.29))时,可得到波函数 $\Psi(\boldsymbol{k})$ 是包含 A 和 B 项的布洛赫(Bloch)函数 $\Phi_{\mathrm{A}}(\boldsymbol{k})$ 和 $\Phi_{\mathrm{B}}(\boldsymbol{k})$ 的线性组合:

$$\Psi(\boldsymbol{k})=C_{\mathrm{A}}(\boldsymbol{k})\,\Phi_{\mathrm{A}}(\boldsymbol{k})+C_{\mathrm{B}}(\boldsymbol{k})\,\Phi_{\mathrm{B}}(\boldsymbol{k})$$

分别利用式(2.28)和式(2.31)定义的 $f(\boldsymbol{k})$ 和 $w(\boldsymbol{k})$,确定出式(2.29)中当 $s=0$ 时, $C_{\mathrm{A}}(\boldsymbol{k})$ 和 $C_{\mathrm{B}}(\boldsymbol{k})$ 的解析式。

[5-10] 在计算思考题[5-9]时,证明,对于任意 $\boldsymbol{k}$ 点,价带和导带分别存在 $C_{\mathrm{A}}=C_{\mathrm{B}}$ 和 $C_{\mathrm{A}}=-C_{\mathrm{B}}$ 。结合此结果和当交换 A 和 B 时微扰哈密顿量是坐标的一个奇函数,推导出偶极跃迁矩阵元,它作为 $\boldsymbol{k}$ 的函数与 $\langle\pi^*|\nabla|\pi\rangle$ 成正比。

[5-11] 利用含时微扰理论,推导出式(5.10)中的 $|a_m^{(1)}(t)|^2$。

[5-12] 当 $\omega_{ml}=\omega/2, 2\omega/3, 3\omega/4$ 和 ω 时,画出式(5.10)的 $|a_m^{(1)}(t)|^2$ 。证明振荡的峰高随 ω_{ml} 的增加而增加。这意味着,在一级近似下就可以仅选择最靠近的 m 态来计算 $|a^{(1)}(t)|^2$ 。

[5-13] δ 函数具有两个重要性质:(1) $x=0$ 时, $\delta(x)=\infty$,但 $x\neq 0$ 时,其值为0;(2)在包含 $x=0$ 的任何区域对 $\delta(x)$ 积分,其积分值为1。利用这些定义,推导以下公式:

$$\lim_{t\to\infty}\frac{\sin^2(\alpha t)}{\pi\alpha^2 t}=\delta(\alpha)$$

---

① 由于物理性质一般作为 $\boldsymbol{E}$ 函数很快饱和,材料中非线性光学效应一般在较低的光功率下即可发生,例如,极化矢量 $\boldsymbol{P}$ 可以展开为 $\boldsymbol{\alpha E}+\boldsymbol{\alpha}^{(2)}\boldsymbol{E}^2+\cdots$。

然后，利用此式直接得到费米黄金定则。

[5-14] 由于大部分光学过程都具有有限的寿命，不确定性原理 $\Delta E\Delta t \sim \hbar$（式(5.11)）在光谱学中是非常重要的。如果某激发态具有寿命 Δt，则其能量具有不确定值 ΔE。在这种情况下，就必须对仅考虑一个特定能量的含时微扰理论进行修正。解释在存在寿命条件下共振条件是如何驰豫的。

[5-15] 对于碳纳米管的一个光激发电子，该电子可在 1.0ps 之内发射一个声子。试估计该电子的能量不确定值。对于发射一个光子的光致发光过程，激发电子具有相对慢的寿命，该寿命量级约 1.0ns。请问单色仪精度是否足够用来观察荧光声子(photoluminescent phonon)的能量。

[5-16] 在共振过程框架内分析图 5.4 中费曼图的一阶过程，可通过式(5.25)中的无效项获得。假设材料处于基态，对于给定 $\hbar\omega_{\mathrm{i}}$，哪些过程可以是共振的，哪些不可以？为了简单起见，考虑 $n = n'$，当声子没有破坏系统的对称性时将会发生什么情况？

[5-17] 在思考题[5-16]中，通过定量分析理解式(5.25)的 6 个过程中哪项主导了总强度。为 $E_m - E_i$ 和 $\hbar\omega_{\boldsymbol{q}}$ 选取数值，为 γ_r 给定一数值，引入阻尼项 $i\gamma_r$，前面结果又如何？这样可了解在大家“通常认知”的框架范围内，哪些看似合理的过程会更与是否达到共振条件相关联。

[5-18] 当考虑一个光吸收、一个光发射和一个声子发射顶点时，可得到 6 种可能的费曼图。如果将一个声子发射顶点换为两个声子发射顶点，那么将有多少种费曼图？利用那些从光吸收开始的过程的示意图进行阐述。

[5-19] 证明式(5.28)和式(5.29)，弄清楚每一个近似是从哪里引入的。

[5-20] 带电荷粒子的周期性运动将形成偶极子 $\boldsymbol{d}$，c 是光速，证明频率为 ω 的辐射强度由下式给出：

$$I = \frac{4\omega^2}{3c^3}|\boldsymbol{d}|^2 \tag{5.32}$$

第 6 章

对称性和选择定则：群论

对称性是物理上一个重要的概念。例如，动量（角动量）守恒与空间的平移（旋转）对称性密切相关；在周期晶格中，上述关系对电子和声子态的晶格动量来说也同样适用。许多光学过程是由守恒物理量或者选择定则决定的，它们都是对称性要求的结果。决定拉曼散射的选择定则也可以由群论推导得到，这是本章的重点。

群论是数学的一个分支，将其应用到物理中，其优势体现在能够将许多复杂对称操作转化为简单的线性代数。对群论的深入了解需要更为深入的学习[94]，不能仅仅依靠本章的学习。但是，本章将简单介绍一些基本概念，并通过把群论应用到 sp^2 纳米碳拉曼光谱的一些有用事例来阐述群论在拉曼光谱领域的能力和益处。因此，本章内容对于没有群论理论基础的读者来说可能稍有难度，但是在知识体系的帮助之下，本章将展示对称性之美。

6.1 节将简要介绍把群论应用于拉曼光谱的一些基本概念[94]。6.2 节介绍拉曼散射选择定则的群论处理方法。6.3 节总结单层、双层和三层石墨烯中电子和声子光学过程的群论分析方法，将此拓展到 N 层石墨烯，其中会区分偶数 N、奇数 N 以及无限大 N 的情况，后者对应于石墨[98,217]。选择石墨烯对称性作为这个主题的引言，主要是因为石墨烯家族为所有 sp^2 碳提供了基础构建模块，而单层石墨烯（1-LG）是所有石墨烯材料的基石。本章将总结单壁碳纳米管（SWNT）[135,218]的对称性性质，包括 6.4.6 节关于一维材料散射过程选择定则以及与非折叠二维波矢空间有关的选择定则之间的联系[110]。

6.1 群论的基本概念

6.1.1 群的定义

sp^2 碳纳米材料的结构可以看成是对单个 C 原子连续地施加所有的对称操作（包括旋转、映射、反演、平移和组合操作等）逐步地将这个原子映射到其他所有原子后构建而成。一个分子或者晶体所具有的一系列对称操作就可能构成了群论规范中的一个群,因此一个群可以如下定义。元素 A、B、C、…的集合要能组成一个群,必须满足以下4个条件:

(1) 群中任何两个元素的乘积仍然是这个群的一个元素。例如,关系 $AB = C$ 对于群中所有元素均成立。

(2) 满足结合律,即 $(AB)C = A(BC)$ 。

(3) 存在单位元素 E(也称恒元),使得群中任何元素与之相乘都不会让该元素发生改变,即 $AE = EA = A$ 。

(4) 对于每一个元素 A,都会存在一个逆元素 A^{-1},两者满足关系 $A^{-1}A = AA^{-1} = E$ 。

作为一个群的简单例子,考虑只有3个元素的置换群 $P(3)$ 。下面列出了 $3! = 6$ 种可能的置换,可将上面一行3个元素的初始排列方式置换成下面一行的最后排列方式。每一个置换都是 $P(3)$ 的元素。

$$\begin{aligned}&\boldsymbol{E} = \begin{pmatrix}1 & 2 & 3\\1 & 2 & 3\end{pmatrix}, \boldsymbol{A} = \begin{pmatrix}1 & 2 & 3\\1 & 3 & 2\end{pmatrix}, \boldsymbol{B} = \begin{pmatrix}1 & 2 & 3\\3 & 2 & 1\end{pmatrix},\\&\boldsymbol{C} = \begin{pmatrix}1 & 2 & 3\\2 & 1 & 3\end{pmatrix}, \boldsymbol{D} = \begin{pmatrix}1 & 2 & 3\\3 & 1 & 2\end{pmatrix}, \boldsymbol{F} = \begin{pmatrix}1 & 2 & 3\\2 & 3 & 1\end{pmatrix}\end{aligned} \tag{6.1}$$

也可以将式(6.1)中的元素想象成等边三角形(图6.1)的3个顶点。同样地,上面一行的每个数字表示原始位置而下面一行的每个数字表示3个顶点的原始位置在某个对称操作后的最终位置(见图6.1的插图说明)。元素 D 表示顺时针旋转 $2\pi/3$ 而 F 表示逆时针旋转 $2\pi/3$。每个对称操作就是这个群的一个元素。因此这个群和 $P(3)$ 群是相同的。

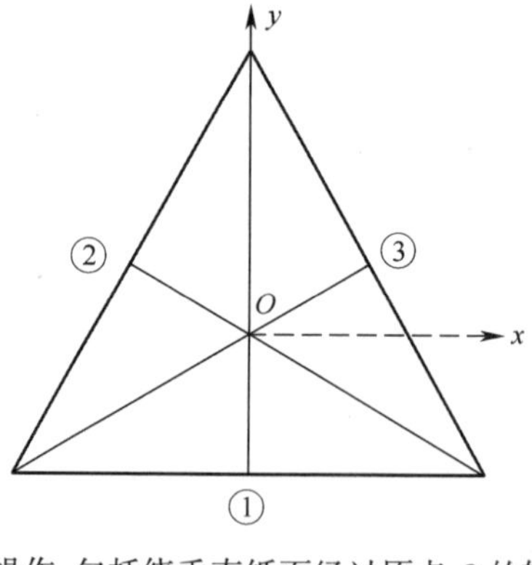

图6.1 等边三角形的对称操作,包括绕垂直纸面经过原点 O 的轴旋转 $2\pi/3$ 和 $-2\pi/3$ 以及绕3个二重旋转轴旋转180°(π)。这里,3个二重旋转轴由3个带数字圆圈来表示。

还可以通过验证一些元素的结合律 $(AB)C = A(BC)$ 来解释这些标记的用法:

$$\begin{cases}(AB)C = DC = B \\ A(BC) = AD = B\end{cases} \tag{6.2}$$

点群是不包含平移的群，因此至少有一个点在一个点群的所有操作下都不会发生移动。包含了平移作为元素的群称为空间群。

6.1.2 表示

如果两个群的元素之间存在对应关系，例如 $A \to \mathcal{A}$ ，$B \to \mathcal{B}$ 和 $AB \to \mathcal{AB}$ ，这里同一字体字母表示同一群的元素，而另一字体则表示另一群的元素，这两个群就称为同构或者同态。如果两个群的阶数相同（元素的数目相同，如 $P(3)$ 和等边三角形的对称群），那么它们是同构（一一对应关系）；否则，它们是同态（多对一关系）。

元素 R 的表示①（如 $R = A, B, C, \cdots$ ）可标记为方形矩阵 $\boldsymbol{D}(R)$ ，该矩阵可通过一系列基函数 $\boldsymbol{u} = (u_1, u_2, \cdots, u_m)$ 在 R 的转换下满足

$$R\boldsymbol{u} = \boldsymbol{D}(R)\boldsymbol{u} \tag{6.3}$$

在这种情况下，可以把矩阵 $\boldsymbol{D}(A)$ 相应地指认给群的每个元素 A ，如 $\boldsymbol{D}(RR') = \boldsymbol{D}(R)\boldsymbol{D}(R')$ 。

考虑如下矩阵群：

$$\boldsymbol{E} = \begin{pmatrix} 1 & 0 \\ 0 & 1 \end{pmatrix} \qquad \boldsymbol{A} = \begin{pmatrix} -1 & 0 \\ 0 & 1 \end{pmatrix} \qquad \boldsymbol{B} = \begin{pmatrix} \frac{1}{2} & -\frac{\sqrt{3}}{2} \\ -\frac{\sqrt{3}}{2} & -\frac{1}{2} \end{pmatrix}$$

$$\boldsymbol{C} = \begin{pmatrix} \frac{1}{2} & \frac{\sqrt{3}}{2} \\ \frac{\sqrt{3}}{2} & -\frac{1}{2} \end{pmatrix} \quad \boldsymbol{D} = \begin{pmatrix} -\frac{1}{2} & \frac{\sqrt{3}}{2} \\ -\frac{\sqrt{3}}{2} & -\frac{1}{2} \end{pmatrix} \quad \boldsymbol{F} = \begin{pmatrix} -\frac{1}{2} & -\frac{\sqrt{3}}{2} \\ \frac{\sqrt{3}}{2} & -\frac{1}{2} \end{pmatrix} \tag{6.4}$$

对应的单位操作总是一个单位矩阵。式(6.4)的所有矩阵构成了群的一个矩阵表示，此群与 $P(3)$ 和等边三角形的对称操作遵循相同的乘法定则，因此彼此是同构的。$\boldsymbol{A}$ 矩阵表示关于 y 轴旋转 $\pm\pi$ 而 $\boldsymbol{B}$ 和 $\boldsymbol{C}$ 矩阵分别表示绕图 6.1 中 2 和 3 旋转轴旋转 $\pm\pi$ 。$\boldsymbol{D}$ 和 $\boldsymbol{F}$ 表示绕着三角形的中心轴分别旋转 $-2\pi/3$ 和 $+2\pi/3$（参见 6.1.1 节）。

6.1.3 不可约表示和可约表示

当所有群元素的 $\boldsymbol{D}(R)$ 可以通过一个幺正变换②分块为类似的子矩阵时，

---

① 抽象群的表示是一个置换群（方形的矩阵群），置换群和抽象群是同态或者同构的关系。

② 幺正变换指类似于 $\boldsymbol{UD}(R)\boldsymbol{U}^{-1}$ 的操作，其中 $\boldsymbol{U}$ 是一个幺正矩阵。对于空间群操作，这种变换和坐标系的旋转（没有变形）是等价的。

$\boldsymbol{D}(A)$ 称为可约表示。在这种情况下, $\boldsymbol{u}$ 空间可以划分为更小维度的基函数空间。如果 $\boldsymbol{D}(A)$ 再也不可能被分割为更小的块,则称 $\boldsymbol{D}(A)$ 为不可约表示(IR)。

置换群 $P(3)$ 的 3 个不可约表示为

$$
\begin{array}{llll}
 & \boldsymbol{E} & \boldsymbol{A} & \boldsymbol{B} \\
\Gamma_1: & (1) & (1) & (1) \\
\Gamma_{1'}: & (1) & (-1) & (-1) \\
\Gamma_2: & \begin{pmatrix} 1 & 0 \\ 0 & 1 \end{pmatrix} & \begin{pmatrix} -1 & 0 \\ 0 & 1 \end{pmatrix} & \begin{pmatrix} \frac{1}{2} & -\frac{\sqrt{3}}{2} \\ -\frac{\sqrt{3}}{2} & -\frac{1}{2} \end{pmatrix} \\
 & \boldsymbol{C} & \boldsymbol{D} & \boldsymbol{F} \\
\Gamma_1: & (1) & (1) & (1) \\
\Gamma_{1'}: & (-1) & (1) & (1) \\
\Gamma_2: & \begin{pmatrix} \frac{1}{2} & \frac{\sqrt{3}}{2} \\ \frac{\sqrt{3}}{2} & -\frac{1}{2} \end{pmatrix} & \begin{pmatrix} -\frac{1}{2} & \frac{\sqrt{3}}{2} \\ -\frac{\sqrt{3}}{2} & -\frac{1}{2} \end{pmatrix} & \begin{pmatrix} -\frac{1}{2} & -\frac{\sqrt{3}}{2} \\ \frac{\sqrt{3}}{2} & -\frac{1}{2} \end{pmatrix}
\end{array}
\tag{6.5}
$$

Γ_1、$\Gamma_{1'}$ 和 Γ_2 与 $P(3)$ 和等边三角形都满足相同的乘法规则。但是, Γ_1 和 $\Gamma_{1'}$ 是一维表示,分别只有一个或者两个元素,与 $P(3)$ 和等边三角形是同态的。一维表示 Γ_1 称为全对称性表示,在所有群中均存在。不可约表示 Γ_1 的基函数在群的任意操作下均不改变其形式,像空间坐标系下二维点群中的 1 或者 $r = x^2 + y^2$ 。Γ_1 的维数是 1,其矩阵表示是一个 1×1 矩阵且矩阵元素为 1。对于 $\Gamma_{1'}$, z 是一个合适的基函数。考虑 xy 平面内的等边三角形,当对其施加对称操作 A、B 和 C 时, z 轴变为 $-z$ 。因此 $\Gamma_{1'}$ 的维数为 1,其矩阵表示为一个 1×1 矩阵且矩阵元素为 1 或者 -1。二维不可约表示 Γ_2 具有 6 个元素,如上所述,与 $P(3)$ 同构。利用空间坐标表示的合适的基函数(需两个正交的函数)组为 (x,y) 。包含这 3 个不可约表示的可约表示为

$$\Gamma_R: \begin{matrix} \boldsymbol{E} \\ \begin{pmatrix} 1 & 0 & 0 & 0 \\ 0 & 1 & 0 & 0 \\ 0 & 0 & 1 & 0 \\ 0 & 0 & 0 & 1 \end{pmatrix} \end{matrix} \begin{matrix} \boldsymbol{A} \\ \begin{pmatrix} 1 & 0 & 0 & 0 \\ 0 & -1 & 0 & 0 \\ 0 & 0 & -1 & 0 \\ 0 & 0 & 0 & 1 \end{pmatrix} \end{matrix} \begin{matrix} \boldsymbol{B} \\ \begin{pmatrix} 1 & 0 & 0 & 0 \\ 0 & -1 & 0 & 0 \\ 0 & 0 & \frac{1}{2} & -\frac{\sqrt{3}}{2} \\ 0 & 0 & -\frac{\sqrt{3}}{2} & -\frac{1}{2} \end{pmatrix} \end{matrix} \text{等} \tag{6.6}$$

其中 $\boldsymbol{\Gamma}_R$ 具有以下分块形式①

$$\boldsymbol{\Gamma}_R = \begin{pmatrix} \boldsymbol{\Gamma}_1 & \mathbf{0} & \boldsymbol{O} \\ \boldsymbol{O} & \boldsymbol{\Gamma}_{1'} & \boldsymbol{O} \\ \boldsymbol{O} & \boldsymbol{O} & \boldsymbol{\Gamma}_2 \end{pmatrix} \tag{6.7}$$

通常情况下,一个可约表示 $\boldsymbol{\Gamma}_R$ 的不可约表示(IR)一般以下面形式列出:

$$\boldsymbol{\Gamma}_R = \boldsymbol{\Gamma}_1 + \boldsymbol{\Gamma}_{1'} + \boldsymbol{\Gamma}_2 \tag{6.8}$$

表 6.1　群论特征标表的示意图。用 1 表示的不可约表示是全对称不可约表示,通常存在于所有的特征标表。$\chi_{\mathrm{IR}_j}^{\mathcal{C}_k}$ 表示属于类 $\mathcal{C}_k$ 的对称操作的特征标,属于不可约表示 j,其中 $j=1,2,3$。N_k 是类 $\mathcal{C}_k$ 中元素的个数。

基函数		$N_1\mathcal{C}_1$	$N_2\mathcal{C}_2$	$N_3\mathcal{C}_3$
函数 1	IR_1	1	1	1
函数 2	IR_2	$\chi_{\mathrm{IR}_2}^{\mathcal{C}_1}$	$\chi_{\mathrm{IR}_2}^{\mathcal{C}_2}$	$\chi_{\mathrm{IR}_2}^{\mathcal{C}_3}$
函数 3	IR_3	$\chi_{\mathrm{IR}_3}^{\mathcal{C}_1}$	$\chi_{\mathrm{IR}_3}^{\mathcal{C}_2}$	$\chi_{\mathrm{IR}_3}^{\mathcal{C}_3}$

在量子力学中,从以下几个方面来说群的矩阵表示 $\boldsymbol{D}(R)$ 都是很重要的。首先,量子力学算符的本征函数是所研究系统的群不可约表示的基函数②。因此,在没有确切计算本征值时,可以从群论知道属于每个不可约表示的函数的形式③。第二,量子力学算符通常可以写成用矩阵表示的形式,通常也是所属群的可约表示。通过选择属于不可约表示的基函数,矩阵可以继续划分为数个矩阵块。因此,矩阵代数相比原来的对称操作更容易操控。

---

① $\boldsymbol{O}$ 表示空矩阵。

② 系统群的任意操作 A 和量子算符 $\boldsymbol{O}$ 对易,即 $[A,\boldsymbol{O}]=\mathbf{0}$。这也是群定义的一个要求。波函数 $A\Psi$ 和与 Ψ 相关的 $\boldsymbol{O}$ 矩阵具有相同的本征值 O,($\boldsymbol{OA\Psi}=\boldsymbol{AO\Psi}=OA\Psi$)。因此 Ψ 也是群中 A 的一个本征函数(如果 Ψ 是非简并的),且 Ψ 是不可约表示 IR 的基函数。当 E 简并时该证明仍然成立。

③ 这不意味着群论可以求解本征值问题。但是,群论可以通过考虑如何降低空间维度来帮助求解本征值问题。

表 6.2　置换群 $P(3)$ 的特征标表，对应于等边三角形的对称操作，或者更普遍地说是，对应于熊夫利标记的 D_3 群[94]

类 → IR ↓	$\mathcal{C}_1$ $\chi(E)$	$3\mathcal{C}_2$ $\chi(A,B,C)$	$2\mathcal{C}_3$ $\chi(D,F)$
Γ_1	1	1	1
$\Gamma_{1'}$	1	-1	1
Γ_2	2	0	-1

6.1.4　特征标表

表示矩阵 $\boldsymbol{D}(R)$ 的特征标，是 $\boldsymbol{D}(R)$ 的迹 $\chi(R)$ ①。所有可约表示和不可约表示的 $\chi(R)$ 组成了一个特征标表，如表 6.1 所列，其中不可约表示的 $\chi(R)$ 按行排列。特征标表中的第一行是全对称的不可约表示，即为 Γ_1（或者 A，A_1，A_g，…，取决于群及其标示），其所有 $\chi(R)=1$。这一行存在于所有点群的特征标表中。

表 6.1 的每一列属于一个类，用一系列操作（R_1，R_2，…，R_c）来定义，它们可以用群的操作 O_j 相互转换 $\boldsymbol{R}_j=\boldsymbol{O}_j^{-1}\boldsymbol{R}\boldsymbol{O}_j$。例如，3 个 $\mathcal{C}_2$ 旋转操作相互之间是等价的，所以 3 个 $\mathcal{C}_2$ 属于 3 $\mathcal{C}_2$ 这一类，3 表示该类的维数。同一个类的操作的特征标是相同的。表 6.1 的类 1 包括单位元素 E，该元素在所有群中都存在。因为在操作 E 下没有一个基函数会改变，所以一个不可约表示中类 1 的特征标是该不可约表示的维数，因此 $\boldsymbol{D}(E)$ 的对角矩阵元都是 1。注意：一个群中不可约表示的数量等于该群中类的个数。

置换群 $P(3)$ 的特征标表如表 6.2 所列。这个点群称为 D_3（熊夫利记号）[94]。表 6.2 中 $N_k\mathcal{C}_k$ 用来表示特征标表中每个类 $\mathcal{C}_k$，N_k 是 $\mathcal{C}_k$ 中元素的个数。群 D_3 和 $P(3)$ 的类如表 6.3 所列，说明通过不同方法都可以表示一个给定群的类。

6.1.5　乘积和正交性

当定义两个不可约表示特征标的内积（以类的维度除以群阶数作为归一化因子进行加权）后，就可以得到不可约表示正交—归一化条件的规则，一般称为特征标的广义正交定理。为了说明特征标的广义正交定理的含义，考虑表 6.2 中群 D_3 的特征标或者如表 6.4 所列更为常见的形式，令 $\Gamma_j=\Gamma_1$ 和 $\Gamma_{j'}=\Gamma_{1'}$，然

① 矩阵的迹指的是矩阵对角元之和，即 $\chi(\boldsymbol{R})=\mathrm{Tr}(\boldsymbol{R})=\sum_i \boldsymbol{R}_{ii}$。

后计算

$$\sum_k N_k \chi^{(\Gamma_j)}(C_k)[\chi^{(\Gamma_{j'})}(C_k)]^* = \underbrace{(1)(1)(1)}_{E类} + \underbrace{(3)(1)(-1)}_{A,B,C类} + \underbrace{(2)(1)(1)}_{D,F类}$$
$$= 1 - 3 + 2 = 0 \tag{6.9}$$

同时可以验证广义正交定理对表 6.4 中 Γ_j 和 $\Gamma_{j'}$ 的所有可能组合都成立。

因为一个电子(或声子)态的本征函数 Ψ 可以对应于一个给定的不可约表示,在特征标表中人们可以识别出与 Ψ 所对应的对称操作组,因此基于矩阵的简单线性代数就可以描述对称操作作用于 Ψ 的效果。每个不可约表示的维度 d 给出了属于该不可约表示的能级的简并度。如果一个系统具有 m 个基于群论的不可约表示本征态,将有 m 个 d 重简并的本征值(意味着有 $m \times d$ 个本征函数)。后面会看到,对于一个手性碳纳米管,对应一个给定的不可约表示(记为 E_1),有 5 个双重简并的拉曼活性声子模。

表 6.3　群 D_3 或者与置换群 $P(3)$ 和等边三角形对称操作等价群的类

类标记	D_3	等边三角形	$P(3)$
类 1　$E(N_k = 1)$	$1e_1$	(恒元类)	(1)(2)(3)
类 2　$A,B,C(N_k = 3)$	$3e_2$	(绕二重轴旋转 π)	(1)(23)
类 3　$D,F(N_k = 2)$	$2e_3$	(绕三重轴旋转 120°)	(123)

表 6.4　D_3 群(斜方六面体)的特征标表

	$D_3(32)$		E	$2C_3$	$3C_2'$
x^2+y^2, z^2		A_1	1	1	1
	R_z, z	A_2	1	1	-1
$\left.\begin{matrix}(xz,yz)\\(x^2-y^2,xy)\end{matrix}\right\}$	$\left.\begin{matrix}(x,y)\\(R_x,R_y)\end{matrix}\right\}$	E	2	-1	0

6.1.6　其他基函数

对于每一个对称群,都可以构建一个如表 6.1 所列的特征标表。需要注意的是,基函数可以通过考虑表示的矩阵得到,反之亦然。在最左侧一列中,对应的简单基函数属于不可约表示,例如 x、y 和 z 对应平移操作,R_x、R_y 和 R_z 分别对应绕 x、y 和 z 轴的转动,或者 xx、yy、zz、xy、yz 和 zx 等抛物线函数,等等。以表 6.4 的 D_3 群为例,基函数的相关信息对于了解哪个不可约表示属于沿着 x 轴方向的振动,哪些属于绕着 x 轴的转动,哪些对应于拉曼活性模等(见 6.2 节)都是非常有用的。已知的群,如点群、空间群和对称性群等都已在晶体学表中列出,它们的特征标表可以在群论书籍中找到。

6.1.7 简正振动模的不可约表示

为了找到振动问题所涉及的简正模,通常可以采取如下步骤:

(1) 指认出与晶体平衡结构中晶体原胞所定义的点群 G 相关的对称操作。

(2) 找到等价表示的特征标, $\Gamma_{\text{equivalence}} = \Gamma^{\text{a.s.}}$ (a. s. 表示原子位点)。这些特征标表示在群对称操作下位点保持不变的原子数目。在一般情况下,因为 $\Gamma^{\text{a.s.}}$ 是群 G 的可约表示,所以需要将 $\Gamma^{\text{a.s.}}$ 分解为不可约表示(如式(6.8))。

(3) 随后会用到分子振动涉及矢量的转化性质这一观念。从群论角度来说,这意味着分子振动可以通过 $\Gamma^{\text{a.s.}}$ 和径向矢量(如(x,y,z))不可约表示的直积得到。因此分子振动表示 $\Gamma_{\text{lat. mode}}$ 可以由以下关系确定①

$$\Gamma_{\text{lat. mode}} = \Gamma^{\text{a.s.}} \otimes \Gamma_{\text{vec}} \tag{6.10}$$

式中:⊗表示两个不可约表示的直积②。式(6.10)的特征标通常对应于群 G 的一个可约表示。因此,可以从群 G 不可约表示的角度来表达 $\Gamma_{\text{lat. mode}}$ 以获得简正模。每个本征模可以用一个不可约表示来标记,每一个本征频率的简并度为相应不可约表示的维度。Γ_{trans} 的特征标可以在确定群 G 对应于径向矢量 $\boldsymbol{r}$ 的基函数(x,y,z) 的不可约表示中得到。Γ_{rot} 的特征标可以从确定轴矢量(如角动量,对应于 $\boldsymbol{r}\times\boldsymbol{p}$)的基函数 (R_x,R_y,R_z) 对应的不可约表示中得到。由于径向矢量 $\boldsymbol{r}(x,y,z)$ 和轴矢量 $\boldsymbol{r}\times\boldsymbol{p}(R_x,R_y,R_z)$ 在群 G 对称操作下的变换是不同的,每一个标准的特征标表通常会列出关于6个基函数 (x,y,z) 和 (R_x,R_y,R_z) 的不可约表示(表6.4)。

(4) 从分子振动不可约表示的特征标中可以找出简正模。式(6.10)所定义的分子简正模仅包含了内部自由度,并不包含整个分子的平移和转动。另外,这些简正模必须彼此正交。

(5) 通过选择定则(6.1.8节)可以找出每个简正模是否为拉曼活性的。

这里需要注意的是, $\Gamma_{\text{vec}}(\boldsymbol{R})$ 是通过将所有 x、y 和 z 基函数所属的不可约表示进行相加得到的。如果 (x,y,z) 与T平移操作的三维不可约表示是相对应的,则 $\Gamma_{\text{vec}}(\boldsymbol{R}) = \Gamma^{\text{T}}(\boldsymbol{R})$ 。相反,如果 x、y 和 z 属于相同的一维不可约表示 A ,则 $\Gamma_{\text{vec}}(\boldsymbol{R}) = 3\Gamma^{A}(\boldsymbol{R})$ 。如果 x、y 和 z 基函数没有在特征标表中给出, $\Gamma_{\text{vec}}(\boldsymbol{R})$ 可以直接由 $\boldsymbol{R}$ 矩阵表示的迹给出。所有的点群操作均是转动或者转动和反演的组合。对于转角为 θ 的旋转操作, $\chi_{\text{vec}}(\boldsymbol{R}) = 1 + 2\cos\theta$,所以旋转矩阵的迹总

① 如果考虑分子,需要从式(6.10)中扣除 Γ_{trans} 和 Γ_{rot},其中 Γ_{trans} 和 Γ_{rot} 表示分子相对于其质心的简单平动和转动的表示。

② 两个不可约表示的直乘就是每类中两个不可约表示的特征标分别相乘。所得到的表示通常是一个可以分解为不可约表示的可约表示。

是可以直接由旋转矩阵得到

$$\begin{bmatrix} \cos\theta & \sin\theta & 0 \\ -\sin\theta & \cos\theta & 0 \\ 0 & 0 & 1 \end{bmatrix} \tag{6.11}$$

瑕旋转包含一个旋转并紧随一个关于水平面的镜面操作。这时相应的特征标为 $-1+2\cos\theta$，其中在镜面操作下 z 变为 $-z$，因此对应的迹从常规旋转操作的 $+1$ 变为瑕旋转操作的 -1。

考虑 D_3 群，假设一个分子由 3 个相同的原子组成，这 3 个原子位于正三角形的 3 个顶点上，即有

	$\boldsymbol{E}$	$2C_3$	$3\boldsymbol{\sigma}_v$	
$\boldsymbol{\Gamma}^{a.s.}$	3	0	1	$\Rightarrow A_1+E$

所以

$$\Gamma_{\text{lat. mode}} = \Gamma^{a.s.} \otimes \Gamma_{\text{vec}}$$

$$\Gamma_{\text{lat. mode}} = (A_1+E)\otimes(A_2+E) = A_1+2A_2+3E \tag{6.12}$$

这些模中，3 个模（A_2+E）是分子的转动，3 个模（A_2+E）是分子的平动（见表 6.4 中的各个基函数），其他 3 个（A_1+E）是振动模。

6.1.8 选择定则

在考虑选择定则时，通常会考虑能耦合两个态 ψ_α 和 ψ_β 的相互作用矩阵 $\boldsymbol{H}'$。如果 $\boldsymbol{H}'\psi_\alpha$ 与 ψ_α 正交，对称性决定了矩阵元 $\langle\psi_\alpha|\boldsymbol{H}'|\psi_\beta\rangle$ 将消失①；否则，矩阵元不为零，从态 α 到态 β 的跃迁可以通过 $\boldsymbol{H}'$ 来实现。群论通常用来从对称性方面判断 $\langle\psi_\alpha|\boldsymbol{H}'|\psi_\beta\rangle$ 是否消失，该信息可以从其特征标表来获得。首先，先分别确定出与 ψ_α、$\boldsymbol{H}'$ 和 ψ_β 相应的不可约表示。随后，将它们对应的特征标直积 $\chi_{\boldsymbol{H}'}(R)\otimes\chi_{\psi_\beta}(R)$。这个直积过程可以描述为来自群中不同不可约表示的特征标的线性组合。如果这个线性组合包含了 ψ_α 态的不可约表示②，从对称性来说该矩阵将不会消失；否则，$\boldsymbol{H}'\psi_\beta$ 与 ψ_α 正交。这个规则可以用来获得拉曼散射矩阵元的选择定则，本章将详细阐述。

---

① 这说明积分函数是一个变量的奇函数，所以其积分结果为零。

② 另外一种说法为，特征标为直积 $\chi_{\psi\alpha}(R)\otimes\chi_{\boldsymbol{H}'}(R)\otimes\chi_{\psi\beta}(R)$ 对应的不可约表示含有全对称的不可约表示 Γ_1。

6.2 一阶拉曼散射的选择定则

4.3.2 节讨论了一阶拉曼散射的动量守恒要求（$\boldsymbol{q} \sim 0$），它与周期晶格的平移对称性密切相关。本节将导出与一阶对称性允许的声子拉曼散射过程相关的其他对称性要求，与晶格的其他对称元素（如旋转、镜面对称等）有关。假设存在一个群 G，具有对称元素 R 和对称操作 $\hat{P}_R$。将不可约表示标记为 Γ_n，其中 n 表示不可约表示。然后，就可以定义出一系列基函数 $|\Gamma_n\ j\rangle$，$j=1,2,\cdots,l_j$，其中 l_j 是不可约表示的维度。

如 5.4.1 节所示，电偶极跃迁的电磁相互作用为

$$\boldsymbol{H}_{\mathrm{eR}} = -\frac{e}{m}\boldsymbol{p} \cdot \boldsymbol{A} \tag{6.13}$$

式中：$\boldsymbol{p}$ 为电子的动量算符；$\boldsymbol{A}$ 为外加电磁场的矢量势①。在偶极近似中，$\boldsymbol{A}$（或者 $\boldsymbol{E}$）的波长远大于原胞尺寸，因此在原胞中可以认为是常量，也就是说 $\boldsymbol{A}$ 可以放到矩阵元外面 $\langle a|\boldsymbol{p} \cdot \boldsymbol{A}|i\rangle = \langle a|\boldsymbol{p}|i\rangle \cdot \boldsymbol{A}$。

根据 6.1.8 节的讨论，要得到非零矩阵元 $\langle a|\boldsymbol{p}|i\rangle$，需要满足：

$$\Gamma_a \subset \Gamma_{\boldsymbol{p}} \otimes \Gamma_i \tag{6.14}$$

式中：Γ_i、Γ_a 和 $\Gamma_{\boldsymbol{p}}$ 分别为电子初态、中间态和电子辐射哈密顿相互作用的不可约表示。符号 $A \subset B$ 表示 A 是 B 的子集。也就是说，在 B 的不可约表示中，可以找到 A 的不可约表示。

类似地，要使电子-声子矩阵元 $\langle b|\boldsymbol{H}_{\mathrm{e-ion}}|a\rangle$ 非零，需要满足条件：

$$\Gamma_b \subset \Gamma_{\boldsymbol{H}_{\mathrm{e-ion}}} \otimes \Gamma_a \subset \Gamma_{\boldsymbol{H}_{\mathrm{e-ion}}} \otimes \Gamma_{\boldsymbol{p}} \otimes \Gamma_i \tag{6.15}$$

如果这里的 $|a\rangle$ 态是由 $|i\rangle$ 态通过 $\boldsymbol{H}_{\mathrm{eR}}$ 产生的。$\langle f|\boldsymbol{p}|b\rangle\langle b|H_{\mathrm{e-ion}}|a\rangle\langle a|\boldsymbol{p}|i\rangle$ 中末态的对称性相应地必须满足

$$\Gamma_f \subset \Gamma_{\boldsymbol{p}} \otimes \Gamma_b \subset \Gamma_{\boldsymbol{p}} \otimes \Gamma_{H_{\mathrm{e-ion}}} \otimes \Gamma_p \otimes \Gamma_i \tag{6.16}$$

该式给出了 $|i\rangle$ 态经过三阶拉曼散射过程到 $|f\rangle$ 态的选择定则。当电子驰豫回到初态，拉曼过程结束，也就是说电子的初态和末态是相同的（$|f\rangle \equiv |i\rangle$）。因此，

$$\Gamma_{\psi_i} \subset \Gamma_{\boldsymbol{p}} \otimes \Gamma_{\boldsymbol{H}_{\mathrm{e-ion}}} \otimes \Gamma_{\boldsymbol{p}} \otimes \Gamma_{\psi_i} \tag{6.17}$$

式中：Γ_{ψ_i} 为电子初态的不可约表示。这个条件也就等于说拉曼活性模需要满足条件：

$$\Gamma_p \otimes \Gamma_{H_{\mathrm{e-ion}}} \otimes \Gamma_{\boldsymbol{p}} \supset \Gamma_1 \tag{6.18}$$

① 另外一种方式，$\boldsymbol{H}_{\mathrm{eR}}$ 也可以表示为 $-e\boldsymbol{r} \cdot \boldsymbol{E}$（见 5.4.1 节），$\boldsymbol{r}$ 为矢量。

式中：Γ_1 为完全对称的不可约表示。因为 Γ_p 与 x、y 和 z 基函数从属于相同的不可约表示，所以，如果 $\Gamma_{H_{\text{e-ion}}}$ 与双二次基函数 xx、yy、zz、xy、xz 和 yz 的对称组合①属于相同的不可约表示，则上述条件是成立的。因此，如果有些振动模的不可约表示与双二次函数的完全相同，人们则可断定这些振动模是拉曼活性的，这些双二次函数通常都会在特征标表中列出。另外，为了便于观察声子所属的不可约表示，双二次基函数的第一个和第二个字母分别表示入射光和散射光的偏振方向。对于6.1.7节所假想的三角形分子来说，A_1 和 E 对称振动模都是拉曼活性的（表6.4）。对于这个分子，在入射光和散射光相互平行的情况下只能看到 A_1 模（基函数为 x^2+y^2 或者 z^2）。在入射光和散射光偏振方向相互垂直（基函数为 (x^2-y^2, xy) 或者 (xz, yz)）时，只有 E 模才能被看到。

6.3 石墨烯体系的对称性

本节将总结石墨烯系统的群论知识，为使用群论描述早先分别在第2章和第3章所讨论过的 sp^2 碳的电子和振动性质奠定基础。

6.3.1 波矢群

图6.2(a)给出了单层石墨烯(1-LG)的六边形实空间结构，每个原胞含有两个不等价的原子。实空间的原点可以设置于高对称点，即六边形的中心。图6.2(a)还给出了定义平面原胞菱形的晶格矢量，包含了两个不等价的碳原子格点 A 和 B。单层石墨烯是平面内各项同性的物质，可以用二维空间群 $P6/mm$ ②描述，$P6/mm$ 是赫尔曼-莫甘(Hermann-Mauguin)记号③。Γ 点处的电子和声子都具有 D_{6h} 点群的对称性。D_6 群的特征标表如表6.5所列，而 $D_{6h}=D_6\otimes C_i$。这里 $\otimes$ 表示直积④，在这里表示群 D_6 和 C_i 的直积⑤，意味着增加了一个水平面的对称性⑥。

---

① 拉曼张量必须是一个对称的二阶张量，且对称形式为 xy、xz 和 yz 的形式，如 $(xy+yx)/2$。

② $P6/mm$ 表示具有一个六重旋转轴和两个镜面的原始（或者简单）晶格。

③ 赫尔曼-莫甘和熊夫利记号均可用来描述点群和空间群的对称性操作[94]。

④ 令 $G_A=E, A_2, \cdots, A_{h_a}$ 和 $G_B=E, B_2, \cdots, B_{h_b}$ 表示两个群，且所有操作 A_R 和 B_S 都可以交换，则直积群可以写成 $G_A\otimes G_B=E, A_2, \cdots, A\,h_a, B_2, A_2B_2, \cdots, A_{h_a}B_2, \cdots, A_{h_a}B_{h_b}$，其中也显示了直积群的元素。

⑤ C_i 具有两个对称元素，单位元素 E 和反演 i。

⑥ $C_2\mathrm{i}=\sigma_h$ 和 $C_2'\mathrm{i}=\sigma_v$，其中当把 C_6 轴定义在垂直方向时，σ_h 和 σ_v 分别表示水平和垂直镜面操作。

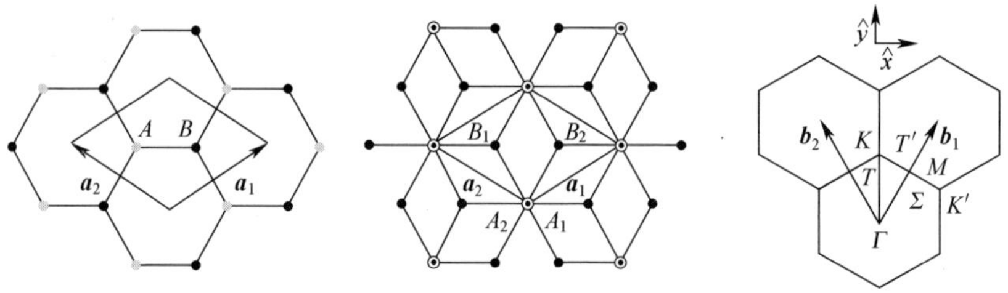

（a）　　　　（b）　　　　（c）

图 6.2　(a)单层石墨烯实空间原胞的俯视图,显示了不等价的 A 和 B 原子以及原胞矢量 $\boldsymbol{a}_1$ 和 $\boldsymbol{a}_2$ 。(b)双层石墨烯原胞在实空间的俯视图。(a)中浅灰色和深灰色点分别表示 1-LG 的 A 和 B 原子。大的空心圆表示在双层石墨烯中处于另一个原子上方的 A 原子,小的黑色和灰色点分别表示在底层和顶层的 B 原子。因此 A 原子在相邻层上下方完全重叠,而 B 原子在伯纳尔堆垛的相邻层中镶嵌分布。(c)六边形倒易空间,已标记出高对称点和线[98]。

表 6.5　D_6 (六边形)群①的特征值表[94]

$D_6(622)$			E	C_2	$2C_3$	$2C_6$	$3C_2'$	$3C_2''$
x^2+y^2, z^2		A_1	1	1	1	1	1	1
	R_z, z	A_2	1	1	1	1	−1	−1
		B_1	1	−1	1	−1	1	−1
		B_2	1	−1	1	−1	−1	1
(xz, yz)	(x,y) (R_x, R_y)	E_1	2	−2	−1	1	0	0
(x^2-y^2, xy)		E_2	2	2	−1	−1	0	0

① $D_{6h}=D_6\otimes i$;(6/mmm)(六边形)。

远离 Γ 点的波函数具有低于 D_{6h} 的对称性,表 6.6 列出了这些比较低的对称性。单层石墨烯所有高对称点的点群特征标表可在文献[94]找到,此文献也包含了与所有类型石墨烯和 sp^2 碳相关的大量信息。简单来说,单层石墨烯其他高对称点的电子和声子波函数的点群分别是: $K(K')$ 点为 $3m$ ①, M 点为 mm , $T(T')$ 点和 Σ 点为 m ,这里 $T(T')$ 和 Σ 点分别位于 $\Gamma K(KM)$ 和 ΓM 线上(图 6.2(c)),而布里渊区其他普通点 u 的点群是最简单的 C_1 ,不具有任何特殊的对称操作。布里渊区 k 点波函数的群通常称为波矢群(GWV)。

当石墨烯在实空间中以 AB 伯纳尔结构堆垛时,在 A 格点的碳原子 A_1 和 A_2

① $3m$ 表示三重旋转轴和镜面对称。

在相邻层上下方完全重叠,而 B 原子在相邻层分别占据了 B_1 和 B_2 格点,具体见图 6.2(b)①。AB 伯纳尔堆垛的双层石墨烯在实空间中的原胞如图 6.2(b)所示。这也是所有偶数 N 层石墨烯的原胞,甚至包括了 N 无限大的石墨。所有奇数 N 层石墨烯可以看做单层石墨烯覆盖在双层石墨烯原胞的一面。区别偶数层和奇数层石墨烯点群之间最主要的对称操作在于水平的镜面对称,偶数层没有水平镜面对称,而奇数层没有反演操作。表 6.6 列出了单层石墨烯、偶数/奇数层石墨烯 ($N > 1$) 和 N 无限大石墨的空间群及所有高对称点的波矢群。N 层石墨烯的 GWV 是单层石墨烯 GWV 的子群。将偶数层和奇数层的空间群在不考虑平移对称时进行直积可以得到单层石墨烯在不考虑平移对称时的 GWV 空间群,即

$$\{G_{\text{even}} \mid 0\} \otimes \{G_{\text{odd}} \mid 0\} = \{G_{1\text{-LG}} \mid 0\} \tag{6.19}$$

这可以从进行这些群之间的直积操作看出。石墨属于 $P6_3/mmc(D_{6h}^4)$ 非全点式空间群②,而单层石墨烯属于 $P6/mm$ 的点式空间群。对于石墨来说,Γ 点的 GWV 是 $P6_3/mmc$。但是,石墨在布里渊区高对称点的波矢群同构于单层石墨烯的 GWV,但当石墨的对称操作包括 $c/2$ 的平移时,它们的某些类在根本上是不同的,这种情况下石墨与单层石墨烯同态。

表 6.6 单层、N 层石墨烯以及石墨在布里渊区的所有高对称点的空间群和波矢点群[98]

项目	空间群	Γ	$K(K')$	M	$T(T')$	Σ	u
单层	$P6/mm$	D_{6h}	D_{3h}	D_{2h}	C_{2v}	C_{2v}	C_{1h}
偶数 N	$P\bar{3}m1$	D_{3d}	D_3	C_{2h}	C_2	C_{1v}	C_1
奇数 N	$P\bar{6}m2$	D_{3h}	C_{3h}	C_{2v}	C_{1h}	C_{2v}	C_{1h}
N 无限大	$P6_3/mmc$	D_{6h}	D_{3h}	D_{2h}	C_{2v}	C_{2v}	C_{1h}

6.3.2 晶格振动和 π 电子

晶格振动($\Gamma_{\text{lat. mode}}$)和 π 电子态($\Gamma_{\pi}$)的群论表示可以分别由直积

---

① 对于三层石墨烯,B_1 和 B_3 出现在平面内相同位置,而 B_2 原子则占据如图 6.2(b)所示的中间空位。相邻平面的这种堆垛方式称为 ABAB 堆垛。

② 根据晶体对称性中是否存在螺旋(手性)操作,可将空间群分为点式和非点式空间群。很多固体物理书籍讨论的是点式空间群,其点群操作和平移操作是可交换的。对于非点式空间群,其点群操作和平移操作是不可交换的。

$\Gamma_{\text{lat. mode}} = \Gamma^{\text{a. s.}} \otimes \Gamma^{\text{vec}}$ 和 $\Gamma_{\pi} = \Gamma^{\text{a. s.}} \otimes \Gamma^{z}$ 得到,其中 $\Gamma^{\text{a. s.}}$ 是原子位点的等价表示①, Γ^{vec} 是矢量 x、y 和 z 的表示[94]②。对于 Γ_{π},由于石墨烯的 π 电子由垂直于平面的 p_z 电子轨道构成,因此仅使用矢量 z 的不可约表示 Γ^{z} 。表 6.7 包含了在布里渊区所有高对称点和线的不可约表示 $\Gamma_{\text{lat. mode}}$ 。表 6.8 包含了关于 Γ_{π} 的相应结果(6.3.6 节从空间群到点群的符号转换)。另外,表 6.8 显示单层石墨烯的 π 电子在 K (狄拉克)点是简并的,与理论结果一致[31]。图 6.3(a)、(b)、(c)分别显示了利用密度泛函理论(DFT)所计算的单层、双层和三层石墨烯的电子结构[98,217]。图 6.3 所显示的不同电子能带的对称性指认是基于 DFT 投影电子态密度的对称性结果[98]。

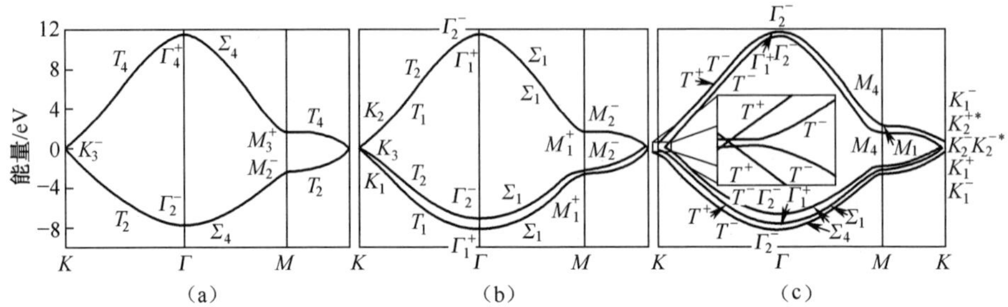

图 6.3 利用 DFT 计算并用不可约表示(Γ_{π})标记的(a)单层、(b)双层和(c)三层石墨烯的 π 电子沿着 $K\Gamma MK$ 方向的电子色散关系。

表 6.7 单层和 N 层石墨烯在布里渊区所有特殊高对称点的波矢点群的不可约表示 $\Gamma_{\text{lat. mode}}$ [98]

	单层	偶数 N	奇数 N
Γ	$\Gamma_2^- + \Gamma_5^- + \Gamma_4^+ + \Gamma_6^+$	$N(\Gamma_1^+ + \Gamma_3^+ + \Gamma_2^- + \Gamma_3^-)$	$(N-1)\Gamma_1^+ + (N+1)\Gamma_2^- + (N+1)\Gamma_3^+ + (N-1)\Gamma_3^-$
K	$K_1^+ + K_2^+ + K_3^+ + K_3^-$	$N(K_1 + K_2 + 2K_3)$	$NK_1^+ + NK_1^- + [f(N)+2]K_2^+ + [f(N-2)]K_2^{+*} + NK_2^- + (N-1)K_2^{-*}$ 注

① 原子位点等价表示是原胞点群的可约表示,其中 $\Gamma^{\text{a. s.}}$ 的每个数值对应于在每个对称操作下位置不改变的原子数目。对于镜面对称操作, $\Gamma^{\text{a. s.}}$ 的数值为在镜面上原子的数目。对于旋转操作, $\Gamma^{\text{a. s.}}$ 的数值为在该旋转轴上原子的数目。

② 在特征标表中,有时会看到一些简单的函数,如 x、y、z 或者 xy,等,它们对应于不可约表示。如果不是这种情况,你就需要自己找出那些对应于 x、y、z 的不可约表示。

(续)

	单层	偶数 N	奇数 N
M	$M_1^+ + M_2^+ + M_3^+ +$ $M_2^- + M_3^- + M_4^-$	$N(2M_1^+ + M_2^+ +$ $M_1^- + 2M_2^-)$	$2NM_1 + (N-1)M_2 +$ $(N+1)M_3 + 2NM_4$
$T(T')$	$2T_1 + T_2 + 2T_3 + T_4$	$3N(T_1 + T_2)$	$(3N+1)10T^+ + (3N-1)T^-$
Σ	$2\Sigma_1 + 2\Sigma_3 + 2\Sigma_4$	$N(4\Sigma_1 + 2\Sigma_2)$	$2N\Sigma_1 + (N-1)\Sigma_2 +$ $(N+1)\Sigma_3 + 2N\Sigma_4$
u	$4u^+ + 2u^-$	$6Nu$	$(3N+1)u^+ + (3N-1)u^-$

注：$f(N) = \sum_{m=0}^{\infty}[\Theta(N-4m-2) + 3\Theta(N-4m-4)]$，其中 $\Theta(x)$ 表示：当 $x<0$ 时，值为0；否则，值为1。

ABA 伯纳尔堆垛的三层石墨烯属于 D_{3h} 点群。图 6.3(c) 给出了其电子色散曲线。三层石墨烯 K 点的波矢群同构于点群 C_{3h}。表 6.7 和表 6.8 中的 K_2^+ 和 K_2^{+*} 是两个包含 K_2^+ 表示的一维表示，* 表示复共轭。K_2^- 表示也有相应的含义。电子能带的不可约表示为：K 点，$\Gamma_\pi^K = K_1^+ + 2K_1^- + K_2^{+*} + K_2^- + K_2^{-*}$；$K'$ 点，$\Gamma_\pi^{K'} = K_1^+ + 2K_1^- + K_2^+ + K_2^{-*} + K_2^-$。尽管时间反演对称性意味着循环群的复共轭表示之间是简并的，但石墨烯的复共轭操作也会将 K 点变换到 K' 点或者将 K' 点变换到 K 点。因此，在 $K(K')$ 点没有简并的能带，这与紧束缚计算结果一致。这些计算在描述石墨 $E(k)$ 时考虑了次近邻层间耦合参数 γ_2 和 γ_5[97,221]，这对于描述石墨的费米面是很有必要的。DFT 计算和第一性原理计算都表明 K 点存在能隙（见图 6.3(c)，更多细节参见文献[98]）。

表 6.8 单层和 N 层石墨烯在布里渊区所有高对称点的波矢点群不可约表示 Γ_π[98]

	单层	偶数 N	奇数 N
Γ	$\Gamma_2^- + \Gamma_4^+$	$N(\Gamma_1^+ + \Gamma_2^-)$	$(N-1)\Gamma_1^+ + (N+1)\Gamma_2^-$
$K(K')$	K_3^-	$\frac{N}{2}(K_1 + K_2 + K_3)$	$\frac{N-1}{2}K_1^+ + \frac{N+1}{2}K_1^- + g(N)K_2^{+*}(K_2^+) +$ $g(N-2)(K_2^+)(K_2^{+*}) + g(N)K_2^- +$ $g(N+2)K_2^{-*}$①
M	$M_3^+ + M_2^-$	$N(M_1^+ + M_2^-)$	$(N-1)M_1 + (N+1)M_4$
$T(T')$	$T_2 + T_4$	$N(T_1 + T_2)$	$(N-1)T^+ + (N+1)T^-$
Σ	$2\Sigma_4$	$2N\Sigma_1$	$(N-1)\Sigma_1 + (N+1)\Sigma_4$
u	$2u^-$	$2Nu$	$(N-1)u^+ + (N+1)u^-$

① $f(N) = \sum_{m=0}^{\infty}\Theta(N-4m-2)$，其中，当 $x<0$ 时，$\Theta(x)=0$；$x \geqslant 0$ 时，$\Theta(x)=1$。

6.3.3 电子–光子相互作用的选择定则

本节主要在偶极近似下讨论电子–光子相互作用的选择定则，重点考虑高对称线 T 和 T' 的电子色散关系（图 6.2(c)）。倒易空间中分别沿着 ΓK 和 KM 方向的高对称线 T 和 T' 对于拉曼光谱非常重要①。实际上，能量高达 3eV 的吸收主要还是由 T 和 T' 线贡献。但在石墨烯中，也有一些吸收来源于 $K(K')$ 点附近一般的 u 点。

表 6.9 在吸收矩阵元 $W(k)$ 一列中给出了末态、电子–光子微扰和初态 3 个不可约表示的直积 $\Gamma_f \otimes \Gamma_p \otimes \Gamma_i$。若初态和末态的对称性以及产生光偏振矢量基函数（$x$、$y$ 或 z）的不可约表示已知，仅根据特征标表就可以利用群论计算出 $W(k)$ 是否为零。表 6.9 总结了在考虑石墨烯所在平面为 (x,y) 平面且光沿 z 方向传播后的相应结果。

在这里有必要强调一下表 6.9 的一些结果，其中 $x \in T_3$ 表明 x 属于 T_3 的不可约表示。$W(k)$ 这列从相关不可约表示直积的角度给出了电子–光子相互作用的选择定则。沿着 T 线，可见光的吸收需要与 π 电子 T_2 和 T_4 对称性相耦合，它们具有与单层石墨烯相同的基函数 x 和 y（图 6.3(a)）。沿着 y 方向的 T 线，只允许有光偏振沿着 x 方向（T_3）的吸收。当光偏振沿着 y 方向（T_1）时，沿着 $K\Gamma$ 方向的 k_y 轴不会发生吸收，这使得单层石墨烯的光学吸收具有各向异性[83,220]。

表 6.9 单层、双层和三层石墨烯在光偏振方向沿 x 和 y 时，电子–光子相互作用 $W(k)$ 的选择定则（x 和 y 的定义见图 6.2(c)）。对于偶数和奇数 N 层石墨烯，其选择定则分别与双层和三层石墨烯相同。T_1 到 T_4 是 T 点 GWV 的不可约表示[98]。这里 $x \in T_3$ 表示 x 根据不可约表示 T_3 进行转化。更多的标记见 6.3.6 节。

项目	BZ 点	偏振方向	$W(k)$
单层	T	$x \in T_3$	$T_2 \otimes T_3 \otimes T_4$ 非零
		$y \in T_1$	$T_2 \otimes T_1 \otimes T_4$ 零
	u	$x,y \in u^+$	$u^- \otimes u^+ \otimes u^-$ 非零
栅极单层	T	$x \in T_2$	$T_1 \otimes T_2 \otimes T_2$ 非零
		$y \in T_1$	$T_1 \otimes T_1 \otimes T_2$ 零
	u	$x,y \in u$	$u \otimes u \otimes u$ 非零

① 在碳纳米管的拉曼光谱中，拉曼信号或强度主要取决于沿 ΓK 和 KM 方向的一维布里渊区。这分别给出了半导体性 SWNT 拉曼光谱对Ⅰ和Ⅱ类的依赖特性[222]。

（续）

项目	BZ 点	偏振方向	$W(k)$
双层 （N 偶数）	T	$x \in T_2$	$T_1 \otimes T_2 \otimes T_1$ 零
			$T_1 \otimes T_2 \otimes T_2$ 非零
			$T_2 \otimes T_2 \otimes T_2$ 零
		$y \in T_1$	$T_1 \otimes T_1 \otimes T_1$ 非零
			$T_1 \otimes T_1 \otimes T_2$ 零
			$T_2 \otimes T_1 \otimes T_2$ 非零
	u	$x,y \in u$	$u \otimes u \otimes u$ 非零
偏压双层	T	$x,y \in T$	$T \otimes T \otimes T$ 非零
	u	$x,y \in u$	$u \otimes u \otimes u$ 非零
三层 （N 奇数）	T	$x,y \in T^+$	$T^+ \otimes T^+ \otimes T^+$ 非零
			$T^+ \otimes T^+ \otimes T^-$ 零
			$T^- \otimes T^+ \otimes T^-$ 非零
	u	$x,y \in u^+$	$u^+ \otimes u^+ \otimes u^+$ 非零
			$u^+ \otimes u^+ \otimes u^-$ 零
			$u^- \otimes u^+ \otimes u^-$ 非零

双层石墨烯沿着 T 线包含了 4 个电子能带，分别属于两个 T_1 和两个 T_2 不可约表示。4 个可能的跃迁如图 6.4(a)、(b) 中所示。在这种情况下，沿着 x 和 y 方向偏振的光均能被吸收。由于三层石墨烯的 3 个 π 和 π^* 能带之间有更多的跃迁可能，因此其光致跃迁将有更多的可能。沿着 $T(T')$ 方向，三层石墨烯有 2 个 T^+ 和 4 个 T^- 能带，所以有 5 种可能的跃迁（表 6.9），如图 6.4(c) 所示。

6.3.4 一阶拉曼散射的选择定则

由于动量守恒的要求（声子波矢 $\boldsymbol{q}=0$），一阶拉曼散射过程只能探测布里渊区中心（Γ 点）的声子。单层石墨烯在 Γ 点有 3 个光学模，其中两个（LO 和 iTO）是简并的，一个（oTO）是非拉曼活性的。因此一阶拉曼光谱只有一个标记为 G 带的振动模，它在 Γ 点是双重简并，具有 Γ_6^+（或者 E_{2g}）的对称性①。N 层石墨烯的拉曼活性振动模依赖于 N（$N>1$），在不考虑声学模时情况如下：

① 尽管采用布里渊区点的符号来标记不可约表示的空间群标记全面一些，但是，由于通常只有 Γ 点（$\boldsymbol{q}\approx 0$）声子和拉曼光谱相关，因此，在拉曼光谱文献中采用其同构点群，来标记更为普遍。对于 D_{6h} 点群标记，Γ_6^+ 对应 E_{2g} 不可约表示。从 6.3.6 节可找到从空间群到点群的标记转换。

偶数层：$\Gamma^{\text{Raman}} = N(\Gamma_3^+ + \Gamma_1^+)$

奇数层：$\Gamma^{\text{Raman}} = N\Gamma_3^+ + (N-1)(\Gamma_3^- + \Gamma_1^+)$ (6.20)

对于偶数层石墨烯，G带属于 Γ_3^+ 不可约表示，同时还有一个更低频率的 Γ_3^+ 模，其频率与层数相关（$35 \sim 53\text{cm}^{-1}$）[223]。两个新出现的拉曼活性模位于约 80cm^{-1} 和约 900cm^{-1}，属于 Γ_1^+ 不可约表示[223-224]。对于奇数层石墨烯，G带属于 Γ_3^+ 和 Γ_3^- 不可约表示的组合，较低波数成分也是拉曼活性的，属于 Γ_1^+ 表示。

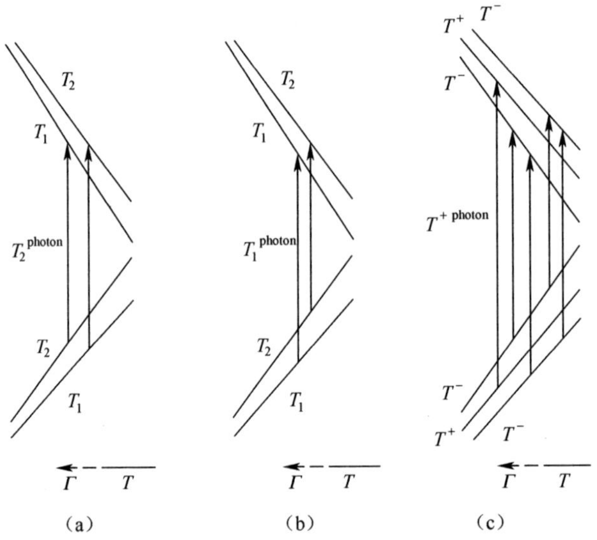

图 6.4 (a)、(b)双层石墨烯沿 $K\Gamma$ 方向的电子色散曲线简图，显示了具有(a) T_2 对称性（x 偏振）和(b) T_1 对称性（y 偏振方向）的光子所诱导的可能跃迁。(c)三层石墨烯的电子色散关系在光吸收情况下可能的5种跃迁[98]。

6.3.5 $q \neq 0$ 的声子对电子的散射

电子-声子(el-ph)相互作用是利用声子诱导的形变势来计算初态和末态电子波函数与声子本征波矢的耦合得到的[8,203]。因此，el-ph 过程的选择定则可以通过初始和最终电子态的对称性与在 el-ph 过程中所涉及的声子对称性之间的直积获得。表 6.10 列出了单层石墨烯、栅压下单层石墨烯、双层石墨烯、偏压下双层石墨烯和三层石墨烯沿着 $K\Gamma$ 和 KM 方向（分别为 T 和 T' 线）和在一般 u 点处所允许的 el-ph 散射过程。

6.3.6 从空间群到点群不可约表示的符号转换

下面将推导多层石墨烯第一布里渊区中所有点的电子、声子表示 Γ_π、

$\Gamma_{\text{lat. mode}}$，这些不可约表示采用空间群(SG)符号来标记。从空间群到点群的转换需要考虑以下三点：①上角标"+""-"分别表示水平镜面(σ_h)或者反演对称(i)操作后特征标为正或者为负；②下角标数字表示点群不可约表示的阶数；③两个表示只有在它们含有相同的正或负上角标时才具有相同的下角标。例如，表 6.11 给出了从 Γ 点空间群表示到 D_{3h}（奇数 N 层）和 D_{3d}（偶数 N 层）点群的转换以及从 K 点空间群到 C_{3h}（奇数 N 层）和 D_3（偶数 N 层）点群的转换。

表 6.10 单层、双层和三层石墨烯沿着 T 和 T' 线以及在任意 u 点的每种声子对称性所允许的电子-声子散射过程。对于偶数和奇数 N 层石墨烯，其选择定则分别与双层和三层石墨烯相同。此表也包含了栅极单层和偏压双层石墨烯的结果[98]。

项目	BZ 点	声子	允许散射
单层	$T(T')$	T_1	$T_2 \to T_2, T_4 \to T_4$
		T_3	$T_2 \to T_4$
	u	u^+	$u^- \to u^-$
栅极单层	$T(T')$	T_1	$T_1 \to T_1, T_2 \to T_2$
		T_2	$T_1 \to T_2$
	u	u	$u \to u$
双层（N 偶数）	$T(T')$	T_1	$T_1 \to T_1, T_2 \to T_2$
		T_2	$T_1 \to T_2$
	u	u	$u \to u$
偏压双层	$T(T')$	T	$T \to T$
	u	u	$u \to u$
三层（N 奇数）	$T(T')$	T^+	$T^+ \to T^+, T^- \to T^-$
		T^-	$T^+ \to T^-$
	u	u^+	$u^+ \to u^+, u^- \to u^-$
		u^-	$u^+ \to u^-$

6.4 碳纳米管的对称性

碳纳米管的物理性质取决于如何卷曲石墨烯薄片，从对称性的角度来说，可以将纳米管分为两类，即同构手性扶手椅型和锯齿型纳米管，如图 6.5(a)、 (b)所示,以及非同构手性纳米管,如图 6.5(c)所示①。简单来说,对于同构群,平移和旋转可以是非耦合的,而对于非同构纳米管,旋转通常包含着平移,如沿着管轴方向螺旋旋转[94]。图 6.5 的每根纳米管的两端都有一个帽子。由于碳纳米管直径可以很小(约 1nm),且长度与直径之比可以非常大(大于10^4),可以认为纳米管长度远大于其直径,因此在讨论纳米管的电子和晶格性质时,可以忽略其两端的帽子(图 6.5)。从对称性的角度,一个纳米管是一个一维晶体,具有沿着圆柱轴的平移矢量 $\boldsymbol{T}$,以及少数沿着圆周方向的碳六边形。纳米管的结构可以认为是由(n,m)指数定义的折叠石墨烯,如 2.3.1 节所述。本节将介绍描述纳米管的本征矢量和选择定则。

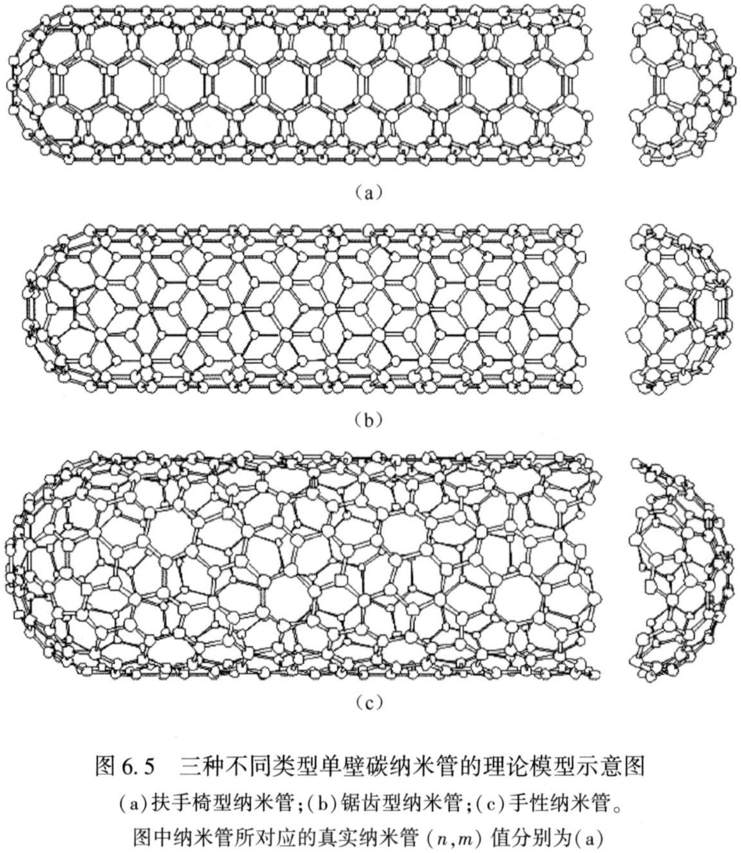

图 6.5　三种不同类型单壁碳纳米管的理论模型示意图
(a)扶手椅型纳米管;(b)锯齿型纳米管;(c)手性纳米管。
图中纳米管所对应的真实纳米管(n,m)值分别为(a)(5,5)、(b)(9,0)和(c)(10,5)[31]

① 如果对非手性纳米管采用仅包含两个碳原子的最小原胞,就需要考虑其螺旋形。一般来说,对称性选择定则取决于原胞的形状。最小原胞对理解相关物理来说并不总是最好的选择。

6.4.1 组合操作和纳米管的手性

所有平移矢量 $\boldsymbol{T}$ 的乘积都是纳米管的平移对称操作[225]。但是,一般来说,有必要考虑非折叠石墨烯层的任意晶格矢量

$$\boldsymbol{t}_{p,q} = p\boldsymbol{a}_1 + q\boldsymbol{a}_2 \tag{6.21}$$

式中:p 和 q 为整数,也是纳米管的对称操作。实际上,源自 $\boldsymbol{t}_{p,q}$ 的对称操作是纳米管的螺旋平移操作。螺旋平移操作是转角为 ϕ 的旋转操作 (R_ϕ) 和沿纳米管轴向的平移矢量 $\boldsymbol{\tau}$ 的组合。采用空间群操作为记号,旋转平移操作可以记为 $\{R_\phi \mid \boldsymbol{\tau}\}$ [31,94]。

表 6.11 从 Γ 点空间群(SG)到 D_{3h} 和 D_{3d} 点群(PG)的不可约表示标记转换的例子,以及从 K 点空间群(SG)到 C_{3h} 和 D_3 点群(PG)的例子[98]

Γ 点				K 点			
D_{3h}		D_{3d}		C_{3h}		D_3	
SG	PG	SG	PG	SG	PG	SG	PG
Γ_1^+	A_1'	Γ_1^+	A_{1g}	K_1^+	A'	K_1	A_1
Γ_1^-	A_1''	Γ_1^-	A_{1u}	K_1^-	A''	K_2	A_2
Γ_2^+	A_2'	Γ_2^+	A_{2g}	K_2^+	E'	K_3	E
Γ_2^-	A_2''	Γ_2^-	A_{2u}	K_2^{+*}	E'^*		
Γ_3^+	E'	Γ_3^+	E_g	K_2^-	E''		
Γ_3^-	E''	Γ_3^-	E_u	K_2^{-*}	E''^*		

平移矢量 $\boldsymbol{t}_{p,q}$ 也可以写成纳米管晶格矢量 $\boldsymbol{T}$ 和 $\boldsymbol{C}_h$ 组合的形式,

$$\boldsymbol{t}_{p,q} = \boldsymbol{t}_{u,v} = \frac{1}{N}(u\boldsymbol{C}_h + \nu\boldsymbol{T}) \tag{6.22}$$

其中 u 和 ν 分别由以下式子得到

$$u = \frac{(2n+m)p + (2m+n)q}{d_R} \tag{6.23}$$

和

$$\nu = mp - nq \tag{6.24}$$

式 (6.23) 和 式(6.24) 中的 u 和 ν 都是整数,可正可负;N 和 d_R 的定义见表 2.1。

与石墨烯晶格矢量相关的纳米管螺旋平移矢量 $\boldsymbol{t}_{u,v}$ 也可以根据空间群记号写为

$$\boldsymbol{t}_{u,v} = \{C_N^u \mid \nu\boldsymbol{T}/N\} \tag{6.25}$$

式中：C_N^u 为 u 围绕着纳米管管轴转 $(2\pi/N)$；$\{E \mid \nu T/N\}$ 为沿着纳米管管轴平移 $\nu T/N$，其中 T 为沿纳米管轴向的平移基本矢量 $\boldsymbol{T}$ 的大小。如果螺旋矢量 $\{C_N^u \mid \nu \boldsymbol{T}/N\}$ 是纳米管的一个对称操作，那么对于任意的整数 s，$\{C_N^u \mid \nu \boldsymbol{T}/N\}^s$ 也是纳米管的对称操作。因为对称操作 $\{C_N^u \mid \nu \boldsymbol{T}/N\}^N = \{E \mid \nu \boldsymbol{T}\}$，其中 E 是恒等操作，$\nu \boldsymbol{T}$ 是纳米管的本征平移操作，所以原胞内六边形的个数 N 定义了螺旋轴的阶数。

纳米管可以由很少数量的原子（$2 \sim 2N$ 之间）通过独立且非共线的两个螺旋矢量，例如，$\{C_N^{u_1} \mid \nu_1 \boldsymbol{T}/N\}$ 和 $\{C_N^{u_2} \mid \nu_1 \boldsymbol{T}/N\}$ 的任何选择来构建。这里两个非共线矢量的定义是，除了 1 以外，不存在能满足关系式 $l u_1 = s u_2 + \lambda N$ 和 $l \nu_1 = s \nu_2 + \gamma T$ 的一对整数 s 和 l，其中 λ 和 γ 是两个任意整数[135]。

当 $\boldsymbol{T}$ 确定以后，对于 (n,m) 纳米管，一旦 p 和 q 满足 $\nu = mp - nq = 1$，基于 p 和 q 的螺旋矢量 $\boldsymbol{C}_N^u \mid 0$ 就能够构建具有 N 个碳原子的一维原胞。这个螺旋矢量称为对称矢量 $\boldsymbol{R}$[31]。为了更好地解释对称矢量 $\boldsymbol{R}$ 的作用，图 6.6 给出了 (4,2) 纳米管的螺旋矢量示意图。底层的深色原子代表一个双原子的单元。图 6.6 还给出了由绕纳米管管轴旋转 $2\pi/d$（$d = 2$）所产生的与此双原子单元等价的另外一组深色原子。深灰色原子六边形是由纳米管原胞的原子组成，可以通过上面双原子单元连续进行螺旋矢量 $\boldsymbol{R}$ 操作后获得，其他原子可以通过螺旋矢量 $\boldsymbol{R}$ 加上一个纯平移操作而得到，也可以将该单元挪回到原始原胞中[135]。

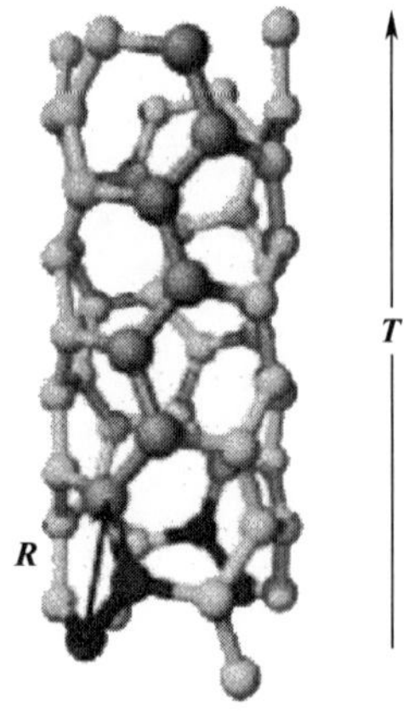

图 6.6　共有 28 个原子的 (4,2) 纳米管原胞。深灰色的原子可以直接由 $\boldsymbol{R}$ 矢量得到，其他原子可以通过对后者作用其他对称操作而得到，如平移矢量 $\boldsymbol{T}$[135]

6.4.2　碳纳米管的对称性

手性纳米管的对称性操作可以分为两组[135]。第一组，称为同构组，由纳米管的平移操作和点群操作组成。同构组构成了纳米管整个空间群的一个子群,通过此子群可以获得一些与对称性相关的性质。为了获得纳米管的点群,在没有改变纳米管结构的情况下可将其旋转 $2\pi/d$ 角度(称为 C_d 操作),其中 $d = \mathrm{gcm}(n,m)$,gcm 表示最大公约数。因此, C_d 操作也是纳米管的点群操作。另外,选择一个与纳米管管轴垂直的轴,围绕该轴旋转 π (C_2' 或者 C_2'')也是纳米管的对称操作,如图 6.7(a)所示。垂直于纳米管管轴的旋转有两类(C_2' 和 C_2'')。对于其中的一类(C_2'),旋转轴穿过两个等价原子之间键的中心(图 6.7(a))。对于另一类(C''_2),旋转轴穿过六边形的中心①。因此纳米管的点群为轴向点群 D_d ②。第二组对称操作,称为非同构组,由纳米管空间群的组合操作组成。非同构组操作不能分解为纯平移操作 $\boldsymbol{T}$ 和点群操作的组合。所有螺旋矢量 $\boldsymbol{t}_{u,\nu}$,除了 $\boldsymbol{T}$ 和 C_h/d 的组合以外,都属于非同构组[135]。

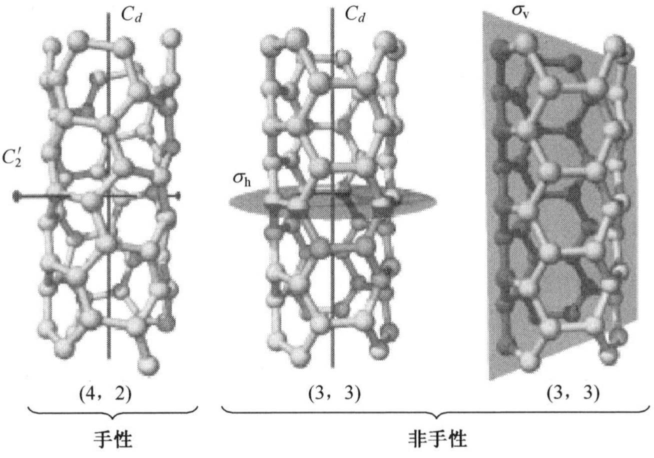

图 6.7 (a)手性 (4,2) 纳米管的原胞,给出了绕着纳米管管轴的 C_d 旋转($d = 2$),以及一个垂直于纳米管管轴的 C_2' 旋转。另一个不同类的旋转 C_2'' 也存在于手性和非手性纳米管,在这里没有画出。(b)非手性 (3,3) 纳米管,给出了水平镜面 σ_h 和对称操作 C_d ($d = 3$);(c)相同扶手椅型 (3,3) 纳米管,给出了其中一个垂直镜面 σ_v [135]。

扶手椅型 (n,n) 和锯齿型 $(n,0)$ 碳纳米管都具有在所有手性纳米管观察到的对称操作,包括螺旋轴 $\{C_N^u \mid \nu T/N\}^s$, 其中 $N = 2n$,绕纳米管管轴的旋转

---

① 纳米管的 C_2'' 轴对应于石墨烯平面的 C_6 轴。

② 符号 D_d 表示该群有一个关于 z 轴的 C_d 旋转操作和在 xy 平面内的 $2d$ C_2 旋转操作。

C_d（其中 $d = n$）以及垂直于纳米管管轴的旋转 C_2' 和 C_2''。但是，非手性纳米管通常还有其他的对称操作，如反演中心、镜面和滑移面等。水平镜面 σ_h 以及其中的一个垂直镜面 σ_v 分别如图 6.7(b)、(c)所示。另外，位于 σ_h 平面和纳米管管轴的交叉处也存在一个反演中心。滑移面用 $\{\sigma_v \mid T/2\}$ 表示。

对于手性纳米管，GWV 在 Γ 点表现为 D_N 点群[135]，其特征标列于表 6.12。一般碳纳米管波矢 ($0 < k < \pi/T$) 的对称性质完全可以用 C_N 群来表示。表 6.13给出了 C_N 点群不可约表示的特征标表。由于时间反演对称性，这里有 $[(N/2) - 1]$ 个表示是双重简并的。对于 $k = \pi/T$ 和 $k = -\pi/T$，可以通过倒易格矢 $\kappa_2 = 2\pi/T$ 来实现相互转换，这个波矢群也同构于 D_N。

对于非手性管，Γ 点的 GWV 同构于 D_{2nh} 群。D_{2nh} 群的特征标表如表 6.14 所列，其中 C_{2n} 类对应于纳米管的螺旋矢量，而 σ_v' 和 σ_v'' 类分别对应于包含纳米管管轴的镜面和滑移面[135]。对于 $0 < k < \pi/T$，保持 $\boldsymbol{k}$ 不变的对称操作是螺旋矢量和包含纳米管管轴的镜面和滑移面（σ_v' 和 σ_v''）。此 GWV 同构于点群 C_{2nv}，其特征标表如表 6.15 所列。对于 (3,3) 纳米管（图 6.7(b)、(c)）的情况，一般点 $0 < k < \pi/T$ 的波矢群同构于点群 C_{6v}，而在 $k = 0$ 和 $k = \pi/T$ 点，波矢群同构于点群 D_{6h} [94,135]。

6.4.3 碳纳米管的电子

在给出波矢 $\boldsymbol{k}$ 的不可约表示后，就可能得到用于描述第一布里渊区中所有点的电子和振动性质的本征矢量的对称性。表 6.16 总结了手性纳米管和非手性纳米管电子态的不可约表示。一般来说，准一维纳米管波函数对称性是根据沿着纳米管圆周方向波函数相位的节点数目来确定的。A 模是完全对称的，而 E_μ 模沿着纳米管圆周方向有 2μ 个节点，如图 6.8 所示。

6.4.4 碳纳米管的声子

声子对称性也遵从图 6.8 所示的一般规律。对于非手性纳米管（D_{2nh} 群）位于 $\boldsymbol{k} = 0$ 的声子而言，$\Gamma_{vec} = A_{2u} + E_{1u}$（$z$ 和 x,y）。对于锯齿型单壁碳纳米管，$\Gamma^{a.s.}$ 为[134-135]

$$\Gamma^{a.s.}_{zigzag} = A_{1g} + B_{2g} + A_{2u} + B_{1u} + \sum_{j=1}^{n-1}(E_{jg} + E_{ju}) \tag{6.26}$$

据此可得晶格振动模的不可约表示如下[134-135]：

$$\begin{aligned}\Gamma^{lat.\,mode}_{zigzag} = {} & 2A_{1g} + A_{2g} + B_{1g} + 2B_{2g} + A_{1u} + 2A_{2u} \\ & + 2B_{1u} + B_{2u} + \sum_{j=1}^{n-1}(3E_{jg} + 3E_{ju})\end{aligned} \tag{6.27}$$

表 6.12 $k=0$ 和 $k=\pi/T$ 处手性纳米管波矢群的特征标表。此群同构于点群 D_N。

D_N	$\{E\|0\}$	$2\{C_N^u\|vT/N\}$	$2\{C_N^u\|vT/N\}^2$	…	$2\{C_N^u\|vT/N\}^{(\frac{N}{2}-1)}$	$\{C_N^u\|vT/N\}^{N/2}$	$\left(\frac{N}{2}\right)\{C_2'\|0\}$	$\left(\frac{N}{2}\right)\{C_2''\|0\}$
A_1	1	1	1	…	1	1	1	1
A_2	1	1	1	…	1	1	−1	−1
B_1	1	−1	1	…	$(-1)^{\left(\frac{N}{2}-1\right)}$	$(-1)^{N/2}$	1	−1
B_2	1	−1	1	…	$(-1)^{\left(\frac{N}{2}-1\right)}$	$(-1)^{N/2}$	−1	1
E_1	2	$2\cos 2\pi/N$	$2\cos 4\pi/N$	…	$2\cos 2\left(\frac{N}{2}-1\right)\pi/N$	−2	0	0
E_2	2	$2\cos 4\pi/N$	$2\cos 8\pi/N$	…	$2\cos 4\left(\frac{N}{2}-1\right)\pi/N$	2	0	0
⋮	⋮	⋮	⋮	⋮	⋮	⋮	⋮	⋮
$E\left(\frac{N}{2}-1\right)$	2	$2\cos 2\left(\frac{N}{2}-1\right)\pi/N$	$2\cos 4\left(\frac{N}{2}-1\right)\pi/N$	…	$2\cos 2\left(\frac{N}{2}-1\right)^2\pi/N$	$2\cos\left(\frac{N}{2}-1\right)\pi$	0	0

表 6.13 手性纳米管在 $0 < k < \pi/T$ 范围内的波矢群对应的特征标表。此群同构于点群 C_N 。± 记号表示特征标互为复共轭①的不同一维不可约表示 E 。由于时间反演对称性,这些表示是简并的[135]。

C_N	$\{E \mid 0\}$	$\{C_N^u \mid \nu T/N\}^1$	$\{C_N^u \mid \nu T/N\}^2$	…	$\{C_N^u \mid \nu T/N\}^l$	…	$\{C_N^u \mid \nu T/N\}^{N-1}$
A	1	1	1	…	1	…	1
B	1	−1	1	…	$(-1)^l$	…	−1
$\mathbb{E}_{\pm 1}$	$\begin{cases}1\\1\end{cases}$	ϵ ϵ^*	ϵ^2 ϵ^{*2}	…	ϵ^l ϵ^{*l}	…	$\left.\begin{matrix}\epsilon^{N-1}\\ \epsilon^{*(N-1)}\end{matrix}\right\}$
$\mathbb{E}_{\pm 2}$	$\begin{cases}1\\1\end{cases}$	ϵ^2 ϵ^{*2}	ϵ^4 ϵ^{*4}	…	ϵ^{2l} ϵ^{*2l}	…	$\left.\begin{matrix}\epsilon^{2(N-1)}\\ \epsilon^{*2(N-1)}\end{matrix}\right\}$
⋮	⋮	⋮	⋮	⋮	⋮	⋮	⋮
$\mathbb{E}_{\pm\left(\frac{N}{2}-1\right)}$	$\begin{cases}1\\1\end{cases}$	$\epsilon^{\frac{N}{2}-1}$ $\epsilon^{*\frac{N}{2}-1}$	$\epsilon^{2\left(\frac{N}{2}-1\right)}$ $\epsilon^{*2\left(\frac{N}{2}-1\right)}$	…	$\epsilon^{l\left(\frac{N}{2}-1\right)}$ $\epsilon^{*l\left(\frac{N}{2}-1\right)}$	…	$\left.\begin{matrix}\epsilon^{(N-1)\left(\frac{N}{2}-1\right)}\\ \epsilon^{*(N-1)\left(\frac{N}{2}-1\right)}\end{matrix}\right\}$

①此表的复数 ϵ 表示 $e^{i2\pi/N}$。

找出扶手椅型和手性纳米管的 Γ_{vec}、$\Gamma^{a.s.}$ 和 $\Gamma^{lat.\ mode}$ 将作为思考题留给读者思考。

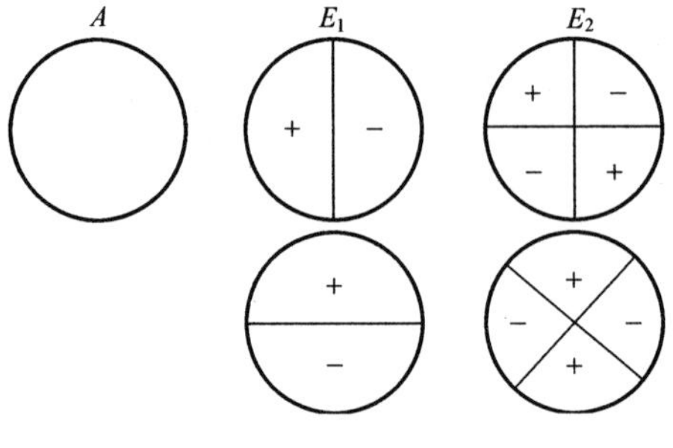

图 6.8 具有一维全对称性 A 不可约表示以及两个双重简并的 E_1 和 E_2 不可约表示的单壁碳纳米管波函数的相变简图。

6.4.5 一阶拉曼散射的选择定则

一阶拉曼散射过程中声子的光学活性很容易通过描述每一个晶格振动模的不可约表示相关特征标表的基函数获得。拉曼活性模是指那些通过二次函数(xx , yy , zz , xy , yz , zx)的对称组合进行变换的振动模。

表 6.14 非手性纳米管 $k=0$ 和 $k=\pi/T$ 的波矢群的特征标表，此群同构于点群 D_{2nh} ①

D_{2nh}	$\{E\mid 0\}$	…	$2\{C_{2n}^{u}\mid \nu T/2n\}^{s}$	…	$\{C_{2n}^{u}\mid \nu T/2n\}^{n}$	$n\{C_2'\mid 0\}$	$n\{C_2''\mid 0\}$	$\{I\mid 0\}$	…	$2\{IC_{2n}^{u}\mid \nu T/2n\}^{s}$	…	$\{\sigma_h\mid 0\}$	$n\{\sigma_v'\mid 0\}$	$n\{\sigma_v''\mid T/2\}$
A_{1g}	1	…	1	…	1	1	1	1	…	1	…	1	1	1
A_{2g}	1	…	1	…	1	-1	-1	1	…	1	…	1	-1	-1
B_{1g}	1	…	$(-1)^s$	…	-1	1	-1	1	…	$(-1)^s$	…	-1	1	-1
B_{2g}	1	…	$(-1)^s$	…	-1	-1	1	1	…	$(-1)^s$	…	-1	-1	1
⋮	⋮	⋮	⋮	⋮	⋮	⋮	⋮	⋮	⋮	⋮	⋮	⋮	⋮	⋮
$E_{\mu g}$	2	…	$2\cos\left(\frac{\mu s\pi}{n}\right)$	…	$2(-1)^{\mu}$	0	0	2	…	$2\cos\left(\frac{\mu s\pi}{n}\right)$	…	$2(-1)^{\mu}$	0	0
⋮	⋮	⋮	⋮	⋮	⋮	⋮	⋮	⋮	⋮	⋮	⋮	⋮	⋮	⋮
A_{1u}	1	…	1	…	1	1	1	-1	…	-1	…	-1	-1	-1
A_{2u}	1	…	1	…	1	-1	-1	-1	…	-1	…	-1	1	1
B_{1u}	1	…	$(-1)^s$	…	-1	1	-1	-1	…	$-(-1)^s$	…	1	-1	1
B_{2u}	1	…	$(-1)^s$	…	-1	-1	1	-1	…	$-(-1)^s$	…	1	1	-1
⋮	⋮	⋮	⋮	⋮	⋮	⋮	⋮	⋮	⋮	⋮	⋮	⋮	⋮	⋮
$E_{\mu u}$	2	…	$2\cos\left(\frac{\mu s\pi}{n}\right)$	…	$2(-1)^{\mu}$	0	0	-2	…	$-2\cos\left(\frac{\mu s\pi}{n}\right)$	…	$-2(-1)^{\mu}$	0	0
⋮	⋮	⋮	⋮	⋮	⋮	⋮	⋮	⋮	⋮	⋮	⋮	⋮	⋮	⋮

① s 和 μ 的数值跨越了 $1\sim n-1$ 之间的整数值。

表 6.15 非手性纳米管在 $0 < k < \pi/T$ 范围内的波矢群对应的特征标表[135]。此群同构于 C_{2nv}

C_{2nv}	$\{E \mid 0\}$	$2\{C_{2n}^u \mid \nu T/2n\}^1$	$\{C_{2n}^u \mid \nu T/2n\}^2$	$\cdots$	$2\{C_{2n}^u \mid \nu T/2n\}^{n-1}$	$\{C_{2n}^u \mid \nu T/2n\}^n$	$n\{\sigma_v' \mid 0\}$	$n\{\sigma_v'' \mid T/2\}$
A'	1	1	1	$\cdots$	1	1	1	1
A''	1	1	1	$\cdots$	1	1	-1	-1
B'	1	-1	1	$\cdots$	$(-1)^{(n-1)}$	$(-1)^n$	1	-1
B''	1	-1	1	$\cdots$	$(-1)^{(n-1)}$	$(-1)^n$	-1	1
E_1	2	$2\cos\frac{\pi}{n}$	$2\cos\frac{2\pi}{n}$	$\cdots$	$2\cos\frac{2(n-1)\pi}{n}$	-2	0	0
E_2	2	$2\cos\frac{2\pi}{n}$	$2\cos\frac{4\pi}{n}$	$\cdots$	$2\cos\frac{4(n-1)\pi}{n}$	2	0	0
$\vdots$	$\vdots$	$\vdots$	$\vdots$	$\vdots$	$\vdots$	$\vdots$	$\vdots$	$\vdots$
$E_{(n-1)}$	2	$2\cos\frac{(n-1)\pi}{n}$	$2\cos\frac{2(n-1)\pi}{n}$	$\cdots$	$2\cos\frac{(n-1)^2\pi}{n}$	$2\cos(n-1)\pi$	0	0

表 6.16　手性以及扶手椅型和锯齿型非手性纳米管的电子导带和价带的不可约表示[135]

项　目		价带		导带	
		$k=0,\frac{\pi}{T}$	$0<k<\frac{\pi}{T}$	$k=0,\frac{\pi}{T}$	$0<k<\frac{\pi}{T}$
手性	$\mu=0$	A_1	A	A_2	A
	$0<\mu<\frac{N}{2}$	E_μ	$E_{\pm\mu}$	E_μ	$E_{\pm\mu}$
	$\mu=\frac{N}{2}$	B_1	B	B_2	B
扶手椅型	$\mu=0$	A_{1g}	A'	A_{2g}	A''
	$0<\mu<n$	$E_{\mu g}$	E_μ	$E_{\mu u}$	E_μ
	$\mu=n$	B_{1g}	B'	B_{2g}	B''
锯齿型	$\mu=0$	A_{1g}	A'	A_{2u}	A'
	$0<\mu<n$	$E_{\mu u,\mu g}$ ①	E_μ	$E_{\mu g,\mu u}$ ①	E_μ
	$\mu=n$	B_{1g}	B'	B_{2u}	B'

① 对于锯齿型纳米管，如果 $\mu<2n/3$，价带（导带）在 $k=0$ 处，当 μ 为偶数时，属于 $E_{\mu g}(E_{\mu u})$ 表示；当 μ 为奇数时，属于 $E_{\mu u}(E_{\mu g})$ 表示。如果 $\mu>2n/3$，对应的不可约表示正好相反。

下面列出了拉曼活性的振动模[134-135]：

$$\Gamma_{\text{zigzag}}^{\text{Raman}}=2A_{1g}+3E_{1g}+3E_{2g}\rightarrow 8\text{ 个振动模} \tag{6.28}$$

$$\Gamma_{\text{armchair}}^{\text{Raman}}=2A_{1g}+2E_{1g}+4E_{2g}\rightarrow 8\text{ 个振动模} \tag{6.29}$$

$$\Gamma_{\text{chiral}}^{\text{Raman}}=3A_1+5E_1+6E_2\rightarrow 14\text{ 个振动模} \tag{6.30}$$

关于手性和非手性纳米管拉曼活性模的更具体分析可参见文献[31,135]。

6.4.6　矩阵元和布里渊区折叠视角下的选择定则

为了解释如何应用电子-光子和电子-声子相互作用过程中的选择定则，下面考虑碳纳米管的一阶共振拉曼过程。一阶拉曼过程涉及以下步骤：产生一个电子-空穴对，被一个声子散射，通过电子-空穴对的复合过程实现光发射。当电子散射发生在价带和导带态密度（DOS）的范霍夫奇点（vHS）时，拉曼信号将会得到极大的增强，因此可以只把 DOS 中两个 vHS 之间的跃迁作为一阶近似来考虑。价带和导带电子能量的 vHS 可以分别记为 $\mathbb{E}_{\mu}^{(v)}$ 和 $\mathbb{E}_{\mu'}^{(c)}$ [135,226]，在运用之前介绍过的选择定则时，可以考虑 $\mathbb{E}_{\mu}^{(v)}$ 和 $\mathbb{E}_{\mu'}^{(c)}$ 之间所允许的以下 5 种一阶共振拉曼散射过程：

$$
\begin{cases}
(\text{I})\ \mathbb{E}_{\mu}^{(v)} \xrightarrow{Z} \mathbb{E}_{\mu}^{(c)} \xrightarrow{A} \mathbb{E}_{\mu}^{(c)} \xrightarrow{Z} \mathbb{E}_{\mu}^{(v)} \\
(\text{II})\ \mathbb{E}_{\mu}^{(v)} \xrightarrow{X} \mathbb{E}_{\mu\pm1}^{(c)} \xrightarrow{A} \mathbb{E}_{\mu\pm1}^{(c)} \xrightarrow{X} \mathbb{E}_{\mu}^{(v)} \\
(\text{III})\ \mathbb{E}_{\mu}^{(v)} \xrightarrow{Z} \mathbb{E}_{\mu}^{(c)} \xrightarrow{\mathbb{E}_1} \mathbb{E}_{\mu\pm1}^{(c)} \xrightarrow{X} \mathbb{E}_{\mu}^{(v)} \\
(\text{IV})\ \mathbb{E}_{\mu}^{(v)} \xrightarrow{X} \mathbb{E}_{\mu\pm1}^{(c)} \xrightarrow{\mathbb{E}_1} \mathbb{E}_{\mu}^{(c)} \xrightarrow{Z} \mathbb{E}_{\mu}^{(v)} \\
(\text{V})\ \mathbb{E}_{\mu}^{(v)} \xrightarrow{X} \mathbb{E}_{\mu\pm1}^{(c)} \xrightarrow{\mathbb{E}_2} \mathbb{E}_{\mu\mp1}^{(c)} \xrightarrow{X} \mathbb{E}_{\mu}^{(v)}
\end{cases}
\tag{6.31}
$$

式中：A、E_1 和 E_2 为在 $\boldsymbol{k}=0$ 处声子模的对称性，它们分别与 $\mu=0$，$\mu=\pm1$ 和 $\mu=\pm2$ 的切割线相关（在二维 $\boldsymbol{k}$ 空间中的一维布里渊区）。因此，当电子跃迁发生在 $E_{\mu1}$ 和 $E_{\mu2}$ 态之间时，与此两态发生耦合的声子必须具有 $E_{\mu2-\mu1}$ 的对称性。XZ 平面与纳米管所在的衬底平面平行，Z 轴设定为沿着纳米管的管轴，Y 轴设定为光传播的方向，因此式(6.31)中的 Z 和 X 分别代表光的偏振方向与纳米管的管轴平行和垂直。

式(6.31)的 5 个过程对应于不同声子模的不同偏振配置：ZZ 和 XX 对应于 A 模；ZX 和 XZ 对应于 E_1 模；XX 对应于 E_2 模①。这与群论预测的基函数完全吻合。同时，式(6.31)还预测了不同声子模的不同共振条件。A 和 E_1 模可在 $\mathbb{E}_{\mu}^{(v)}\rightarrow\mathbb{E}_{\mu}^{(c)}$ 和 $\mathbb{E}_{\mu}^{(v)}\rightarrow\mathbb{E}_{\mu\pm1}^{(c)}$ 共振过程中观察到，分别对应于 E_{ii} 和 $E_{ij}(j=i\pm1)$ 跃迁，而 E_2 只能在 $\mathbb{E}_{\mu}^{(v)}\rightarrow\mathbb{E}_{\mu\pm1}^{(c)}$ 共振过程中观察到。实验所观察到的拉曼散射光谱完全遵循这些预测的偏振配置和共振条件[226-228]。

同时，深入讨论如何通过非折叠二维石墨烯的动量守恒和切割线概念来推导出等价的选择定则也是非常有意思的。如此考虑可以深入地理解材料科学中维度的重要性。

纳米管的光学跃迁在一维布里渊区中是垂直的（动量是守恒的），也就是说，沿着纳米管管轴方向（在非折叠二维布里渊区中沿 $\boldsymbol{K}_2$ 矢量的方向）电子波矢不会发生改变。与石墨烯不同，当光沿着垂直于纳米管所在衬底平面的方向传播时，其偏振矢量可以平行或者垂直于纳米管的管轴方向。偶极跃迁选择定则表明，当光偏振方向平行于纳米管管轴时，其光学跃迁使得电子子带指数（切割线指数 μ）保持守恒。一维波矢和子带指数的共同守恒等效于石墨烯布里渊区（纳米管的非折叠布里渊区）中的二维波矢保持守恒。

例如，图 6.9 给出了纳米管在非折叠二维布里渊区中能带结构的示意图。如果电子从价带子带 V2U 的 vHS 出发（见图 6.9 位于子带 V2U 的实心点），该电子跃迁到导带子带 C2L 的 vHS，由于价带子带 V2U 和导带子带 C2L 的范霍

① 拉曼散射偏振 ZX 对应于入射光和散射光的线偏振方向分别沿 Z 和 X 的方向。

夫奇点具有极高的 DOS,相应的光学吸收将得到大大增强。如果图 6.9 价带子带 V2U 的一个电子吸收了一个偏振方向垂直于纳米管管轴的光子(即偏振方向沿着 $\boldsymbol{K}_1$ 矢量方向),它可以散射到两个导带子带的其中一个,C1L 或者 C3L,这取决于光子频率以及带间跃迁能量 $E_{2,1}$ 和 $E_{2,3}$ 。这表明这些能量在垂直偏振散射配置下联系着联合态密度中不同组合的范霍夫奇点,即 $E_{\mu,\mu\pm1}$,而在平行偏振散射配置下这些能量将联系联合态密度中相同组合的范霍夫奇点,即 $E_{\mu\mu}$ 。

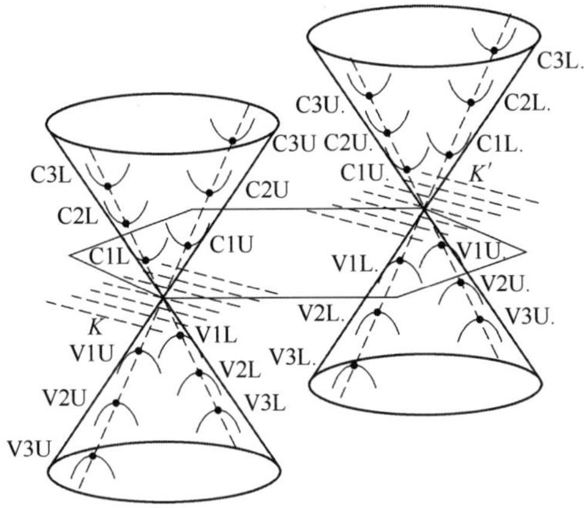

图 6.9　锯齿型金属单壁碳纳米管在第一布里渊区的 K 和 K' 点(靠近费米能级)附近的电子能级子带。范霍夫奇点用以下 3 个记号表示:第一个记号表示价带或者导带(V/C);第二个记号表示从费米能级计算起的范霍夫奇点指数或者从 K 和 K' 点计算起的切割线指数;第三个记号表示由 $K(K')$ 点附近的三角弯曲效应所导致的较低或者较高能量组分(L/U),该效应扭曲了金属性单壁碳纳米管的圆锥能带结构并导致范霍夫奇点能量的劈裂[229]。

当光沿平行于纳米管管轴方向偏振时,光学跃迁也是垂直的,而在垂直偏振情况下,它会涉及 $\pm\boldsymbol{K}_1$ 的波矢改变(两相邻切割线之间的距离)。此波矢改变可以通过考虑非卷曲的纳米管来理解,如图 6.10 所示。如果把纳米管去卷曲成石墨烯层,偏振方向平行于纳米管管轴的光将对应于偏振方向平行于石墨烯层的偏振光,如图 6.10(a)所示。这将导致非折叠二维布里渊区的一个垂直带间光学跃迁,等效于纳米管折叠一维布里渊区的相同子带 μ 内的光学跃迁,正如偶极跃迁选择定则所预测的一样。

但是,垂直于纳米管轴向的偏振方向在非折叠石墨烯层中将转换为平面内和平面外的偏振,沿着 $\boldsymbol{C}_h$ (或者 $\boldsymbol{K}_1$)矢量方向以 $|\boldsymbol{C}_h| = \pi d_t$ (纳米管周长)为周期呈现周期性的调制变化,如图 6.10(b)所示[110]。由于石墨烯平面内的相互作用远强于平面外[220],平面外偏振方向所导致的光学跃迁一般相对于由平面

内偏振所导致的跃迁要弱得多,通常可以忽略。这表明图 6.10(b)中非卷曲碳纳米管的光偏振方向在一阶近似下可以只考虑成平行于石墨烯层的偏振再加上一个额外的相位因子,以便描述由偏振矢量旋转所引起的平面内偏振成分的振荡。相位因子可以用 $\cos(\boldsymbol{k}\cdot\boldsymbol{r})$ 表示,其中波矢 $\boldsymbol{k}$ 沿着 $\boldsymbol{K}_1$ 方向且大小为 $2\pi/(\pi d_t)=2/d_t$,也就是说, $\boldsymbol{k}=\boldsymbol{K}_1$。假设在光学跃迁过程中,非折叠二维布里渊区的波矢守恒,那么可以提出光吸收满足选择定则 $\boldsymbol{k}_c=\boldsymbol{k}_v\pm\boldsymbol{K}_1$,而光发射满足选择定则 $\boldsymbol{k}_v=\boldsymbol{k}_c\pm\boldsymbol{K}_1$ 。这对应于在非折叠二维布里渊区中相邻切割线间的电子跃迁,或者在纳米管一维布里渊区中相邻子能带间的电子跃迁。需要强调的是,由于纳米管直径 d_t 远小于光波长 λ ,非卷曲石墨烯平面的波矢 $\pm\boldsymbol{K}_1$ 要远大于在自由空间内的光子波矢 $\boldsymbol{\kappa}$, $K_1=2/d_t\gg\kappa=2\pi/\lambda$ 。因此,从空间上考虑,在非卷曲石墨烯层内一个光学光子可以认为是一个 X 射线光子,也就是说当纳米管去卷曲成石墨烯层时,光子能量不发生改变。这么一个“赝 X 射线”光子是导致垂直偏振下光学选择定则受到破坏的一个根源。

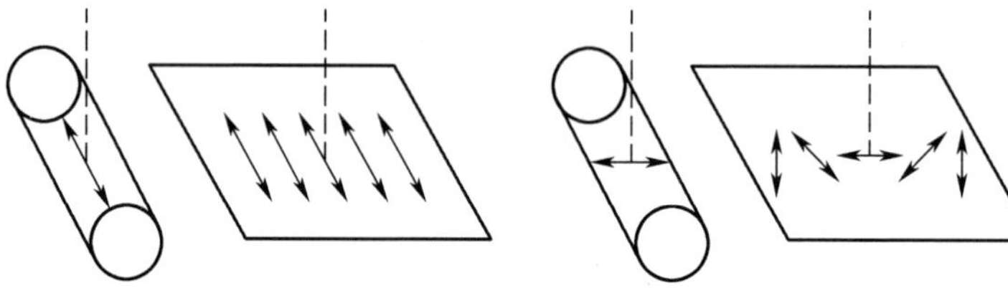

图 6.10　光偏振方向(a)平行和(b)垂直于纳米管管轴,同时显示了一个卷曲起来的单壁碳纳米管和去卷曲成石墨烯层的一个碳纳米管。箭头给出了光的偏振矢量,虚线为光的传播方向[110]。

电子被声子散射的选择定则可以通过石墨烯的动量守恒得到。分别属于 E_μ 和 $E_{\mu'}$ 不可约表示的两个切割线在二维布里渊区中相互间隔为 $|\boldsymbol{k}-\boldsymbol{k}'|=(\mu-\mu')2\pi/d_t$,这也就是光学跃迁发生后声子需要转移的动量。如 6.4.4 节所述,具有该动量的声子对称性可以通过卷曲二维石墨烯层得到。这导致声子具有 $E_{\mu-\mu'}$ 对称性。

6.5 思考题

[6-1] 检查式(6.2)是否适用于 $P(3)$ 群和等边三角形对称操作的群。

[6-2] 写出一个幺正矩阵并对式(6.7)中的 Γ_R 进行幺正变换。

[6-3] 证明式(6.5)中不可约表示的迹确实给出了表 6.2 中特征标表的特征标。证明不可约表示的所有可能组合都满足广义正交定理。证明对类间的正交也满足一个相似的定理。

[6-4] 考虑一个具有 T_d 对称性的 CH_4分子,查找文献获得 T_d 对称性的特征标表。哪些不可约表示对应于矢量($\boldsymbol{x}$、$\boldsymbol{y}$ 和 $\boldsymbol{z}$)? 写出这个分子在 C_3 旋转下的矩阵。

[6-5] T_d 群的哪些不可约表示对应于绕着 x、y 和 z 轴的旋转? 说明结果不随着坐标轴的选择而改变。

[6-6] 写出 CH_4分子的原子位置表示,并将该原子坐标表示分解为一系列不可约表示。

[6-7] 计算 CH_4分子振动的可约表示,并将可约表示约化为不可约表示。一个 CH_4分子有多少个振动模?

[6-8] 写出 CH_4分子中拉曼活性和红外活性声子模的对称性。对于 CH_4分子,同时画出 CH_4分子模型和其原子坐标,证明该分子没有反演对称性。

[6-9] 石墨的单原子层称为石墨烯。考虑单层石墨烯六角原胞点群的特征标表。写出石墨烯中两个碳原子的原子位置表示。

[6-10] 写出在石墨烯布里渊区中心处石墨烯振动的对称性。

[6-11] 写出在石墨烯布里渊区中心处石墨烯紧束缚轨道的对称性。

[6-12] 证明在同一个碳原子中,从 2p 碳原子轨道到另一个 2p 碳原子轨道的光学跃迁是不允许的。但是,从 π 到 π^* 能带的光学跃迁是允许的。解释哪种矩阵元对这些光学允许跃迁有重要贡献? 展开光学跃迁矩阵的紧束缚波函数。

[6-13] 对于石墨烯来说,光学跃迁发生在布里渊区的六角顶点(K 和 K' 点)附近。当考虑一个大原胞时, K 点可以折叠到 $\boldsymbol{\Gamma}$ 点(布里渊区中心)。画出扩展的原胞和折叠的布里渊区。该扩展原胞的点群是什么?

[6-14] 考虑绕着 C—C 原子键中心并垂直于该键的方向做 C_2 旋转。但是,该旋转并未包含到石墨烯六角原胞的对称操作中。另外,当考虑石墨烯的菱形原胞时,则可以将 C_2 旋转包含于其中。讨论这两种不同形状石墨烯原胞的对称性描述有何不同。

[6-15] 考虑 AB 堆垛的双层石墨烯点群。写出其原子位点的不可约表示以及振动的不可约表示。

[6-16] 在 AB 堆垛的双层石墨烯中,可将层间相互作用考虑为对两个未受微扰单层石墨烯的一种微扰,那么层间相互作用的不可约表示是什么?

[6-17] 对于双层石墨烯,从 π 和 π^* 能带可期望得到 4 条能带。写出在布里渊区中心这 4 条电子能带的不可约表示。该问题及以下的石墨烯问题只考虑 AB 伯纳尔堆垛的情况。

[6-18] 对于双层石墨烯来说,通过群论证明在 K 点的 4 个 π 能带包含一个双重简并的能量态和两个非简并的能态。讨论在 K 点附近单层石墨烯和

双层石墨烯的光学选择定则。

[6-19] 讨论单层和双层石墨烯的晶格振动的拉曼选择定则。

[6-20] 讨论三层石墨烯的对称性并由此导出其拉曼活性模的对称性。写出三层石墨烯的光学选择定则。

[6-21] 讨论四层石墨烯的对称性并由此导出其拉曼活性模的对称性。写出四层石墨烯的光学选择定则。

[6-22] 当考虑 AB 堆垛的三维石墨时,写出石墨原胞的点群并讨论石墨的红外活性模和拉曼活性模。

[6-23] 讨论具有锯齿型或者扶手椅型边界的石墨烯纳米带原胞的对称性。这些原胞的对称性相对于单层石墨烯的情况有何区别?

[6-24] C_{60} 分子具有 I_h 对称性。写出该分子原子位点的不可约表示及其振动模的对称性。C_{60} 分子具有多少个拉曼活性模?写出这些振动模的对称性。

[6-25] 推导式(6.22)、式(6.23)和式(6.24)。

[6-26] 解释式(6.26)和式(6.27)是如何得到的。

[6-27] 考虑(n,n)扶手椅型单壁碳纳米管。写出其 Γ^{vec}、$\Gamma^{a.s.}$ 和 $\Gamma_{lat.mode}$,并讨论它们的拉曼活性模。

[6-28] 考虑(n,m)手性单壁碳纳米管($n \neq m$),写出其 Γ^{vec}、$\Gamma^{a.s.}$ 和 $\Gamma_{lat.mode}$,并讨论它们的拉曼活性模。

第二部分

石墨烯相关体系拉曼光谱的具体分析

第7章

G带和不含时微扰

在第1章~第6章所讨论的材料科学和拉曼光谱背景下，现在可以开始分析纳米碳材料的拉曼光谱。后续两章将详细讨论G带(G-band，符号G来自于石墨，即Graphite)，拉曼光谱各个特点。为了详细理解G带光谱，需要研究对G带产生微扰的根源，首先是应变等不含时微扰；其次是电子-声子耦合等含时微扰。后者将在第8章讨论，包括温度和栅极电压对G带光谱的影响。

G带具有如下两个基本性质，因此特别适合用来研究sp^2材料：

(1) 所有sp^2碳系统的拉曼光谱都具有G带，其峰位在$1580cm^{-1}$附近。它与平面内C—C键伸缩振动模有关，对应于石墨材料的面内横向光学(iTO)声子支和纵向光学(LO)声子支。

(2) 由于C—C成键强且碳原子质量小，相比于其他材料，sp^2碳的G带具有很高的拉曼频率，对ω_G的细小微扰都可测量出来。

由于sp^2碳材料的碳原子是电中性的(既不带正电荷，也不带负电荷)，因此布里渊区中心的iTO声子和LO声子模具有相同的频率①。尽管石墨和石墨烯的iTO和LO声子模在Γ点是简并的，并且它们由Γ_3^+双重简并对称的声子模(点群记号中标记为E_{2g}，参见6.3.4节)组成②，但是只有LO声子模具有很大的拉曼强度。然而，当存在应变时，如发生在碳纳米管中那样，LO和iTO声子模会相互耦合，因此两种声子模都变成拉曼活性的。iTO和LO声子频率将劈裂成两个峰，两峰之间的频率劈裂随着应变的增加而增加。

通常在静水压或单轴应变下很难观察到材料两个简并声子模的频率劈裂。但是，对于具有高频率的G模，观察到应变诱导的明显频率分裂是可能的。事实上，1%的应变作用于峰位为$100cm^{-1}$的拉曼峰所导致的频率改变通常在$\pm1cm^{-1}$以内，小于普通实验设备的测量精度范围，但是1%的应变所导致G模

---

① 对于离子晶体，由于库仑相互作用仅作用于LO模，LO声子模具有比TO声子模更高的频率。

② 由于在声学声子支还存在另一个E_{2g}对称模，有时将简并的iTO和LO光学模标记为$E_{2g}(2)$或E_{2g2}模，而将简并的声学模标记为$E_{2g}(1)$或E_{2g1}模。

的频率改变约为 16 cm^{-1},相比 G 带特征峰约 10 cm^{-1}的自然线宽还大①。因此由应变所引起物理性质的微小变化,如将石墨烯层卷曲形成碳纳米管所产生的应变,就很容易在 G 带特征峰中导致可测量的变化。

本章将详细回顾 G 带性质随应变的变化,应变将导致石墨烯(7.1 节)和碳纳米管(7.2 节)的 iTO 和 LO 频率发生劈裂。对于碳纳米管,还必须考虑量子限制效应(7.3 节),这对于碳纳米管和纳米带都非常重要,但在此不作阐述。

7.1 石墨烯的 G 带:双重简并和应变

石墨烯六边形晶格在二维方向上是各向同性的。石墨烯的弹性张量与二维完全旋转对称群的弹性张量是同构的,这就是为什么如今足球网都考虑了六边形晶格对称性的原因②。这种对称性所导致的一个结果就是,石墨烯的 LO 和 iTO 声子模在 Γ 点是简并的。在布里渊区中逐渐远离 Γ 点时,由于相位定向空间调制的引入破坏了旋转对称性,这种简并度将被破坏。因此,纵向(L)光学和面内横向(iT)光学(O)模③的概念是根据施加应变时参照调制方向提出来的。

7.1.1 G 带对应变的依赖性

当石墨烯的键长和键角被应变修正后,其六方对称性被打破,这种对称性破缺效应使得 LO 和 iTO 模频率发生劈裂[198,230-231]。这种效应可通过弹性理论来理解[95],很多介绍固体物理学的书籍对此都有讨论。在线性位移范围内晶格形变的动态方程可以由以下运动方程给出[232]:

$$-M\ddot{\boldsymbol{u}}_i = M\omega_0^2\boldsymbol{u}_i + \sum_{klm}\boldsymbol{K}_{iklm}\boldsymbol{\epsilon}_{lm}\boldsymbol{u}_k \quad (i,m,k,l = 1,2) \tag{7.1}$$

式中:$\boldsymbol{u}_i(i=1,2)$ 为原子在面内的位移;M 为碳原子的质量;ω_0 为晶格无应变时的频率;$\boldsymbol{\epsilon}_{lm}$ 为在平面坐标系下的应变张量,可以通过旋转其声子传播方向 l

---

① 拉曼光谱峰的自然展宽由声子的寿命确定。第 8 章将就此作进一步讨论。

② 1990 年意大利世界杯选择了六边形足球网格。六边形网格提供了单位面积内最短绳索使用长度,与刚性和各向异性的正方形网格相比具有更为灵活和各向同性的性质。由于用于足球球门的六边形网格具有 120°,网可以扩大到 180°,足球可以更深地射入到球网。球对网格的冲击波进行各向同性的传播,可以清楚地看到球停止的目标点。

③ 二维材料的横向模有平面内和平面外两种 TO 模,而纵向模始终是面内模。因此对纵向模不会说 iLO,而只是简单地说 LO。

(纵向)及其垂直方向 t(横向)的应变张量①,即 ϵ_{ll} 和 ϵ_{tt} 来得到。下标 l 和 t 分别表示 LO 和 iTO 声子模在面内的振动方向[232],这样就可以为 $\boldsymbol{u}_1$ 和 $\boldsymbol{u}_2$ 写出如下应变张量:

$$\begin{pmatrix}\epsilon_{11} & \epsilon_{12}\\ \epsilon_{21} & \epsilon_{22}\end{pmatrix}=\begin{pmatrix}\epsilon_{tt}\cos^2\theta+\epsilon_{ll}\sin^2\theta & \sin\theta\cos\theta(\epsilon_{ll}-\epsilon_{tt})\\ \sin\theta\cos\theta(\epsilon_{ll}-\epsilon_{tt}) & \epsilon_{tt}\sin^2\theta+\epsilon_{ll}\cos^2\theta\end{pmatrix} \tag{7.2}$$

式中:θ 为 $\boldsymbol{u}_1$ 和 iTO($\boldsymbol{u}_2$ 和 LO)声子方向之间的夹角。

四阶张量 $\boldsymbol{K}_{iklm}$ 给出了因 ϵ_{lm} 导致在 $\boldsymbol{u}_i$ 和 $\boldsymbol{u}_k$ 位移之间弹性常数 $\boldsymbol{K}_{ik}$ 的变化,可按下式定义②:

$$\boldsymbol{K}_{iklm}=\frac{\partial\boldsymbol{K}_{ik}}{\partial\epsilon_{lm}} \tag{7.3}$$

由于 $\boldsymbol{K}_{ik}$ 和 ϵ_{lm} 都是二阶对称张量,它们满足 $\boldsymbol{K}_{ik}=\boldsymbol{K}_{ki}$ 和 $\epsilon_{lm}=\epsilon_{ml}$,因此 $\boldsymbol{K}_{iklm}$ 满足以下数个对称关系:

$$\boldsymbol{K}_{iklm}=\boldsymbol{K}_{kilm}=\boldsymbol{K}_{kiml}=\boldsymbol{K}_{ikml},\boldsymbol{K}_{iklm}=\boldsymbol{K}_{lmik} \tag{7.4}$$

上面后一个条件来源于该四阶张量对于两组指标 ik 和 lm 之间互换是对称的这一事实。

另外,六角对称性限定了 $\boldsymbol{K}_{iklm}$ 独立分量的数目到很少的个数,即在二维移动情况下的 $\boldsymbol{K}_{1111}$ 和 $\boldsymbol{K}_{1122}$,还有可以用两个分量表示的 3 个不同的非零值[232],即 $\boldsymbol{K}_{1111}=\boldsymbol{K}_{2222}$,$\boldsymbol{K}_{1122}$,$\boldsymbol{K}_{1212}=(\boldsymbol{K}_{1111}-\boldsymbol{K}_{2222})/2$。值得注意的是,$\boldsymbol{K}_{1212}$ 与 $\boldsymbol{K}_{1111}$ 和 $\boldsymbol{K}_{1122}$ 是非独立的,可表示为 $(\boldsymbol{K}_{1111}-\boldsymbol{K}_{2222})/2$。通过后续 $\widetilde{\boldsymbol{K}}$ 的定义,石墨烯原胞的原子 1 和 2 的移动可以用如下定义来描述:

$$\begin{cases}M\widetilde{\boldsymbol{K}}_{11}\equiv\boldsymbol{K}_{1111}=\boldsymbol{K}_{2222}\\ M\widetilde{\boldsymbol{K}}_{12}\equiv\boldsymbol{K}_{1122}=\boldsymbol{K}_{2211}\\ \dfrac{1}{2}M(\widetilde{\boldsymbol{K}}_{11}-\widetilde{\boldsymbol{K}}_{12})\equiv\boldsymbol{K}_{1212}=\boldsymbol{K}_{2112}=\boldsymbol{K}_{1221}=\boldsymbol{K}_{2121}\end{cases} \tag{7.5}$$

然后,式(7.1)变为

---

① 二阶张量的旋转可由下式给出:

$$\begin{pmatrix}\cos\theta & \sin\theta\\ -\sin\theta & \cos\theta\end{pmatrix}\begin{pmatrix}\epsilon_{tt} & 0\\ 0 & \epsilon_{ll}\end{pmatrix}\begin{pmatrix}\cos\theta & -\sin\theta\\ \sin\theta & \cos\theta\end{pmatrix}$$

② 其他 $\boldsymbol{K}_{iklm}$ 分量消失的原因在于当张量 $\boldsymbol{K}_{iklm}$ 旋转 $2\pi/3$ 时须保持不变的条件。在三维情况下,应该再加上 $\boldsymbol{K}_{3333}$、$\boldsymbol{K}_{1133}$ 和 $\boldsymbol{K}_{3232}$,然后可以得到 5 个不同的力常数。对于定义 $\boldsymbol{K}_{ij}$ 的组合指数 (ij),可使用符号(11)= 1,(22)= 2,(33)= 3,(32)= 4,(13)= 5,(21)= 6,这样,5 个独立的 $\boldsymbol{K}_{iklm}$ 分量分别表示为 $\boldsymbol{K}_{1111}=\boldsymbol{K}_{11}$,$\boldsymbol{K}_{1122}=\boldsymbol{K}_{12}$,$\boldsymbol{K}_{3333}=\boldsymbol{K}_{33}$,$\boldsymbol{K}_{1133}=\boldsymbol{K}_{13}$ 和 $\boldsymbol{K}_{3232}=\boldsymbol{K}_{44}$。

$$\begin{pmatrix} \Lambda - (\widetilde{\boldsymbol{K}}_{11}\epsilon_{11} + \widetilde{\boldsymbol{K}}_{12}\epsilon_{22}) & -(\widetilde{\boldsymbol{K}}_{11} - \widetilde{\boldsymbol{K}}_{12})\epsilon_{12} \\ -(\widetilde{\boldsymbol{K}}_{11} - \widetilde{\boldsymbol{K}}_{12})\epsilon_{12} & \Lambda - (\widetilde{\boldsymbol{K}}_{11}\epsilon_{22} + \widetilde{\boldsymbol{K}}_{12}\epsilon_{11}) \end{pmatrix} \begin{pmatrix} \boldsymbol{u}_1 \\ \boldsymbol{u}_2 \end{pmatrix} = \begin{pmatrix} 0 \\ 0 \end{pmatrix} \tag{7.6}$$

其中，$\Lambda = \omega^2 - \omega_0^2$，$\epsilon_{ij}$ 由式(7.2)给出。为了得到 $(\boldsymbol{u}_1, \boldsymbol{u}_2)^t \neq (0,0)^t$ 的解(也就是非平庸解)，式(7.6)矩阵行列式必须为零，该方程就是熟知的久期方程。

当把式(7.2)代入式(7.6)时，可以得到由下式①描述的由应变导致的频率变化 $\delta\omega \equiv \omega - \omega_0$：

$$\frac{\delta\omega}{\omega_0} = \frac{\widetilde{\boldsymbol{K}}_{11} + \widetilde{\boldsymbol{K}}_{12}}{4\,\omega_0^2}(\epsilon_{ll} + \epsilon_{tt}) \pm \frac{\widetilde{\boldsymbol{K}}_{11} - \widetilde{\boldsymbol{K}}_{12}}{4\,\omega_0^2}(\epsilon_{ll} - \epsilon_{tt}) \tag{7.7}$$

应变的静水压分量由下式定义：

$$\epsilon_h = \epsilon_{ll} + \epsilon_{tt} \tag{7.8}$$

相应的剪切分量定义为

$$\epsilon_s = \epsilon_{ll} - \epsilon_{tt} \tag{7.9}$$

式(7.7)中 ϵ_h 的系数就是格林爱森(Grüneisen)系数 λ：

$$\lambda = -\frac{1}{\omega_0}\frac{\partial\omega}{\partial\epsilon_h} = \frac{\widetilde{\boldsymbol{K}}_{11} + \widetilde{\boldsymbol{K}}_{12}}{4\,\omega_0^2} \tag{7.10}$$

该系数描述了静水压形变所引起的频率移动(严格地说，$\epsilon_{ll} = \epsilon_{tt}$ 所描述的形变为静水压形变)。式(7.7)中 ϵ_s 的系数为

$$\beta = \frac{1}{\omega_0}\frac{\partial\omega}{\partial\epsilon_s} = \frac{\widetilde{\boldsymbol{K}}_{11} + \widetilde{\boldsymbol{K}}_{12}}{4\,\omega_0^2} \tag{7.11}$$

该系数描述了剪切应力所导致的频率移动。对于单轴应变，ϵ_{ll} 和ϵ_{tt} 可以通过泊松比来关联。泊松比定义为

$$\nu = \left(\frac{\delta w}{w}\right) \Big/ \left(\frac{\delta l}{l}\right) \tag{7.12}$$

式中：l 和 w 分别为沿着长度 l 方向发生形变时薄片的长度和宽度。第一性原理计算表明，对于石墨烯薄片来说[231]，$\epsilon_{tt} = -0.816\epsilon_{ll}$。

7.1.2 对石墨烯施加应变

图 7.1 给出单层石墨烯受到单轴应变时 G 带拉曼谱的演变情况[231]。应变(图 7.1(a))导致了 G 带劈裂成两个峰，分别命名为 G^+ 和 G^-(图 7.1(d))。

① 推导时利用了近似条件 $m(\omega^2-\omega_0^2) = m(\omega+\omega_0)(\omega-\omega_0) \sim 2\omega_0\,\delta\omega$。式(7.2)中所有的 $\sin\theta$ 和 $\cos\theta$ 项在详细计算后消失了。其消失的原因在于石墨烯系统在平面内是各向同性的。

这两个带相对于应变方向(图 7.1(b)、(c)定义了本征矢量)做纵向 G^+ 运动和横向 G^- 运动。这里所使用的 iTO 和 LO 与石墨烯声子色散关系中 iLO 和 iTO 的概念无关,后者是指相对于给定的声子调制方向 $\boldsymbol{q}$,iLO 和 iTO 模分别是纵向与横向。关于声子本征矢量的清晰图像可以通过考虑 G 模强度与光偏振方向的依赖关系来获得(参见文献[198, 230-231])。

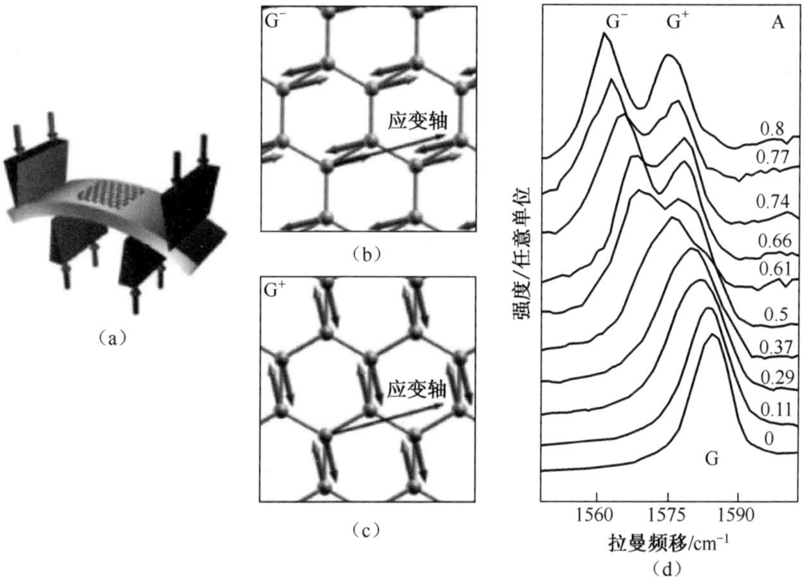

图 7.1 石墨烯的单轴应变效应。(a)在涂覆聚合物的衬底上放置石墨烯,利用 4 个支撑点可使石墨烯发生弯曲。(b)、(c)由密度泛函微扰理论计算得到的(b)G^+和(c)G^-的本征函数。两种情况中应变轴的方向均已标出。(d)施加不同应变数值时的 G 带光谱,随着应变增加 G 带所劈裂成的 G^+ 和 G^- 两个组分清晰可见。注意,每个光谱都标记了所施加的应变值[231]。

图 7.2 显示了频率随应变变化的斜率数值为 $\partial\omega_{G^+}/\partial\epsilon = -10.8\text{cm}^{-1}/\%$ 应变, $\partial\omega_{G^-}/\partial\epsilon = -31.7\text{cm}^{-1}/\%$ 应变。但是,不同的研究组所获得数值不同,改变量约为 5[198, 230-231],这主要是因为在精确地操作实验方面有一定的难度。样品制备和样品不均匀弯曲都是实验存在难点的部分因素。

从图 7.2 获得 G 带的频率移动后,可以将 $\epsilon_{tt} = 0, \epsilon_{ll} = \epsilon$ 代入式(7.7)来获得式(7.10)和式(7.11)中的相关系数:

$$\lambda = \frac{\delta\omega_{G^+} + \delta\omega_{G^-}}{2\omega_0(1-\nu)\epsilon} \tag{7.13}$$

$$\beta = \frac{\delta\omega_{G^+} - \delta\omega_{G^-}}{\omega_0(1+\nu)\epsilon} \tag{7.14}$$

7.2 碳纳米管的 G 带:全对称声子的卷曲效应

虽然二维石墨烯的 G 带为单峰结构($\omega_G \approx 1582\text{cm}^{-1}$)[112,233],但 SWNT 的 G 带却为多峰结构。手性 SWNT 的一阶拉曼允许的 G 带声子可高达 6 个,但通常只有 2 个声子模(全对称 A_1 模,见图 6.8)在光谱中起主导作用。本节将会讨论曲率对 A_1 对称模的影响。

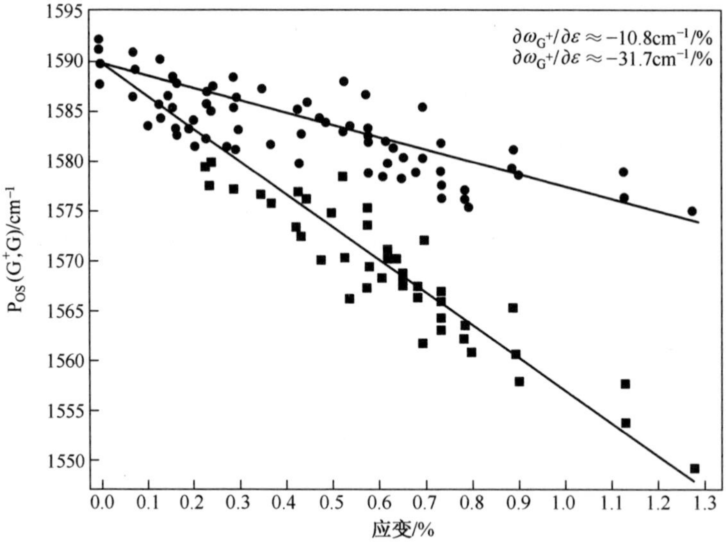

图 7.2 石墨烯的 G 带频率 ω_{G^+} 和 ω_{G^-} 与所施加的单轴应变之间的函数关系。实线是数据的线性拟合结果,拟合得到的 ω_{G^+} 和 ω_{G^-} 斜率值也标记于图中[231]

7.2.1 本征矢量

由于碳纳米管存在曲率,应变天然地存在,与任何外界施加的力无关。纳米管系统是一维的,因此纵向振动表示沿纳米管管轴方向的原子运动,横向振动表示垂直于纳米管管轴方向的原子振动[234]。科学家已经将第一性原理计算应用于非手性 (6,6) 和 (10,0) 以及手性 (8,4) 和 (9,3) 纳米管[234]。作者发现,对于非手性(扶手椅型和锯齿型)SWNT,G 带声子严格的 LO 和 iTO 指认仍然有效。但是,对于手性纳米管,声子本征矢量相对于纳米管管轴方向来说沿着不同的方向,因此不能采用纳米管管轴方向来严格地定义 LO 和 iTO 模。图 7.3(a)给出了 (8,4) 管 A_1 模的位移矢量,图 7.3(b)展示了 (9,3) M -SWNT 相应的位移矢量[234]。图 7.3 表明 (8,4) S -SWNT 的原子位移是沿其圆周方向的,但是在(9,3)纳米管中却是平行于其共价键方向,从而给出了手性纳米管的原子位移敏感地依赖于手性角度的明显证据。(9,3)纳米管的C—C键和圆周方向之间的最小夹角是 $30° - \theta = 16.1°$[234]。

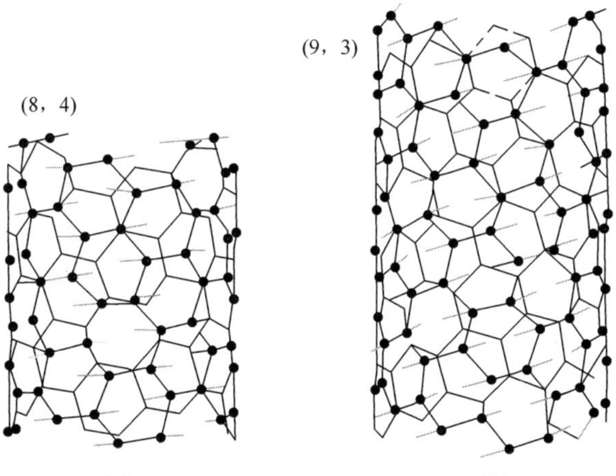

图7.3 (a)(8,4)S-SWNT具有 A_1 对称性的高能本征矢量。原子位移平行于其圆周方向。(b)(9,3)M-SWNT具有 A_1 对称性的高能本征矢量。原子位移平行于C—C键。螺旋方向由灰色线表示[234]。

当然,θ 角相关的结果是依赖于模型的,因此,虽然以前有大量且重要的工作致力于SWNT的拉曼光谱研究[112,233],但是在G带的多个拉曼峰是否可以认为是(准)LO和iTO类型的振动模方面仍然存在争议;同时在以下方面也存在争议:一阶单共振过程中哪些特征属于与声子限制相关的3种不同对称类型(A_1、E_1 和 E_2)[112,227,233],或者,是否所有特征都属于一个全对称的不可约表示(A_1 对称)[235-236]并来源于由缺陷诱导的双共振拉曼散射过程[237]。7.3.1节将讨论声子限制,而第12章和第13章将讨论双共振过程并且将修正双共振G带模型。目前为简单起见,只考虑具有iTO和LO特性的 A_1 对称模。

7.2.2 频率对管径的依赖性

纳米管卷曲导致应变的最明显结果是 ω_G 依赖于管径 d_t。这种依赖关系已在第4章介绍过。图4.12的实心符号代表半导体性SWNT的 ω_G,空心符号代表金属性SWNT的 ω_G。A_1 对称G峰中较高频率和较低频率的两个强峰分别称为 G^+ 和 G^-。它们的频率显示出以下的直径依赖关系[179]:

$$\omega_G = 1591 + C/d_t^2 \tag{7.15}$$

图4.12(c)中 $C_{G^+} = 0$,$C_{G^-}^S = 47.7\,cm^{-1}\cdot nm^2$,$C_{G^-}^M = 79.5\,cm^{-1}\cdot nm^2$ 分别对应

于半导体性和金属性 SWNT 的实线、长虚线和虚线。对此依赖关系可以进行如下解释。在不含时微扰图像中,由于 ω_G^{LO} 模的原子振动沿着纳米管管轴方向,其频率应与管径无关。与此相反,ω_G^{iTO} 模的原子振动沿着纳米管圆周方向,曲率的增加会使得平面外的振动分量增加,从而弹性常数随 $1/d_t^2$ 减小。此图像适用于 S-SWNT,其中G^+代表 LO 模,G^-代表 iTO 模[179]。然而,M-SWNT 的图像却是不同的:G^+代表 iTO 模,G^-代表 LO 模[124]。在此情况下,G 带轮廓非常不同于 S-SWNT 的情况,如图 4.12(a)最下面的光谱所示。此行为只能利用含时微扰图像理解,将在第 8 章进一步讨论。

7.3 6个G带声子:限制效应

7.2 节忽略了一个事实,当石墨烯片卷曲形成纳米管时,沿圆周方向的限制效应将产生大量的一阶拉曼活性模。7.3.1 节讨论这些模式的对称性和选择定则,而 7.3.2 节显示如何根据偏振分析更深入地理解 G 带。关于碳纳米管中一阶单共振拉曼散射过程选择定则的详细讨论,请参见第 6 章内容。

7.3.1 碳纳米管拉曼模的对称性和选择定则

SWNT 的 A_1、E_1 和 E_2 对称的拉曼模在沿着纳米管圆周方向(图 6.8)具有 0 个、2 个和 4 个节点,它们因此变成拉曼活性。这些拉曼模可以采用图 7.4(b)所示的布里渊区折叠图像来描述。如果将这 3 种对称性与它们的 LO 和 iTO 振动性质(见图 7.4(a))结合起来考虑,手性 SWNT 中 6 个 G 带声子可以是拉曼活性的(非手性纳米管具有更高的对称性,因而只有 3 个 G 带声子模是拉曼活性的)。然而,能否观察到这些声子模取决于光的偏振方向和共振条件。下面将进行详细讨论。

这里分别选择 Z 轴和 Y 轴作为 SWNT 管轴方向和光子的传播方向。因此,我们有两个独立的光偏振方向,即平行于(Z)和垂直于(X)纳米管管轴方向。下文将具有入射偏振方向 i 和散射偏振方向 s 的散射配置标记为(is)①。因此,共有 4 种不同类型的散射配置:XX、XZ、ZX 和 ZZ。对于一般的手性 SWNT(具有 C_N 对称性)[226-227],只有当激发光能量与范霍夫奇点(vHS)共振时才能观察到来自单根离散 SWNT 的一阶拉曼信号。这些选择定则意味着,对于单根离散 SWNT:①当入射或散射光子与 E_{ii} 共振时,可以在(ZZ)散射配置下观察到 A_1

① 一个更完整的标记为 p_i(is)p_s,称为 Porto 标记法,以纪念 S.P.S Porto,在这里 p_i 和 p_s 分别给出了入射和散射光子的传播方向。因为在这里只讨论背散射,为节省空间,不再使用散射配置的完整标记法。

对称声子模；当入射或散射光子与 $E_{ii\pm1}$ 共振时，可以在(XX)散射配置观察到 A_1 对称声子模。②当入射光子与 E_{ii} 的 vHS 共振，或者散射光子与 $E_{ii\pm1}$ 的 vHS 共振时，可以在(ZX)散射配置下观察到 E_1 对称声子模；当入射光子与 $E_{ii\pm1}$ 的 vHS 共振时，或散射光子与 E_{ii} 的 vHS 共振时，可以在(XZ)散射配置下观察到 E_1 对称声子模。③只有当与 $E_{ii\pm1}$ 的 vHS 共振并且采用(XX)散射配置时，才可以观察到 E_2 对称声子模。因此，根据偏振散射配置和共振条件，可以分别观察到 2 个、4 个或 6 个 G 带拉曼峰。表 7.1 列出了偏振依赖性和相应共振条件的汇总情况。

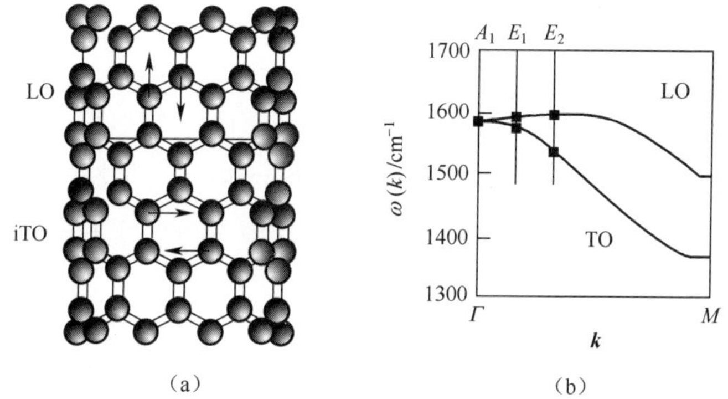

图 7.4 (a)锯齿型纳米管的 G 带声子模沿纳米管圆周方向和沿管轴方向的原子振动示意图。(b)具有 A_1、E_1 和 E_2 对称性的拉曼活性模，以及在非折叠二维布里渊区中对应于 $\mu=0$，$\mu=\pm1$ 和 $\mu=\pm2$ 的相应切割线。切割线的 Γ 点如实心点所示[80]。

表 7.1 偏振依赖的 G 带特征以及相应的共振条件所决定的选择定则。Z 轴和 Y 轴分别为 SWNT 的管轴方向和光子传播方向。下面还给出了入射和散射光的偏振方向和共振条件。E_G 是 G 带声子能量[226-227]。

声子对称性	散射配置	共振条件
A_1	(ZZ)	$E_{laser}=E_{ii}, E_{laser}\pm E_G=E_{ii}$
A_1	(XX)	$E_{laser}=E_{ii\pm1}, E_{laser}\pm E_G=E_{ii\pm1}$
E_1	(XZ)	$E_{laser}=E_{ii\pm1}, E_{laser}\pm E_G=E_{ii}$
E_1	(ZX)	$E_{laser}=E_{ii}, E_{laser}\pm E_G=E_{ii\pm1}$
E_2	(XX)	$E_{laser}=E_{ii\pm1}, E_{laser}\pm E_G=E_{ii\pm1}$

7.3.2 实验结果的偏振分析

首先,当测试规则排列的 SWNT 样品的拉曼光谱时,应该牢记一个普遍且简单的偏振行为,这在 7.3.1 节讨论选择定则时还没有涉及。碳纳米管与天线类似,由于退偏效应[238-239],当光的偏振方向垂直于纳米管管轴方向时,纳米管对光的吸收/发射受到高度抑制。这里退偏效应是指光生载流子屏蔽了交叉偏振光的电场[238-239]。因此,如果想测量规则排列的碳纳米管样品的拉曼光谱时,通常在光偏振方向沿着管轴方向(ZZ)时能观察到最大强度的拉曼信号,而对于交叉偏振的光则几乎观察不到拉曼信号[228,235,240],如图 7.5(a)所示。此外,由于不同偏振方向偏振光的共振能量是彼此不同的,因此当采用固定激光能量获取单根 SWNT 的偏振光谱时,一般很难同时在平行 (ZZ) 和垂直(ZX,XZ,XX)偏振配置下观察到拉曼信号(表 7.1)。这些性质的组合使得全对称的 A_1 模在 G 带光谱中起主导作用。

但是,偏振分析中最有趣的结果与不同声子/电子对称性的对称性选择定则有关[227-228,241],参见 7.3.1 节讨论。图 7.5(b)显示了一个 S-SWNT 的 3 个不同的 G 带拉曼光谱,其中入射光的偏振沿 3 个不同的方向,也就是,θ'_S、$\theta'_S + 40°$ 和 $\theta'_S + 80°$,这里 θ'_S 为光的初始偏振方向和纳米管管轴方向之间的夹角。可观察到 6 个分辨明确的与 G 带特征相关的拉曼峰,在不同偏振配置下具有不同的相对强度,各拉曼峰的对称性指认如下:1565cm^{-1} 和 $1591\text{cm}^{-1} \rightarrow A_1$ 对称;1572cm^{-1} 和 $1593\text{cm}^{-1} \rightarrow E_1$ 对称;1554cm^{-1} 和 $1601\text{cm}^{-1} \rightarrow E_2$ 对称。图 7.5(c)显示了另一个 S-SWNT($\omega_{RBM} = 132\ \text{cm}^{-1}$)的两个 G 带拉曼光谱,分别对应于 θ''_S 和 $\theta''_S + 90°$。该拉曼光谱可以用 4 个尖锐的洛伦兹峰拟合,并且在 1563cm^{-1} 附近有一个宽的光谱特征。该宽的光谱特征(FWHM 约 50cm^{-1})有时在 S-SWNT的弱共振 G 带光谱中也能观察到,在这里不进行讨论①。以前的偏振拉曼研究[227]发现, 位于 1554cm^{-1} 和 1600cm^{-1} 的尖峰应该指认为 E_2 对称模,而 1571cm^{-1} 和 1591cm^{-1} 的拉曼峰应该指认为不可分辨的($A_1 + E_1$)对称模,它们的相对强度依赖于入射光的偏振方向[227]。

有趣的是,图 7.5(c)在 XX 偏振下观察到了相对高强度的光谱,表明与光学跃迁 E_{ii+1} 发生了共振。图 7.5 显示了所测试数个离散 SWNT 的拉曼强度在入射/散射光沿任何方向都没有表现出明显的降低,与其他已发表的强度比例 $I_{ZZ}:I_{XX} \sim 1:0$ 不同[228,235,240]。基于相关讨论,天线效应只能在与 E_{ii} 电子跃迁发生共振的样品中观察到,也就是图 7.5(a)和文献[228,235,240]所显示的情况。然而,在一般情况下,强度比 $ZZ:XX$ 可能是大于或小于 1 的数值,这取决

① 这些特征很可能由缺陷诱导的双共振过程产生,13.5 节将继续讨论。

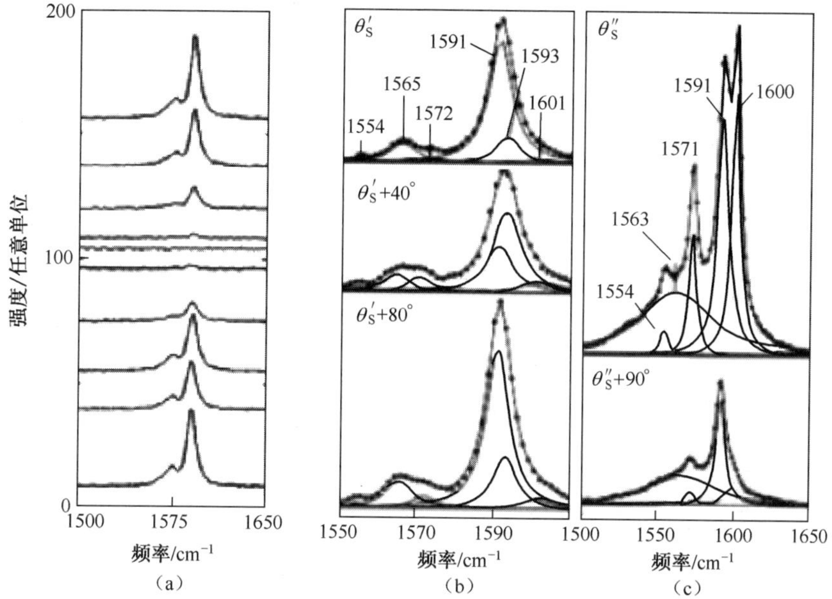

图 7.5 (a)置于 Si/SiO_2 衬底上单根离散半导体性 SWNT 的 G 带的偏振依赖性[228]。入射光和散射光的偏振方向彼此平行,从平行于管轴方向(最下面)变化到垂直于管轴方向(中间)再回到平行于管轴方向(最上面)。(b)和(c)给出两个离散 SWNT 的 G 带的偏振散射配置依赖性。洛伦兹峰的频率单位是 cm^{-1} 。θ'_S,θ''_S 是未知的入射光的偏振方向与 SWNT 管轴方向之间的夹角,实验前并不知道。从 G 带拉曼模偏振行为的相对强度可以确定 $\theta'_S \approx 0°$,$\theta''_S \approx 90°$ [226]。

于所处的共振条件。文献[227]的样品具有非常大的直径分布(d_t 分布从 1.3~2.5nm),在相同激光的共振范围内,E_{ii} 和 $E_{ii\pm1}$ 跃迁能够同时发生,因此可以观察到平均值为 $ZZ : XX = 1.00 : 0.25$ 的结果。

7.3.3 ω_G 对直径的依赖性

既然已经引入了声子限制效应,相比于 7.2.2 节的介绍,下面给出关于 G 带直径依赖性更为完整的图像。图 7.6 显示了 G 带声子频率与管径的关系,这是通过将第一性原理计算结果(点)与石墨烯声子色散关系(线)的布里渊区折叠进行比较并评估得到的[124]。基于布里渊区折叠图像,色散关系的直径依赖性来自于相邻切割线之间的距离与纳米管直径的依赖关系。由于石墨 LO 和 iTO 模的声子频率在 Γ 点是相同的,因此可期望只有单个的 A_1 模(图 7.4(b))。

此外,布里渊区折叠显示出纵向和横向 E_1 模之间存在微小的劈裂,而两个 E_2 模之间却具有较大的劈裂。当切割线达到 LO 声子支色散的最大值(图 7.4(b))时,在小直径纳米管中还可观察到显著的振动模频率软化现象。

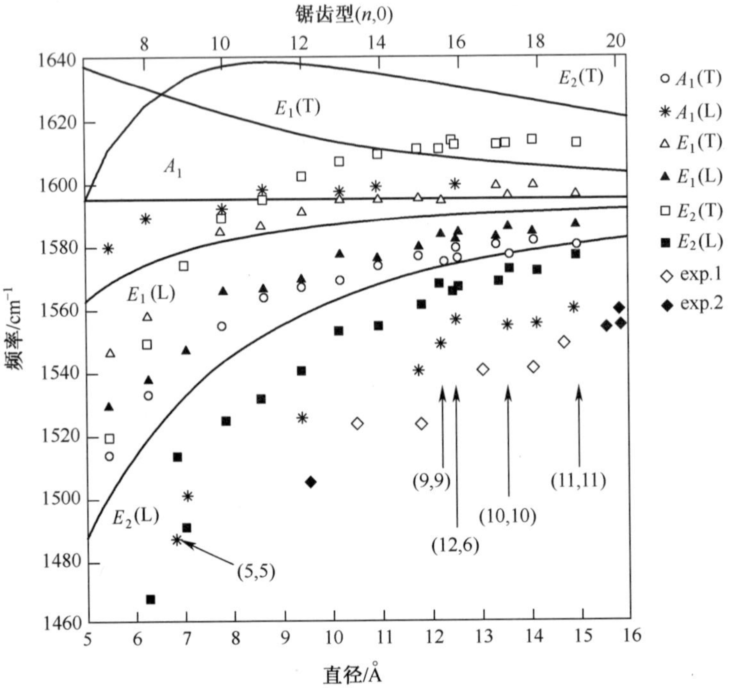

图 7.6 采用从头计算密度泛函理论(符号)以及布里渊区折叠(线)所计算的锯齿型 $(n,0)$ 、扶手椅型 (n,n) 、手性(12,6)SWNT 的 G 带声子频率的直径依赖关系。声子分别根据其对称性和是否能被指认为 T 模或 L 模来表征。此处 L 表示振动(纵向)位移平行于管轴,而 T 表示振动位移为横向的或者垂直于管轴。底部和顶部坐标轴分别表示锯齿型纳米管的直径和 $(n,0)$ 指数[124]。

完全从头开始计算显示出类似的结果,但也有一些细节明显不同。一般来说,从头计算结果所得的频率要低于布里渊区折叠的数值。从头计算数据点的频率软化可根据以下事实来解释,卷曲削弱了 π 键对圆周方向化学键的贡献,这也可以解释为什么半导体性纳米管的 $A_1(T)$ 模①受卷曲影响最强,而 $A_1(L)$ 模基本上与管径无关。对直径约为 1.4nm 的纳米管,E_2 模(如图 7.6 大致位于 1613cm^{-1} 和 $1570\ \text{cm}^{-1}$ 处的正方形)相对于中心石墨频率 $\omega_G = 1592\text{cm}^{-1}$ (理论值)对称地劈裂了 $\pm 22\text{cm}^{-1}$。纳米管的卷曲使得 $E_1(T)$ 模频率移向更低数值,

---

① 这里,T 和 L 分别表示 iTO 和 LO 声子模,采自文献[124]。

对于 S-SWNT, E_1(T) 和 A_1(L) 模的频率(空心三角形和星形)几乎一致,大约位于 1597cm^{-1},比石墨的中心 G 带模理论频率稍高一些。E_1(L) 和 A_1(T) 对称 G 带模(图 7.6 中实心三角形和空心圆形)频率也接近,大约位于 1580cm^{-1},也就是说,比 E_1(T) 和 A_1(L) 模的频率低 20cm^{-1}左右。图中(n,m)标记纳米管的数据表明,金属性 SWNT 的 A_1(L) 频率有所降低,这些不寻常的结果将在第 8 章讨论。

7.3.1 节所提出的关于 G 带模指认的进一步确认来自于实验结果与从头计算之间的比较。这里主要关注半导体性 SWNT 的光谱,因为金属性 SWNT 表现出含时微扰的特征,将在第 8 章详细讨论。图 7.7 绘出了几个共振 S-SWNT 的 G 带模频率与所观察到的 ω_{RBM} (底部坐标轴)以及碳纳米管直径倒数(顶部坐标轴)之间的对应关系。图 7.7 顶部坐标轴的数值利用了关系式 $1/d_t = \omega_{\text{RBM}}/248$ 来确定①。光谱通常用 6 个峰来拟合,虽然有时候拟合仅使用了 4 个

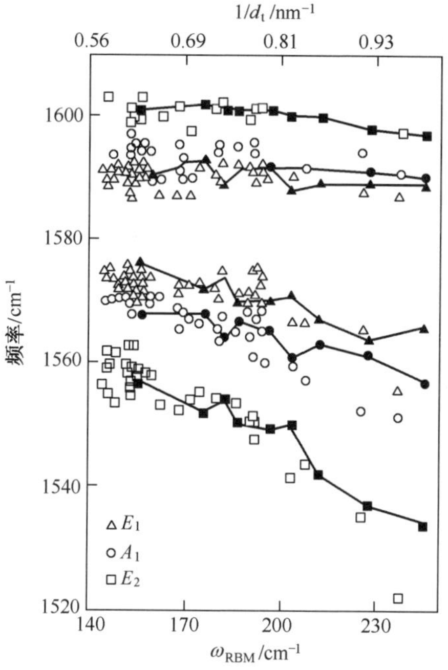

图 7.7 通过绘制 ω_G(空心符号) 与 ω_{RBM} (底部坐标轴)和 $1/d_t$ (顶部坐标轴)的对应关系所得到 S-SWNT 的 ω_G 和 ω_{RBM} 的相关性。G 带的实验数据是利用 $E_{\text{laser}}=1.58$eV, 2.41eV 和 2.54 eV 测得的。实线连接的实心符号来源于从头计算结果[124],从下往上的从头计算数据[226]分别下移 18cm^{-1},12cm^{-1},12cm^{-1},7cm^{-1},7cm^{-1},11cm^{-1}。

---

① 早年(2001—2005 年)单根纳米管光谱所广泛使用的是 $\omega_{\text{RBM}}=248/d_t$ 关系式[176],它仅代表了一种特殊情况。如何从 SWNT 径向呼吸模频率 (ω_{RBM})来获取纳米管直径是第 9 章的内容。

或2个峰,光谱拟合所用的线宽接近于G带模的自然线宽[242],即 $\gamma_G \approx 5\text{cm}^{-1}$。

图7.7由实线连接的实心符号来自于Dubay等的计算结果(图7.6)。不同实心符号分别表示不同模的对称性:●→ A_1 ,▲→ E_1 ,■→ E_2,与偏振结果一致(图7.5)。图7.7理论数据点下移了约1%,以便更好地拟合实验数据。实验观测到的3个高频率 G^+ 带模(A_1、E_1 和 E_2)频率的 d_t 依赖性都与理论结果非常一致[124],几乎显示不出 d_t 依赖性。对于3个低频率 G^- 带模,无论是从头计算还是实验结果都显示出比较强的 d_t 依赖性,但从头计算似乎稍低估了较小 d_t 数值纳米管的 G^- 带模频率的软化(主要是 A_1 对称模)。半导体性SWNT的实验数据可以用以下公式[226]来实现更好的拟合:

$$\omega_G = 1592 - C/d_t^{\beta} \tag{7.16}$$

其中,$\beta = 1.4$,$C_{A_1} = 41.4\text{cm}^{-1}\cdot\text{nm}$,$C_{E_1} = 32.6\text{cm}^{-1}\cdot\text{nm}$,$C_{E_2} = 64.6\text{cm}^{-1}\cdot\text{nm}$。

7.4 对纳米管施加应变

不同研究组对碳纳米管也进行了施加外部应变的研究,既包括纳米管束[236,243],也包括离散纳米管[244-246]。7.1.1节所提出的弹性理论也适用于碳纳米管的应变研究,实际上该理论最早也曾为纳米管建立过[232]。纳米管束的测量表明,ω_G 频率随着静水压[236,243]的增加而整体增大。该结果初步用来作为纳米管缺失G带LO和iTO模的证据。但是,离散管的测试结果表现出更为丰富的信息,包括静水压和单轴形变、扭转和弯曲等。实验观察到 E_2 模频率的较大下降,G^+ 和 G^- 也表现出不同的压力诱导效应,依赖于 (n,m) 指数[247]。对于单轴应变高达1.65%的离散S-SWNT,所观察到的 ω_G 频移可高达 40cm^{-1}[244]。目前关于SWNT的应变效应仍然存在许多富有争议性的结果,主要原因在于精确地操作实验还有一定难度,以及还需要大量的测量来建立和理解这些 (n,m) 依赖关系。

7.5 小结

sp^2 石墨材料C—C键的拉伸产生了G带。G带对 sp^2 纳米碳的应变效应非常敏感,可以用于探测石墨烯平面几何结构的任何改变,例如,外力引起的应变,甚至生长S-SWNT时由于卷曲而产生的应变。这种卷曲依赖关系将导致直径依赖性,从而使得G带可以作为纳米管直径的探针,但是对外部所致应变的依赖性仍然非常复杂,仍有争议。虽然天线效应使得全对称模在光谱中起主导作用,但是 SWNT 的声子限制引发了复杂的选择定则并可以利用光的偏振分析对其进行验证。最后,金属 SWNT 的 G 带比较特殊,这来自于电子-声子耦合,需要通过含时微扰理论来处理。该效应在石墨和碳纳米管中产生了很多与温度和掺杂有关的有趣结果。这些问题将在第 8 章讨论。

7.6 思 考 题

[7-1] 解释为什么离子晶体中正离子和负离子之间的库仑相互作用会改变 LO 声子模的力常数,但不会改变 iTO 声子模的力常数。

[7-2] 当考虑频率相关的介电常数 $\epsilon(\omega)$ 时,离子晶体的 LO 与 iTO 声子频率的比值为

$$\frac{\omega_{\mathrm{LO}}}{\omega_{\mathrm{iTO}}}=\frac{\epsilon(0)}{\epsilon(\infty)}$$

该式已由 Lyddane、Sachs 和 Teller(LST 理论)推导出。研究 LST 理论并证明上述公式。检验公式是否适用于一些离子晶体,如 NaCl。

[7-3] 上述 LST 关系是对于 $\boldsymbol{q}=0$ 考虑的。对于一般的矢量 $\boldsymbol{q}$,可以通过考虑麦克斯韦方程与如下原子运动方程的耦合来讨论声子色散是如何通过库仑相互作用修正的:

$$\ddot{\boldsymbol{x}}+\omega_{\mathrm{iTO}}^{2}\boldsymbol{x}-a\boldsymbol{E}_{x}=0$$

$$\boldsymbol{P}_{x}=a\boldsymbol{r}+(\epsilon(\infty)-1)\boldsymbol{E}_{x}$$

这里 a 由 $a=\omega_{\mathrm{iTO}}[\epsilon(0)-\epsilon(\infty)]^{\frac{1}{2}}$ 给出。结合这两个方程与 $\boldsymbol{D}_{x}=\boldsymbol{E}_{x}+\boldsymbol{P}_{x}$ 和 $\boldsymbol{H}_{x}$ 对应的麦克斯韦方程,考虑它们的波矢 $\boldsymbol{q}$,最后计算并画出 $\omega(\boldsymbol{q})$。

[7-4] 当沿一个方向拉一个六边形网格时,与未变形六边形网的长度相比,拉伸后网长度增加了多少个百分比。当相对于 C—C 键方向旋转拉伸方向时,拉伸比值如何变化?将这些结果与正方形或三角形网的情况进行比较。

[7-5] 考虑通过弹簧彼此连接的两个碳原子。对于 sp^2 碳利用 $1580\mathrm{cm}^{-1}$ 这个 LO 声子模频率,试以 $\mathrm{eV/Å}^2$ 为单位估计一下力常数。

[7-6] 考虑绕石墨烯平面内的一个碳原子旋转 $2\pi/3$。为围绕 z 轴进行 $2\pi/3$ 的旋转建立 3 个旋转矩阵 $\boldsymbol{D}(2\pi/3)$。

[7-7] 考虑一个函数:$f=ax+by+cz+d$。当矢量(x,y,z)通过 $2\pi/3$ 旋转变换为$(x',y',z')=\boldsymbol{D}(2\pi/3)(x,y,z)$并假设$f$对于 $2\pi/3$ 旋转操作保持

不变,请注明 $a = b = c = 0$。

[7-8] 考虑一个函数:$g = ax^2 + by^2 + cz^2 + dyz + ezx + fxy$。当矢量$(x,y,z)$通过 $2\pi/3$ 旋转变换为$(x',y',z') = \boldsymbol{D}(2\pi/3)(x,y,z)$,并假设 g 在 $2\pi/3$ 旋转中保持不变,那么对常数 a、b、c、d、e、f 应该施加什么条件?

[7-9] 二阶张量可以定义为一个 3×3 矩阵 $\boldsymbol{a}_{ij}$,其中 $\boldsymbol{a}$ 通过不变操作$(x',y',z') = \boldsymbol{C}(x,y,z)$来完成变换,这里 $\boldsymbol{C}$ 是一个矩阵,可实现 $\boldsymbol{a}' = \boldsymbol{C}^{-1}\boldsymbol{a}\boldsymbol{C}$。因为 $\boldsymbol{a}$ 的行列式不会被 $\boldsymbol{C}$ 改变,所以 $\det(\boldsymbol{C}) = 1$,$\boldsymbol{a}_{ij} = \boldsymbol{a}_{ji}$。因此,对称的二阶张量具有 6 个独立分量。

[7-10] 当考虑三维的四阶张量 $\boldsymbol{K}_{iklm}(i,k,l,m = 1,2,3)$,存在 81 个可能的变量。然而,即使系统没有任何对称性,由于需要满足式(7.4),$\boldsymbol{K}_{iklm}$ 只有 21 个独立的变量。请证明。

[7-11] LO 和 iTO 声子模频率与弹性模量和其他力常数之间的关系是什么?

[7-12] 在 D_N 对称系统中,证明只有 A_1、E_1 和 E_2 声子模是拉曼活性的。如果画出一维布里渊区(切割线),二维布里渊区的哪些切割线对应于拉曼活性模?通过画图回答。

[7-13] 画出 X、Y、Z 坐标轴,当碳纳米管管轴沿着 Z 轴并且光来自 Y(或 Z)方向时,写出碳纳米管在相应共振条件下的散射几何配置。

[7-14] 纳米管的卷曲通常会在一个方向上引入恒定应变。请估计应变造成 iTO 和 LO 声子频率的改变。

[7-15] 说明如何从 7.1.1 节的定义得到式(7.13)和式(7.14)。

[7-16] 将 7.1.1 节所建立的理论应用到碳纳米管,阐述应变对横向和纵向声子模的影响。可以参考文献[232]。

[7-17] 研究式(7.15)和式(7.16)之间的差异。这两个公式是一致的吗?

[7-18] 研究石墨烯、石墨和碳纳米管的泊松比和格林爱森常数。

第 8 章

G 带和含时微扰

第 7 章学习了如何处理石墨烯相关系统 G 带的应变效应。该效应包括压力效应和其他机械形变,如通过弯曲石墨烯片来“构建”碳纳米管。下一步将研究拉曼光谱的温度 T 和掺杂依赖效应。然而,为了精确地描述石墨烯相关系统的这些效应,理解电子-声子(el-ph)耦合动力学行为就变得非常重要,这是由于玻恩-奥本海默(Born-Oppenheimer,绝热)近似对石墨烯是不适用的。

本章通过引入科恩异常的概念并通过讨论温度和掺杂对 el-ph 耦合的影响来回顾与 el-ph 耦合动力学效应相关的各种 G 带性质。这些效应需要通过含时微扰理论来推导,如 8.1 节所阐述关于绝热近似的失效问题。8.2 节将介绍改变温度带来的效应,说明如何应用含时微扰理论来解释利用栅压调节掺杂后所观察到的实验结果,也将研究与温度相关的效应。8.3 节和 8.4 节分别讨论石墨烯和单壁碳纳米管的相关结果。

8.1 绝热和非绝热近似

把含时微扰加入到普遍振动特性的框架讨论之前,需要强调的是,在大多数情况下都是利用绝热近似来处理原子振动。当电子移动足够快以至于它们可以跟随重核的微小运动时,就可以使用绝热近似。然后,电子的运动可以表示为原子位置的函数(不是原子动量的函数)。但是,当原子运动远快于电子-声子相互作用所导致的电子动量弛豫时间时,绝热近似不再有效。这个问题可用图 8.1 阐述,其中图 8.1(b)、(c)对比了在绝热近似和非绝热近似下电子行为的差异[248]。

G 带频率 $\omega_G \approx 1584\text{cm}^{-1}$ 对应于 22fs,即原子运动的周期。事实上,相干声子光谱测量[43]就可以通过观察一种材料在某个声子频率处光透过概率的振荡随时间的函数关系来确定原子振动的周期。在 G 带声子频率处可观察到47THz 的振荡[43],的确对应于期待的 22fs。所测量的由杂质导致的电子动量弛豫时间以及电子-电子和电子-声子散射过程都在几百飞秒的量级,这可从石墨烯的电子迁移率[249]以及石墨的超快光谱测量[250-251]推断得到。所以,虚激发电子没有足够的时间将其动量驰豫以达到瞬时绝热基态(见图 8.1(c)[248])。因此,电子和声子耦合太强以至于不能在通常的绝热近似下处理与之相关的问题,这导致了 G 模的频率强烈依赖于结构、掺杂(费米能级改变)和温度。

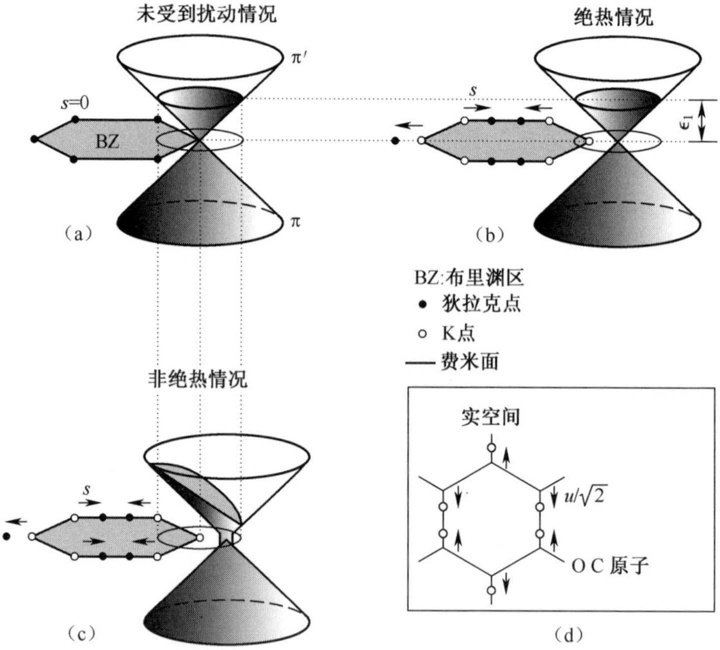

图 8.1　石墨烯布里渊区高对称 K 点附近的 π 带电子结构示意图。此处石墨烯是掺杂的,被填充的电子态以灰色表示。(a)完美结晶的能带。狄拉克点处于 K 点,电子态被填充至费米能级 ϵ_F,费米面是以 K 点为中心的圆。(b)存在 $\Gamma_6^+(E_{2g})$ 晶格畸变时的能带。狄拉克点相对于 K 点偏离了 $\pm s$。在绝热近似下,电子保持在瞬时基态:能带被填充至费米能 ϵ_F,且费米面跟随狄拉克点位移。总的电子能量与 s 无关。(c)存在 $\Gamma_6^+(E_{2g})$ 晶格畸变时的能带。在非绝热近似下,电子没有足够的时间来驰豫自身动量以紧跟瞬时基态的变化。在没有散射存在时,如果相同 $\boldsymbol{k}$ 的态在没有微扰情况下是被占据的,那么电子动量是守恒的而且动量 $\boldsymbol{k}$ 的态也被占据。费米面与不存在微扰时的情况一致,不会跟随着狄拉克点位移而移动。电子总能量随 s^2 增加,导致了 Γ_6^+ 声子频率的软化现象。(d) $\Gamma_6^+(E_{2g})$ 声子的原子位移图样。原子相对于其平衡位置移动了 $\pm u/\sqrt{2}$。需要注意的是,狄拉克点位移图样(倒易空间中)与碳原子的位移图样(实空间中)是一致的[248]。

8.2 声子频率移动的微扰理论解释

这里从 8.2.1 节开始介绍温度 (T) 对声子影响的普遍效应,重点介绍 T 对费米分布的重要性。8.2.2 节将在非绝热条件下利用微扰理论计算 el-ph 相互作用所导致的声子频率移动,将展示费米分布变化与栅极电压和温度依赖关系方面的效应。

8.2.1 温度效应

声子频率随温度的变化是晶格势能非简谐项的大体体现,该非简谐项中,与声子布居和晶体热膨胀相关的声子-声子耦合起决定作用[252]。目前已测量了不同sp^2纳米碳中 G 带频率的温度效应,可表示如下:

$$\omega_G = \omega_G^0 + \chi T \tag{8.1}$$

式中: ω_G^0 为当 $T \to 0$ 时的 G 带频率;χ 为对 ω_G 进行温度相关修正(一阶)的系数。表 8.1 给出了文献所报道的不同sp^2纳米碳的χ 值。Calizo 等人[253]发现,单层石墨烯和双层石墨烯的 ω_G^0 分别为 1584cm^{-1} 和 1582cm^{-1}。他们将温度相关的效应简单地分为由于声子模非简谐耦合所导致的自能频移以及由于晶体热膨胀所导致的频移①,也就是[253]:

$$\omega_G - \omega_G^0 = (\chi_T + \chi_V)\Delta T = \left(\frac{d\omega}{dT}\right)_V \Delta T + \left(\frac{d\omega}{dV}\right)_T \left(\frac{dV}{dT}\right)_P \Delta T \text{②} \tag{8.2}$$

事实上,对于高定向热解石墨(HOPG),已经考虑到热膨胀主要发生 c 轴方向,面内热膨胀可以忽略不计,也就是说,对于 HOPG 有 $\chi = (\chi_T + \chi_V) \approx \chi_T$[256]。$\omega_G$ 随温度的变化已经用来获得了石墨烯的热导率[257]。

表 8.1 不同 sp^2 碳的线性温度系数(式(8.1))

样品	$\chi/(\text{cm}^{-1}/\text{K})$	参考文献
1-LG	-0.0162	[253]
2-LG	-0.0154	[253]
SWNT	-0.0189	[254]
DWNT	-0.022	[255]
HOPG	-0.011	[256]

① 晶体热膨胀也是非简谐的结果。然而,热膨胀也与体相关的弹性力常数改变有关,这两种不同的物理机制可以分开来考虑。

② 译者注:原书中式(8.2) 有误,译者已改正。

然而,要精确地描述 G 带的频率特性,必须考虑电子-声子耦合,以及晶体结构中电子布居依赖于温度这一事实。这种依赖关系由费米-狄拉克分布 $f(E)$ 描述,给出了在热平衡下理想电子气体中处于能量 E 的轨道被占据的概率[95]:

$$f(E)=\frac{1}{\exp[(E-\mu)/k_BT]+1} \tag{8.3}$$

式中:T 为温度(K);k_B 为玻耳兹曼常数;μ 为化学势。在绝对零度下,化学势等于费米能($\mu=E_F$)。一般来说,在 $E=\mu$ 处,式(8.3)有 $f(E)=1/2$。图 8.2 给出了在大家感兴趣的 3 个温度下的 $f(E)$。当 $T=0$ 时,在费米能级以下,占据概率是 $f(E)=1$,高于费米能级时占据概率迅速下降。当温度增加时,占据概率在 E_F 附近有一个延展(图 8.2)。载流子分布的这种变化将影响 G 带频率,下面几节将深入讨论。

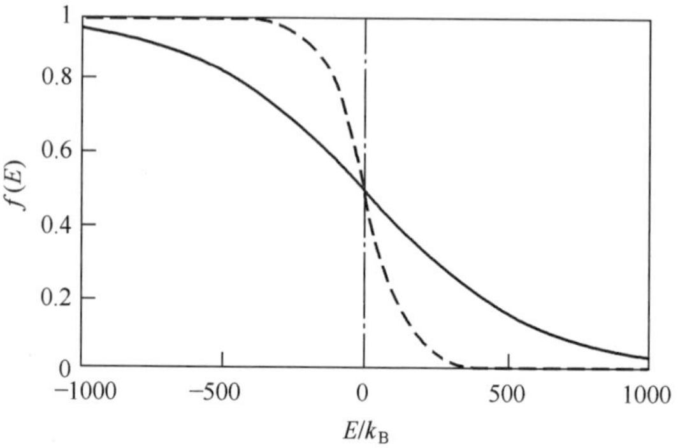

图 8.2　在 300K(实线)、77K(虚线)和 4K(点划线)时的费米-狄拉克分布与以玻耳兹曼常数 k_B 为归一化因子的能量之间的函数关系

8.2.2　声子频率重整化

在含时微扰理论的框架下,当声子通过电子-声子相互作用激发一个电子-空穴对时(图 8.3),该虚过程①将导致电子结构、费米能级和温度所决定的声子能量重整化[141, 196, 258-259]。然后,声子重整化电子能量②,同时电子也重整化声子能量③。这两个微扰在很长的时间范围内发生,比拉曼光谱发生的时间还长。拉曼光谱测试的时间为 1s 的量级,因此,可以在拉曼光谱中观察到这些现

① 微扰理论中虚过程意味着存在激发态波函数与基态波函数的混合。因此,在这里可以将电子-声子相互作用作为一种微扰。

② 通过所谓的类派尔斯机制,也就是由于 el-ph 耦合所导致的电子结构形变。

③ 导致了所谓的科恩异常效应,也就是由于 el-ph 耦合导致的声子结构形变。

象。此 el-ph 耦合使得可以通过栅极电压来可控地改变 G 带的频率,这种改变强烈地依赖于纳米材料的几何结构,并应用于碳纳米管和石墨烯。

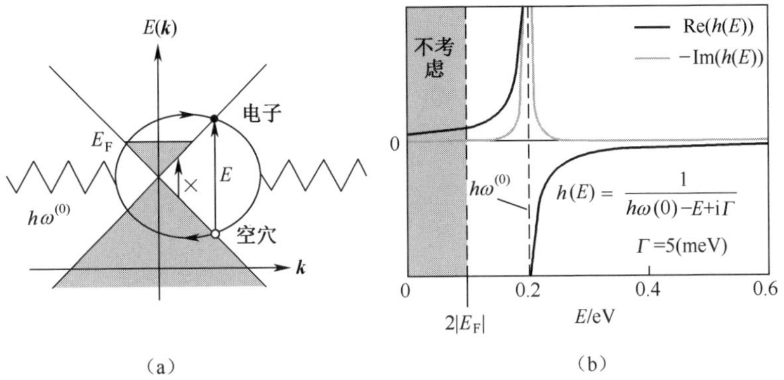

图 8.3 (a)对光学声子模的能量移动有贡献的一个中间电子-空穴对态。声子模由锯齿线表示,电子-空穴对用环表示。根据泡利不相容原理,满足 $0 \leqslant E \leqslant 2E_F$ 的低能电子-空穴对在 0K 时无法产生的。(b)电子-空穴对中间态对声子能量修正值 $h(E)$ 的实部和虚部与能量的函数关系。特别地,修正值的符号取决于由 $h(E)$ 给出的中间态能量(参见 8.2 节内容)[260]。

石墨烯(也可以是 SWNT) Γ 点 LO-和 iTO-声子因 el-ph 相互作用所产生的声子频率移动可以利用二阶微扰理论来计算。包含 el-ph 相互作用的声子能量可以写为

$$\hbar\omega_\lambda = \hbar\,\omega_\lambda^{(0)} + \hbar\,\omega_\lambda^{(2)} \quad (\lambda = \text{LO,iTO}) \tag{8.4}$$

式中:$\omega_\lambda^{(0)}$ 为不考虑 el-ph 相互作用微扰的声子频率;$\hbar\omega_\lambda^{(2)}$ 为由二阶微扰理论给出的微扰项,即

$$\hbar\,\omega_\lambda^{(2)} = 2\sum_{\boldsymbol{k}} \frac{|\langle \text{eh}(\boldsymbol{k})|H_{\text{int}}|\omega_\lambda\rangle|^2}{\hbar\,\omega_\lambda^{(0)} - (E_e(\boldsymbol{k}) - E_h(\boldsymbol{k})) + i\Gamma_\lambda} \times [f(E_h(\boldsymbol{k}) - E_F) - f(E_e(\boldsymbol{k}) - E_F)], \tag{8.5}$$

也是因电子-空穴对产生导致的对声子能量的量子修正,如图 8.3(a)所示。式(8.5)的系数 2 源自于自旋的简并。式(8.5)的 $\langle \text{eh}(\boldsymbol{k}) | \boldsymbol{H}_{\text{int}} | \omega_\lambda \rangle$ 是在动量 $\boldsymbol{k}$ 处产生一个电子-空穴对与 $\boldsymbol{q}=0$ 声子 ω_λ 进行 el - ph 相互作用的矩阵元,而 $E_e(\boldsymbol{k})$($E_h(\boldsymbol{k})$)是电子(空穴)能量,Γ_λ 是驰豫线宽。图 8.3(a)显示了能量 $E = E_e(\boldsymbol{k}) - E_h(\boldsymbol{k})$ 的一个电子-空穴对中间态。因此,式(8.5)需要对所有可能的电子-空穴对中间态进行求和($\sum_{\boldsymbol{k}}$),而这些电子-空穴对中间态可能具有比声子更大的能量($E \gg \hbar\,\omega_\lambda^{(0)}$)。

因为 $\langle \text{eh}(\boldsymbol{k}) | H_{\text{int}} | \omega_\lambda \rangle$ 是式(8.5)分母中 $E = E_e(\boldsymbol{k}) - E_h(\boldsymbol{k})$ 的一个平滑函数,电子-空穴对对 $\hbar\omega_\lambda^{(2)}$ 的贡献强烈依赖于其能量 $E_e(\boldsymbol{k}) - E_h(\boldsymbol{k})$。

图 8.3(b)在 $\hbar\omega_\lambda^{(0)}=0.2\text{eV}$ 和 $\Gamma_\lambda=5\text{meV}$ 条件下绘制了式(8.5)分母 $h(E)=1/(\hbar\omega_\lambda^{(0)}-E+\mathrm{i}\Gamma_\lambda)$ 的实部和虚部与 E 之间的函数关系。当 $E<\hbar\omega_\lambda^{(0)}$($E>\hbar\omega_\lambda^{(0)}$) 时，$\mathrm{Re}(h(E))$ 具有正(负)值,较低(高)能量的电子-空穴对对 $\hbar\omega_\lambda^{(2)}$ 具有正(负)的贡献。此外，根据式(8.5)的费米分布函数 $f(E)$，满足 $E<2|E_\mathrm{F}|$ 的电子-空穴对(如图 8.3(a)、(b)所示阴影区域)对能量偏移没有贡献。因此,电子-空穴对中间态对声子能量的量子修正可以通过改变费米能级 E_F 来调控(图 8.4(b))。例如,当 $|E_\mathrm{F}|=\hbar\omega_\lambda^{(0)}/2$ 时,由于式(8.5)中所有对 $\hbar\omega_\lambda^{(2)}$ 正的贡献都被抑制了,在零温度下 $\omega_\lambda^{(2)}$ 将达到最小值(见图 8.4(b)中虚线)。当 $E\gg\hbar\omega_\lambda^{(0)}$ 时，$\mathrm{Re}(h(E))\approx-1/E$。如果考虑系统所有的电子态,所有高能中间态都对声子软化有贡献。这里为避免式(8.5)具有大的能量移动,引入一个截止能量 $E_\mathrm{c}=0.5\text{eV}$ 只对$E_\mathrm{e}(\boldsymbol{k})<E_\mathrm{c}$ 部分求和,即 $\sum_{\boldsymbol{k}}^{E_\mathrm{e}(\boldsymbol{k})<E_\mathrm{c}}$。由于 $E_\mathrm{e}(\boldsymbol{k})>E_\mathrm{c}$ 部分的贡献只是给 $\hbar\omega_\lambda^{(2)}$ 加入了一个恒定的能量移动,因此,高能量中间态($\sum_{\boldsymbol{k}}^{E_\mathrm{e}(\boldsymbol{k})>E_\mathrm{c}}$)导致的能量移动可以通过归一化 $\hbar\omega_\lambda^{(0)}$ 而忽略掉,以便再现所观察拉曼光谱的实验结果[38,261]。由于 $E_\mathrm{c}\gg\hbar\omega_\lambda^{(0)}$,这些结果不依赖于截止能量①的选择。

图 8.3(b)的 $\mathrm{Im}(h(E))$ 只有在非常接近 $E=\hbar\omega_\lambda^{(0)}$ 时才不等于零,这表明声子可以共振驰豫为与之能量相同的电子-空穴对。需要注意的是,当 $|E_\mathrm{F}|>\hbar\omega_\lambda^{(0)}/2$ 时,谐振窗口宽度很小,也就是在零温度时 $\Gamma_\lambda\approx0$,而在有限温度时 Γ_λ 可能是一个有限值(图 8.4(a))。图 8.3(b)的曲线给出了在式(8.5)中通过自洽地②计算 $\Gamma_\lambda=-\mathrm{Im}(\hbar\omega_\lambda^{(2)})$ 后所获得的 Γ_λ 值。图 8.4(a)给出了 G 带 FWHM 随电子浓度(也就是,改变费米能级)改变所预期的行为。

图 8.4 利用不同线型显示了温度变化对声子重整化的影响,已经对式(8.5)中与费米分布相关的项进行了合理化处理。如 8.2.1 节所讨论,在 $T=0$ 时,费米能级以下的填充概率为 $f(E)=1$,费米能级以上的填充概率急剧下降。这使得声子重整化和线宽变化在 $E_\mathrm{F}=\pm\hbar\omega_\mathrm{G}/2$ 处出现高度异常的依赖关系(图 8.4(a)、(b)。当温度升高时，E_F 附近的填充概率有所延伸(图 8.2)，从而将 $E_\mathrm{F}=\pm\hbar\omega_\mathrm{G}/2$ 处的奇异性平滑掉了③。

---

① 在计算物理性质时,通常会设置一个截止能量以限定积分的上限,即使积分在高于截止能量时也有贡献。为了避免结果依赖于截止能量,将定义一个平滑函数抵消这一贡献。计算固体的声子频率本来就包含 20 世纪 50 年代所提出的 el-ph 相互作用。细节请参阅文献[38]。

② 当式(8.5)的 Γ_λ 初始值和 $\mathrm{Im}(\hbar\omega_\lambda^{(2)})$ 相同时,则可以说计算是自洽的。Γ_λ 值取决于 el-ph 相互作用(式(8.5)的分子)。当使用不确定关系时,该处理方法等价于 Γ_λ 的处理方法。

③ 式(8.5)的费米函数 $f(E)$ 在 300K 时将变为能量的平滑函数(见图 8.2)。

最后,需要注意的是图 8.4(b)的频率移动在重掺杂时(如电子浓度→±0.8 ×10^{13}electrons/cm^{-2})是不对称的。由于掺杂范围扩展得更大,在图 8.4(c)中这种不对称性更为清晰。这里讨论的科恩异常效应发生在一个较小的掺杂范围,其中,E_F 处于 K 点附近。当更高掺杂水平发生时,掺杂导致的晶格畸变决定了 ω_G 行为。图 8.4(c)显示,p 型掺杂导致的晶格畸变使得 ω_G 硬化,而 n 型掺杂使得 ω_G 软化。8.4.4 节将在 SWNT 栅掺杂和化学掺杂中进一步讨论来自弱掺杂和强掺杂的结果差异。对于石墨烯的情况,到目前为止仅有关于栅掺杂的实验结果,将在 8.3 节讨论。

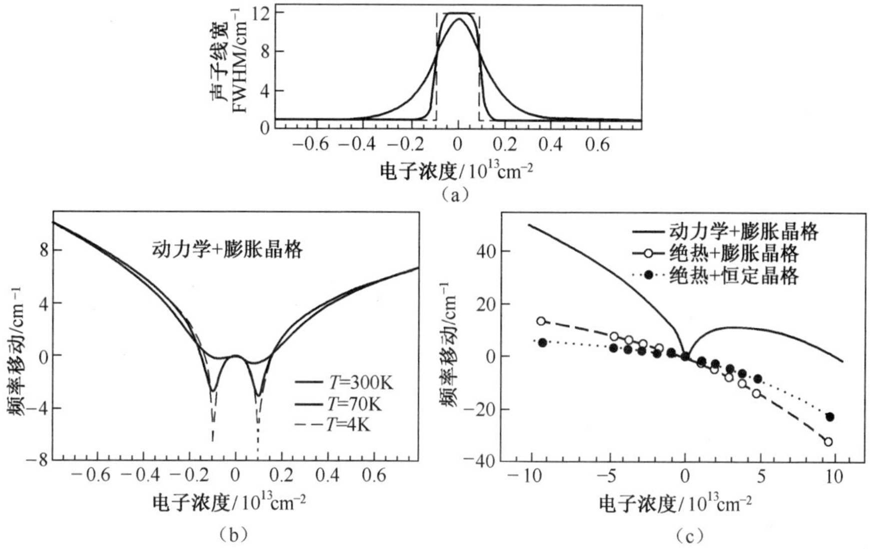

图 8.4　拉曼 G 带的(a)线宽和(b)频率与电子浓度之间的函数关系。采用含时微扰理论计算时考虑了动力学效应(也就是在非绝热近似下)和掺杂诱导的晶格畸变。(c)重掺杂下的 G 带频率行为,比较了绝热与非绝热条件下以及恒定晶格常数与掺杂导致晶格畸变(扩展晶格)条件下所预期的结果[258]

8.3　科恩异常作用于石墨烯 G 带的实验证据

本节将详细讨论掺杂对单层石墨烯 G 带(8.3.1 节)和双层石墨烯 G 带(8.3.2 节)的影响。

8.3.1　栅极掺杂对单层石墨烯 G 带的影响

图 8.5 显示了关于 G 带声子频率掺杂效应的实验结果[196]。同含时微扰

理论所预测的一样，掺杂后 G 带频率上移（图 8.5（a）、（b）），线宽减小（图 8.5（c））。这种行为背后的物理来源于泡利不相容原理。随着掺杂浓度的增加，不同能量下的电子–空穴相互作用将被禁止，由此减弱了科恩异常效应。在 $T = 0\mathrm{K}$ 时，该效应是突变的，但是对于 $T \neq 0\mathrm{K}$，当费米能级远离 $\hbar\omega_\lambda/2$ 时，载流子存在能量分布，科恩异常诱导的频率变化也趋于饱和。由于温度导致的展宽效应，位于 $\pm\hbar\omega_G/2$ 处的两个异常在该实验中还没有清楚地看到（图 8.4（a））。然而，在 $T = 12\mathrm{K}$ 时所测量的 G 带频率 ω_G 与栅极电压之间的关系[262] 在 $E_F = \pm\hbar\omega_G/2$ 处清晰地显示了这种声子异常现象。但是，这个 12K 实验的对象是双层石墨烯，这时有另一个有趣效应会发生，如 8.3.2 节所述。

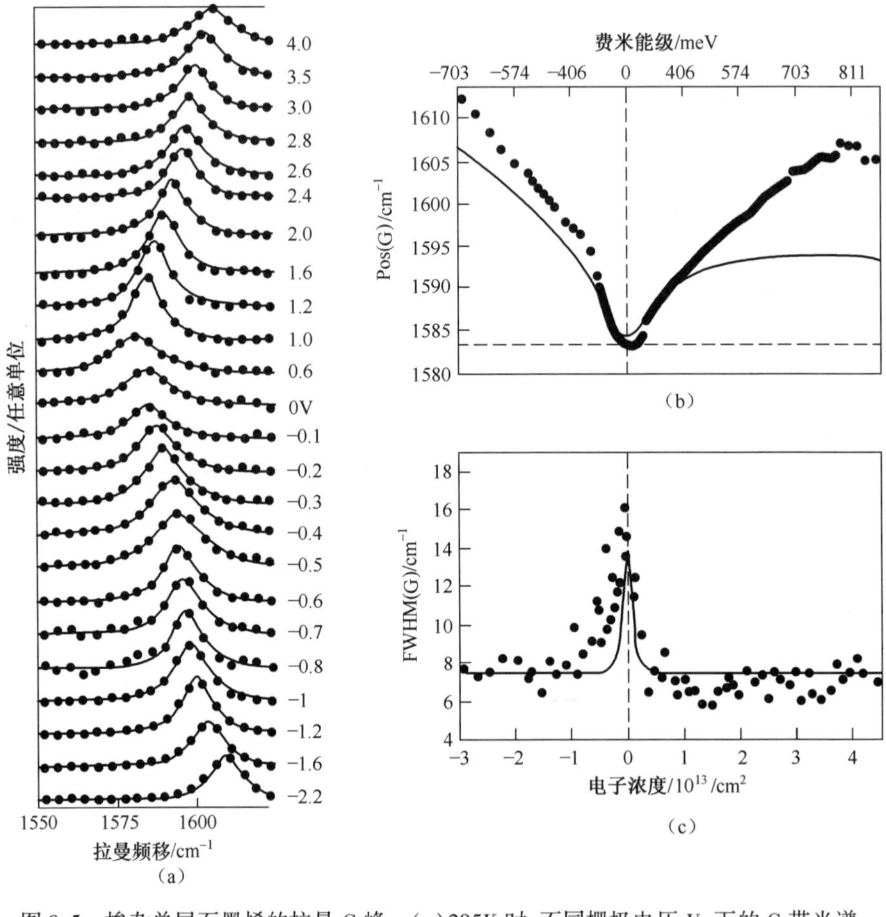

图 8.5　掺杂单层石墨烯的拉曼 G 峰。（a）295K 时，不同栅极电压 V_g 下的 G 带光谱。光谱（$V_g = 0.6\mathrm{eV}$）对应于未掺杂情况，由于环境对石墨烯的天然掺杂导致了未掺杂情况发生在 $V \neq 0$。（b）G 峰位置（频率）和（c）线宽与电子浓度之间的函数关系，从施加的栅极电压数据推断得到。黑色圆圈：测量值；实线：有限温度非绝热计算结果[196]。

8.3.2 栅极掺杂对双层石墨烯 G 带的影响

双层石墨烯的原胞具有 4 个碳原子,而不是 2 个,因此在 K 点有 2 个 π 带和 2 个 π^* 带(图 2.11)。在这种情况下,与 G 带栅压相关的频率重整化效应会出现两个以上的科恩异常(见图 8.6 右侧的示意图)[262]。当费米能级达到 $\pm\hbar\omega_G/2$,不再允许如图 8.6(Ⅰ)所示从价带到较低导带的 $\pi-\pi^*$ 的跃迁,这与单层石墨烯情况一样。但是,从目前填充的最低能量 π^* 带到更高能量 π^* 带之间的跃迁是可能的,如图 8.6(Ⅱ)中虚线箭头所示。当栅极电压进一步上升以至于费米能级达到第二带时,$\pi^*-\pi^*$ 跃迁被抑制了,如图 8.6(Ⅲ)所示。这些效应可以在双层石墨烯 G 带频率和线宽中看到(图 8.6),这里,G 带频率和线宽都表现出明显不同于单层石墨烯的行为(图 8.5)。因此,在上面讨论石墨烯系统时,会看到重整化效应从单层到双层石墨烯发生了显著改变。随着层数的增加,重整化效应将会进一步变化,尽管随着层数增加重整化效应会越来越不明显。

8.4 科恩异常对单壁碳纳米管 G 带的影响

科恩异常对于电子带隙比声子能量小的系统是很重要的。因此,科恩异常对石墨烯以及金属性 SWNT 的 G 带都适用。图 7.6 中 * 号显示,由于类派尔斯机制,金属性 SWNT LO 声子对应的 G 带频率经历了很大的重整化[124]。实际上,类派尔斯机制是由于电子-声子相互作用导致的,如同科恩异常效应一样。但是由于存在导致动态带隙打开的声子限制效应,类派尔斯效应在金属性碳纳米管中比在石墨烯中要强得多。对于半导体性 SWNT,涉及虚跃迁的一些重整化会发生,但该效应对 S-SWNT 影响较小。此外,由于 SWNT 的空间限制效应,SWNT 还存在一些丰富的行为,不仅依赖于其金属或者半导体行为,还依赖于 SWNT 的直径和手性。下面将详细讨论这些结果。

8.4.1 电子-声子矩阵元:类派尔斯畸变

本节将揭示 LO 和 iTO 声子的科恩异常是非常不同的。在最近邻紧束缚模型和绝热近似条件下,首先估算了石墨烯 G 带声子对电子结构的影响。随后,在量子限制和布里渊区折叠效应基础上对碳纳米管的相应效应进行了总结。尽管扩展紧束缚理论和非绝热近似对于定量研究非常必要,但是这里所描述的简单教学图像已经可以解释相关物理效应的基本原理。

在线性 u/a 近似条件(u 是声子位移幅度,$a=\sqrt{3}\,a_{CC}=0.246\text{nm}$ 是石墨烯晶格常数)下的最近邻 π 带正交紧束缚模型框架内,考虑如下矩阵元 H_{AA}、H_{AB}、

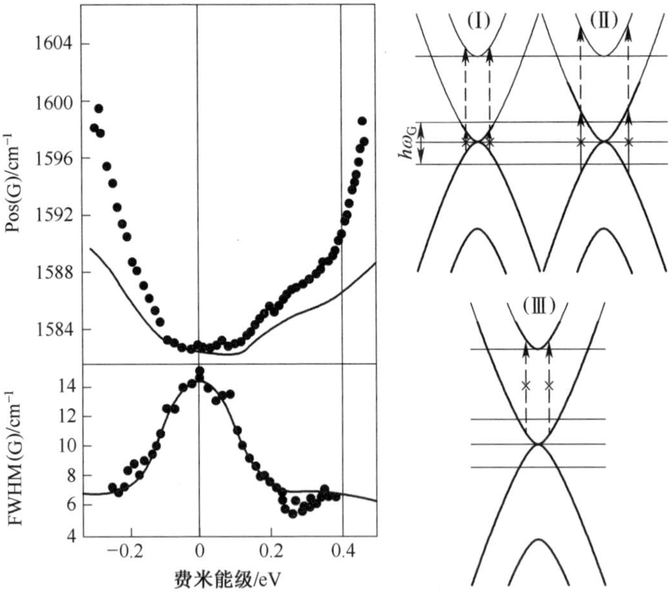

(a) (b)

图 8.6 （见彩图）(a)掺杂双层石墨烯拉曼 G 带特征峰的峰值频率(Pos(G))和线宽(FWHM(G))与费米能量之间的函数关系。黑色圆圈:测量值;红线:有限温度非绝热近似计算结果。(b)3 个不同掺杂浓度下电子-声子耦合的示意图,掺杂情况已在电子能带中用粗线标出[262]。

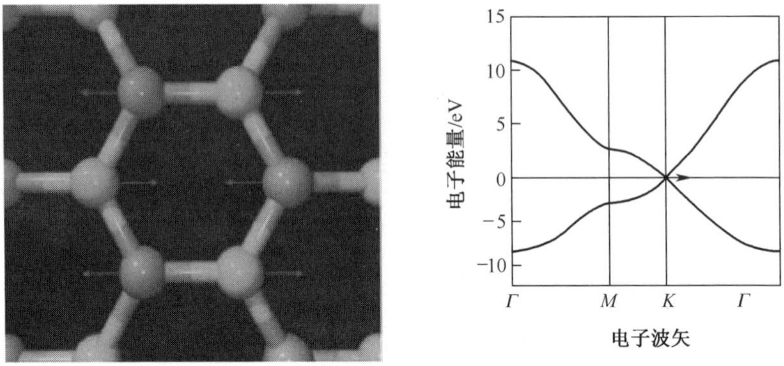

(a) (b)

图 8.7 （见彩图）(a)箭头表示石墨烯 G 带模的原子运动。(b)红色箭头表示当 G 带 LO 声子位移发生时, $E(\boldsymbol{k})$ 示意图中 $\pi - \pi^*$ 交叉点的位移[117]。

H_{BA} 和 H_{BB} :

$$H_{AA} = H_{BB} = E_0 + \epsilon \sum_{j}^{3} (\boldsymbol{u}_{Bj} - \boldsymbol{u}_{A0}) \cdot (\boldsymbol{r}_{Bj} - \boldsymbol{r}_{A0}) / a_{CC} \tag{8.6}$$

式中: E_0 为原子轨道的能量,将其设置为零作为能量标度;

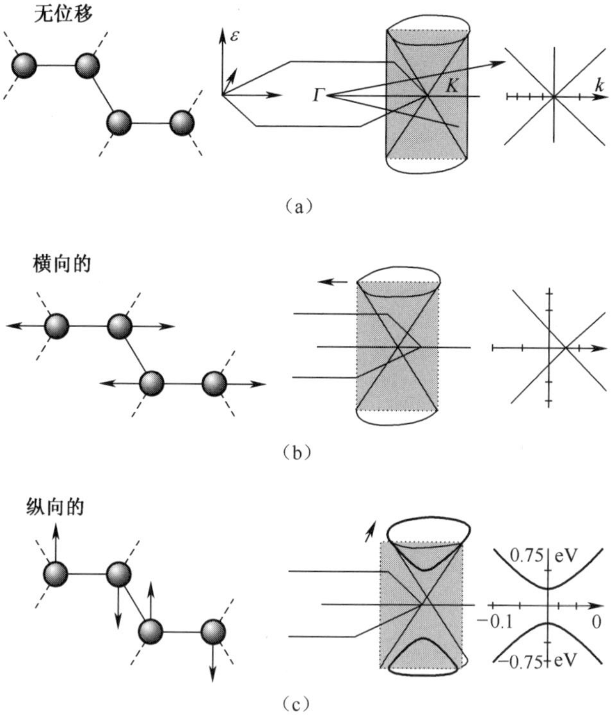

图 8.8 (a)石墨烯 K 点附近的电子能带结构。(b)和(c)分别表示由于 iTO(横)和 LO(纵)声子模引起的电子能带结构改变。对于扶手椅型 SWNT 的 A_1 (iTO)模(锯齿型 SWNT 的 A_1 (LO)模),能带交叉点从 K 向 Γ 点移动。对于扶手椅型 SWNT 的 A_1 (LO)模(锯齿型 SWNT 的 A_1 (iTO)模),能带交叉点垂直于 ΓK 线移动,导致带隙打开。粗线为扶手椅型管的能带结构,由灰色面与两个圆锥体的相交线获得[124]。

$$
\begin{aligned}
H_{AB} &= H_{AB}^{*} \\
&= \sum_{j}^{3} \left[t + \alpha (\boldsymbol{u}_{Bj} - \boldsymbol{u}_{A0}) \cdot (\boldsymbol{r}_{Bj} - \boldsymbol{r}_{A0}) / a_{\mathrm{CC}} \right] \times \exp\left[\mathrm{i}\boldsymbol{k} \cdot (\boldsymbol{r}_{Bj} - \boldsymbol{r}_{A0} + \boldsymbol{u}_{Bj} - \boldsymbol{u}_{A0}) \right]
\end{aligned}
\tag{8.7}
$$

式中:$t = -2.56\mathrm{eV}$ 为石墨烯的转移或交换积分;$\epsilon = 39.9\mathrm{eV/nm}$ 为原位电子-声子耦合(EPC)系数;$\alpha = 58.2\ \mathrm{eV/nm}$ 为离位 EPC 系数[222,263-264];$\boldsymbol{r}_{Aj}$ 和 $\boldsymbol{r}_{Bj}$ 为原子平衡位置,在图 8.7(a)中分别用灰色和绿色点表示;$\boldsymbol{u}_{Aj}$ 和 $\boldsymbol{u}_{Bj}$ 为与 Γ_6^+ (E_{2g},G 带)声子模相关的原子位移,在图 8.7(a)中用箭头表示;下标 $j = 0,1,2,3$ 标记了中心原子及其 3 个最近邻原子;$a_{\mathrm{C-C}} = 0.142\mathrm{nm}$ 为原子间距离;$\boldsymbol{k}$ 为电子波矢。将 G 带本征矢量(图 8.7(a)的 LO 声子情况)的 $\boldsymbol{u}_{Aj}$ 和 $\boldsymbol{u}_{Bj}$ 代入式(8.6),并令石墨烯的行列式等于零,可以发现 $\boldsymbol{k}_{\mathrm{F}}$($\boldsymbol{k}'_{\mathrm{F}}$)在 LO 和 iTO 声子频率

处振荡,在布里渊区 $K(K')$ 点附近位移幅度 $\Delta k_{\mathrm{F}}(\Delta k'_{\mathrm{F}})$[124]分别如下:

$$\begin{cases}\Delta \boldsymbol{k}_{\mathrm{F}} = -\Delta \boldsymbol{k}'_{\mathrm{F}} = -\dfrac{2\sqrt{3}\alpha u}{ta}\hat{y} & \text{LO 声子} \\ \Delta \boldsymbol{k}_{\mathrm{F}} = -\Delta \boldsymbol{k}'_{\mathrm{F}} = +\dfrac{2\sqrt{3}\alpha u}{ta}\hat{x} & \text{iTO 声子}\end{cases} \tag{8.8}$$

值得注意的是,由于式(8.6)中ϵ与 u/a 成线性关系的项对矢量 $\boldsymbol{u}_{Aj}$ 和 $\boldsymbol{u}_{Bj}$ 是抵消的[265],所以 $\Delta \boldsymbol{k}_{\mathrm{F}}$ 和 $\Delta \boldsymbol{k}'_{\mathrm{F}}$ 由离位 EPC 系数 α 决定。图 8.7(b)的箭头给出了 LO 声子的 $\Delta \boldsymbol{k}_{\mathrm{F}}$ 结果。电子结构的这种改变导致了电子矩阵元的畸变,它也对 EPC 起相应作用。

现在讨论金属性纳米管,由于空间限制导致的布里渊区切割线将起到非常重要的作用。对于处于平衡位置的扶手椅型 SWNT,切割线经过 K 点,在此点价带和导带交叉(图 8.8(a))。当 G 带 iTO 声子的位移出现时(图 8.8(b)),π—π^* 交叉点将沿切割线方向移动,电子结构上没有显著变化发生。然而,当 G 带 LO 声子的位移出现时(图 8.8(c)),π—π^* 交叉点将沿垂直于切割线的方向移动,从而导致带隙打开。这种效应显著地改变了纳米管的总电子能量,产生了显著的电子-声子耦合,比石墨烯情况要强得多。对于线性碳链,此能隙打开使能量降到足够程度,声子向零频率软化,使得碳链发生畸变(从原来的 C ═ C ═ C ═ C 键结构变化到 C≡C—C≡C—C 键结构),这种畸变称为派尔斯畸变(Peierls distortion)。碳纳米管因派尔斯畸变所导致的能量降低不会大于热能,因此碳纳米管不会发生畸变①。但是,纳米管 LO 声子模承受了强烈的重整化效应,使得其声子频率展现出显著的软化现象。锯齿型和手性金属性纳米管也存在类似情况,但程度较轻。尽管这种情况下切割线沿着不同方向,但 $\Delta \boldsymbol{k}_{\mathrm{F}}$ 也会随之改变,因此整体图像雷同。虽然情况相似但也不完全相同,因为当情况偏离最近邻紧束缚模型的框架时必须考虑一个细小的修正,这主要是由于卷曲效应导致了非扶手椅型 SWNT 中一个微小带隙的打开,可以通过扩展紧束缚电子-声子耦合模型加以解释[117,222]。

8.4.2 栅极掺杂对单壁纳米管 G 带影响的理论

图 8.9 给出了(10,10)扶手椅型纳米管 LO 和 TO 声子的 $\hbar\omega_\lambda$ 与栅掺杂所产生的 E_{F} 之间函数关系的计算结果。此处 λ =iTO 和 λ =LO 模的 $\hbar\omega_\lambda^{(0)}$ 分别取值为 1595cm^{-1} 和 1610cm^{-1} 。图 8.9 的能量条表示驰豫宽度的 Γ_λ 值,并采用了扩展紧束缚理论来计算 $E_{\mathrm{e}}(\boldsymbol{k})$,$E_{\mathrm{h}}(\boldsymbol{k})$ 和 $\langle \mathrm{eh}(\boldsymbol{k}) \mid H_{\mathrm{int}} \mid \omega_\lambda \rangle$ 的电子波函数[267]。这里电子-声子矩阵元是通过形变势计算得到的[203],形变势是在

① 对于封装在 SWNT 中的多烯烃,派尔斯畸变很显著[266]。

Porezag 等人密度泛函理论的基础上推导而得[264]。要获得声子本征矢量,可将 Dubay 和 Kresse[116]计算所得的力常数参数应用到动力学矩阵中。图 8.9(a)、(b)显示了在常温 $T=300\text{K}$ 和 $T=10\text{K}$ 下所得的 $\hbar\omega_\lambda$ 与 E_F 之间的函数关系,其中 $E_F \neq 0$ 与相对于平衡位置(在 $E_F = 0$ 时)的栅掺杂有关, $E_F = 0$ 指 E_F 出现在能带的交叉点(石墨烯 K 点)。可以看出,iTO 模没有发生任何能量改变,而 LO 模同时展现出能量改变和展宽。如上面所提及,最小的能量出现在 $|E_F| = \hbar\omega_\lambda^{(0)}/2(\approx 0.1\text{eV})$ 处。谱峰在 $|E_F| = 0$ 处也有一个局部最大值。在低温 10K 时,LO 模的展宽出现 $|E_F| \leqslant \hbar\omega_\lambda^{(0)}/2$ 范围内,而在室温下,展宽在 $|E_F| \geqslant \hbar\omega_\lambda^{(0)}/2$ 范围有一个拖尾,如图 8.9 所示[260]。对于较大的 $|E_F|$ 值,科恩异常效应消失, $\omega_G^{LO} > \omega_G^{iTO}$,与不含时微扰图像所预期结果一致(7.3.3 节)。这是在半导体性 SWNT 中普遍观察到的情形。

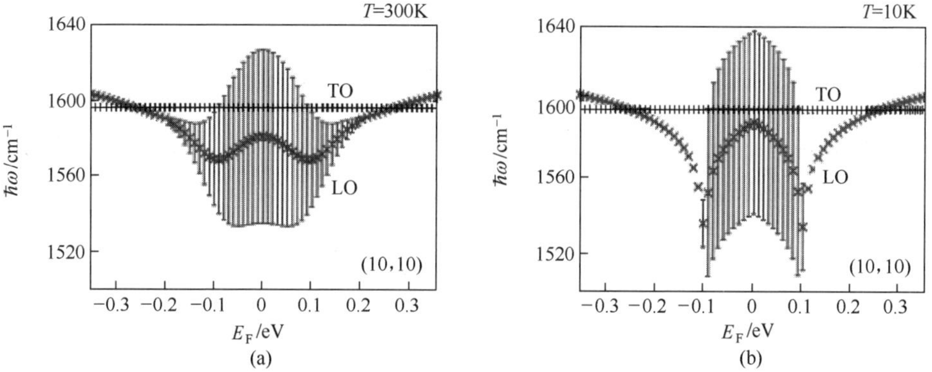

图 8.9 (10,10)扶手椅型纳米管 LO(灰色曲线)和 iTO (黑色曲线)声子能量的 E_F 依赖关系。在(a)室温和(b)10K 时的计算结果。只有 LO 模能量发生了移动,而 iTO 模频率与 E_F 无关。式(8.5)的驰豫宽度 Γ_λ 显示为误差棒[260]。

碳纳米管中电子的连续模型已经用来[260]解释扶手椅型纳米管 iTO 模不会存在能量移动。该项工作显示,(A_1) LO 和 iTO 声子模与所产生的电子-空穴对的电子-声子矩阵元由下式给出:

$$\begin{cases} \langle \text{eh}(\boldsymbol{k}) \mid H_{\text{int}} \mid \omega_{\text{LO}} \rangle = -\text{i}gu\sin\theta(\boldsymbol{k}) \\ \langle \text{eh}(\boldsymbol{k}) \mid H_{\text{int}} \mid \omega_{\text{iTO}} \rangle = -\text{i}gu\cos\theta(\boldsymbol{k}) \end{cases} \tag{8.9}$$

式中: u 为声子振幅; g 为 el-ph 耦合常数。这里 $\theta(\boldsymbol{k})$ 是二维布里渊区 K (或 K')点附近在极坐标下的角度, $\boldsymbol{k} = (k_1,k_2)$ 点位于金属性能量子带的切割线上。$k_1(k_2)$ 轴取为纳米管圆周(管轴)方向(见图 8.10)。式(8.9)说明矩阵元 $\langle \text{eh}(\boldsymbol{k}) \mid H_{\text{int}} \mid \omega_\lambda \rangle$ 仅取决于 $\theta(\boldsymbol{k})$,而不是 $|\boldsymbol{k}|$,这意味着该矩阵元对 E 的依赖性可忽略不计。对于扶手椅型纳米管,即便考虑卷曲所引起的畸变,其金属

性能带的切割线依然在 k_2 轴上[268]。因此,在金属子能带中,对应于 $\theta(\boldsymbol{k}) = \frac{\pi}{2}$ 和 $\theta(\boldsymbol{k}) = -\frac{\pi}{2}$,分别有 $k_1 = 0, k_2 > 0$ 和 $k_1 = 0, k_2 < 0$。然后,式(8.9)表明,对于扶手椅型 SWNT,只有 LO 模能与电子-空穴对耦合,iTO 模不存在这种耦合。

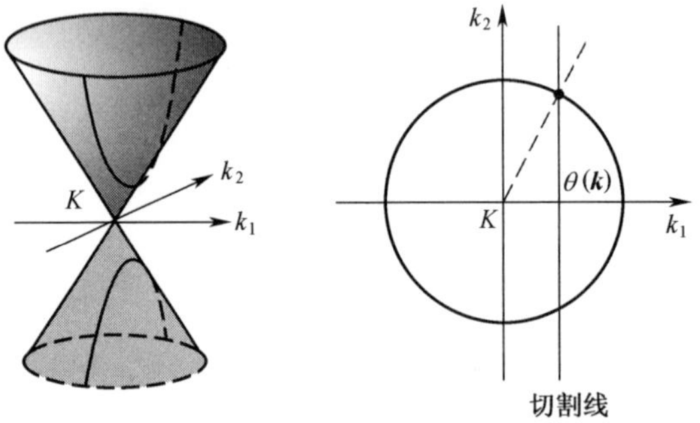

(a) (b)

图 8.10 (a)扶手椅型纳米管 K 点附近的切割线。k_1(k_2)轴为纳米管圆周(平面内)方向。电子-空穴对产生的振幅强烈依赖于切割线距离 K 点的相对位置。(b)若切割线穿过 K 点,那么角度 $\theta(\boldsymbol{k})$ ($\equiv \arctan(k_2/k_1)$)在 $k_2 > 0$ 和 $k_2 < 0$ 时的取值分别为 $\pi/2$ 和 $-\pi/2$。在这种情况下,根据式(8.9),LO 模会与电子-空穴对发生强烈耦合,而 iTO 模不与电子-空穴对耦合[260]。

图 8.11(a)给出 (15,0) 金属锯齿型纳米管的 $\hbar\omega_\lambda$ 与 E_F 之间函数关系的计算结果[260]。对于锯齿型纳米管的情况,LO 模和 iTO 模都能与电子-空穴对耦合。在 $E_F = 0$ 时,iTO 模的谱峰位置上移,主要由于 $\mathrm{Re}(\hbar_\omega(E))$ 在 $E < \hbar\omega_{iTO}$ 时贡献了正的频率移动。理论[268]和实验[269]均表明,即使对于"金属性"锯齿型纳米管,有限卷曲也可以打开一个小能隙。当考虑卷曲效应时,切割线不再经过 K 点,但是它会从 k_2 轴线偏移。在这种情况下,因为 $k_1 \neq 0$,对于较低能量的电子-空穴对中间态,$\cos\theta(\boldsymbol{k}) = k_1/(k_1^2 + k_2^2)^{1/2}$ 是非零的。因此,iTO 模可以与低能量电子-空穴对耦合,并对声子能量移动贡献一个正的能量。当 $|k_2| \gg |k_1|$ 时,$\cos\theta(\boldsymbol{k}) \to 0$,高能电子-空穴对仍不能与 iTO 模耦合。因此,当 $|E_F| \leq \hbar\omega_{iTO}^{(0)}/2$ 时,相对于 $\hbar\omega_{LO}$,$\hbar\omega_{iTO}$ 增加的数值更大。由于小直径 SWNT 具有比较强的卷曲效应,小直径锯齿型纳米管的 iTO 模可以与电子-空穴对强烈耦合。图 8.11(b)显示了锯齿型纳米管在 $E_F = 0$ 时 $\hbar\omega_\lambda$ 对直径(d_t)的依赖关系,不仅包括金属性 SWNT,也包括半导体性 SWNT。S-SWNT 的 LO(iTO)模出现在 1600(1560)cm^{-1}附近,没有任何增宽。只有金属锯齿型碳纳米管显示出能量移动,且相对于半导体性纳米管,LO(iTO)模的能量会下降(增加)。

图 8.11(c)给出了卷曲导致的能隙 E_{gap} 与金属性锯齿型管 d_t 之间的函数关系。结果表明，较高(较低)能量电子-空穴对对于金属性纳米管 LO(iTO)模的频率软化(硬化)具有明显贡献。而对于半导体性纳米管，根据式(8.9)可以预期，LO 和 iTO 模都会发生软化。然而，与金属性纳米管相比，其频率软化显得较小，这是因为在该情况下中间电子-空穴对态的能量比 $\hbar\omega_\lambda^{(0)}$ 大很多。

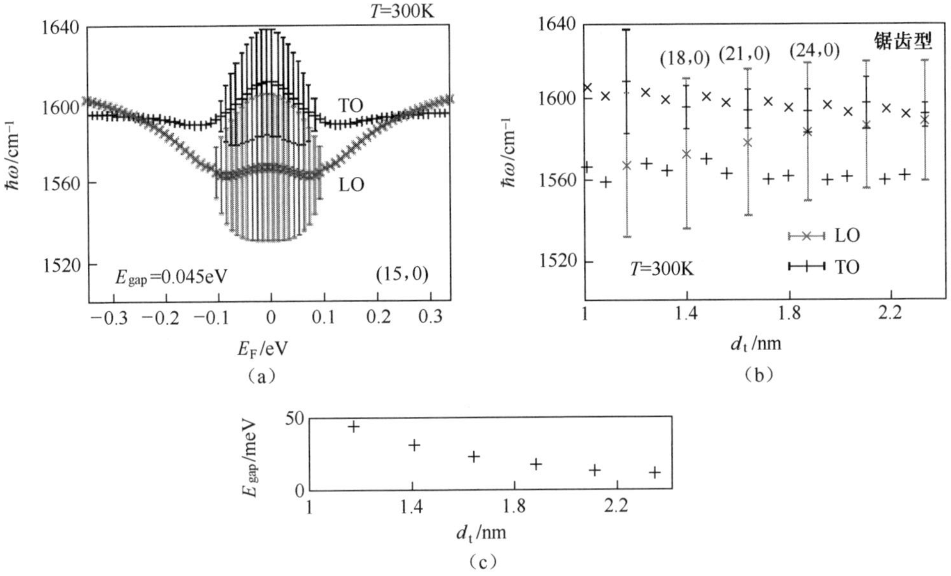

图 8.11 (a)(15,0)锯齿型纳米管 LO(灰色符号)和 iTO(黑色符号)声子频率对 E_F 依赖关系的计算结果。由于卷曲效应，不仅 LO 模，iTO 模的频率也发生了移动。误差棒表示声子线宽。(b)锯齿型碳纳米管 G 带光学声子频率对直径 d_t 的依赖关系，包括锯齿型半导体性和金属性纳米管以及 LO 和 iTO 模。(c) E_{gap} 的直径依赖关系，其中 E_{gap} 指由卷曲导致的微小能隙[260]。不同于石墨烯的情况，理论预测金属性碳纳米管即使在绝热极限下也存在科恩异常。但是，采用绝热近似会漏掉在能量范围接近声子能量处的重要信息。科恩异常中的非绝热效应有两个特征：(1)LO 声子峰在 $E_F < |\hbar\omega_{LO}|$ 能量窗口范围内因激发真实电子-空穴对而发生展宽；(2)LO 频率与 E_F 之间的关系曲线因位于 $E_F = \pm\hbar\omega_{LO}$ 处的两个奇点而出现“W”线型特征，不同于在绝热近似下所预测的位于 $E_F = 0$ 处的单个奇点。图 8.12 的数据展示了金属性 SWNT 所具有的特征展宽窗口；然而，来自两个奇点的 W 线型是不可分辨的，这很可能是由于衬底陷阱电荷所造成的非均匀掺杂所引起的，这会导致 E_F 模糊化。在最近对本征悬浮纳米管施加静栅电压的实验[273]中，可清晰地观察到 LO 模频率的这一现象。

8.4.3 与实验的比较

在讨论石墨烯和碳纳米管的科恩异常之前，已有数个实验报道了碳纳米管束和聚集体 LO 和 iTO 模对费米能级的依赖关系[48-49,270]。这些实验表明随着

E_F 的改变,金属性纳米管 G 带宽峰的频率和线宽发生了显著变化。随后有关改变单根金属性纳米管费米能级的实验[261,271-272]为研究其单个声子模行为提供了更深入的认识。图 8.12 给出了实验测得的单根金属性纳米管 G 带光谱强度与电化学栅电压之间的函数关系。这里有两个明显的拉曼峰,高频模不论是频率还是线宽都不随栅电压变化而改变,低频宽峰为 LO 模,当正或负电荷施加于纳米管时,其频率升高,线宽变窄。

图 8.12 的实验探测到了强耦合的 LO 模行为。如果是确切的弱耦合 TO 模,它的频率在狄拉克点附近表现出基本不随栅电压变化的行为。因为 TO 模强度较弱而难以监测,尤其是当G^+和G^-特征峰在能量上非常接近时,该峰并没有得到足够重视。为人所熟知的是 LO 和 TO 模强度会依赖于手性角,在手性角 θ 靠近锯齿型碳纳米管的极限($\theta \to 0°$)下,TO 模基本上是完全禁戒的[272,274]。尽管如此,如图 8.9 和图 8.11 所示,Sasaki 等人[275]预测了 TO 模频率软化会展现出有趣的手性角依赖关系。未来针对结构确定且真正离散的单根 (n,m) 纳米管的实验虽然具有挑战性,但将有利于揭示这些物理现象的本质。

半导体性纳米管的类似实验显示,由于电子-声子耦合,G 带声子[49,276]也会经历能量的重整化。因为对 S-SWNT 有 $\hbar\omega_{LO/TO} < E_{11}^S$,G 带声子无法产生跨越半导体带隙的真实电子-空穴对,结果就没有声子寿命展宽的现象。然而,虚电子-空穴激发对能量守恒没有要求,但也对声子能量的重整化有贡献[276]。对于半导体性 SWNT 的情况,TO 和 LO 模都可以与中间电子-空穴对耦合,使得 TO 模相对于 LO 模会经历更大 E_F 依赖性的能量移动。有趣的是,由于较大直径纳米管的带隙能量接近声子能量,这种效应在较大直径纳米管中变得更为显著[276]。因此,半导体纳米管声子频率重整化的直径依赖性与金属性 SWNT 相反,而且这种效应的幅度在 S-SWNT 中比 M-SWNT 小很多。

8.4.4 SWNT 的化学掺杂

正如 8.2.2 节所讨论,低掺杂水平会抑制科恩异常,从而导致 p 型和 n 型掺杂单壁纳米管 G 带 LO 频率增大(图 8.12)。然而,在较高掺杂水平下,结构畸变将起主导作用,因此 p 型和 n 型掺杂分别会导致所测量的 SWNT 声子频率升高和下降(图 8.4(c))。这种 p 型和 n 型掺杂行为确实已经在高掺杂 MWNT 和 SWNT 的 G 带中观察到了,利用不同原子可以对 MWNT 和 SWNT 进行化学掺杂,这些掺杂原子表现为碳原子的施主或受主[34,277]。掺杂剂(无论是无机物质,如碱金属供体或卤素受体,还是有机聚合物链或 DNA 链)导致的与纳米管侧壁的相互作用将通过电荷转移相互作用来扰动纳米管的费米能级。因为电子和声子可以相互强烈耦合,这些扰动会影响碳纳米管中存在的各种拉曼模。例如,掺杂碱金属(如钾、铷和铯)会导致 G 带频率软化(或下降)约 $35cm^{-1}$,并伴随着线型的急剧变化。SWNT 束掺杂卤素(如 Br_2)后其所观察到

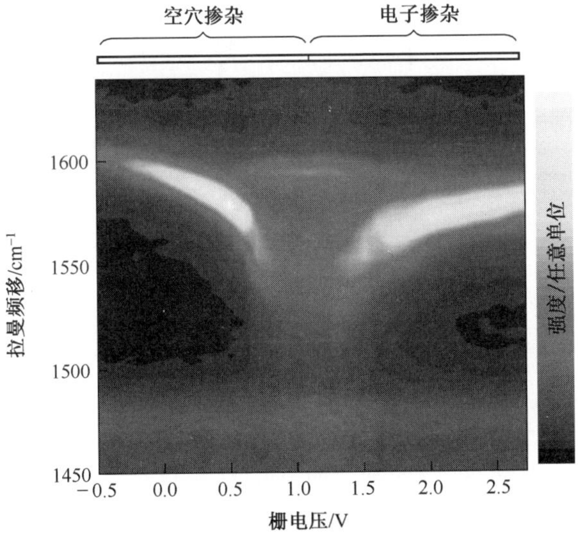

图 8.12 （见彩图）金属性单壁纳米管 G 带光谱的实验强度与电化学栅电压之间的函数关系图。对应于狄拉克点的电荷中性点为 1.2 V[261]。

的拉曼模频率会相对于其本征纳米管束向高频移动。关于掺杂 SWNT 拉曼性质的更多内容可参考文献[34]。

8.5 小　　结

本章讨论了含时微扰效应对石墨烯和碳纳米管 G 带光谱的影响。当绝热近似失效时，电子和声子发生耦合，从而同时改变了电子能量（类派尔斯效应）和声子能量（科恩异常效应）。这些效应强烈地依赖于栅极电压和温度，使 G 模可以作为探测纳米碳掺杂的探针。科恩异常可以在金属性系统中观察到，真实电子-空穴对可以通过声子能量（ $\hbar\omega_G$ ）过程得以激发，因而强烈影响石墨和金属性单壁纳米管 G 带的频率和线宽。由于量子限制效应，金属性 SWNT 的科恩异常效应要显著强于石墨烯，且该过程灵敏地依赖于直径和手性角。石墨烯的这些效应取决于石墨烯层的数目。由于电子-声子耦合，半导体性 SWNT 也展现出声子能量重整化的现象，但这种重整化效应比金属性 SWNT 要弱一些，因为在 S-SWNT 中没有真正的异常发生（ $E_{gap} > \hbar\omega_G$ ）。因此，金属性 SWNT 和石墨烯 G 带线宽对栅极电压是否与异常能量相匹配非常敏感，而半导体性单壁纳米管 G 带线宽基本上不依赖于掺杂。最后，将 G 带频率和线宽的丰富行为放在一起，如第 7 章和第 8 章所讨论，可以得出结论，拉曼 G 带为研究和表征纳米碳提供了一个高度敏感的探针。

8.6 思 考 题

[8-1] 计算位于 1580cm^{-1}的振动所导致的振荡周期。给出以太赫兹为单位的频率。(利用关系 $1\text{eV}=8650\text{cm}^{-1}$)

[8-2] 当光激发载流子的寿命是 500fs 时,利用不确定性原理估计以 cm^{-1}为单位的拉曼光谱线宽。寿命为 50fs 的情况呢?

[8-3] 碳纳米管的典型长度为 1μm。光走 1μm 要多长的时间? 在 G 带频率处,碳原子在该段时间范围内振荡多少次?

[8-4] 对于频率为 1580cm^{-1}的声子,其原子振动的最大速度或最大加速度为多少? 在此计算中,需要考虑声子的数目 n 。

[8-5] 当使用思考题[8-4]的最大加速度,试估算在此加速度下 π 电子感受到的力。将该力与碳原子内的库仑力进行比较。可以采用 $Z = 4$ 的屏蔽离子实,$r = 0.5$Å 的半径。检查库仑势是否足以使 π 电子束缚在碳原子上。

[8-6] (派尔斯不稳定性)考虑一个线性碳链,其中最近邻转移参数具有相互交替的数值:$t_1, t_2, t_1, t_2, \cdots$证明在此情况下,在布里渊区边界将打开一能隙,能隙值正比于 $t_1 - t_2$。

[8-7] 在思考题[8-6]中,考虑电子-声子耦合参数 α ,例如 $t_i = t_0 - \alpha(x_{i+1} - x_i)$,其中 x_i 表示晶格畸变。通过交替的晶格畸变, $x_i = x_0(-1)^i$,由于在费米能级处能隙的打开,电子总能量将减小。另外,由于晶格畸变,该系统失去了正比于每键 $K x_0^2/2$(K 是弹簧常数)的晶格能量。通过最小化总能量,计算最优化的 x 和能隙。

[8-8] 当纳米管的温度很高或很低时,声子频率软化是怎样随费米能量变化的? 采用费米分布函数,定性解释所得的结果。

[8-9] 当温度变高时,G 带声子变软。解释在高温下声子软化的机制。

[8-10] 当费米能级改变时,电子-声子相互作用是如何被抑制的? 解释并定性画出声子频率与费米能量的函数关系。

[8-11] 证明,对于金属性 SWNT,只要有声子就能打开电子带隙,与管的手性角无关(图 8.8 所示的扶手椅型 SWNT)。这里需要给出锯齿型和手性 SWNT 的相应结果。

[8-12] 可预期 RBM(径向呼吸模)频率可通过改变费米能量导致声子软化。但是,已知 RBM 频率的偏移并不大 ($1 \sim 3\text{cm}^{-1}$) 。想一想为什么 RBM 的声子软化很小? D 或 G′ 模的声子软化又如何?

第9章

共振拉曼散射：径向呼吸模的实验观察

下面三章将对共振拉曼散射过程进行深入分析，该过程使观察到离散纳米碳，如单层石墨烯[86]、单根碳纳米管[176]或者单根纳米带[83]的拉曼光谱成为可能。尽管共振在任意一种纳米碳材料中都能发生，但是因为径向呼吸模(RBM)是共振拉曼散射研究中一个特别具有指导意义的例子，所以下面三章将主要关注纳米管的RBM。因为ω_{RBM}低频率(低能量)的特性以及碳纳米管的一维特性，RBM光谱为共振拉曼信息提供了极其有用的信息。因此，研究RBM光谱可以为如何利用拉曼光谱来探测碳纳米管的电子结构提供一个清晰的图像。此外，与RBM相关的研究具有非常好的进展，已经有足够的实验和理论文献阐述了从强度I_{RBM}、频率ω_{RBM}、线宽Γ_{RBM}以及这3个参数对激发光能量E_{laser}的依赖关系等拉曼光谱特征所能提取的诸多信息，同时这些性质的环境效应也受到了关注。这里的环境效应是指由于掺杂或源自环绕在单壁碳纳米管(SWNT)周边的材料所带来的改变等微扰因素所引起的纳米管光谱的改变。因为所讨论的是纳米材料，所以任何纳米管周边的材料都将对所观察到的光学相关性质产生重要影响，而RBM光谱正好也能够用来探测这种环境条件(图9.1)。

在本章中，9.1节讨论RBM的定义以及其频率对管径依赖性的描述，这种依赖性可以简单地由弹性理论推导而出。9.2节将综述一个离散单壁纳米管RBM光谱的一般光学特性，包括共振拉曼效应、共振窗口、斯托克斯和反斯托克斯现象以及偏振效应。9.3节将9.2节所讨论的共振拉曼分析延伸至具有宽(n,m)分布的SWNT样品上。这些结果是研究碳纳米管电子结构的基础，其具体的理论诠释将放在第10章。第10章从物理学角度进行分析，它脱离了已经在第2章介绍过的紧束缚描述，而从另外角度来讨论σ-π杂化和拉曼光谱所涉及的激子效应。第11章介绍电子-光子和电子-声子矩阵元以及它们对所观测拉曼光谱的影响。

9.1 RBM频率对直径和手性角的依赖性

正如其名称所暗示，RBM的所有C原子都沿半径方向以相同相位振动，仿佛纳米管在呼吸一样(图 9.1(a))。原子运动不会打破管对称性,也就是说,RBM 是一个完全对称 A_1 模。由于该特定振动模仅发生在碳纳米管,可以用来区分含有碳纳米管的碳基样品和不含有碳纳米管的 sp^2 碳样品,尤其是可以针对那些含有 SWNT 的样品,其中 RBM 强度比来自基底的非共振谱或者来自其他共振拉曼光谱的信号都要强(图 9.1(b))[176]。RBM 一个非常重要的特征是其频率依赖于纳米管直径($\omega_{\mathrm{RBM}} \propto 1/d_t$)。虽然,这种依赖性最早是通过使用力常数计算来预测的[278],其解析式可以利用弹性理论得到,(见 9.1.1 节)。9.1.5 节将说明由于卷曲效应和科恩异常,该依赖性与简单的直径倒数依赖关系有小的偏差。

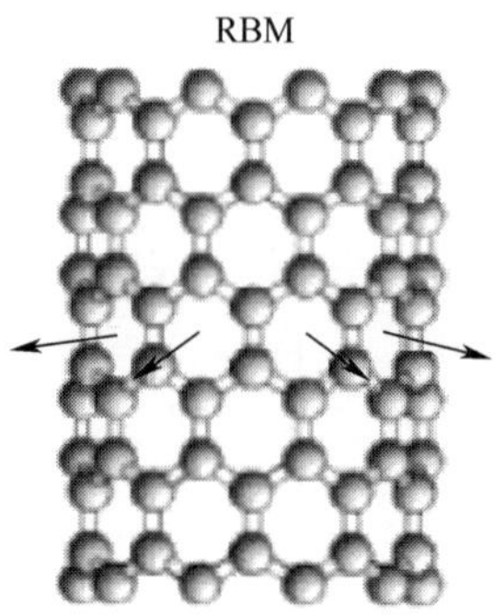

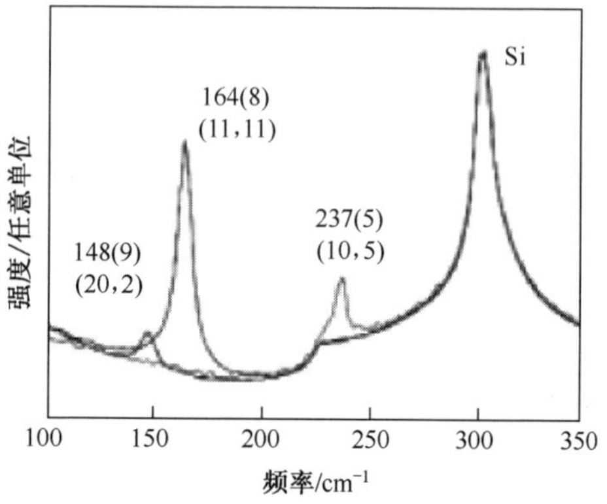

图 9.1 (a)RBM 的原子位移示意图;(b)重叠显示的 3 个离散单壁纳米管 RBM 的拉曼光谱。SWNT 样品是通过化学气相沉积(CVD)法在 Si/SiO_2 衬底上生长的。光谱取自衬底上的 3 个不同点,从中分别找到了来自共振 SWNT 的 RBM 拉曼信号。RBM 频率(线宽)都以 cm^{-1} 为单位。图中还显示了根据每根共振纳米管拉曼光谱所指认的 (n,m) 指数。光谱位于约 $225cm^{-1}$ 的台阶和约 $303cm^{-1}$ 的拉曼峰为所有光谱所共有,来自于 Si/SiO_2 衬底[176]。

9.1.1 直径依赖性:弹性理论

这里证明 RBM 频率对 SWNT 直径的依赖性。弹性理论描述了连续均匀介质在应变下的能量学问题,它主要遵循胡克定律(应变正比于应力)和牛顿第二定律。弹性介质的势能为[95]:

$$U = \frac{1}{2}\sum_{\lambda=1}^{6}\sum_{\mu=1}^{6} C_{\lambda\mu} e_\lambda e_\mu \tag{9.1}$$

式中:$C_{\lambda\mu}$ 为联系应变和应力的刚度常数;e_λ(或者 e_μ)为应变。

式(9.1)的求和是对所有可能的应变/应力轴($\lambda,\mu = xx,yy,zz,yz,zx,xy$)

进行求和。式(9.1)是简谐势 $U=\frac{1}{2}Kx^2$ 的一般展开式。如果考虑沿着 z 方向的单轴应变,通常使用杨氏模量($Y=C_{zzzz}$),即将应力/应变与沿着 zz 的拉伸/形变联系起来的系数。

RBM 的弹性能量可以通过类一维的拉伸/形变来描述,纳米管半径的变化 δR 与沿半径方向 $\boldsymbol{r}$ 的一维应变 e 有关,即在圆周方向上对石墨烯片有拉伸作用,通过下面关系与纳米管联系起来,即

$$e=\frac{\delta R}{R} \tag{9.2}$$

相关的弹性能量可由下式给出,即

$$U=\frac{1}{2}\int Ye^2\mathrm{d}V=\frac{1}{2}YV\left(\frac{\delta R}{R}\right)^2 \tag{9.3}$$

通过考虑一个弹簧常数为 k 的一般振动,$\omega=\sqrt{k/M}$,其中 k 由 YV/R^2 给出,则从式(9.3)可得

$$\omega_{\text{RBM}}=\sqrt{\frac{YV}{MR^2}}=\sqrt{\frac{Y}{\rho}}\frac{1}{R}=\frac{A}{d_{\text{t}}} \tag{9.4}$$

式中:V 为体积;M 为圆柱的质量;$\rho=M/V$ 为密度;d_{t} 为纳米管直径。

式(9.4)的比例常数 A 可从石墨的弹性性能估计得到。根据弹性理论所描述的声波,可以看出 $\sqrt{Y/\rho}$ 为纵声模的声速 ($v_{\text{L}}=21.4\text{km/s}$) [279]。因此,比例常数 A 描述了一个离散 SWNT 在非常大直径极限下的弹性行为,这时弹性理论是有效的,因此给出了 $A=227\text{cm}^{-1}\cdot\text{nm}$ [95,259,279-280]。

图 9.2 显示了 197 根不同 SWNT(其中 73 根是金属性的,124 根是半导体性的)的 ω_{RBM} 和 d_{t} 的曲线[31,189]。所有 197 根 SWNT 的 (n,m) 指数都可通过实验进行指认(从图 9.15 提取出,见 9.3.2 节),它们的直径由纳米管直径关系式 $d_{\text{t}}=a_{\text{C—C}}\sqrt{3(n^2+mn+m^2)}/\pi$ 确定,其中 $a_{\text{C—C}}=0.142\text{nm}$ 是 C—C 距离(见 2.3.1 节)。因此,通过对图 9.2 所示的实验数据使用关系式 $\omega_{\text{RBM}}=A/d_{\text{t}}+B$ 进行拟合,得到了两个参数 $A=(227.0\pm0.3)\text{cm}^{-1}\cdot\text{nm}$ 和 $B=(0.3\pm0.2)\text{cm}^{-1}$ 。此结果与弹性理论所得结果吻合得很好,这样可以直接将一维碳纳米管与其二维对应物——石墨烯联系起来,即纳米管在概念上可以从石墨烯派生出来。

虽然图 9.2 所分析的实验结果和弹性理论完美吻合,但到目前为止,这些结果只从一种特定类型 SWNT 样品中获得,该 SWNT 超长且垂直对齐,借助水辅助 CVD 法生长而成[281]。文献中大多数 RBM 实验结果可以用关系式 $\omega_{\text{RBM}}=A/d_{\text{t}}+B$ 来拟合,但不同文献所拟合得到的参数 A 和 B 值离散性很大[189,282],这将在 9.2 节详细讨论。

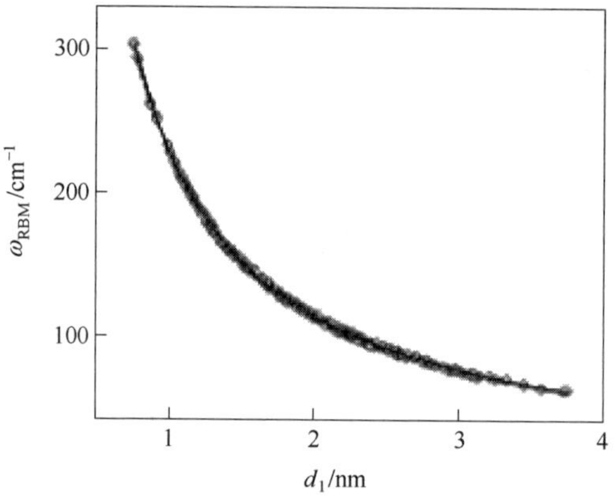

图 9.2 RBM 的实验频率值 ω_{RBM} 与纳米管直径 d_t 的函数关系图。
空心圆代表实验值,实线由 $\omega_{RBM} = 227.0/d_t + 0.3$ 给出[189]。

9.1.2 RBM 频率的环境效应

正如 9.1.1 节所讨论的,由水辅助 CVD 法生长的 SWNT[281] 的 RBM 共振拉曼散射(RRS)遵循了以下规律: ω_{RBM} 和 $1/d_t$ ①之间呈现最简单的线性关系,即 $\omega_{RBM} = A/d_t$,其中比例常数 $A = 227.0\,\text{cm}^{-1}\cdot\text{nm}$,与石墨烯[279]的弹性性质一致,且环境效应可忽略 $(B \approx 0)$ [189]。然而,其他碳纳米管文献的所有实验结果都利用 $\omega_{RBM} = A/d_t + B$ 来拟合,不同的研究团队获得了不同的参数 A 和 B 拟合值[172,176,180,183-184,283-288]。经验常数因子 B 的非零值背离了从石墨烯层出发所获得的极限情形,据此估计,当 $d_t \to \infty$ 时, $\omega_{RBM} \to 0$。因此,可以推定 B 与 ω_{RBM} 的环境效应有关,而不是 SWNT 的固有属性。这里的"环境效应"指的是来自周围介质的效应,如成束,来自空气的吸附分子,用于分散 SWNT 束的表面活性剂,放置纳米管的衬底等。正如在此讨论的,所有在文献中所观察到的 ω_{RBM} 值比基本关系式 ($\omega_{RBM} = 227/d_t$, $B=0$)要稍大,该增大数值所展现的 d_t 依赖性与考虑 SWNT 及其环境之间的范德华力相互作用所给出的近期预测是定量吻合的[189]。

图 9.3 比较了从两种不同样品所测得的很相似的 ω_{RBM} 拉曼光谱。灰色线为"超生长" SWNT 的 ω_{RBM} 光谱,黑线为利用酒精辅助 CVD 法[287] 所生长 SWNT 样品的 ω_{RBM} 光谱。比较图 9.3(a)和(b)的光谱,酒精辅助 CVD 样品的 ω_{RBM} 值显然比"超生长"样品的 ω_{RBM} 值要大②。

---

① 原书中有误,译者已改正。

② 低频区域(低于 120cm^{-1})的差异主要是由于不同纳米管样品间的 d_t 分布不同造成的。

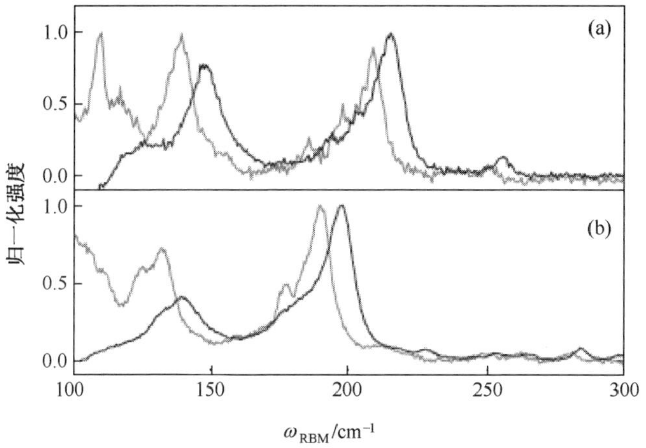

图 9.3 “超生长”SWNT 的 ω_{RBM} 谱(灰色)和“酒精 CVD” SWNT 的 ω_{RBM} 谱(黑色)。获得这些光谱采用了不同的激光线:(a) 590nm(灰色)和 600nm(黑色);(b)636nm(灰色)和 650nm(黑色)[189]。

图 9.4(a)显示了不同文献中[172,176,180,183,184,286,287] $\omega_{RBM} = A/d_t + B$ 的几种测定值与“超生长”样品所对应 $\omega_{RBM} = 227.0/d_t$ 关系之间的差异。文献所有曲线都聚集于 1~2nm 的 d_t 范围内,这也是大多数实验数据实际上测得的直径范围。图 9.4(b)显示了从文献所得 ω_{RBM} 的真实实验值($\omega_{RBM}^{Lit.}$)[176,183-184,283-288]以及“超生长”(S. G.)样品 ω_{RBM}($\omega_{RBM}^{S.G.}$)与 d_t 的函数关系之间的差别。图 9.4(b)中关于 $\omega_{RBM}^{Lit.}$的所有发表结果都以 $\Delta\omega_{RBM} = \omega_{RBM}^{Lit.} - \omega_{RBM}^{S.G}$随 d_t 的增加趋势为依据进行了分组。因此,文献中实验数据与基本关系式 $\omega_{RBM} = 227.0/d_t$ 之间差值的 d_t 依赖性总是具有相同符号,如图 9.4(b)所示。

处理 ω_{RBM} 的环境效应问题可以简化为求解一个圆柱壳层在受到向内压力 $p(x)$ 时的简单谐振子方程[189,279]:

$$\frac{2x(t)}{d_t} + \frac{\rho}{Y}(1-\nu^2)\frac{\partial^2 x(t)}{\partial t^2} = -\frac{(1-\nu^2)}{Yh}p(x) \tag{9.5}$$

式中:$x(t)$ 为纳米管在径向方向的位移;$p(x) = (24K/s_0^2)x(t)$,K 给出了范德华相互作用强度($eV/Å^2$);s_0 为 SWNT 壁与环境外壳之间的平衡距离;Y 为模量,$Y = (69.74 \times 10^{11} g/cm \cdot s^2)$;$\rho$ 为质量密度,$\rho = (2.31 g/cm^3)$;v 为泊松比,$\nu = 0.5849$;h 为外壳厚度[279]。

如果 $p(x)$ 消失,式(9.5)给出了一个本征 SWNT 的基本频率 ω_{RBM}^0(cm^{-1}),可表示为

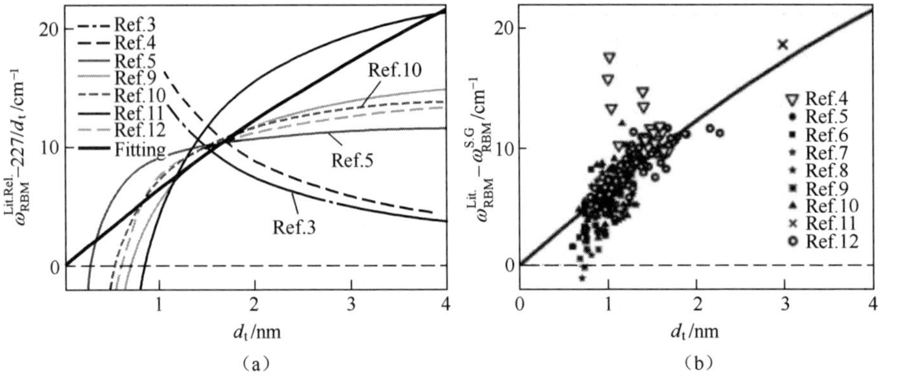

图 9.4 (a) ω_{RBM} 数据 ($\omega_{RBM}^{Lit.Rel.}$) 的 d_t 依赖关系与基本依赖关系 $\omega_{RBM}=227.0/d_t$ 之间的差别;(b) ω_{RBM} 实验数据 ($\omega_{RBM}^{Lit.}$) 的 d_t 依赖关系与"超生长"样品 ω_{RBM} 数据 ($\omega_{RBM}^{S.G.}$) 的 d_t 依赖关系之间的区别[189]。(b)中每种符号来自于不同文献数据(见文献[189]以帮助理解(a)和(b)的说明),粗实线是对图(b)中数据的拟合结果,详见正文讨论,同时也显示于(a)中[189]。

$$\omega_{RBM}^{0}=\left\{\frac{1}{\pi c}\left[\frac{Y}{\rho(1-\nu^2)}\right]^{1/2}\right\}\frac{1}{d_t} \tag{9.6}$$

式(9.6)大括号内的项给出了比例常数 $A=227.0\mathrm{cm}^{-1}\cdot\mathrm{nm}$①。当 $p(x)$ 是非零项时,有

$$\omega'_{RBM}=227.0\left[\frac{1}{d_t^2}+\frac{6(1-\nu^2)}{Yh}\frac{K}{s_0^2}\right]^{1/2} \tag{9.7}$$

式中:$[6(1-\nu^2)/Yh]=26.3\text{Å}^2/\mathrm{eV}$;$\omega'_{RBM}$ 中由于环境因素而导致的频率移动由 $\Delta\omega_{RBM}=\omega'_{RBM}-\omega_{RBM}^{0}$ 给出。

在拟合图 9.4(b)数据时将式(9.7)的 K/s_0^2 考虑为可调参数(见粗黑实线)。最好的拟合结果出现在 $K/s_0^2=(2.2\pm0.1)\mathrm{meV/Å^4}$。据此可建立起环境效应对 ω_{RBM} 影响的 d_t 依赖行为,如图 9.4 所示,其中 d_t 可大到 3nm。不同环境中的 SWNT 也具有类似的环境效应。例如,在管束中的样品[172, 287],用不同表面活性剂包覆的样品[180, 183,184,283–285],通过支柱悬浮在空气中的样品[286],或者位于 SiO_2 衬底上的样品[176],但这种环境效应在"超生长"SWNT 样品中不存在。

---

① 式(9.6)与式(9.3)不同,因为在式(9.6)中考虑了泊松比 $\nu\neq0$,而且明确地给出了以保证频率单位为 cm^{-1} 的项 $(1/(2\pi c))$。

简单来说，文献中由于与环境之间存在范德华相互作用而比本征 ω_{RBM} 上移的所有 ω_{RBM} 都可以普遍地表示为

$$\omega_{RBM}^{Lit.} = \frac{227}{d_t}\sqrt{1 + C_e \times d_t^2} \tag{9.8}$$

式中：$C_e = [6(1-\nu^2)/Yh][K/s_0^2](nm^{-2})$ 显示了环境效应对 ω_{RBM} 的影响。

表 9.1 提供了对文献中几个不同样品 RBM 结果所拟合得到的 C_e 值。对于 $d_t < 1.2nm$，卷曲效应变得很重要，环境效应更大程度上依赖于特定的样品（也就是在文献中，在 SiO_2 上不同 SWNT 样品的 C_e 可能不同）。对于在纳米管束内或由不同表面活性剂（如 SDS（十二烷基硫酸钠）或单链 DNA）包裹的小直径纳米管，所观察到的环境导致 ω_{RBM} 的上移值在 $1 \sim 10cm^{-1}$ 范围内。当考虑到双壁碳纳米管（DWNT）的外管对内管的影响时，这种环境效应将变得更强，这将在 9.1.3 节讨论。

表 9.1 环境效应对 RBM 频率的影响强度，以式（9.8）中的 C_e 因子来衡量，该因子是对文献中不同 SWNT 样品拟合得到的

C_e	样品	参考文献
0	水辅助 CVD	Araujo [189]
0.05	HiPCO @ SDS	Bachilo [288]
0.059	乙醇辅助 CVD	Araujo [287]
0.065	SWNT@ SiO_2	Jorio [176]
0.067	无支撑的 SWNT	Paillet [286]

9.1.3 双壁碳纳米管的频率移动

DWNT 的内管和外管可以是金属性的（M），也可以是半导体性的（S）①。因此，DWNT 可能有以下 4 种配置：M@ M、M@ S、S@ S 和 S@ M，其中 S@ M 表示一个 S 内管处于一个 M 外管内，这是延续富勒烯的通用标记法[289-290]。每种 DWNT 配置都应该具有不同的电子特性。特别地，对于 S@ M 配置，DWNT 的 S 内管可以近似看成是一个被外面金属性纳米管的局域环境静电屏蔽和物理学保护的孤立半导体 SWNT。因此，可将有关内管的实验数据作为一个标准，以便与受到环境效应[290]，如衬底、水、氧气或者带电荷分子等所影响的 SWNT 进行比较。

① 所讨论的 DWNT 可由两种方法制备：一种是通过热处理包裹在 SWNT 中的 C_{60}（称为豆荚），用 C_{60}-DWNT 标识；另一种是通过 CVD 方法制备，用 CVD-DWNT 标识。由于两种方法会导致 DWNT 具有不同的直径分布，它们也就具有稍微不同的特性。

关于 DWNT 的大多数光谱实验是在纳米管束样品或者溶液样品中完成的[291-296],因此很难利用拉曼光谱来研究究竟是哪些 (n,m) 内管包含在所观察到的各样 (n',m') 外管之中的(图 9.5(a))。为了定量地确定实际上是哪些内管和外管组合形成了所研究的那根 DWNT,就必须对单根 DWNT 进行拉曼测试实验(图 9.5(c))。目前,已经可以将电子束光刻技术、原子力显微镜(AFM)和拉曼成像技术结合起来测量同一根 DWNT 的内管和外管的拉曼光谱(图 9.5)[289,290]。

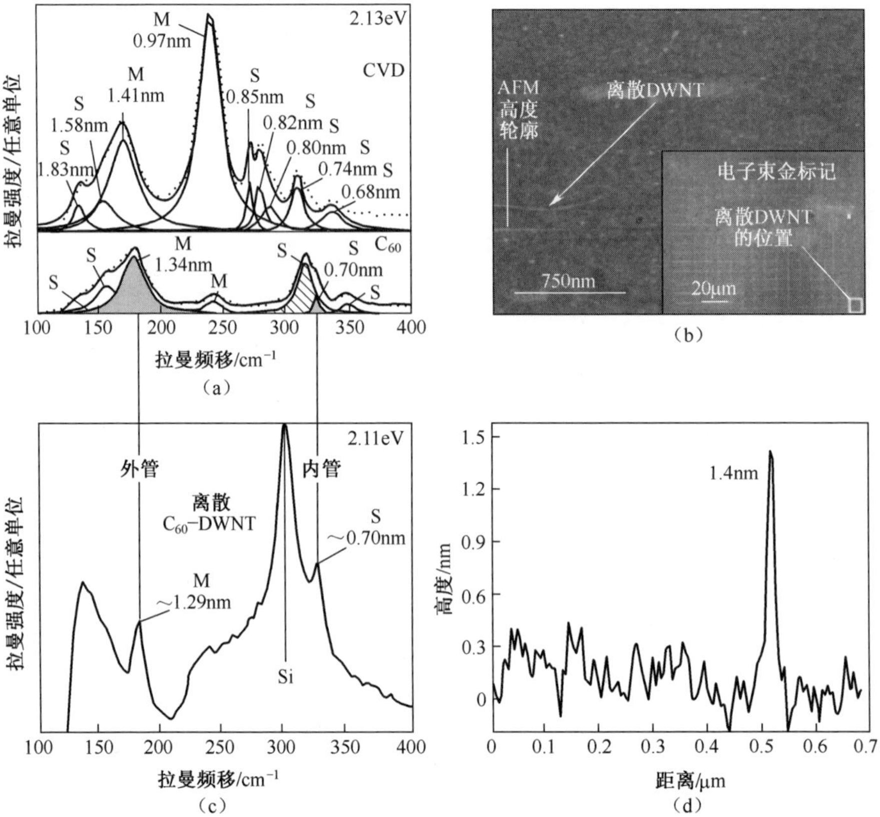

图 9.5 (a) CVD-DWNT 和 C_{60}-DWNT 束在 RBM 光谱范围的拉曼光谱(E_{laser} = 2.13eV);(b)单根离散 DWNT 的原子力显微镜(AFM)图像。插图:硅衬底上金标记的 DWNT 位置;(c)单根离散 C_{60}-DWNT 在 RBM 拉曼光谱范围的拉曼光谱(E_{laser} = 2.11eV);(d)是(b)中离散 DWNT 的 AFM 高度轮廓,其 RBM 拉曼光谱已显示于(c)。连接(a)和(c)的垂直线表示所观察到 C_{60}-DWNT 束中主要纳米管直径的 ω_{RBM} 与离散 C_{60}-DWNT 中外管和内管的 ω_{RBM} 一致[290]。

用 E_{laser} = 2.10eV 的单一激发光研究了均含有 (6,5) 半导体性内管的 11 根

离散 C_{60}-DWNT 的拉曼光谱,所有样品都属于 S@M 配置[290]。这 11 根 DWNT 具有 (6,5) 半导体性内管,外管可以具有不同的 (n,m) 记号,但也有一些外管具有共同的 (n,m) 手性。图 9.6(a)显示了 DWNT 外管 RBM 频率 $\omega_{\mathrm{RBM,o}}$ 与内管 RBM 频率 $\omega_{\mathrm{RBM,i}}$ 之间的关系。可以看出,这 11 根离散 DWNT 外管的 $\omega_{\mathrm{RBM,o}}$ 在 $12\mathrm{cm}^{-1}$范围内变化,而内管(全部对应于 (6,5) 纳米管)的 $\omega_{\mathrm{RBM,i}}$ 不具有恒定数值,而是在 $18\mathrm{cm}^{-1}$范围内变化。考虑到所有内管都是 (6,5) 纳米管,内管 RBM 频率 $\omega_{\mathrm{RBM,i}}$ 高达 $18\ \mathrm{cm}^{-1}$ 的变化是非常大的。这些实验表明,内管和外管在形成 DWNT 时对彼此都施加了相当大的应力。这可以从 DWNT 中内(i)管壁和外(o)管壁之间的名义距离 $\Delta d_{\mathrm{t,io}}$ 小于石墨 c 轴间距(0.335nm)的事实推知。事实上,图 9.6(b)显示所观察到的 $\Delta d_{\mathrm{t,io}}$ 可以小至 0.29nm,意味着这 11 根 DWNT (均具有(6,5)内管)的壁间距离减小量高达 13%[290]。在这些研究中,管直径 d_{t} 和内外管之间的壁壁距离 $\Delta d_{\mathrm{t,io}}$ 是基于单壁纳米管 ω_{RBM} 和 d_{t} 之间关系(见 9.1.2 节)及 DWNT 的径向呼吸模频率确定的。这些 d_{t} 估算值应该视为 d_{t} 的名义值,还需要进一步工作来建立起适用于 DWNT 的 ω_{RBM} 和 $1/d_{\mathrm{t}}$ 之间的相应关系。由于 4 种 DWNT 不同构型(即 S@M、M@S、S@S 和 M@M)的库仑力相互作用会存在差异,因此,即使每种 DWNT 构型的内管和外管都保留了 ω_{RBM} 和 $1/d_{\mathrm{t}}$ 之间的线性关系,它们之间具体的关系还将取决于给定 DWNT 的金属性构型。

对于 MWNT,大部分样品由管径较大的纳米管组成,所以观察不到明显的 RBM 特征。虽然在少数情况下内管具有足够小的直径($d_{\mathrm{t}} \leqslant 2\mathrm{nm}$),可以观察到它们 RBM 的贡献[297],但是总的来说,RBM 并不是学习和表征 MWNT 的可靠依据。

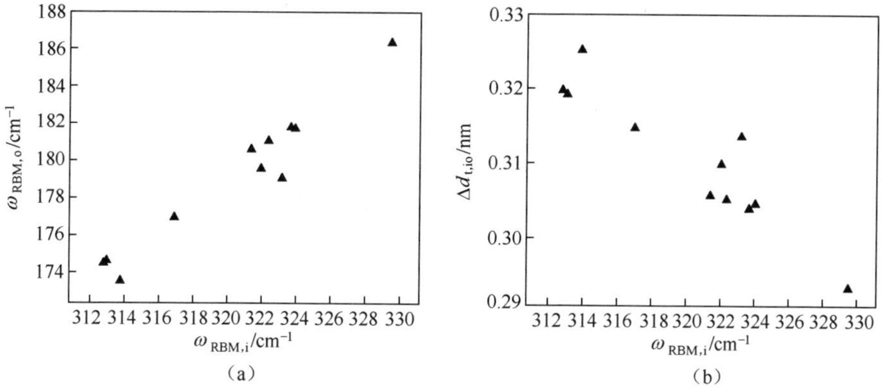

图 9.6 图中 11 根豆荚型—DWNT 的内管都是 (6,5) 半导体性纳米管。(a)11 根构成不同的离散 DWNT 所对应的内管 $\omega_{\mathrm{RBM,i}}$ 对于外管的 $\omega_{\mathrm{RBM,o}}$ 的关系图;(b)11 根离散 DWNT 中,每对内外管之间的距离 $\Delta d_{\mathrm{t,io}}$ 与(a)中所示 $\omega_{\mathrm{RBM,i}}$ 之间的关系图。随着内管(全部是 (6,5)管) $\omega_{\mathrm{RBM,i}}$ 的增加,所测量内外管之间的名义距离 $\Delta d_{\mathrm{t,io}}$ 逐渐减少[290]。

9.1.4 线宽

拉曼谱线宽度由声子的寿命给出。数种机制可以对 SWNT 光谱的共振拉曼特征峰的线宽展宽有贡献,包括温度效应(非简谐过程、声子-声子相互作用、电子-声子相互作用以及其他效应)、管-管/管-衬底相互作用、纳米管缺陷(空位、替位式和间隙式杂质、7-5 环结构缺陷等)、有限尺寸效应、三角弯曲效应,以及入射或散射光子和相关范霍夫奇点之间的能量间隔。线宽研究最好针对单根级别的纳米管,这时非均匀展宽效应最小化,并且在各种过程中线宽可以非常接近于自然展宽。

图 9.7 给出了 170 根单壁纳米管 RBM 线宽 Γ_{RBM} 的直径 d_t 依赖关系,其中 SWNT 样品是在 Si/SiO_2 衬底上采用 CVD 法生长的。值得注意的是,在单根 SWNT 中观察到的 Γ_{RBM} 值可小到 $4cm^{-1}$,而 sp^2 碳的拉曼峰通常很宽[242]。小的 Γ_{RBM} 值是一维 SWNT 的典型特征。图 9.7 的 170 个数据点清楚地显示了 Γ_{RBM} 平均值(以及最小值)随 d_t 的增加而增加, d_t 的增加也就是沿 SWNT 周长方向的原子数增加。此结果可能与管径增大相关的本征限制效应有联系,同时由于管-衬底相互作用,管的压平效应也将随着管径的增加而增强,这种压平效应在所观察到的线宽依赖性中也可能发挥重要作用[298]。对于沉积于 Si/SiO_2 衬底上的 SWNT 拉曼光谱,RBM 特征峰经常不能在小于 $90cm^{-1}$ 的范围内观察到,尽管在此类样品中, $d_t > 2.5nm$ 的 SWNT 并不少见。确定较大直径纳米管的准确度受到一定限制很有可能是 RBM 峰的展宽太大所导致的。

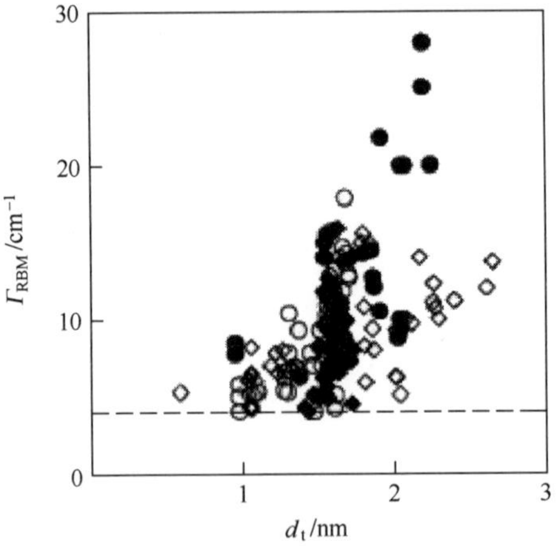

图 9.7 常温下 81 根 M-SWNT (实心符号)和 89 根 S-SWNT (空心符号)的 Γ_{RBM} 与 d_t 的对应关系。圆圈表示利用 2.41eV 或 2.54eV 激光获得的数据,而菱形表示利用 1.58eV 激光获得的数据[242]。

9.1.5 弹性理论之外:手性角依赖性

弹性理论没有考虑以下两个效应:首先是具有手性依赖性的晶格畸变;其次是金属性 SWNT 的电子-声子耦合与科恩异常(见 8.4 节)。这两种效应使得 RBM 频率具有手性角度依赖性。第一个效应在小直径($d_t \approx 1\text{nm}$) SWNT 的测量中是可观察的,这时卷曲引起的晶格畸变很重要。第二个效应只在金属性 SWNT 中可观察到。

单壁纳米管 ω_{RBM} 与 $(d_t,\theta)((n,m))$ 的对应关系是从利用 HiPCO(高压 CO CVD)法生长的 SWNT 并将其分散在表面活性剂水溶液后测量获得的[299]。该样品 RBM 频率的直径依赖性关系用线性关系所能给出的最好拟合结果为 $\omega_{RBM} = 218.3/d_t + 15.9$(关于 ω_{RBM} 与 d_t 之间关系的变化讨论,见 9.1.2 节)。图 9.8 给出了 ω_{RBM} 值与拟合所有实验数据而得到的最佳 $1/d_t$ 线性关系之间的偏差值($\Delta\omega_{RBM} = \omega_{RBM} - (218.3/d_t + 15.9)$)与手性角 θ 之间的函数关系图。在图 9.8 中,可以清楚地看到,数据点与最佳 $1/d_t$ 线性拟合结果 $\Delta\omega_{RBM} = 0$ 之间的偏差值可大到 $\Delta\omega_{RBM} \approx \pm 3\text{cm}^{-1}$,比实验精度值(约 1.0cm^{-1})要大得多。

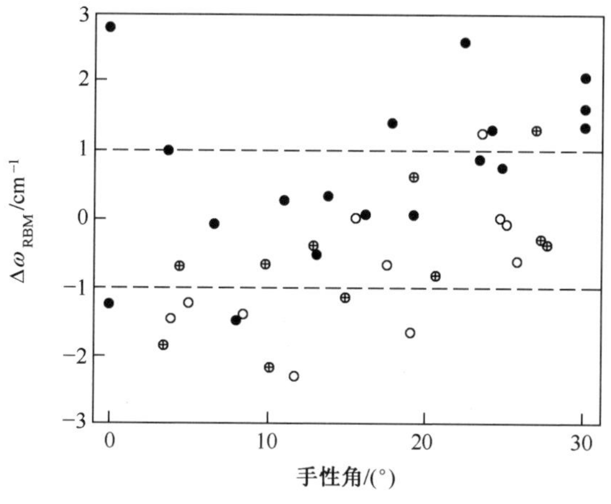

图 9.8 对特定 HiPCO 纳米管样品,实验所观测 RBM 频率 ω_{RBM} 和线性关系 $\omega_{RBM} = 218.3/d_t + 15.9$ 之间偏差值与 θ 的函数关系[229]。实心、空心和交叉圆分别表示 M-SWNT、Ⅰ类和Ⅱ类 S-SWNT 的数据。虚线显示了 $\pm 1\text{cm}^{-1}$ 的实验精度范围[299]。

从图 9.8 的偏差可以看到下面的趋势。首先,与 S-SWNT(半导体性 SWNT,空心点)相比,M-SWNT(金属性 SWNT,实心点)的 $\Delta\omega_{RBM}$ 值都系统性地偏大;其次,$\Delta\omega_{RBM}$ 的手性角 θ 依赖关系显示出,$\Delta\omega_{RBM}$ 随着 θ 从 0°(锯齿型)增加到 30°(扶手椅型)具有明显增大的趋势。这两种效应在金属性 SWNT 中都更强。

部分 ω_{RBM} 的偏差是由于卷曲效应所致。对于小 d_t 单壁纳米管，卷曲削弱了 sp^2 化学键，并且 sp^2-sp^3 的混合使得现在 sp^2 具有沿圆周方向的分量。因此，随着 SWNT 直径减小，RBM 频率相对于其理想值有所降低。此外，曲率破坏了 SWNT 弹性常数的各向同性，从而把手性依赖性引入到 ω_{RBM} 中。所有这些效应都可以从理论角度给予证明[182,300]。通过允许每个 (d_t,θ) SWNT 的原子驰豫到其平衡位置，可以确定其有效直径的改变。Kürti 等[300]详细描述了卷曲效应对 SWNT 许多结构性质的影响。例如，可以预测，与理想 d_t 值的直径偏差对于锯齿型和扶手椅型管是大致相同的。但是，锯齿型管中沿圆周方向分量的两个 C—C 键键长相对于理想值的改变量要大于相同直径扶手椅型管相关的改变量。这是一个纯粹的几何效应，与 3 个 C—C 键相对于圆周方向的取向相关。因此，在扶手椅型管圆周方向的应变在各键之间更能均匀地分布，导致了更小的键伸长。由于 RBM 软化与沿圆周方向的键伸长直接相关，可以预测相对于扶手椅型管，锯齿型管 ω_{RBM} 具有更明显的软化现象。

最后，类似于第 8 章对于 G 带所讨论的效应，M-SWNT 径向呼吸模的声子频率移动与费米能量之间的函数关系是可以预测的[275]并已经观察到[301]，尽管由于科恩异常效应所导致 ω_{RBM} 的移动（约 $3cm^{-1}$）相比 ω_G 的情况来说要小很多。扶手椅型纳米管不会显示任何重整化导致的频率移动，而锯齿型碳纳米管却表现出较大的声子软化。这种手性依赖性源自于 RBM 声子与 $\boldsymbol{k}$ 有关的电子-声子耦合[275]。在手性和锯齿型金属性 SWNT 中，圆柱体表面的卷曲将打开一个小能隙。当卷曲诱导的能隙比 $\hbar\omega_{RBM}$ 大时，科恩异常效应会消失。由于能隙正比于 $1/d_t^2$，而 $\hbar\omega_{RBM}$ 正比于 $1/d_t$，d_t 必存在一个下限（1～1.8nm，取决于手性角）。低于该下限时，将观察不到 RBM 声子的科恩异常效应[275]。

9.2 强度和共振拉曼效应：离散的 SWNT

图 9.1 和图 9.9 所显示 RBM 特征峰的拉曼效应是一个共振过程。随着 ω_{RBM} 和 Γ_{RBM} 物理知识的到位，下面将考虑 RBM 强度随激光激发能量的演变关系。当激光能量处于一定范围时才能观察到共振拉曼光谱，该激光能量范围称为共振窗口（见 4.3.2 节）。

9.2.1 共振窗口

当入射光或散射光的能量与一个离散 SWNT 的光跃迁 E_{ii} 相匹配时（见 2.3.4 节），拉曼散射将发生很强的共振效应[112,136,171,176,282,303]，从而可以急剧地增强拉曼信号。因此，就有可能利用共振拉曼效应来研究单根 SWNT 的电子

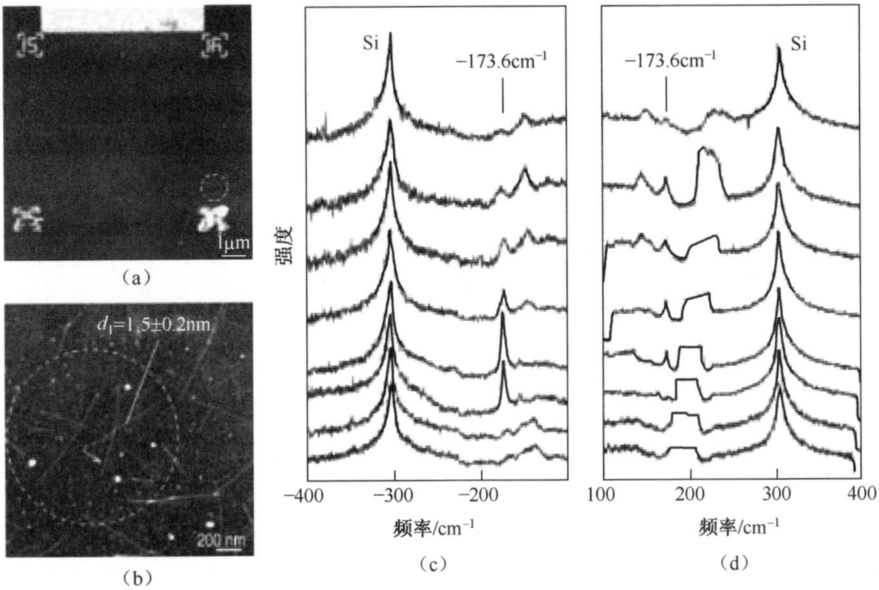

图 9.9 (a)、(b)SWNT 样品的 AFM 图像:(a)显示了在拉曼测量过程用来定位衬底上激光斑位置的标记(虚线圆圈),这些标记用于(b)中虚线圆圈所示的激光斑范围内 SWNT 的进一步 AFM 表征。不同激光能量所激发的 Si/SiO_2 衬底上离散 SWNT 的(c)反斯托克斯和(d)斯托克斯拉曼光谱。从下至上,测试光谱所用激光能量 E_{laser} 为 1.623eV,1.631eV,1.640eV,1.649eV,1.666eV,1.685eV,1.703eV,1.722eV。激发光由氩离子激光器(6W)泵浦的可调谐钛:蓝宝石激光(样品上功率 $P<10mW$)提供。利用单个单色仪(Macpherson 1200g/mm)对入射光进行滤光,然后利用三光栅单色仪 XY DILOR 对散射光进行分析,谱仪配有液氮冷却的 CCD 探测器。由于与波长依赖的光谱仪效率随激光波长增加时急剧下降,使得光谱仪在斯托克斯区域效率变差,因此斯托克斯信号(d)的质量不如反斯托克斯信号(c)好。出现在所有斯托克斯光谱(d)中的平坦区域是漏光所致,已从谱图中去除[302]。

结构。的确,目前已经在共振条件下测试拉曼光谱方面付出了很多努力[176,302,304-306]。本节将回顾关于 RBM 特征峰共振窗口方面的研究。

图 9.9(a)给出了表面覆盖薄二氧化硅层的硅衬底的 AFM 图像[176,307],其表面有 8μm × 8 μm 格子的刻蚀标记。通过 CVD 法(图 9.9(b)线)在衬底表面上生长离散 SWNT。将光斑点(约 1μm 直径)定位于标记附近(约 1μm 大小)(图 9.9(a))以达到良好精度,使得当更换 E_{laser} 时激光斑总是可以返回到相同的样品位置。图 9.9(a)、(b)的虚线圆圈表示激光点位置,里面存在一些离散 SWNT。从 AFM 所测量的 SWNT 高度可确定激光斑内 11 个 SWNT 直径 d_t 在 0.7~1.9nm 范围内(AFM 精度约为±0.2nm)。在 720nm (1.722eV) $\leqslant E_{laser} \leqslant$

785nm(1.585eV)的激光波长(能量)范围内测量了样品的拉曼光谱,激光波长的步长为4nm(约0.009eV),如图9.9(c)、(d)所示。每个激光能量所激发的反斯托克斯(图9.9(c))和斯托克斯(图9.9(d))光谱都经过了光谱仪效率的修正,并通过位于$303cm^{-1}$硅基底峰的强度对所有光谱进行了归一化。反斯托克斯强度已通过乘以因子$[n(\omega)+1]/n(\omega)$来校正,其中$n(\omega)=1/[\exp(\hbar\omega/k_BT)-1]$为玻色-爱因斯坦热占据因子,$\omega$为RBM频率,$k_B$为玻耳兹曼常数,$T$为温度(见4.3.2.1节)。尽管使用了高激光功率测量拉曼光谱,T仍然接近室温(不高于325K),这点可以通过将激光功率从$1mW/\mu m^2$($10MW/cm^2$)变化到$10mW/\mu m^2$($100MW/cm^2$)来证实,所测位于$521cm^{-1}$的硅峰以及位于$303cm^{-1}$的非共振硅峰的斯托克斯/反斯托克斯强度比保持不变。此外,ω_{RBM}峰并未显示出依赖于温度的频移,而且在斯托克斯和反斯托克斯光谱中,RBM特征峰和位于$303cm^{-1}$的硅峰之间的强度比也保持为常数[302]。

采用很多激光激发能量测量在图9.9(a)所示激光位置处样品的拉曼光谱。图9.9给出了数个不同激光激发能量E_{laser}所测试的反斯托克斯(c)和斯托克斯(d)拉曼光谱,激光能量从下往上逐渐增加(见图注)。从图9.9(c)、(d)可看出,位于$173.6cm^{-1}$的RBM峰在可调谐激光能量E_{laser}范围内经历了出现和消失的过程,这样就能够在此共振SWNT光跃迁能量(E_{ii})的整个共振窗口内进行共振拉曼测试。$\omega_{RBM}=173.6cm^{-1}$峰的线宽$\Gamma_{RBM}=5cm^{-1}$很接近于离散SWNT的典型线宽(见9.1.4节)[176,242]。图9.10的数据点给出了位于$173.6cm^{-1}$的RBM特征峰的反斯托克斯(a)和斯托克斯(b)强度与E_{laser}的函数关系,据此可定义图9.9所测量SWNT的反斯托克斯和斯托克斯过程的共振窗口宽度Γ。

RBM峰强度$I(E_{laser})$与E_{laser}之间的函数关系可以通过式(5.20)估算。式(5.20)分母的第一项和第二项分别描述了入射光和散射光的共振效应。这里的$+(-)$对应于能量为E_{ph}的声子所参与的反斯托克斯(斯托克斯)过程,而γ_{RBM}给出了共振散射过程寿命的倒数[308]。为简单起见,可以在这么小的能量范围内将矩阵元$M^dM^{ep}M^d$处理为与能量无关的常量。这里M^d和M^{ep}分别对应于电子辐射(吸收和发射)和电子-声子相互作用的矩阵元。第11章将讨论与这些矩阵元相关的详细理论。

图9.10的曲线显示了(18,0)金属锯齿型SWNT的斯托克斯(虚线)和反斯托克斯(实线)共振窗口所涉及实验数据点的理论拟合结果,拟合时利用了先前由$\omega_{RBM}=173.6cm^{-1}$所得到的$E_{ph}=21.5meV$数值[302]。注意,共振窗口具有不对称轮廓。这些拟合实际上是在文献[302]中得到的,拟合过程中考虑的不是一个相干拉曼散射过程,而是一个非相干散射过程,其中对所有中间态的求和(式(5.20)中的$\sum_{m,m'}$)是在模量平方之外进行的。但是,因为这种不对称

可以由其他能量接近的共振能级产生,所以这个过程是有争议的。

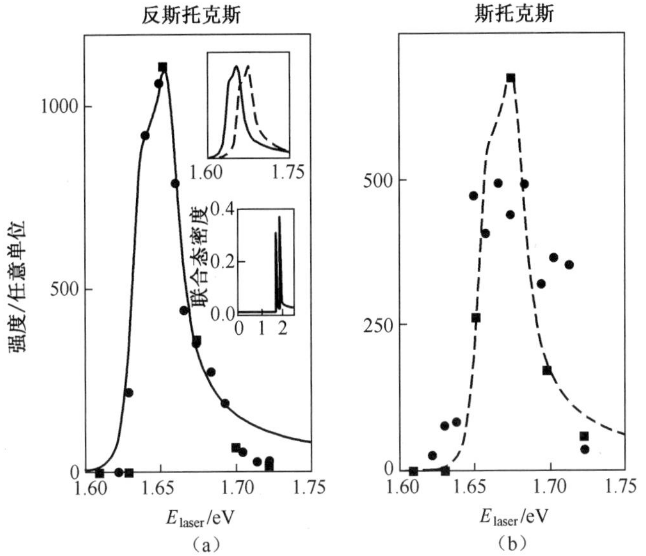

图 9.10 ω_{RBM} = 173.6cm^{-1} 峰(图 9.9)(a)斯托克斯和(b)反斯托克斯拉曼过程的拉曼强度分别与激光激发能量 E_{laser} 之间的对应关系。圆圈和方块表示对同一 SWNT 样品利用两个不同 E_{laser} 激发的结果。曲线表示式(5.20)所预测的共振拉曼窗口,所拟合参数为 E_{ii} = 1.655eV, γ_r = 8meV,在模量平方外对所有中间态求和($\sum_{m,m'}$)。上面插图比较了理论所预测的斯托克斯和反斯托克斯共振窗口,能量单位为 eV,下面插图显示了此 SWNT 联合状态密度(JDOS)与 E_{laser} 之间的关系[302]。

忽视非对称方面的问题,共振窗口的宽度给出了 γ_{RBM} = 8meV ,与先前的测量结果吻合很好[171-172,309],并且发现了对应的跃迁能量 E_{ii} = 1.655eV ±0.003eV 。图 9.10 上部的插图展示了理论所预测的斯托克斯和反斯托克斯共振窗口之间的比较,揭示出这两个共振窗口之间有一定移动,这主要是由于反斯托克斯(+)和斯托克斯(-)散射光子共振条件 $E_s = E_{ii} \pm E_{ph}$ 有所不同所导致的。因此,通过使用一个可调谐激光器就可能对单根离散 SWNT 的共振窗口进行研究,并在室温下可得到精确度优于 5meV 的 E_{ii} 值。实际上,RBM 模的共振窗口与直径和手性角都有一定的依赖性(见 9.3.2 节)。

9.2.2 单激光线激发的斯托克斯和反斯托克斯光谱

非共振拉曼光谱的反斯托克斯强度总是比其斯托克斯强度小,并且 I_{aS}/I_S 强度比可以用来测量样品的温度(见 4.3.2 节)。然而,在强共振条件下,I_{aS}/I_S

强度比严重依赖于激光激发能量 E_{laser} 和共振能量 E_{ii} 之间的差值。RBM 的 I_{aS}/I_S 强度比对 $E_{ii}-E_{\text{laser}}$ 非常敏感，在 E_{laser} 激发下 RBM 的 I_{aS}/I_S 强度比可以用来从实验上确定 E_{ii}，其精度可优于 10meV，而且可以确定究竟是与入射光子还是散射光子发生共振[310]。

图 9.11 给出了 Si/SiO_2 基底的另外一个离散单壁纳米管 RBM 的斯托克斯和反斯托克斯光谱，与图 9.9 中 SWNT 的情况类似。所测的反斯托克斯强度已经经过玻色-爱因斯坦热占据因子校正，并且利用该光谱两个硅声子峰所确定的温度也为 $T=300\text{K}$。图 9.11(a)、(b)中归一化后的 $\omega_{\text{RBM}}=253\text{cm}^{-1}$ 拉曼峰反斯托克斯强度要比其斯托克斯强度大很多。这种 RBM 反斯托克斯和斯托克斯光谱之间的强度不对称性可以通过共振拉曼理论来进行定量分析，单根离散纳米管反斯托克斯和斯托克斯光谱的共振窗口 $I(E_{\text{laser}})$ 可以使用式(5.20)计算。

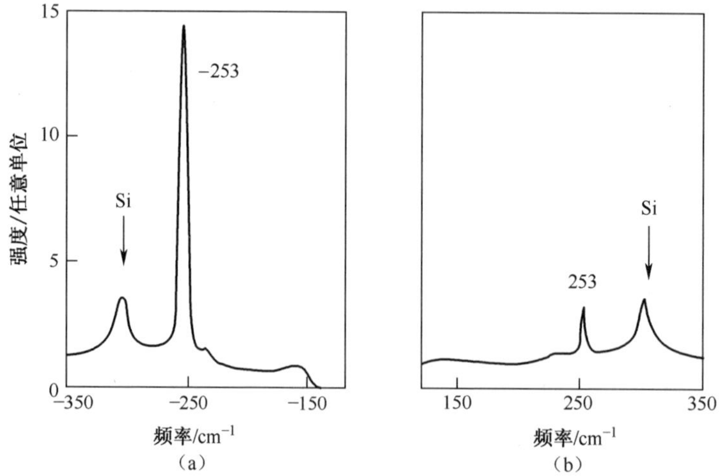

图 9.11　利用 $E_{\text{laser}}=1.579\text{eV}$ (758nm)激发的 Si/SiO_2 基底上(12,1)SWNT(确定方法参见文献[310])的(a)共振反斯托克斯和(b)斯托克斯拉曼光谱。$\pm 303\text{cm}^{-1}$峰来自硅衬底，RBM 频率以 cm^{-1} 为单位。

9.2.3　偏振依赖性

如第 6 章所讨论的，全对称拉曼活性模(A_1 对称)只能在入射光和散射光都沿管轴 (ZZ) 偏振，或都垂直于管轴 (XX) 偏振时才能观察到。在 (ZZ) 散射配置下，具有相同角动量电子态之间的光学跃迁是允许的，也就是，$E_{\mu\mu}=\mathbb{E}_{\mu}^{(v)}\rightarrow\mathbb{E}_{\mu}^{(c)}$ (见 6.4.5 节)。此跃迁与 Kataura 图(见 2.3.4 节)所示的普通 E_{ii}

跃迁是等价的。在 (XX) 散射配置下,具有不同角动量电子态间的光学跃迁是允许的,即 $E_{\mu\mu}=\mathbb{E}_{\mu}^{(v)}\rightarrow\mathbb{E}_{\mu\pm1}^{(c)}$。这种跃迁通常用 $E_{ii\pm1}$ 标记,其能量与通常的跃迁能量 E_{ii} 不同[311]。已经有很多工作致力于通过偏振荧光光谱表征这种跃迁[40,312]。

由于离散 SWNT 的 RBM 特征峰仅在共振条件下才能看到,可预期来自单根碳纳米管 RBM 特征峰将可以在不同激光激发能量的 (ZZ) 和 (XX) 偏振下观察到。与激光激发能量相关的拉曼强度偏振依赖特性称为天线效应。这种天线效应首先由 Duesberg 等报道[235](图 9.12);然后其他研究团队也有相关报道[226-228,313-315]。

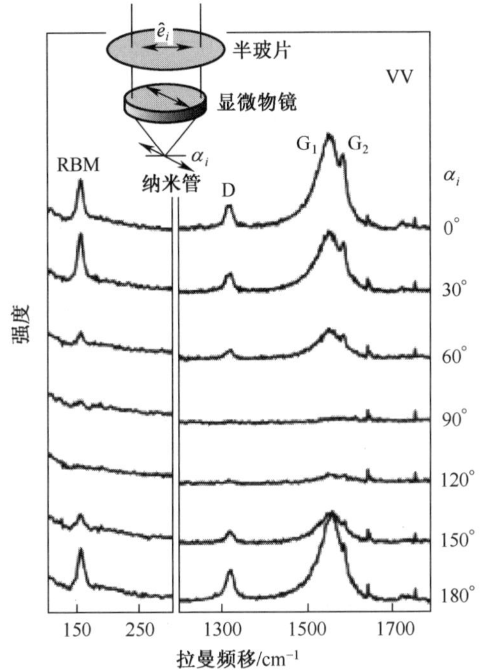

图 9.12 在 VV 配置下当改变管轴方向与入射激光束偏振方向之间夹角 α_i(如插图所示)时所测的离散 SWNT (或 SWNT 束)的拉曼光谱。对于 α_i = 0° 和 180°(VV = ZZ),入射光偏振方向平行于由扫描力学显微镜图像所确定的 SWNT 管轴方向,精度为±10°[235]。

一般来说,(XX) 偏振光谱的强度应该被退偏效应强烈抑制。Ajiki 和 Ando[238] 在考虑此退偏效应的基础上计算了碳纳米管的光学电导率,发现光偏振平行于管轴方向 (Z) 的吸收要比垂直于管轴方向 (X) 偏振光的吸收高达 20 倍。这会导致当入射光的偏振垂直于纳米管管轴时拉曼信号急剧降低。这种偏振行为已经在含有许多 (n,m) 纳米管的 SWNT 束实验中阐述过了,在这里使用相同激发光能量就可以确定相同样品中某些特定纳米管的 E_{ii} 和 $E_{ii\pm1}$ 值[316]。

9.3 强度和共振拉曼效应:SWNT 束

本节将把 9.2 节所介绍的共振窗口分析延伸至 SWNT 聚集体。通过 RBM 共振窗口分析,可以研究光学跃迁能量 E_{ii} 的 (n,m) 依赖性。这种分析可以揭示基于第 2 章所述的简单紧束缚方法原理之外的大量信息,包括 σ - π 杂化和激子理论。SWNT 的光学跃迁能量对激子效应非常敏感,这已经通过荧光和拉曼光谱实验[80,183,185]得以详细研究。虽然,实验的某些方面可以在一个简单的、非相互作用的电子模型[182,299]框架下进行解释,但是已经变得越来越清楚的是,电子-电子相互作用在确定光学跃迁能量方面也发挥了重要作用。最后,无论是从理论还是实验的角度来看,SWNT 都是激子光物理研究中最知名的材料体系之一。因为 SWNT 只涉及碳原子,理论计算只会涉及一个相对简单模型的哈密顿量,如第 10 章所述。

9.3.1 大直径纳米管聚集体的谱线拟合过程

对于离散 SWNT (9.2.1 节),或者甚至是小 d_t 的 SWNT 聚集体(见 4.4.2 节的简要讨论和图 4.13(a)),在与给定激光线 E_{laser} 共振下,每个 RBM 在光谱上都具有明确频率 ω_{RBM},因此 RBM 峰及其共振轮廓可以清晰地分辨。当样品存在较大 d_t 的 SWNT 并且 ω_{RBM} 之间差异比 RBM 线宽还小时,则无法清晰地分辨 RBM 峰,其拉曼光谱将表现为一个来自数个不同 (n,m)SWNT 贡献的宽 RBM 特征峰。因此,拉曼光谱的拟合将变得复杂。这就有必要创建一个系统程序来开展相应的拉曼光谱分析。

图 9.13(a)给出了 E_{laser} = 1.925eV(644nm) 激发的单壁纳米管 RBM 的拉曼光谱[287],该纳米管样品是利用“酒精辅助法”生长的。其中的点表示数据点,实线表示使用 34 条洛伦兹曲线(图 9.13(a)光谱曲线下面的拟合峰)拟合得到的曲线。每条洛伦兹曲线对应于具有相同 (n,m) 指数 SWNT 的 RBM。深灰色洛伦兹曲线代表来自 M-SWNT 的 RBM,浅灰色洛伦兹曲线代表来自 S-SWNT 的 RBM。可以利用 Kataura 图(图 9.13(b))确定每个共振谱究竟需要用多少条洛伦兹曲线来拟合。图 9.13(b)的水平虚线就是图 9.13(a)所示光谱的激发能量,两条水平实线(虚线的上方和下方)给出了 RBM 共振轮廓的大致边界(见 9.3.2 节)。为了拟合图 9.13(a)所示的光谱,先假设由两个水平实线所限制矩形内的所有点对应的跃迁都会发生。连接图 9.13(a)、(b)的垂直实线给出了与激光激发能量 1.925eV 共振的金属性 $2n+m=30$ 家族,而垂直虚线指

示了 (7,5)SWNT 的 RBM 峰。

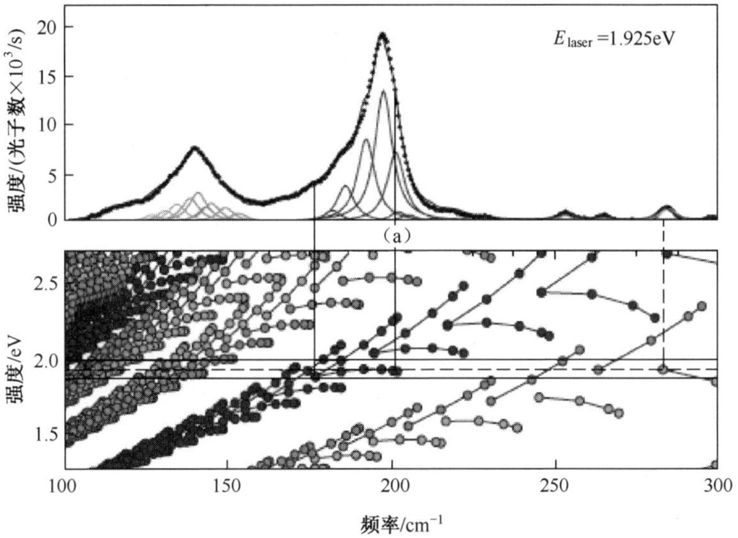

(b)

图 9.13 (a)644nm 激光线(E_{laser} = 1.925eV)所激发的拉曼光谱(点),该光谱采用了 34 条洛伦兹曲线(光谱下的曲线)来拟合,实线为拟合结果;(b)为拟合过程提供参考的 Kataura 图(引自 EPAPS 材料[287])。

进行光谱拟合的困难在于需要用大量洛伦兹曲线拟合一个宽的 RBM 线型[282]。该拟合过程可能使某些峰加宽和加高,同时也可能消除其他峰。有时对于同一个拟合,如果一个洛伦兹曲线只频移了几个 cm^{-1},拟合程序将返回一个完全不同的拟合结果。因此,需要对拉曼峰频率和光谱线宽(半高全宽,FWHM)加些约束。例如,ω_{RBM} 遵循 9.1.2 节所详细地讨论的关系式 $\omega_{RBM} = (227/d_t)\sqrt{1 + C_e/d_t^2}$,通过改变 C_e 可正确地模拟环境效应。由于没有更多信息,可能不得不要求一个实验光谱中的所有洛伦兹峰都具有相同的 FWHM 值。

对类似于图 9.13(a)所示的所有光谱进行分析后,需要绘制每个 RBM 频率处的拉曼强度与 E_{laser} 的函数关系,此图给出了具有特定 RBM 频率的 (n, m)SWNT 的共振轮廓。RBM 峰强度 $I(E_{laser})$ 与 E_{laser} 的函数关系可以由式(5.20)来估算,或者也可以利用该式的如下简化形式:

$$I(E_{laser}) \propto \left| \frac{1}{(E_{laser} - E_{ii} - i\gamma_{RBM})(E_{laser} - E_{ii} \pm E_{ph} - i\gamma_{RBM})} \right|^2 \quad (9.9)$$

为了解释拟合过程,图 9.14 给出了 3 个共振轮廓(黑色点),一个在近红外范围(图 9.14(a)),一个在可见光范围(图 9.14(b))和一个在近紫外范围(图 9.14(c))。这 3 个共振轮廓是按照共振拉曼散射理论拟合得到的(实线,基于式(9.9)),所得到的 E_{ii} 值表示在图 9.14 中(也包含 ω_{RBM} 和 (n,m) 值)[287,317]。注意纳米管束中 SWNT 的共振窗口宽度(通常为 40~160meV)要比离散 SWNT (图 9.10)宽很多。

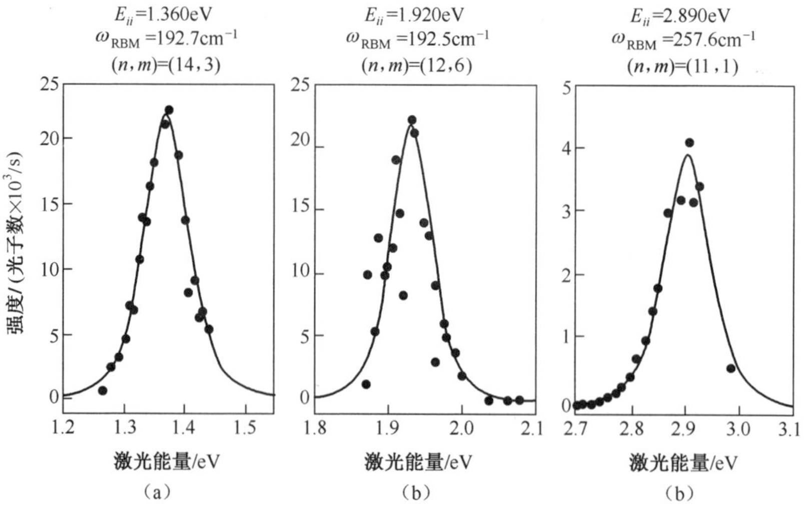

图 9.14 SWNT 束内特定 (n,m)SWNT 的共振窗口。(a)ω_{RBM} = 192.7cm^{-1}拉曼峰在近红外范围内的共振轮廓(黑点),(14,3) 纳米管数据是采用式(9.9)拟合的(实线),拟合参数为 γ_{RBM} = 0.065eV , E_{ii} = 1.360eV;(b)ω_{RBM} = 192.5cm^{-1}((12,6) 纳米管)拉曼峰在可见光范围内的共振轮廓,拟合参数为 γ_{RBM} = 0.045eV , E_{ii} = 1.920eV; (c) ω_{RBM} = 257.6 cm^{-1}((11,1) 纳米管)拉曼峰在近紫外范围的共振轮廓,拟合参数为 γ_{RBM} = 0.073eV,E_{ii} = 2.890eV (引自 EPAPS 材料[287])。

9.3.2 实验获得的 Kataura 图

本节将把共振窗口分析扩展到所有的 (n,m)SWNT ,据此可以研究 E_{ii} 对 (d_t,θ) 的依赖性。图 9.15(a)给出了水辅助 CVD 生长(这里称为"超生长",S. G.[281])SWNT 的二维 RBM 图。该样品具有非常宽的直径分布,可以用来对 SWNT 光学性质进行深入理解。要建立图 9.15(a)所示的实验 Kataura 图,使用了 125 根不同激光线[189, 317]。通过用洛伦兹曲线拟合每条光谱,可以指认出 197 根不同 SWNT 的 (n,m) 指数①。

① 图 9.2 的数据来自该实验结果[189, 317]。

图 9.15(b)是所有 $E_{ii}^{S.G.}$ 与 $\omega_{RBM}^{S.G.}$ 的函数关系曲线，$E_{ii}^{S.G.}$ 是在实验上通过拟合从图 9.15(b)数据所提取的共振窗口得到的，所观测到的 $E_{ii}^{S.G.}$ 覆盖了从 E_{11}^{S} 到 E_{66}^{S} 的范围(上标 S 代表半导体性 S-SWNT，M 代表金属性 M-SWNT)。最后，图 9.15(b)的所有 $E_{ii}^{S.G.}$ 数据都可以用一个经验公式拟合，该公式会在下面讨论[282,287,318]并具有如下形式：

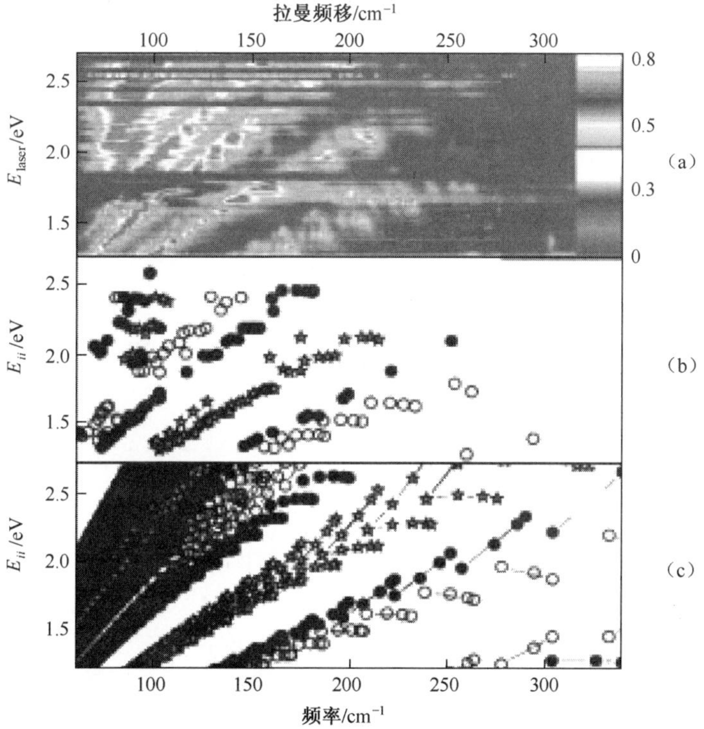

图 9.15 (见彩图)(a)"超生长"(S. G.)SWNT 样品 RBM 的共振拉曼图[189,317-318]；(b)从(a)中共振窗口实验所获得的所有跃迁能量($E_{ii}^{S.G.}$)与 ω_{RBM} 函数关系的 Kataura 图；(c)由式(9.10)获得的 Kataura 图，计算所采用的参数是对(b)中数据点进行最佳拟合得到的。星号代表 M-SWNT，空心圆代表 Ⅰ 类 S-SWNT，实心圆代表 Ⅱ 类 S-SWNT[317]。

$$E_{ii}(p,d_t) = \alpha_p \frac{p}{d_t}\left[1 + 0.467\log\frac{0.812}{p/d_t}\right] + \beta_p\cos(3\theta)/d_t^2 \qquad (9.10)$$

式中：对应于 E_{11}^{S}、E_{22}^{S}、E_{11}^{M}、E_{33}^{S}、E_{44}^{S}、E_{22}^{M}、E_{55}^{S}、E_{66}^{S}，p 分别为 1,2,3,…,8，从而可以在布里渊区域折叠过程中测量每个切割线到 K 点的距离。该拟合对于 $p=1$, 2,3，给出了 $\alpha_p=1.074$，而当 $p\geqslant 4$ 时，$\alpha_p=1.133$。对下(上) E_{ii} 分支，当 $p=1$, 2,3,…,8 时，β_p 值分别为 −0.07(0.09)，−0.18(0.14)，−0.19(0.29)，

−0.33(0.49),− 0.43 (0.59), − 0.6 (0.57), − 0.6 (0.73) 和 − 0.65 (未知)[317-318]。式 (9.10) 的函数形式表明 E_{ii} 与 p/d_t 成线性关系,正如紧束缚理论加上石墨烯二维电子结构的量子限制效应所预测的一样。另外,式(9.10)的对数修正项来源于多体相互作用,依赖于 θ 的项包括电子三角弯曲效应和手性依赖的卷曲效应($\sigma-\pi$ 杂化)[287]。所有这些因素的理论解释将在第 10 章讨论。

9.4 小　　结

本章讨论了如何利用单壁碳纳米管的 RBM 光谱来详细研究共振拉曼散射。虽然在每一个纳米碳材料都可以观察到共振拉曼散射,但对于碳纳米管来说 RBM 很特殊,这主要是因为碳纳米管具有一维物理特性且 RBM 的能量很低。这两个属性的结合就导致了 RBM 具有一个非常窄的共振窗口。此外,正如弹性理论所解释的那样,RBM 频率取决于纳米管的直径 d_t 。利用这种 d_t 依赖性可以容易地分辨不同(n,m) 纳米管的 RBM,并通过共振效应来研究碳纳米管的电子结构及其环境效应。这种电子结构可用经验式(9.10)来总结,该公式与第 10 章所讨论的许多物理概念相关。

9.5 思　考　题

[9-1] 求解石墨的密度,以 kg/m^3 为单位。这里平面 C—C 距离可用 1.42Å,两个石墨烯层的层间距离为 3.35Å。注意,石墨碳原子中大约 2%是 ^{13}C,其余 98%是 ^{12}C。对于该问题,要求数值精度达到至少三位数。

[9-2] 当锯齿型 SWNT 的半径改变 δR 时,试问沿圆周方向 C—C 距离被修正了多少。

[9-3] 石墨烯的杨氏模量为 $Y = 1060$GPa。通过计算纳米管密度求解 LA 声子模的声速。

[9-4] 碳化硅、铁和金刚石的杨氏模量分别为 450GPa,200GPa,1200GPa,求这些材料的声速。

[9-5] 声速以 m/s 和 km/h 为单位,求解理想空气样品的声速。

[9-6] 求解 TA 声子模的声速表达式 $C_t=\sqrt{G/\rho}$,这里 G 是由 $G=Y/(2(1+\nu))$ 给出的剪切模量,其中 Y 和 ν 分别是杨氏模量和泊松比。

[9-7] 式(9.4)以cm^{-1}为单位,估算其中 A 的数值。

[9-8] 说明式(9.5)的所有项都是无量纲的。

[9-9] 从式(9.5)推导出式(9.6)。需要注意的是,当以cm^{-1}为单位测量 ω 时会出现一个因子 $1/2\pi c$ 。利用各种因子的已知值,求解 $d_t = 1$nm 纳米管的 $\omega_{RBM} = 227cm^{-1}$。

[9-10] 对于 $d_t = 1\text{nm}$ 和 2nm 的碳纳米管,试计算式(9.7)中 ω_{RBM} 的频率移动。

[9-11] 估算式(9.8)中的 C_e ,以及当校正项 $C_e d_t^2$ 变为 0.21 时所对应的直径。

[9-12] 试解释振动哈密顿的非简谐项决定了声子的有限寿命,它决定了拉曼光谱的线宽。

[9-13] 利用能量和时间的不确定性关系,求拉曼峰宽度为 1cm^{-1} 和 10cm^{-1} 时所对应声子的寿命。

[9-14] 试估算 $1\text{mW}/\mu\text{m}^2$ 的激光功率所对应的电场,以 V/m 为单位。

[9-15] 在 $T=300\text{K}$ 和 $T=77\text{K}$ 时,请计算位于 173.6cm^{-1} 的 RBM 声子在非共振条件下斯托克斯和反斯托克斯拉曼信号的强度比为多少?位于 1590cm^{-1} 的 G 模声子相应的强度比又是多少?

[9-16] 测量出图 9.10 的共振窗口值,并估算光生载流子的寿命。光生载流子的寿命和声子的寿命,哪个更短?请说明原因。

[9-17] 当激光波长为 785nm 时,请计算 173.6cm^{-1} RBM 声子的斯托克斯和反斯托克斯散射光所对应的波长,以 nm 为单位。

[9-18] 对于 785nm 的激光,请写出 173.6cm^{-1}RBM 声子斯托克斯和反斯托克斯拉曼光谱在散射光共振条件下所对应的 E_{ii} 能量。

[9-19] 写出当 $E_{laser} = 1.63\text{eV}$, $E_{laser} = 1.65\text{eV}$ 和 $E_{laser} = 1.67\text{eV}$ 时,图 9.10 所示的斯托克斯和反斯托克斯 RBM 信号分别在 $T = 0\text{K}$ 和 $T = 300\text{K}$ 时所期望的强度比 I_S/I_{aS} 。

[9-20] 解释为什么对一个激光能量来说,其斯托克斯和反斯托克斯共振拉曼信号的强度比值不能给出样品的温度,但对于非共振拉曼强度却可以得到确定温度所需的信息?

[9-21] 考虑图 9.11 中一个 SWNT 获得的 $\gamma_{RBM} = 8\text{meV}$ 的光谱。利用式(9.9),求出与所观测 I_S/I_{aS} 比值所对应的 E_{ii} 值。

[9-22] 利用式(9.10)构建自己的 Kataura 图,请通过式(9.10)估算 (6,5)、(11,1) 和(10,5) 单壁纳米管 E_{22}^S 和 E_{33}^S 的能量。

[9-23] 半导体性 SWNT 类型的定义有两种:一种是利用 ($\text{mod}(2n+m,3)=1,2$) 所确定的 I 类和 II 类;另一种是利用 $\text{mod}(n-m,3)=1,2$ 所确定的 mod1 类和 mod2 类。试证明 I 类和 mod2 类(或者 II 类和 mod1 类)彼此等价。

[9-24] 在 SWNT 的 (n,m) 映像中,证明 $2n+m=$ 常数所对应的 SWNT 都具有相似的直径,而 $n-m=$ 常数所对应的 SWNT 都具有相似的手性角。试解释为什么 $2n+m=$ 常数的 SWNT 家族适合于研究 SWNT 对手性角的依赖关系,而 $n-m=$ 常数的 SWNT 家族适合于研究 SWNT 对直径的依赖关系。

第 10 章

碳纳米管的激子理论

在单壁碳纳米管(SWNT)的共振拉曼光谱中,从第 i 个价带态跃迁到第 i 个导带态的光学跃迁能量 E_{ii} 对于指认单根 SWNT 的 (n,m) 值十分重要。为了指认实验所观察到 SWNT 的 E_{ii} ,人们已经发展了基于第 2 章所讨论的简单(最近邻)紧束缚(STB)模型的理论。通过调整 STB 模型的参数,就可以将 E_{ii} 值指认给 Kataura 图中直径或能量所限定区域内的特定 (n,m)SWNT 。但是,此方法并不能对通过不同方法合成的 SWNT 样品所获得的结果进行系统的解释。本章将讨论 STB 模型之外对于达到实验精度非常必要的 3 个问题。

(1) 采用扩展紧束缚法研究卷曲($\sigma-\pi$ 杂化)效应。

(2) 使用 Bethe-Salpeter 方程研究激子效应。

(3) 激子的介电屏蔽效应。

本章首先简单地描述如何将卷曲效应引入到紧束缚模型,来构建扩展紧束缚(ETB)方法(见 10.1 节)。SWNT 的卷曲效应对 $\sigma-\pi$ 杂化有贡献,导致了 E_{ii} 对 SWNT 手性角 θ 具有比 STB 图像所预测结果更强的依赖性。10.2 节给出了激子物理的全面概述,这是本章的最主要部分。电子-电子和电子-空穴相互作用,一般称为多体效应,显著地改变了 E_{ii} 对管径 d_t 的依赖性以及不同 E_{ii} 能级间的相对距离。从理论角度来看,激子对 SWNT 的重要性很早就由 Ando 提出[319],他在静电屏蔽 Hartree-Fock 近似下研究了纳米管的电子激发。在实验结果开始显示出激子的重要性之后,人们利用第一性原理计算对超小直径碳纳米管光学特性的多体相互作用效应进行了详细研究[320-323],而且发展了基于简单模型对纳米管激子的一些描述[324-327]。在这些工作基础上,激子效应(包括波函数有关的现象)对纳米管直径和手性角的依赖性也得到了进一步发展[186,328-329],10.4.1 节将介绍该部分内容。这些结果对于提供 SWNT 光物理性质的定量描述是非常重要的,包括拉曼效应。10.5 节将介绍由其他电子和周围材料所产生对激子介电屏蔽效应的重要性,这在一维系统科学中仍然是有待深入发展的一个课题。

10.1 扩展紧束缚方法:σ-π杂化

第2章所介绍的最近邻(简单)紧束缚(STB)模型给出了通过一阶近似来构建跃迁能量 E_{ii} 对管径 d_t 依赖关系的Kataura图(见2.3.4节)。图2.22显示了SWNT几个 E_{ii} 能级所具有的强 $1/d_t$ 依赖性,这和非折叠二维石墨烯布里渊区中切割线与 K 点之间的距离相关,这也是与三角弯曲效应有关的另外一个手性角 θ 依赖关系[31]。但是,所观察到单壁纳米管 E_{ii} 对 $1/d_t$ 的依赖性(见9.3.2节)即 E_{ii} 与 d_t 函数关系的实验结果显示出, $2n+m=$ 常数的 (n,m) SWNT家族所具有的手性依赖图案(家族图案)的确比STB模型所预测的大得多。该实验观察使利用ETB模型来解释许多SWNT光物理实验研究的最初目的得以实现。这个 $2n+m$ 家族的成果分类主要来源于SWNT的卷曲效应,它导致了小 d_t 单壁纳米管的C—C键长驰豫具有手性角依赖性,该现象在STB近似中是无法得到的。

已有研究表明,p轨道的长程相互作用是不可忽略的[330],SWNT侧壁的卷曲会导致在小 d_t 极限下出现重要的 sp^2-sp^3 再次杂化。卷曲效应可以通过将基函数组扩展到s、p_x、p_y 和 p_z 原子轨道而纳入到紧束缚(TB)模型中[182,329],根据第2章所发展的体系(Slater-Koster公式[31,331]),这些原子轨道将形成s和p分子轨道。这种ETB模型利用TB传输和重叠积分作为在密度泛函理论(DFT)体系下所计算的C—C原子间距离的函数关系[263],因此也包括了长程相互作用和SWNT侧壁内的键长变化。根据 p_z 轨道与SWNT侧壁正交的对称适用方案[182,329],可将原子p轨道与SWNT侧壁的圆柱坐标系对齐,而对于每个C原子, p_x 和 p_y 都平行于SWNT侧壁。这种选择使得人们对两个C原子(A和B)的石墨烯原胞可采用一个 8×8 的哈密顿量。这也适用于具有大量平移原胞的手性SWNT,因此大大简化了计算成本。该计算方法的具体细节可以参见文献[329]。

SWNT总能量首先可以采用DFT计算所获得的短程排斥势[263]来加以计算;然后再进行几何结构的优化。为了把利用ETB模型所优化的SWNT结构与其他独立几何结构优化的结果进行比较,图10.1绘制了每个单壁纳米管C—C键长度的变化与纳米管卷曲 $1/d_t^2$ 的函数关系[182]。由于交叠积分对原子驰豫位置非常敏感,为了计算SWNT的电子结构,有必要采用优化的SWNT结构。因此, θ 依赖性(也就是,Kataura图的家族图案)随着 d_t 减小而显著增加,与实验Kataura图(见9.3.2节)所观察到的结果一致。

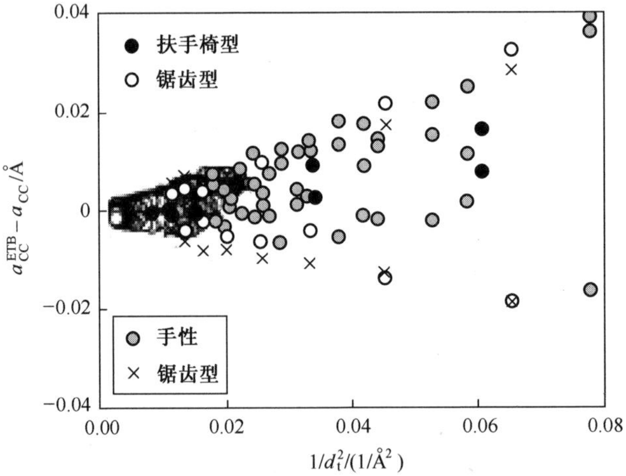

图 10.1 ETB 模型所给出许多 SWNT 的 C—C 键长度 $a_{C—C}$（定义为 $a_{C—C}^{ETB}$）和平面石墨烯层的 C—C 键长度 $a_{C—C}$ = 0.142nm 之间的差值与纳米管卷曲 $1/d_t^2$ 的函数关系。空心点、实心点和灰度点分别代表利用 ETB 模型优化 SWNT 结构所计算的锯齿型、扶手椅型和手性 SWNT 的键长度。为了进行比较，交叉点给出了 DFT 所计算的锯齿型 SWNT 的键长度[182]。

10.2 激子效应概述

激子是一个束缚的电子-空穴对。半导体材料中的激子是由光激发的电子和空穴通过库仑吸引相互作用束缚在一起组成的元激发。在很多常见的三维半导体体材料(如硅、锗和Ⅲ-Ⅴ族化合物)中，激子束缚能可以利用类氢模型在考虑约化有效质量和介电常数情况下计算得到，所给出的激子束缚能的量级约为 10meV，其分立能级位于单粒子激发谱的下方。因此，激子能级的光学吸收通常只能在低温下观察到。但是，由于单壁碳纳米管具有一维性质，电子-空穴束缚能量变得非常大(可以大到 1eV)，以至于激子效应甚至可以在室温下观察到。因此激子对于解释 SWNT 的光学过程，如光吸收、光致发光和共振拉曼光谱，是十分重要的。

下面将介绍 SWNT 激子理论描述的图像。首先从简要介绍激子的常规属性开始，同时也强调在石墨、SWNT 和 C_{60} 中激子的独特性，以及每个维度(二维、一维、零维分别以石墨烯、SWNT 和 C_{60} 等碳材料作为代表)系统的激子之间行为的差异。这些碳材料及其相关的 sp^2 碳的特殊几何结构使其布里渊区具有两个特殊的点(K 和 K'点)，它们之间通过时间反演对称性彼此相关联[80]，使这

些 sp^2 碳系统相对于其他纳米系统显得更为独特，尽管这些纳米系统也具有显著的激子效应，但没有相似的对称性约束。对称性方面的差异是很重要的，它对电子结构计算和实验结果的解释起到了指导作用。因此，SWNT 激子对称性的分析对于更为系统地理解它们的光学性质等很多方面的内容很有必要，这是本章的下一个主要内容（见 10.3 节）。根据群论理论分析可得到 SWNT 中光学现象的选择规则（见 10.3.2 节）。最后，10.4 节将讨论碳纳米管的激子理论。

10.2.1 类氢激子

对激子最简单的处理方法由 Wannier 激子给出，可用薛定谔方程进行描述：

$$\left[-\frac{\hbar}{2m_{\mathrm{e}}^{*}}\nabla_{\mathrm{e}}^{2}-\frac{\hbar}{2m_{\mathrm{h}}^{*}}\nabla_{\mathrm{h}}^{2}-\frac{e^{2}}{\epsilon r}\right]\Psi_{\mathrm{ex}}=E_{\mathrm{ex}}\Psi_{\mathrm{ex}} \tag{10.1}$$

式中：下标 e、h 分别为激子的电子和空穴，它们由库仑势①$\frac{e^2}{\epsilon r}$ 相互吸引在一起（ϵ是介电常数）；m_{e} 和 m_{h} 分别为电子和空穴的有效质量。

通过采用质心坐标 $\boldsymbol{R}=(m_{\mathrm{e}}\boldsymbol{r}_{\mathrm{e}}+m_{\mathrm{h}}\boldsymbol{r}_{\mathrm{h}})/(m_{\mathrm{e}}+m_{\mathrm{h}})$ 和相对距离坐标 $\boldsymbol{r}=(\boldsymbol{r}_{\mathrm{e}}-\boldsymbol{r}_{\mathrm{h}})$，激子波函数可描述如下：

$$\Psi(\boldsymbol{R},\boldsymbol{r})=g(\boldsymbol{R})f(\boldsymbol{r}) \tag{10.2}$$

式中，$g(\boldsymbol{R})=\mathrm{e}^{\mathrm{i}\boldsymbol{K}\cdot\boldsymbol{R}}$ 描述了具有动量 $\boldsymbol{K}$ 的激子的运动；$f(\boldsymbol{r})$ 给出了不同的激子能级，由具有约化质量的类氢原子的薛定谔方程解出，所涉及的约化质量为

$$\frac{1}{\mu}=\frac{1}{m_{\mathrm{h}}^{*}}+\frac{1}{m_{\mathrm{e}}^{*}} \tag{10.3}$$

式（10.1）的解为

$$E(\boldsymbol{K})=-\frac{\mu e^{4}}{2\hbar^{2}\epsilon^{2}n^{2}}+\frac{\hbar^{2}K^{2}}{2(m_{\mathrm{e}}^{*}+m_{\mathrm{h}}^{*})}\quad(n=1,2,3,\cdots) \tag{10.4}$$

式（10.4）的第一项和第二项分别为由量子数 n 表示的激子能级和激子质心运动的能量色散关系。尽管 SWNT 激子因库仑相互作用而由不同 $\boldsymbol{k}$ 态混合而成，其描述更为复杂（见 10.4 节），但是色散关系、激子波矢和激子能级等概念都与这个简化的描述紧密相关。

10.2.2 激子波矢

载流子的单粒子图像简单且易于理解。在半导体材料中，电子可以从价带激发到导带，大于带隙的光子能量变为激发电子的动能。但是，激子图像不能

---

① 在 SI（MKS）单位制中，库仑势变为$-e^2/4\pi\epsilon_0\epsilon r$。将 CGS 单位转化为 MKS 单位时，需要为 e^2 项添加一个 $1/4\pi\epsilon_0$ 因子。

由单粒子模型来描述，一般也不能用能量色散关系来直接地获得激子的激发能量。如果电子和空穴波函数局域在相同的空间区域，电子和空穴之间的库仑吸引力会增大束缚能，同时电子动能和电子之间的库仑排斥力也变大。因此，电子-空穴对之间优化的局域距离决定了激子束缚能。对金属来说，来自其他导带电子的库仑相互作用所产生的介电屏蔽显著地降低了电子-空穴库仑相互作用（介电常数 ε 为无穷大），因此在金属中无法形成激子①。由于电子-电子散射会发生而使电子寿命变得有限，光激发电子与价电子之间的库仑排斥力会导致所激发电子的波矢 $\boldsymbol{k}$ 不再是一个好量子数。

由于激子波函数局限在实空间，$\boldsymbol{k}$ 空间的激子波函数是不同 $\boldsymbol{k}$ 状态布洛赫波函数的线性组合，因此 $\boldsymbol{k}_c$ 和 $\boldsymbol{k}_v$ 由它们的中间值来定义。如果 $\boldsymbol{k}_c$ 和 $\boldsymbol{k}_v$ 不相等，就会存在 Δk 的波矢宽度②。

当考虑晶体的光学跃迁时，首先考虑其为垂直跃迁，$\boldsymbol{k}_c = \boldsymbol{k}_v$（图 10.2(a)），其中 $\boldsymbol{k}_c$、$\boldsymbol{k}_v$ 分别为电子和空穴的波矢。激子质心的波矢可以定义为 $\boldsymbol{K} = (\boldsymbol{k}_c - \boldsymbol{k}_v)/2$，而相对坐标用 $\boldsymbol{k} = \boldsymbol{k}_c + \boldsymbol{k}_v$）定义。这里需要注意，空穴（通过激发电子而产生）波矢和有效质量的符号都与电子相反。激子也有能量色散，它是 $\boldsymbol{K}$ 的函数，其中 $\boldsymbol{K}$ 代表了一个激子的平移运动，因此只有 $\boldsymbol{K} = 0$（$k < \Delta k$）的激子才可以通过发射一个光子而重新复合。相应地，一个 $\boldsymbol{K} \neq 0$ 的激子无法直接通过发射光子来重新复合，因此是一个暗激子。但是，$\boldsymbol{K} \neq 0$ 激子的复合发射是可能通过声子辅助的间接光跃迁过程来实现。

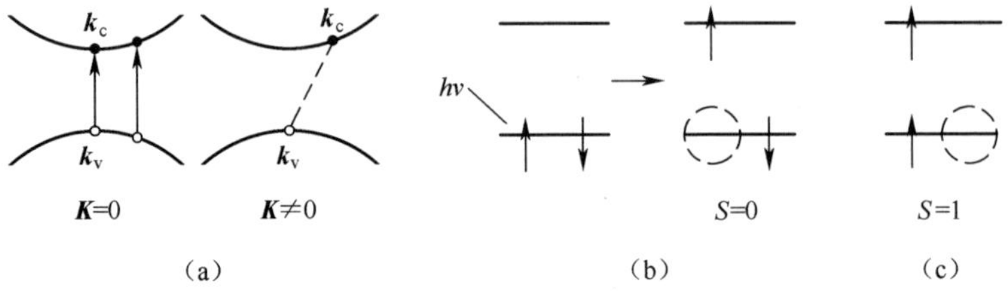

图 10.2 (a)晶体 $\boldsymbol{K} = 0$ 处所形成的单态激子，其中 $\boldsymbol{k}_c = \boldsymbol{k}_v$（左），无论在能带极值点或远离能带极值点处；如果 $\boldsymbol{k}_c \neq \boldsymbol{k}_v$，则 $\boldsymbol{K} \neq 0$，形成的是暗激子（右，见正文）；(b)当一个光子被自旋 ↑ 的电子吸收时（左），将得到一个单态激子（$S = 0$，右），如果电子自旋是 ↑，这里就可定义所留下空穴的自旋是 ↓；(c)三重态激子（$S = 1$），也就是暗激子[187]。

---

① 金属性 SWNT 具有比半导体 SWNT 更浅的激子束缚态。

② 实空间中高斯函数的傅里叶变换在 $\boldsymbol{k}$ 空间也是高斯函数。

10.2.3 激子自旋

当讨论电子和空穴之间的相互作用时,激子总自旋的定义有别于传统意义上一个分子(或晶体)中两个电子的情况。空穴是与电子不同的“粒子”,尽管如此,电子和空穴之间存在交换相互作用,就像氢气分子的两个电子一样。

当电子吸收一个光子时,假设一个具有自旋 ↑ 的电子跃迁至一个激发态,如图 10.2(b)所示,剩下一个空穴留在具有自旋 ↑ 的电子在未激发时所处的能级上。这个空穴不仅具有波矢“$-\boldsymbol{k}$”和有效质量“$-m^*$”,如 10.2.2 节所提及,而且是自旋被定义为 ↓ 的空穴态。如图 10.2(b)所对应的激子也就称为自旋单态激子,$S=0$,因为这里所显示的两能级模型中 S 的定义是依据两个存在的电子来说的①。就这点而言,对于两个真实电子的定义和对 $S=0$ 激子的定义是相同的。还需要注意的是,图 10.2(b)并不代表一个 $S=0$ 本征态。要构建一个本征态,必须对图 10.2(b)所示的态进行反对称组合,也就是电子自旋 ↓ 和空穴自旋 ↑ [332]。与此相反,一个三重态激子($S=1$)可以通过两个电子来表示,一个电子处于基态,另一个处于激发态,最后得到 $S=1$ 的总自旋(图 10.2(c))②。对于图 10.2(c)的三重态激子,可以定义空穴具有一个自旋 ↑ ,这样所对应的态是一个 $S=1$ 的本征态($m_s=1$)。还需进一步注意的是,由于泡利原理,三重态激子不能通过发射一个光子而直接复合。三重态激子是一种“暗激子”(偶极跃迁禁戒态)③。电子与空穴之间的交换相互作用(>0)只针对于 $S=0$ 起作用(图 10.2(b)),因此图 10.2(c)的 $S=1$ 态比 $S=0$ 态具有更低的能量④(见式(10.10))。应当指出的是,对于只有两个电子的这种更普遍的情况,交换相互作用(<0)适用于 $S=1$ 的情况,因此这个 $S=1$ 态的能量比 $S=0$ 态的能量更低。

10.2.4 实空间波函数的局域化

波函数的局域化可以通过用波矢 $\boldsymbol{k}$ 标记的各布洛赫波函数混合来获得。确定非局域波函数混合的方程称为 Bethe-Salpeter 方程(见 10.4.1 节)。激子的质心动量是晶体的一个好量子数,而电子和空穴的相对运动将给出激子能

---

① 电偶极跃迁不会改变具有 $S=0$ 基态的总自旋。

② 由于两个自旋向上电子可以处于不同能态,因此读者不应该对三重态具有 $S=1$ 感到困惑。

③ 通过磁场产生的自旋转换可以翻转一个自旋并导致三重态激子的复合。后面将介绍另一种类型的暗激子(E-对称激子)。

④ $S=0$ 激子的交换相互作用可以理解为两个电子(一个处于激发电子的位置,另一个处于剩下来空穴的位置,如图 10.2(b)所示)和没有交换能量的 $S=1$ 激子(图 10.2(c))之间在相互作用能量上的差别。

级。因此,激子可以认为是一个带有额外自由度的准粒子或元激发,类似于等离激元或极化激元。通过形成激子波函数,用于描述自由粒子的电子态波函数在希尔伯特空间将显著地减小,这使得单粒子光谱相应的光吸收也减少。这就是振子强度求和规则(或f-求和规则)。因此,如果光吸收中可用的振子强度大部分被用于激子,单粒子跃迁的光谱强度就会减小。这种情况对于研究SWNT激子尤为重要,特别是单粒子激发几乎没有在此系统的光吸收实验中观察到。

单壁碳纳米管激子的局域长度比SWNT的直径更大,但是远小于SWNT的长度。这种情况导致了SWNT激子光学性质表现出明显的一维特征。但是,在纯一维激子中,最低态的束缚能是负无穷大。因此,SWNT的圆柱形状对于产生足够大的激子束缚能是必不可少的,这使得在室温下就能实现对激子的观察。

10.2.5 石墨、SWNT和C_{60}激子的独特性

SWNT和石墨的电子结构在一定程度上是独一无二的,这是因为在布里渊区两个六边形顶点K和K'附近有两个不等价的能带。因此,可以相互地区分K和K'的区域,它们称为SWNT和石墨的两个谷。虽然光学跃迁在$\boldsymbol{k}$空间是垂直发生的,但是考虑电子空穴对的电子和空穴时,可以认为它们处于相同的谷,也可以是电子在一个谷而空穴在另外一个谷。后面这一类电子空穴对可以在实空间中形成激子,但是由于电子和空穴没有相同的$\boldsymbol{k}$值,它们从不会发生辐射复合,这种态称为E-对称激子(见10.3节)。E-激子是另一种"暗激子"。除了传统的"亮激子"(电子-空穴对处于同一个谷因而可以辐射复合①),许多不同类型激子的共存对于理解SWNT的光学性质是非常重要的。

在共振拉曼光谱、光致发光或共振瑞利散射中,甚至可以观察到来自一个SWNT"分子"的信号。在光学过程的单粒子图像中,光强度的显著增强可以通过连接价带和导带联合态密度的一维范霍夫奇点(vHS)来理解。在激子图像中,激子具有依赖于质心波矢的能量色散关系,可以预测在基态的激子态密度中也存在一维vHS,这时光吸收变强,当质心波矢消失时会发生这种现象。对具有(n,m)指数SWNT激发能量的指认可以很好地解释E_{ii}的结果,从激子vHS位置的角度来说,E_{ii}是一个单粒子图像的概念。该激子能量位置可以通过电化学掺杂或通过改变环绕SWNT周围空间的材料来调控,后者这种环境效应可以利用衬底、溶液或者SWNT周围的缠绕剂等来实现。

C_{60}是一个零维分子[6,333],也可以观察到其激子行为,相应的激子束缚能

① 10.3节揭示出,即使在相同谷内,由于对称性要求,两种可能激子类型之一应该就是暗激子。

估计约 0.5eV，与纳米管的激子束缚能在能量上属于同一数量级。C_{60}的激子束缚能是通过比较（i）光吸收能量（1.55eV）和（ii）光电子发射与反光电发射谱所观测到的能量差（2.3eV）而得到的[334-335]。

C_{60}和纳米管的激子都具有基本的相似点，两个系统都是 π 共轭的，都具有相似的直径，它们的电子态密度（C_{60}晶体具有分子能级或能带宽度较窄的能级）都具有奇点。另外，因为电子和空穴各自具有不同对称性的分子轨道，C_{60}球中最低能量激子波函数不是均匀的。相反，纳米管激子的电子和空穴具有相同的对称性。因为库仑相互作用 U 的范围比管径大一些，但比 SWNT 长度小一些，因此最低能量激子波函数在圆周方向是均匀的，且仅在沿管轴方向上是局域的。此外，对于C_{60}晶体来说，最高占据分子轨道（HOMO）和最低未占分子轨道（LUMO）的能带宽度比库仑相互作用小很多，而对于纳米管的情况，能带宽度比 U 大。SWNT 的激子沿纳米管管轴方向运动给出了激子的能量色散关系，而C_{60}激子则局域在分子内。虽然可以使用类似的实验和理论技术来考虑C_{60}的分子激子和 SWNT 的激子，但是对 C_{60} 和 SWNT 的激子进行描述时，考虑零维和一维系统在物理上的差异还是很重要的。

10.3 激子的对称性

群论讨论表明，SWNT 有 4 种自旋单态激子，所对应的对称性分别为 A_1、A_2、$\mathbb{E}$、$\mathbb{E}^*$[135]，其中只有 A_2 对称激子是光学允许的，因此 A_2 激子称为“亮激子”（偶极跃迁允许态），而其他所有激子称为暗激子。

10.3.1 激子对称性

图 10.3(a) 显示了一般手性 SWNT 中给定μ指数的电子价带和导带以及单粒子能带的示意图[31]。碳纳米管因子群的不可约表示可用角动量量子数μ来标记，也就是标记切割线的指数[110]。这里切割线包括了沿 SWNT 圆周方向周期性边界条件所给出的所有可能 $\boldsymbol{k}$ 矢量[110,336]，可以表示为 $\boldsymbol{k}=\mu\boldsymbol{K}_1+k\boldsymbol{K}_2/|\boldsymbol{K}_2|$（$\mu=1-N/2,\cdots,N/2$，和 $-\pi/T<k<\pi/T$）。其中 $\boldsymbol{K}_1$ 和 $\boldsymbol{K}_2$ 分别表示沿圆周方向和管轴方向上的倒格矢。N 为 SWNT 原胞里六边形的数目，T 为实空间原胞的长度[31]。带边电子和空穴态可以根据其不可约表示进行标记，激子波函数可以写成导带（电子）本征态 $\phi_c^\mu(\boldsymbol{r}_e)$ 和价带（空穴）本征态 $\phi_v^{\mu'*}(\boldsymbol{r}_h)$ 的乘积的线性组合[135,218,337]：

$$\psi(\boldsymbol{r}_e,\boldsymbol{r}_h)=\sum_{v,c,\mu,\mu',\boldsymbol{k}}A_{vc}\phi_c^\mu(\boldsymbol{r}_e)\phi_v^{\mu'*}(\boldsymbol{r}_h) \tag{10.5}$$

式中：v 和 c 分别为价带态和导带态；$\phi_c^\mu(\boldsymbol{r}_e)$ 和 $\phi_v^{\mu'*}(\boldsymbol{r}_h)$ 为实空间的局域函

数,可以通过对 $\boldsymbol{k}$ 求和得到。

要获得激子本征函数(见式(10.5)的 A_{vc} 系数)和本征能量的精确解,就必须求解 10.4.1 节的 Bethe-Salpeter 方程,该方程包括了多体相互作用并考虑了所有不同带中所有不同波矢的电子和空穴态之间的库仑相互作用的混合。库仑相互作用只与电子和空穴之间相对距离有关,因而多体哈密顿量在纳米管的对称性操作下是不变的。然后,每个激子本征态将会转化为纳米管空间群的不可约表示中的一个。在一般情况下,电子-空穴相互作用会混合所有能带和所有波矢,但对于比较小直径的纳米管($d_t < 1.5\text{nm}$),单粒子联合态密度(JDOS)奇点之间的能量间隔是相当大的。因此,作为一阶近似,考虑只有对给定 JDOS 奇点 E_{ii} 有贡献的电子子带才会混合形成激子态这一假设,事实上是非常合理的。在该近似下,采用通常的有效质量近似(EMA)和包络函数近似就有可能获得如下的激子近似本征函数[135,218,337]:

$$\psi^{\text{EMA}}(\boldsymbol{r}_e,\boldsymbol{r}_h) = \sum_{v,c}{}' A_{vc}\phi_c(\boldsymbol{r}_e)\,\phi_v^*(\boldsymbol{r}_h)F_\nu(z_e - z_h) \tag{10.6}$$

式(10.6)求和的上乘指标表明了求和只包含与 JDOS 奇点相关联的电子和空穴态。需要强调的是,近似波函数 ψ^{EMA} 具有与全波函数 ψ 相同且由 μ 所标记的对称性。包络函数 $F_\nu(z_e - z_h)$ 提供了在沿轴线相对坐标 $z_e - z_h$ 下激子的特殊局域性,ν 标记了 10.2.1 节所给出的一维类氢系列的能级。在 $z \to -z$ 操作下①,包络函数要么是偶函数($\nu = 0,2,4,\cdots$),要么是奇函数($\nu = 1,3,5,\cdots$)。这种"类氢"包络函数(类似于 10.2.1 节的 $f(\boldsymbol{r})$)的使用仅仅起到对可能出现的不同激子态排序问题的一个物理性猜测的作用。在式(10.6)基础上,激子态 $D(\psi^{\text{EMA}})$ 的不可约表示由下面的直积给出[135,218,337]:

$$D(\psi^{\text{EMA}}) = D(\phi_c) \otimes D(\phi_v) \otimes D(F_\nu) \tag{10.7}$$

式中:$D(\phi_c)$、$D(\phi_v)$ 和 $D(F_\nu)$ 分别为导带态、价带态和包络函数 F_ν 的不可约表示。

如图 10.3(a)所示,手性管有两个不等价的电子带②,一个能带的带边在 $\boldsymbol{k} = \boldsymbol{k}_0$;另一个能带的带边 $\boldsymbol{k} = -\boldsymbol{k}_0$。为了估计激子态的对称性,有必要考虑库仑相互作用把两个不等价的导带(电子)态和两个不等价的价带(空穴)态进行混合。这些电子和空穴态将转化为 C_N 点群的一维表示 $\mathbb{E}_\mu(\boldsymbol{k}_0)$ 和 $\mathbb{E}_{-\mu}(-\boldsymbol{k}_0)$[135]③,这时导带和价带极值发生在相同点,$\boldsymbol{k} = \boldsymbol{k}_0$(或 $-\boldsymbol{k}_0$)。这种情况导致了 JDOS 的 vHS[31,338]。考虑到这一点,$\nu = 0$ 的包络函数将变为 $A_1(0)$ 表示,与之相联

---

① 对于这种对称操作,可以采用垂直于纳米管轴的一个 C_2 轴。

② 本章末的问题给出了非手性纳米管的情况。

③ 通常 $\mathbb{E}$ 用于标记点群的二维不可约表示(IRs)。但是在循环群中,两个一维 IRs 因时间反转对称性而简并,而不是因实空间对称性而简并。这里这些一维 IRs 用 $\mathbb{E}$ 表示(见第六章)。

系的激子态对称性可以采用式(10.7)的直积得到,即

$$[\mathbb{E}_{\mu}(\boldsymbol{k}_0)+\mathbb{E}_{-\mu}(-\boldsymbol{k}_0)]\otimes[\mathbb{E}_{-\mu}(-\boldsymbol{k}_0)+\mathbb{E}_{\mu}(\boldsymbol{k}_0)]\otimes A_1(0)$$
$$=A_1(0)+A_2(0)+\mathbb{E}_{\mu'}(\boldsymbol{k}')+\mathbb{E}_{-\mu'}(-\boldsymbol{k}') \qquad (10.8)$$

式中:$\boldsymbol{k}' \sim 2\boldsymbol{k}_0$ 和 $\mu' \sim 2\mu$ 分别为激子线动量和准角动量。

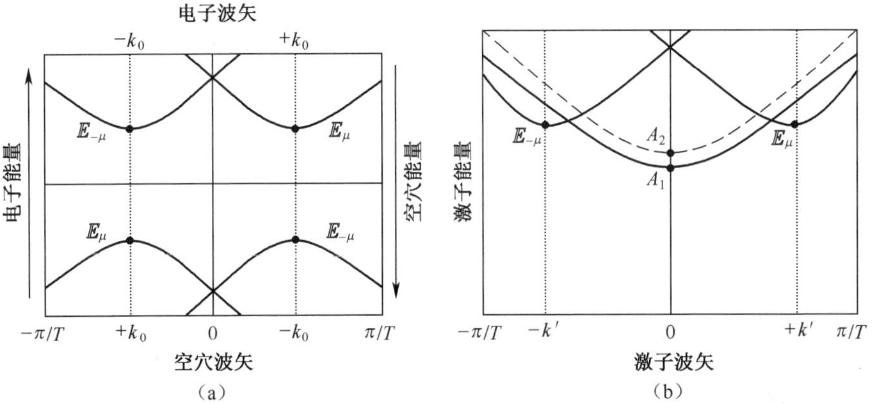

图 10.3 (a)手性 (n,m) 纳米管电子价带和导带 $E(\boldsymbol{k})$ 色散关系的示意图;(b)它们各自激子能带色散关系的示意图。能带边缘的电子,空穴和激子态由实心圆点给出,并根据它们所属不可约表示进行了标记[135]。

因此,上面群论分析表明,具有最低能量的一组激子由 4 个激子带构成,如图 10.3 所示。两个电子和两个空穴($\pm\mu$)波函数的混合产生了 4 个激子态。相同 vHS($\boldsymbol{k}_c=\pm\boldsymbol{k}_0,\boldsymbol{k}_v=\mp\boldsymbol{k}_0$)的电子和空穴态混合将产生激子态,它们将转化为 C_N 点群的 A_1 和 A_2 不可约表示。由波矢为 $\boldsymbol{k}_c=\boldsymbol{k}_v=\mp\boldsymbol{k}_0$ 的电子和空穴形成的激子态也将转化为 C_N 点群的一维不可约表示 $\mathbb{E}_{\mu'}(\boldsymbol{k}')$ 和 $\mathbb{E}_{-\mu'}(-\boldsymbol{k}')$,相应波矢为 $\boldsymbol{k}'$,角动量量子数为 μ'。

手性管中较高能量的激子态可以通过考虑 JDOS 的相同 vHS 以及较高的 ν 值而得到。当 ν 为偶数时,由于包络函数也具有 A_1 对称性,所得的分解是相同的;当 ν 为奇数时,包络函数将变为 A_2,但是那样也会保持式(10.8)中的分解不变。因此,从群论的角度来看,偶数和奇数 ν 都具有 A_1 和 A_2 对称的激子。如果现在考虑从 JDOS 的较高能量奇点(E_{22} 或 E_{33} 跃迁)所衍生出来的高能量激子态,只要电子和空穴的角动量相同,那么结果仍然一样。因此,式(10.8)描述了与手性碳纳米管的每个 E_{ii} 跃迁相联系的所有激子态的对称性。

10.3.2 光吸收的选择定则

为了获得激子态的光吸收选择定则,需要考虑以下情况:纳米管的基态转化为一个全对称表示 A_1,只有 $\boldsymbol{K}=0$ 的激子才能产生(见 10.2.2 节)。对于偏

振方向平行于纳米管管轴的光来说,手性纳米管中电场和电偶极子之间的相互作用可转换为 A_2 不可约表示[135]。因此,从每个包络函数 $\boldsymbol{\nu}$ 所得到的 4 个激子中,只有 A_2 对称的 $S=0$ 激子(见 10.2.3 节)对于平行偏振光是光学活性的,剩余的 3 种 $S=1$ 的激子态都是暗态。

尽管与拉曼光谱没有联系,但也有必要提及的是,双光子吸收实验是 SWNT 激子光物理研究的重要进展[339-340]。对于双光子激发实验, A_1 对称激子可被激发,因此每个包络函数 $\boldsymbol{\nu}$ 都有一个亮激子。存在与奇(偶)包络函数相关的单光子(双光子)允许跃迁主要来源于在第一布里渊区中与单层石墨烯两个不等价碳原子所关联的两个不等价 vHS 的存在。相应实验[339-340]证明了 SWNT 光学能级的激子特性。

10.4 碳纳米管的激子计算

本节将介绍计算碳纳米管激子行为的一些细节。首先,所讨论的 Bethe-Salpeter 方程可用于计算激子波函数以及在库仑相互作用下激子波函数的混合(见 10.4.1 节);然后,10.4.2 节讨论了激子的能量色散,而 10.4.3 节讨论了激子波函数的计算;最后,10.4.4 节讨论了 SWNT 激子光物理家族图案的形成。

10.4.1 Bethe-Salpeter 方程

这里将展示如何计算激子能量 Ω_n 和波函数 Ψ^n [186,311,319,321]。由于库仑相互作用使得激子波函数在实空间是局域化的,电子 $\boldsymbol{k}_c$ 或空穴 $\boldsymbol{k}_v$ 的波矢不再是好量子数,因此第 n 个激子能量 Ω_n 的波函数 Ψ^n 是具有许多 $\boldsymbol{k}_c$ 和 $\boldsymbol{k}_v$ 波矢的布洛赫函数的线性组合。库仑相互作用所导致的不同波矢的混合可以通过Bethe-Salpeter 方程得到[321],即

$$\sum_{\boldsymbol{k}_c\boldsymbol{k}_v}\{[E(\boldsymbol{k}_c)-E(\boldsymbol{k}_v)]\delta_{\boldsymbol{k}'_c\boldsymbol{k}_c}\delta_{\boldsymbol{k}'_v\boldsymbol{k}_v}+K(\boldsymbol{k}'_c\boldsymbol{k}'_v,\boldsymbol{k}_c\boldsymbol{k}_v)\}\Psi^n(\boldsymbol{k}_c\boldsymbol{k}_v)=\Omega_n\Psi^n(\boldsymbol{k}'_c\boldsymbol{k}'_v) \tag{10.9}$$

式中: $E(\boldsymbol{k}_c)$ 和 $E(\boldsymbol{k}_v)$ 分别为准电子和准空穴能量。

这里的“准粒子”意味着将库仑相互作用加入到单粒子能量并且该粒子处于激发态时具有有限寿命。式(10.9)实际上就是许多 $\boldsymbol{k}'_c$ 和 $\boldsymbol{k}'_v$ 点的联立方程。

式(10.9)的混合项是其内核,其中 $K(\boldsymbol{k}'_c\boldsymbol{k}'_v,\boldsymbol{k}_c\boldsymbol{k}_v)$ 由下式给出:

$$K(\boldsymbol{k}'_c\boldsymbol{k}'_v,\boldsymbol{k}_c\boldsymbol{k}_v)=-K^d(\boldsymbol{k}'_c\boldsymbol{k}'_v,\boldsymbol{k}_c\boldsymbol{k}_v)+2\delta_sK^x(\boldsymbol{k}'_c\boldsymbol{k}'_v,\boldsymbol{k}_c\boldsymbol{k}_v) \tag{10.10}$$

其中,对于自旋单态, $\delta_s=1$;对于自旋三重态, $\delta_s=0$(见 10.2.3 节)。直接相互作用内核 K^d 和交换相互作用内核 K^x 由以下积分给出[332]:

$$
\begin{cases}
K^{\mathrm{d}}(\boldsymbol{k}_{\mathrm{c}}'\boldsymbol{k}_{\mathrm{v}}',\boldsymbol{k}_{\mathrm{c}}\boldsymbol{k}_{\mathrm{v}}) = W(\boldsymbol{k}_{\mathrm{c}}'\boldsymbol{k}_{\mathrm{c}},\boldsymbol{k}_{\mathrm{v}}'\boldsymbol{k}_{\mathrm{v}}) \\
\qquad = \int \mathrm{d}\boldsymbol{r}'\mathrm{d}\boldsymbol{r}\psi_{\boldsymbol{k}_{\mathrm{c}}'}^{*}(\boldsymbol{r}')\,\psi_{\boldsymbol{k}_{\mathrm{c}}}(\boldsymbol{r}')w(\boldsymbol{r}',\boldsymbol{r})\,\psi_{\boldsymbol{k}_{\mathrm{v}}'}(\boldsymbol{r})\,\psi_{\boldsymbol{k}_{\mathrm{v}}}^{*}(\boldsymbol{r}) \\
K^{\mathrm{x}}(\boldsymbol{k}_{\mathrm{c}}'\boldsymbol{k}_{\mathrm{v}}',\boldsymbol{k}_{\mathrm{c}}\boldsymbol{k}_{\mathrm{v}}) = \int \mathrm{d}\boldsymbol{r}'\mathrm{d}\boldsymbol{r}\psi_{\boldsymbol{k}_{\mathrm{c}}'}^{*}(\boldsymbol{r}')\,\psi_{\boldsymbol{k}_{\mathrm{v}}'}(\boldsymbol{r}')\nu(\boldsymbol{r}',\boldsymbol{r})\,\psi_{\boldsymbol{k}_{\mathrm{c}}}(\boldsymbol{r})\,\psi_{\boldsymbol{k}_{\mathrm{v}}}^{*}(\boldsymbol{r})
\end{cases}
\tag{10.11}
$$

式中：w 和 ν 分别为屏蔽库仑势和裸库仑势；ψ 为下面所讨论的准粒子波函数。

准粒子能量是单粒子能量（$\epsilon(\boldsymbol{k})$）和自能（$\boldsymbol{\Sigma}(\boldsymbol{k})$）之和，即

$$
E(\boldsymbol{k}_i) = \epsilon(\boldsymbol{k}_i) + \Sigma(\boldsymbol{k}_i)\,(i = c, v) \tag{10.12}
$$

其中，$\Sigma(\boldsymbol{k})$ 可以表示为

$$
\begin{cases}
\Sigma(\boldsymbol{k}_{\mathrm{c}}) = -\sum\limits_{\boldsymbol{q}} W(\boldsymbol{k}_{\mathrm{c}}(\boldsymbol{k}+\boldsymbol{q})_{\mathrm{v}}, (\boldsymbol{k}+\boldsymbol{q})_{\mathrm{v}}\boldsymbol{k}_{\mathrm{c}}) \\
\Sigma(\boldsymbol{k}_{\mathrm{v}}) = -\sum\limits_{\boldsymbol{q}} W(\boldsymbol{k}_{\mathrm{v}}(\boldsymbol{k}+\boldsymbol{q})_{\mathrm{v}}, (\boldsymbol{k}+\boldsymbol{q})_{\mathrm{v}}\boldsymbol{k}_{\mathrm{v}})
\end{cases}
\tag{10.13}
$$

为了获得内核能和自能，单粒子布洛赫波函数 $\psi_k(\boldsymbol{r})$ 和屏蔽势 w 可以通过第一性原理计算[321]或通过扩展紧束缚波函数加上无规相近似(RPA)计算来得到。在 RPA 计算中，静态屏蔽库仑相互作用可以表示为

$$
w = \frac{\nu}{\kappa\,\epsilon(\boldsymbol{q})} \tag{10.14}
$$

式中：κ 为静态电介电常数；$\epsilon(\boldsymbol{q})$ 为介电函数，$\epsilon(\boldsymbol{q}) = 1 + \nu(\boldsymbol{q})\Pi(\boldsymbol{q})$。

通过计算偏振函数 $\Pi(\boldsymbol{q})$ 和未屏蔽库仑势 $\nu(\boldsymbol{q})$ 的傅里叶变换，可以获得足以描述激子能量与波函数的信息[186,319]。对于一维材料来说，Ohno 势通常用来描述 π 轨道的未屏蔽库仑势 $\nu(\boldsymbol{q})$：

$$
\nu(|\boldsymbol{R}_{u's'} - \boldsymbol{R}_{0s}|) = \frac{U}{\sqrt{((4\pi\epsilon_0/e^2)U|\boldsymbol{R}_{us} - \boldsymbol{R}_{0s'}|)^2 + 1}} \tag{10.15}
$$

式中：U 为将两个电子放置于单个位点（$|\boldsymbol{R}_{us} - \boldsymbol{R}_{0s'}| = 0$）所消耗的能量。

对于 π 轨道，该能量消耗可取为 $U = U_{\pi_a\pi_a\pi_a\pi_a} = 11.3\mathrm{eV}$。

10.4.2 激子能量色散

对于电子–空穴对，可以为激子的质心引入波矢 $\boldsymbol{K}$ 并为相对运动引入 $\boldsymbol{k}$，则

$$
\boldsymbol{K} = (\boldsymbol{k}_{\mathrm{c}} - \boldsymbol{k}_{\mathrm{v}})/2, \boldsymbol{k} = (\boldsymbol{k}_{\mathrm{c}} + \boldsymbol{k}_{\mathrm{v}}) \tag{10.16}
$$

然后 Bethe–Salpeter 方程（式(10.9)）可以重写为 $\boldsymbol{K}$ 和 $\boldsymbol{k}$ 的函数。由于库仑相互作用与电子和空穴的相对坐标有关系，质心运动 $\boldsymbol{K}$ 可视为好量子数①。因此，激子能量可描述为能量色散关系和 $\boldsymbol{K}$ 的函数关系。

图 10.4 给出石墨的二维布里渊区(2D BZ)和 (6,5) 单壁碳纳米管的切割

---

① 严格来说，当考虑其他电子对激子的屏蔽效应时，$\boldsymbol{K}$ 不再是一个好量子数。

线。由于光学跃迁发生在二维布里渊区的 K 和 K' 点附近，首先可以预期会有电子和空穴对的 4 种可能组合，如 10.3.1 节和图 10.4 所示；然后 SWNT 的激子

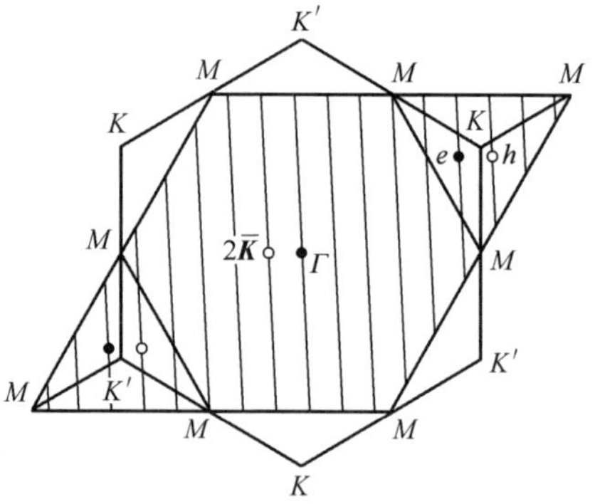

图 10.4　石墨二维布里渊区的 3 个不等价区域。图中显示了(6,5)SWNT 的切割线(10.3.1 节)，以及 (6,5) 单壁纳米管 $A_{1,2}$ 激子相关的电子–空穴对和相应的质心动量 $2\boldsymbol{K}=\boldsymbol{k}_c-\boldsymbol{k}_v$。分别位于相对于 K 点的第二条和第一条切割线的电子和空穴所形成的电子–空穴对，以及分别位于相对于 K' 点的第一条和第二条切割线的电子和空穴所形成的电子–空穴对，都对应于一个 E_{12} 激子，其质心动量 $2\boldsymbol{K}$ 位于相对于 Γ 点的第一条切割线[186]。

可以根据它们的 $2\boldsymbol{K}$ 值进行分类。如果电子($\boldsymbol{k}_c$)和空穴($\boldsymbol{k}_v$)波矢都来自于 K(或 K')区域，则 $2\boldsymbol{K}=\boldsymbol{k}_c-\boldsymbol{k}_v$ 位于 $\boldsymbol{\Gamma}$ 点附近，相应激子是一个 $A_{1,2}$ 对称激子。如果一个电子来自于 K 区域而空穴来自于 K' 区域，它们的 $2\boldsymbol{K}$ 则位于 K 区域，相应的激子是一个 $\mathbb{E}$ 对称激子。如果电子来自于 K' 区域而空穴来自于 K 区域，它们的 $2\boldsymbol{K}$ 则位于 K' 区域，相应的激子是一个 $\mathbb{E}^*$ 对称激子。

正如 10.3.1 节所讨论的对称性问题，激子波函数应该由 SWNT 波矢群的不可约表示来描述。对于 A 激子，来自 K 区域的电子和空穴所组成电子–空穴对的波函数 $|\boldsymbol{k}_c,\boldsymbol{k}_v\rangle=|\boldsymbol{k},\boldsymbol{K}\rangle$，与来自 K' 区域的电子和空穴所组成电子–空穴对的波函数 $|-\boldsymbol{k}_v,-\boldsymbol{k}_c\rangle=|-\boldsymbol{k},\boldsymbol{K}\rangle$ 具有相同大小的 K。因此，可以将这两种电子–空穴对组合得到，

$$A_{2,1}=|\boldsymbol{k},\pm,\boldsymbol{K}\rangle=\frac{1}{\sqrt{2}}(|\boldsymbol{k},\boldsymbol{K}\rangle\pm|-\boldsymbol{k},\boldsymbol{K}\rangle) \tag{10.17}$$

其中，在微扰垂直于纳米管管轴方向的轴进行 C_2 转动时，$|\boldsymbol{k},+,\boldsymbol{K}\rangle$ 和 $|\boldsymbol{k},-,\boldsymbol{K}\rangle$ 分别为反对称(A_2)和对称(A_1)①。

① 大家可能对于+(–)对应反对称(对称)波函数感到困惑，但这是一个正确的说法。

10.4.3 激子波函数

本节主要讨论与亮激子有关的计算结果[186]。图 10.5 绘制了(6,5)SWNT 具有自旋 $S=0,1$ 的 $E_{ii}(A_j)(i=1,2;j=1,2)$ 激子的能量色散,其中 E_{ii} 表示第 i 个价带与第 i 个导带的能量间隔。为了简便起见,也采用相同符号 E_{ii} 来标记激子。具有最大能量色散的激子具有类抛物线的能量色散关系,反映了带质量激子的自由粒子行为。对于 A_1 激子,对称性导致了交换相互作用的消失,因此 $S=0$ 和 $S=1$ 是简并的。图 10.5(d)给出了 $E_{11}(A^{\nu})$ 态位于 $\boldsymbol{K}=0$ 的激发能级。需要注意的是,对于自旋 $S=0$ 态, $E_{11}(A_2^0)$ 具有比 $E_{11}(A_1^0)$ 稍大的能量。这意味着亮激子 A_2 不是最低的能量态[341]。库仑能 $K^{\mathrm{d}}(\boldsymbol{k}',-\boldsymbol{k};\pm,\boldsymbol{K})$ 是谷间散射过程的能量,这使得它比谷内散射过程的相应能量 $K^{\mathrm{d}}(\boldsymbol{k}',\boldsymbol{k};\pm,\boldsymbol{K})$ 小一个数量级。因此,可以预见 $E_{11}(A_2^0)$ 和 $E_{11}(A_1^0)$ (对于 $S=0$)的能量差相当小(图 10.5(d)的情况约为 12meV)。此外,图 10.5(d)的三重态 $E_{11}(A_2^0)$ 比单态 $E_{11}(A_2^0)$ 低约 35meV。三重态和单态 $E_{11}(A_2)$ 态之间的能量差由交换库仑相互作用 $K^{\mathrm{x}}(\boldsymbol{k}',\boldsymbol{k};\boldsymbol{K})$ 决定(见式(10.11)),它在 SWNT 中比直接库仑相互作用 $K^{\mathrm{d}}(\boldsymbol{k}',\boldsymbol{k};\boldsymbol{K})$ 小一个数量级。单态 $E_{11}(A_2^0)$ 和 $E_{11}(A_1^0)$ 态之间的能量差以及单态和三重态 $E_{11}(A_2^0)$ 态之间的能量差对于不同计算方法所得结果基本上是一致的[320,325]。

下面将主要讨论具有 $\boldsymbol{K}=0$ 的亮激子单线态 $E_{ii}(A_2^0)$。图 10.6 展示了(8,0)SWNT 几个 $E_{22}(A_2^{\nu})$ 态在沿着纳米管管轴方向的激子波函数,这几个态,如 $\nu=0,1,2$ 所分别对应的(a) $E_{22}(A_2^0)$ 、(b) $E_{22}(A_2^1)$ 和(c) $E_{22}(A_2^2)$ [186]都具有较低的激发能量。由于波函数的正交特性,可以看到这些波函数分别具有 0、1 和 2 个节点,如图 10.6(a)~(c)所示。(8,0)SWNT 的 $E_{22}(A_2^0)$ 波函数是局域化的, 其半高全宽约为 1nm。局域化长度随着能量增加和纳米管直径增加而增加,反映了从一维到二维的维度变化。

SWNT 或石墨烯有两个子晶格 A 和 B。对于 $E_{22}(A_2^0)$ 和 $E_{22}(A_2^2)$,A 和 B 子晶格的波函数有相似的振幅,而对于 $E_{22}(A_2^1)$, 电子和空穴波函数振幅仅仅占据了两个子晶格中的一个。后者波函数的行为(波函数的振幅只占据一个子晶格)被视为局域边界态。因此,当激子在 SWNT 一端变得局域时,可以预见将会观察到有趣的现象。

关于 SWNT 的 z 轴反射操作, $E_{22}(A_2^0)$ 和 $E_{22}(A_2^2)$ 激子是对称的,而 $E_{22}(A_2^1)$ 激子是反对称的。那么,对于平行于 z 轴的线偏振光①来说, $E_{22}(A_2^0)$

① 讨论此说法的一个重要事实是,在 C_2 旋转或 z 反射下,A_2 波函数本身具有负号。因此 z 的一个偶函数变成一个偶极允许激子态。

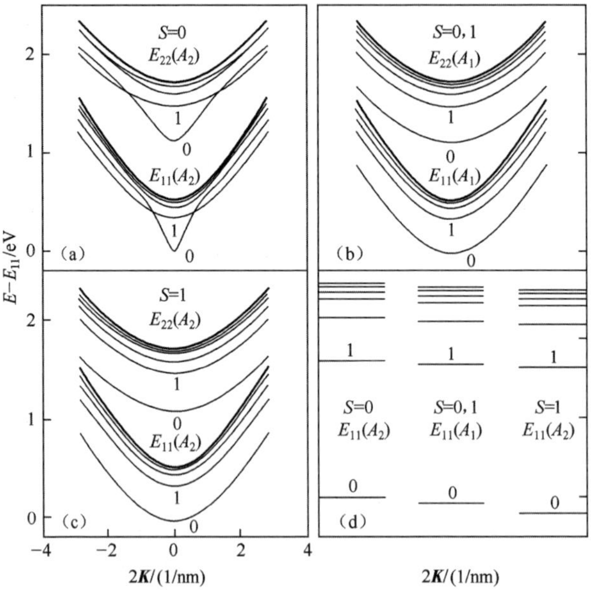

图 10.5　(6,5)SWNT 中：
(a) $E_{11}(A_2)(S=0)$ 和 $E_{22}(A_2)(S=0)$；
(b) $E_{11}(A_1)(S=0,1)$ 和 $E_{22}(A_1)(S=0,1)$；
(c) $E_{11}(A_2)(S=1)$ 和 $E_{22}(A_2)(S=1)$ 激子的激发能量色散关系。
$\boldsymbol{K}=0$ 激子的激发能级也显示于(d)中[186]。

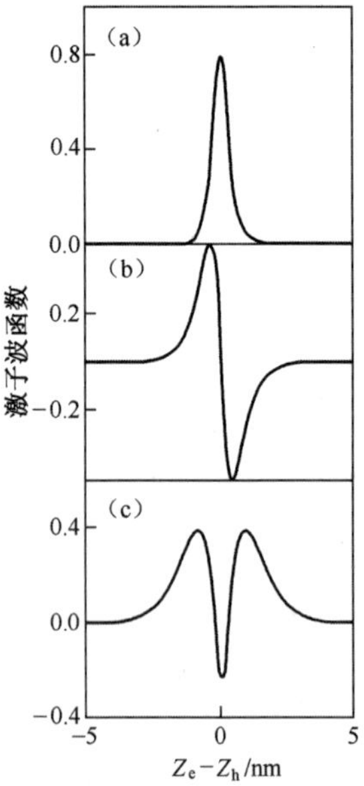

图 10.6　(8,0)SWNT 各个激子态沿纳米管管轴方向激子波函数的幅度：
(a) $E_{22}(A_2^0)$；(b) $E_{22}(A_2^1)$；
(c) $E_{22}(A_2^2)$ [186]。

和 $E_{22}(A_2^2)$ 激子是亮激子，而 $E_{22}(A_2^1)$ 激子是暗激子。在双光子吸收实验中，$E_{22}(A_2^2)$ 激子是亮态[339]。对于非手性(扶手椅型或锯齿型)SWNT，由于这些 SWNT 具有反演中心，它们的激子波函数对于 z 来说，要么是奇函数，要么是偶函数，因此对于非手性 SWNT，可以分别用 A_{2u} 或者 A_{2g} 来标记 $E_{22}(A_2^1)$，或者 $E_{22}(A_2^0)$（和 $E_{22}(A_2^2)$）[218]。

局域激子波函数是由很多 $\boldsymbol{k}$ 态混合构建而成的，其中的混合系数由 Bethe-Salpeter 方程(式(10.9))确定。图 10.6 的 3 个波函数的包络函数可以分别拟合为高斯函数($e^{-c_z z^2}$, $ze^{-c_z z^2}$, $(Az^2-B)e^{-c_z z^2}$)。给定某个激子 E_{ii} 的混合系数(傅里叶变换)在 $\boldsymbol{k}$ 空间也局域在单粒子 $\boldsymbol{k}$ 点附近。这种局域化可以由波函数的半高全宽大小 $\ell_{\boldsymbol{k}}$ 来描述。

图 10.7 所示为一维 $\boldsymbol{k}$ 空间中直径 (d_t) 在 $0.5\text{nm} < d_t < 1.6\text{nm}$ 范围内的所有 SWNT 亮激子态 $E_{11}(A_2^0)$ 和 $E_{22}(A_2^0)$ 的 $\ell_{\boldsymbol{k}}$ 值，其中也用实线绘制出了间距为 $2/d_t$ 的切割线。这里的一个重要信息是，所有 SWNT 的 $\ell_{\boldsymbol{k}}$ 都要比 $2/d_t$ 小。

该结果表明,切割线足以描述单独的 $E_{ii}(A)$ 态。因此,在碳纳米管情况下计算 Bethe-Salpeter 方程的难度大大减小了。对于更高能量态,由于 $E_{ii}(A_2^{\nu})$ 态的波函数在实空间的非局域化程度更高,因此 $\nu = 1,2,\cdots$ 的系列 $E_{ii}(A_2^{\nu})$ 态的 $\ell_{\boldsymbol{k}}$ 值比 $E_{ii}(A_2^0)$ 的 $\ell_{\boldsymbol{k}}$ 值要小。一般来说,用第 i 阶切割线已经足以描述 $E_{ii}(A)$、$E_{ii}(\mathbb{E})$ 和 $E_{ii}(\mathbb{E}^*)$ 态①,而且用第 i 阶和第 $i+1$ 阶切割线来描述 $E_{ii+1}(A)$ 和 $E_{i+1i}(A)$ 态也已经足够了。由于金属性 SWNT(M-SWNT)的 $\ell_{\boldsymbol{k}}$ 值要比半导体性 SWNT(S-SWNT)的 $\ell_{\boldsymbol{k}}$ 值小,上述结论对于 M-SWNT 也同样适用。

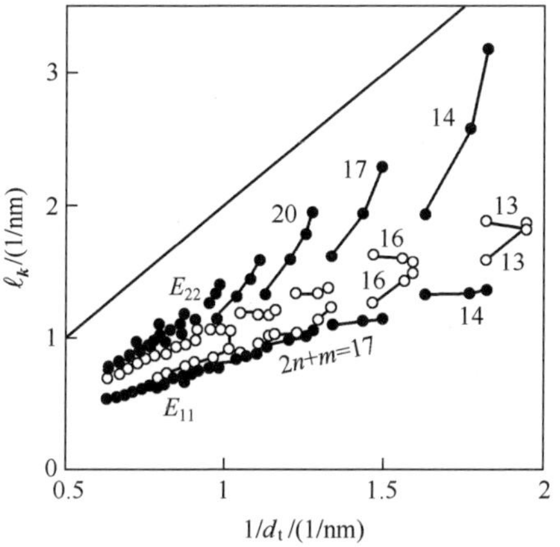

图 10.7　一维 $\boldsymbol{k}$ 空间中 $E_{11}(A_2^0)$ 和 $E_{22}(A_2^0)$ 态的波函数半宽 $\ell_{\boldsymbol{k}}$。
实线给出了切割线间距为 $2/d_t$ 以便于比较。空心和实心圆分别表示Ⅰ类和Ⅱ类的半导体性 SWNT。整数表示每个 SWNT 家族的 $2n+m$ 数值[186]。

只要库仑相互作用的范围比 SWNT 直径 d_t 大,只考虑一根切割线的假设就是成立的。对于典型的纳米管直径($0.5\text{nm} < d_t < 2.0\text{nm}$),沿圆周方向所有碳原子的库仑相互作用足够强,以至于 E_{ii} 激子的波函数沿着其圆周方向变为常数,这就是只需要一个切割线的物理原因。当直径相对于库仑相互作用的范围(大于 5nm)来说足够大时,激子波函数沿圆周方向不再是常数(二维激子)。这时就需要在 Bethe-Salpeter 方程中使用来自相邻切割线的内核。

值得一提的是,对于由垂直偏振光激发的 $E_{ii+1}(A)$ 激子(见 9.2.3 节),因为偶极跃迁选择定则,必须考虑两条切割线(第 i 个和第 $i+1$ 个)来研究其波函数(图 10.4)。实际上,所计算的激子在圆周方向上具有各向异性,从某种意义上说明电子和空穴相对于彼此是存在于纳米管的对面两侧的。由于所感应的退极化场[238]抵消了光场,相对于 $E_{ii}(A)$ 激子跃迁,$E_{ii+1}(A)$ 的能量位置有明显的上升[238,315]。此能量上升现象已经在 PL 实验中[311-312]观察到了,也可以

① 对于$\mathbb{E}$激子,$\pm i$ 态是针对电子和空穴而言的。

在 RRS 光谱的成像中观察到。

10.4.4 激子光物理的家族图案

在共振拉曼光谱研究的基础上，可发现所画出的光学跃迁能量 E_{ii} 与管径的依赖关系表现出了与 $2n+m=$ 常数家族相关的家族图案（见 9.3 节）。这些家族模式也可以在二维光致发光（PL）图像中观察到[180]。能观察到家族图案的原因在于具有相同 $2n+m=$ 常数家族的 (n,m) SWNT 具有相似的直径，并且 E_{ii} 值一般与纳米管直径成反比。同一个家族内 E_{ii} 值的微小变化是因为 K（和 K'）点电子色散的三角弯曲效应[229]。三角弯曲效应和 θ 依赖的晶格畸变给出了范霍夫奇异 $\boldsymbol{k}$ 点的单粒子能量位置和相应有效质量的手性依赖关系。属于相同 $2n+m$ 家族的不同 SWNT 有效质量的改变对于确定每根 SWNT 的激子束缚能和自能是十分重要的。

随着直径逐渐减小至低于 1.0nm 时，家族内各纳米管的能量弥散度将会变大。在这种情况下，只考虑 π 电子的简单紧束缚计算已不足以重现 E_{ii} 的能量位置。为了解决此问题，目前已经发展了扩展紧束缚（ETB）计算（见 10.1 节）的方法，该方法通过将 π 轨道与碳原子的 σ 和 2s 轨道进行混合以体现卷曲效应。然后，当把多体效应的密度泛函形式加进 ETB 结果时，就可以很好地再现关于 E_{ii} 对管径和手性角依赖性的实验结果[299,342]。

图 10.8 绘制了 S-SWNT 的 $E_{11}^{S}(A_2^0)$ 和 $E_{22}^{S}(A_2^0)$ 态以及 M-SWNT 的 $E_{11}^{M}(A_2^0)$ 态的激子 Kataura 图。空心和实心圆分别代表Ⅰ和Ⅱ（S1 和 S2）类 SWNT，交叉圆代表 M-SWNT。S1 和 S2 类 SWNT 分别由 $\mathrm{mod}(2n+m,3)=1,2$ 来定义[336]，这

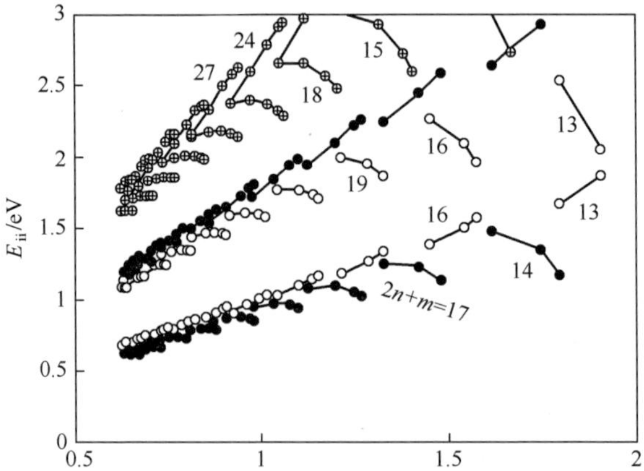

图 10.8 基于扩展紧束缚模型计算的各种激子激发能量的 Kataura 图，其中包括了 S-SWNT 的 $E_{11}^{S}(A_2^0)$ 和 $E_{22}^{S}(A_2^0)$，以及 M-SWNT 的 $E_{11}^{M}(A_2^0)$。空心和实心圆分别为 S1 和 S2 类半导体性 SWNT 的情况，交叉圆圈为 M-SWNT 的情况[186]。

里 mod 为整数的模函数。E_{ii} 值是 ETB 单粒子能量、自能 Σ 和激子结合能 E_{bd} 的总和。可以看到,图 10.8 出现了 E_{ii} 值的较大家族弥散度,与计算[182,299]和实验[180,183]都吻合很好。

图 10.9 给出了 ETB(扩展紧束缚)跃迁能量 E_{11}、准粒子自能 Σ 和激子束缚能 E_{bd}。在同一张图中也绘制了 $\Sigma - E_{bd}$[186]。可以看出,尽管 Σ 和 E_{bd} 都趋于增加 SWNT 家族的弥散度,但这两项对家族弥散度的贡献几乎相互抵消。这种近乎抵消导致了弱的手性依赖性,表明对单粒子能量的净能量校正 $\Sigma - E_{bd}$ 主要取决于 SWNT 的直径。因此,可以得出结论,对 E_{11} 所观察到的较大家族弥散度主要源自于单粒子谱中的三角弯曲效应和 θ 依赖的晶格畸变。由于库仑相互作用,对二维石墨色散的对数修正不能被激子束缚能抵消,该效应导致的对数能量修正 $E^{\log}$ 可由下式给出[181,299],即

$$E^{\log} = 0.55(2p/3d_t)\log\left[3/(2p/3d_t)\right] \qquad (10.18)$$

其中,对数项就是经典式(9.10)的对数项,因此式(10.18)是合理的。图 10.9 用虚线给出 $p = 1$ 的 $E^{\log}$。此结果表明,能量修正 $\Sigma - E_{bd}$ 非常好地遵循了此对数行为。$\Sigma - E_{bd}$ 与对数行为的高度吻合解释了为什么 ETB 模型在考虑 SWNT 光物理中出现的激子和其他多体效应时完全有效。

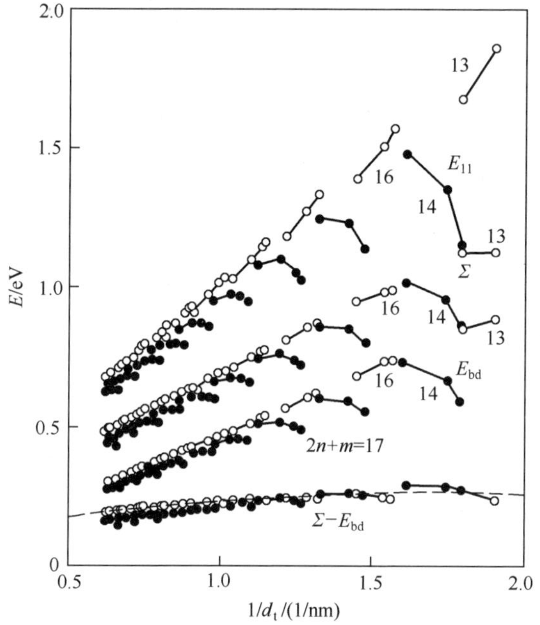

图 10.9 基于 ETB 模型计算的 $E_{11}(A_2^0)$ 亮激子态所对应的激发能量 E_{11}^{S}、自能 Σ、束缚能 E_{bd} 和能量校正 $\Sigma - E_{bd}$。空心和实心圆分别为 S1 和 S2 类半导体性 SWNT 的情况。虚线是由式(10.18)在 $p = 1$ 情况下计算得到的[186]。

10.5 激子尺寸效应:介电屏蔽的重要性

E_{ii} 值现在可以借助包括了卷曲优化[182,329]和多体效应[37-39,186,343]的紧束缚计算框架下的亮激子能量来理解。现在对直径($0.7\text{nm} < d_t < 3.8\text{nm}$)和 E_{ii} (1.2~2.7eV)都处于大范围内的 SWNT 以及被各种材料所包围的 SWNT 的 E_{ii} 值都可以进行指认[20,317],从而使得准确地确定一般介电常数 κ 对 E_{ii} 的效应也成为可能。这里的"一般"是指, κ 同时包括了来自管和来自环境的屏蔽。激子计算中考虑依赖于 d_t 的有效 κ 值对于重现实验的 E_{ii} 值是必要的。这种依赖性通常对于研究准一维和真正一维材料的物理特性是非常重要的,并且可以用来解释这些材料的光学实验和环境效应。

10.5.1 2s 和 σ 电子相关的库仑相互作用

图 10.10 显示了从水辅助("超生长")化学气相沉积方法[33,281]生长的 SWNT 样品中测量的实验 E_{ii} 值(黑点)的图像[189,317]。所得到的 E_{ii} 跃迁能量

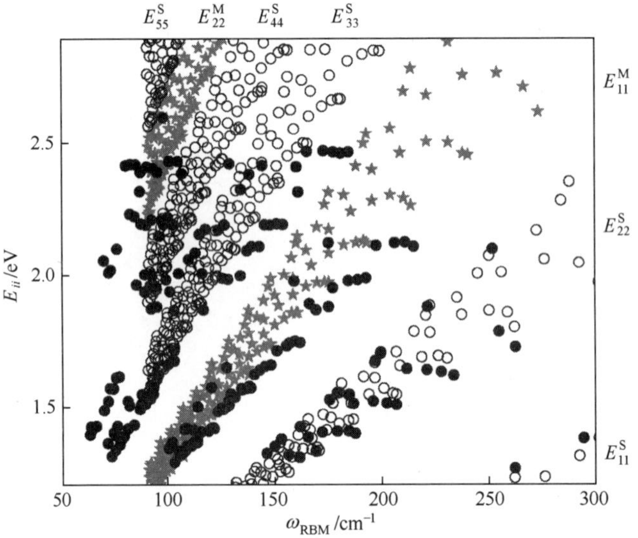

图 10.10 黑点给出了由"超生长"SWNT 样品共振拉曼光谱得到的激子激发能量 E_{ii}^{exp} 和 ω_{RBM} 之间的函数关系结果[189,317]。黑色空心圆(半导体性;S-SWNT)和深灰色五角星(金属性;M-SWNT)都给出了介电屏蔽常数 $\kappa = 1$ 时所计算的亮激子激发能量 E_{ii}^{cal} 值[186]。E_{ii}^{cal} 和 ω_{RBM} 的函数关系是通过关系式 $\omega_{RBM} = 227/d_t$ 转换的[189]。由于计算时间有限,这里只计算了 $d_t < 2.5\text{nm}$ ($\omega_{RBM} > 91\text{cm}^{-1}$) 纳米管的 E_{ii} 值。跃迁能量 $E_{ii}^S(i = 1,2,3,4,5)$ 标识的是半导体性 SWNT, $E_{ii}^M(i = 1,2)$ 标识的是金属性 SWNT[190]。

数据被画成与径向呼吸模频率 ω_{RBM} 的函数关系,数据是通过共振拉曼光谱(RRS)[189,317-318]获得的。图 10.10 对来自“超生长”样品 E_{ii} 和 ω_{RBM} 关系的实验值 E_{ii}^{exp} 和将介电屏蔽常数设为 $\kappa=1$后所计算的亮激子能量 E_{ii}^{cal}(空心圆和五角星)进行了比较。尽管 E_{ii}^{cal} 包含了 SWNT 卷曲效应和多体效应[186],但 E_{ii}^{exp} 相对于理论值发生明显的红移,而且该红移同时取决于 ω_{RBM}(也就是管径 d_t)和光学能级(E_{ii} 中的 i)。

所计算的 E_{ii} 值可以通过明确地考虑式(10.14)中库仑势能的介电常数 κ 来归一化[344]。这里,κ 代表电子-空穴对所受到来自核(1s)和 σ 电子的屏蔽 κ_{tube} 以及来自 SWNT 周围材料的屏蔽(κ_{env}),而 $\varepsilon(q)$ 明确给出了在无规相近似(RPA)下为 π 电子所计算的极化函数[186,324,345]。为了完全地理解所观察到的能量依赖的 E_{ii} 红移,将把总的 κ 值作为参数拟合使得 $E_{ii}^{exp}-E_{ii}^{cal}$ 最小化。图 10.11 中点显示了所拟合的 κ 值与 p/d_t 的函数关系,可以再现“超生长”SWNT 样品中特定 (n,m) SWNT 的每一 E_{ii} 实验值。五角星符号代表了另外一个不同的 SWNT 样品,即“乙醇辅助”生长 SWNT[346]。两种 SWNT 数据之间的差异来源于不同的环境屏蔽 κ_{env},随后在 10.5.2 节讨论。整数 p 对应于切割线从 K 点计算起的距离比,这里对于 E_{11}^S、E_{22}^S、E_{11}^M、E_{33}^S 和 E_{44}^S,p 值[20]分别等于 1,2,3,4 和 5。p/d_t 比值的考虑使得可以用相同的曲线来比较具有不同 d_t 值和不同 E_{ii} 值 SWNT 样品的 κ 值。从图 10.11 可以看出,对于不同的 E_{ii} 值,κ 值随着 p/d_t 的增加而增加。相比于 E_{11}^S 和 E_{22}^S 的 κ 值(图 10.11(a)),E_{33}^S 和 E_{44}^S 的 κ 值(图 10.11(b))出现在更小的 κ 值范围。

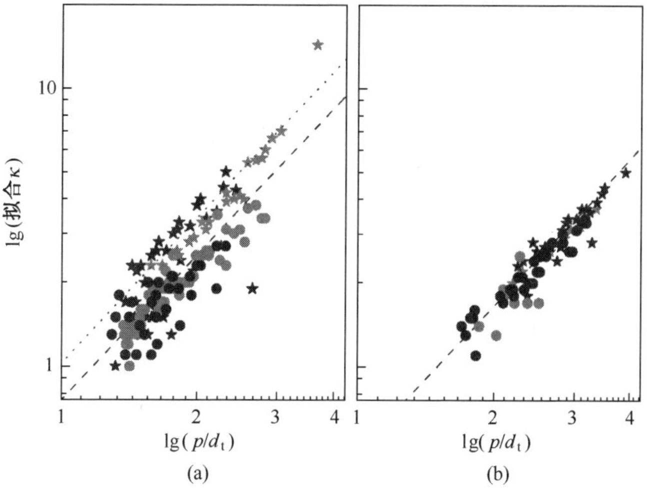

图 10.11 计算的 κ 值,显示了与“超生长”样品(点)[317]和“乙醇辅助”样品(五角星)[287]实验 E_{ii} 值的拟合情况。(a)E_{22}^S(黑色)和 E_{11}^M(灰色)。虚线和点线由式(10.19)分别取 $C_\kappa=0.75$ 和 $C_\kappa=1.02$ 得到;(b)E_{33}^S(黑色)和 E_{44}^S(灰色)。虚线由式(10.19)取 $C_\kappa=0.49$ 得到[190]。

图 10.11 的数据点可以通过下面经验公式来拟合[190]，即

$$\kappa = C_{\kappa}\left(\frac{p}{d_{t}}\right)^{\alpha} \tag{10.19}$$

式中：指数 $\alpha = 1.7$ 对所有 $E_{ii}^{\exp}$ 都适用，但对于不同样品需要采用不同的 C_{κ} 以反映其环境条件的差异[190]。

对于 E_{11}^{S}、E_{22}^{S} 和 E_{11}^{M}，"超生长"SWNT 和"乙醇辅助"SWNT 的 C_{κ} 分别为 0.75 和 1.02（分别对应于图 10.11(a)的虚线和点线）。这种差异可以用 κ_{env} 来理解。对于这两个样品，E_{33}^{S} 和 E_{44}^{S} 都可以采用 $C_{\kappa} = 0.49$ 来拟合，如图 10.11(b)的虚线所示。

定性地来说，式(10.19)所表示介电常数直径依赖关系的起源包括：激子尺寸和电场所"感受"到周围材料介电常数的程度。这两个因素是相互联系的，因此需要改进电磁模型来合理化此公式。有趣的是，所发现的 E_{22}^{S} 和 E_{11}^{M} 之间 κ 值的相似性表明，计算 $\varepsilon(q)$ 时通过使用 RPA 可以充分考虑金属性和半导体性 SWNT 之间的差别。同样有趣的是对高能级（$p > 3$）观察到了不同的 κ 行为，其中 C_{κ} 比 $p \leqslant 3$ 的 E_{ii} 所对应的 C_{κ} 要小，并且在该范围内 κ 与样品环境无关。有两个图像可以提供：①与 E_{11}^{M} 和 E_{22}^{S} 相比，E_{33}^{S} 和 E_{44}^{S} 具有更局域化的激子波函数（更大的激子束缚能），这导致 E_{33}^{S} 和 E_{44}^{S} 激子有较小的 κ 值且其波函数不存在对 κ_{env} 的依赖性；②较强的纳米管屏蔽（κ_{tube}）导致了激子对于 κ_{env} 的独立性，从而导致了一个更小的有效 κ 值。

10.5.2 环境介电常数 κ_{env} 的效应

图 10.12 给出了由"超生长"SWNT（点）[317]和"乙醇辅助"SWNT（空心圆）[287]所获得 $E_{ii}^{\exp}$ 的对比。从图 10.12 可以看出，除了 9.1.2 节所讨论 ω_{RBM} 的变化外，相对于"超生长"SWNT 的 $E_{ii}^{\exp}$ 值，"乙醇辅助"SWNT 的 $E_{ii}^{\exp}$ 值普遍发生红移。因为一个给定的 (n,m) 管的结构应该是相同的，假设对于特定类型的 SWNT 样品，κ_{tube} 不会随着样品的改变而改变。那么，这些结果表明与"超生长"SWNT 相比，"乙醇辅助"SWNT 被一个较大 κ_{env} 值所包围，因此有效 κ 值增加而 E_{ii} 值减小[190]。

从图 10.11 可以看出，拟合"超生长"SWNT 样品（点）的 $E_{ii}^{\exp}$ 所得到的 κ 值与拟合"乙醇辅助"SWNT 样品（五角星）所得到的 κ 值是有区别的。比较两个样品的 E_{22}^{S} 和 E_{11}^{M}（图 10.11(a)），可发现当 $p = 3$ 时 κ 值是明显不同的。但是，两个样品 E_{33}^{S} 和 E_{44}^{S}（图 10.11(b)）相应的 κ 值没有明显的差异。这意味着 E_{33}^{S} 和 E_{44}^{S} 激子的电场不会大幅度地延伸到 SWNT 体积之外，这与 κ_{env} 效应非常明显的 E_{22}^{S} 和 E_{11}^{M} 激子显著不同。由于 κ_{env} 效应对于能量高于 E_{11}^{M} 的激子影响相对较小，即使在

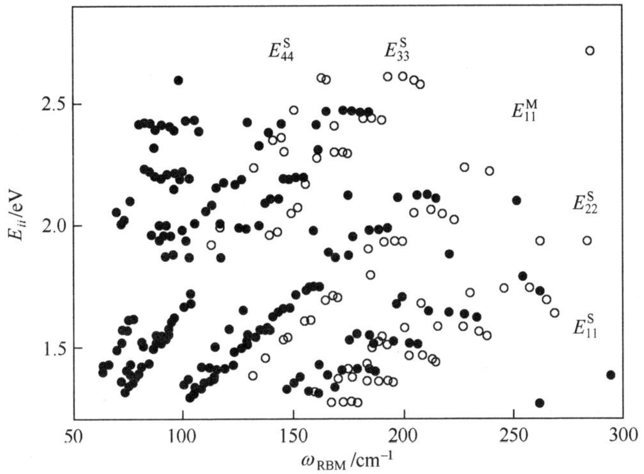

图 10.12 从“超生长”SWNT 样品(点)和“乙醇辅助”SWNT 样品(空心圆)获得的 E_{ii}^{exp} 与 ω_{RBM} 的函数关系[190]。

环境介电常数未知的情况下,甚至 E_{33}^{S} 和 E_{44}^{S} 值出现在 Kataura 图的大密度点区域内的情况下,仍然有可能根据 E_{33}^{S} 和 E_{44}^{S} 指认 SWNT 样品的 (n,m) 值。

10.5.3 有关介电屏蔽的更多理论

环绕 SWNT 周围材料的介电常数不能直接用来计算或者解释数据,因为电场不仅存在于周围材料中也存在于 SWNT 自身。在图 10.13 的计算中,介电常数 κ 值被处理为可用于 Ohno 势的一个参数,也画出了 $\Delta E_{ii}^{S} = \Delta E_{ii}^{S}(\kappa = 2) - \Delta E_{ii}^{S}(\kappa = 3) > 0$ 和 $1/d_t$ 之间的函数关系。对于 ΔE_{11}^{S} 和 ΔE_{22}^{S},从图 10.13 中可以得到Ⅰ(S1,mod$(2n+m,3)=1$)和Ⅱ(S2 mod$(2n+m,3)=2$)类半导体性 SWNT 的 $(2n+m)$ 家族图案。此预测行为与最近的实验结果吻合很好[347-348]。

图 10.14 绘制了在考虑(实线)和不考虑(虚线)(6,5)单壁纳米管 E_{11}^{S} 和 E_{22}^{S} 态的屏蔽效应时,(6,5)SWNT 的 E_{ii}^{S} 与 $1/\kappa$ 图(a)或者 κ 图(b)之间的函数关系。可以看出,在不考虑电子屏蔽效应时,E_{ii}^{S} 大致与 $1/\kappa$ 成线性关系。屏蔽效应会导致线的弯曲,减少能量频移,尤其是对于 κ 值较小的区域,如 $\kappa < 2$。该弯曲效应是因为环境的屏蔽效应通常会产生一个与波矢 $\boldsymbol{q}$ 无关的介电常数,而介电函数 $\epsilon(0,\boldsymbol{q})$ 对 E_{ii}^{S} 跃迁能量的效应来自于一个 $\boldsymbol{q}$ 的函数[319]。图 10.14(a)也给出了激子束缚能与 $1/\kappa$ 之间的函数关系。可以看到,对于 E_{11} 和 E_{22} 态,束缚能都大致与 $(1/\kappa)^{1.4}$ 成比例。该标度参数 α 可以用来估计激子束缚能:

$$E_{bd} \propto d_t^{\alpha-2}\, m^{\alpha-1}\, \kappa^{-\alpha} \tag{10.20}$$

式中:m 为电子或空穴的有效质量[324]。

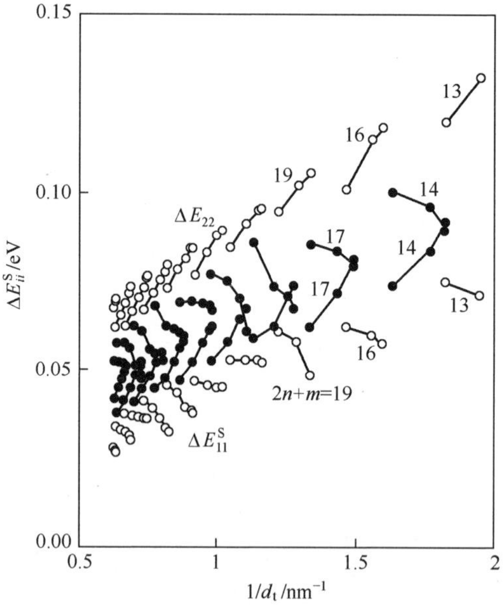

图 10.13　当 κ 从 3 变化到 2 时所计算的 E_{11}^{S} 和 E_{22}^{S} 跃迁能量之间的变化值。空心圆和实心圆分别对应 S1 和 S2 类半导体性 SWNT[186]。

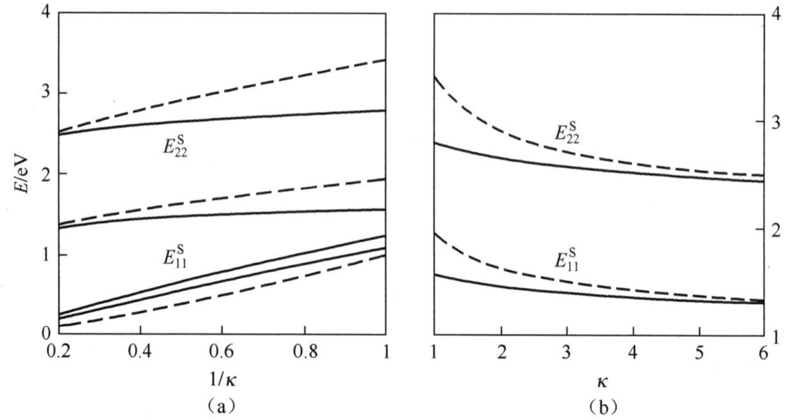

图 10.14　(6,5)SWNT 激子态 E_{11}^{S} 和 E_{22}^{S} 的跃迁能量与 κ 的依赖关系。实线和虚线分别为考虑和不考虑 π 电子的屏蔽效应。(a)激发能量与 $1/\kappa$ 的函数关系，E_{11} 下面的 3 条曲线从上到下分别给出了激子态 E_{11}^{S} 和 E_{22}^{S} 的激子束缚能与 $1/\kappa$ 之间的依赖关系以及 $E = (1/\kappa)^{1.4}$ 的函数关系；(b)激子态 E_{11}^{S} 和 E_{22}^{S} 的激发能与 κ 之间的函数关系[186]。

标度的概念对于解释说明所观察到的家族图案以及对 E_{ii} 的直径依赖关系是有帮助的。κ 值的直径依赖性与这个标度律是相关的,但是目前还不能给出很好的理解[219]。

10.6 小　结

本章讨论了碳纳米管的激子物理,该讨论从介绍碳纳米管中卷曲石墨烯片里 σ-π 杂化的重要性开始。激子在半导体中通常都是很重要的,但是它们在纳米材料中尤其重要,这时,空间限制效应增强了光激发电子和空穴之间的重叠,从而提高了激子束缚能。这里讨论了激子能级、波矢、自旋、对称特性、选择定则、能量和波函数等相关的物理特性,即对于实现碳纳米管光学能级准确描述很重要的各方面内容。但是,为了达到实验的精度,还必须考虑介电屏蔽的处理。

式(10.19)所示的直径依赖的介电常数在一个大能量范围(1.2~2.7eV)和大管径范围(0.7~3.8nm)下都能很好地重现测量的 E_{ii} 值。目前,κ 值的处理对于指认 $2n+m$ 家族数量以及属于不同 SWNT 样品每一家族的 (n,m) SWNT 都已经足够准确。在考虑了扩展紧束缚模型、多体修正以及直径依赖介电常数 κ(见式(10.19))以后,所有观察到的 E_{ii} 与 (n,m) 值的函数关系现在都可以在实验精度范围内给予理论上的解释。经验式(10.19)到目前还不能完全理解,建立考虑了激子大小作用的理论模型仍然是很有必要的。这里给出的结果也与式(10.19)所采用经验方法所得的结果是一致的[287],因此也为这种方法提供了佐证。

10.7 思　考　题

[10-1]当平面 sp^2 键沿圆周方向弯曲 θ 角度,这里 θ 为 0.1rad 量级,预计会产生大的卷曲效应。求相应纳米管的直径是多少。

[10-2]卷曲效应可以通过 Slater-Koster 方法来理解,其中 π-π 轨道的传输矩阵元与 σ-σ 轨道混合。请揭示在思考题[10-1]中矩阵元如何被修正为 θ 的函数。

[10-3]将式(10.2)的波函数代入式(10.1),求解 g 和 f 的微分方程。

[10-4]求解一维氢原子的薛定谔方程。特别地,证明其最低能量是负无穷大,并写出相应的波函数。

[10-5]求解二维氢原子的薛定谔方程。在这种情况下,若在平面内具有角动量,请计算其能量值。

[10-6]在三维球形势场中,势场是 $\boldsymbol{r}$ 的函数。在这种情况下,证明球形势哈密尔顿算符所对应波函数的角度部分由球谐函数 $Y_{lm}(\theta,\varphi)$ 给出。

[10-7]求出具有角动量 $\boldsymbol{l}$ 的氢原子关于 $\boldsymbol{r}$ 的微分方程,并求解氢原子的束缚态。

[10-8]举例解释什么是半导体的直接和间接带隙。在间接带隙中,解释为什么激子无法只发射一个光子。

[10-9]当两个电子之间存在电子-电子相互作用 U 时,解释该相互作用修正的电子态主要在费米能级附近。特别地,解释为什么在能带底部的电子不容易受到库仑相互作用的影响。考虑以下两种情况:(1) $U \gg W$ (W 为能带宽度);(2) $W \gg U$ 。

[10-10]如果电子在一些相互作用下具有有限的寿命,请定性解释能量色散关系 $E(\boldsymbol{k})$ 会发生什么情况。

[10-11]如果波函数在空间上是局域化的,波函数可以表示为带有很多 $\boldsymbol{k}$ 值的布洛赫波函数的线性组合。为了理解这一点,计算高斯函数 $f(x) = \exp(-x^2/a^2)$ 的傅里叶变换。

[10-12]分别用 α 和 β 表示电子具有 $s_z = 1/2$ 和 $s_z = -1/2$ 时的自旋函数。用 $s_z = -1/2$ 和 $s_z = 1/2$ 分别定义原本被具有 $s_z = 1/2$ 和 $s_z = -1/2$ 电子占据的空穴自旋,并将它们分别标记为 β_h 和 α_h 。求解单态 ($S = 0$) 和三重态 ($S = 1$) 激子的总自旋函数。

[10-13]当考虑不依赖于自旋的电偶极跃迁时,请解释 $S = 1, S_z = -1, 0, 1$ 激子态都是暗激子态。

[10-14]当存在库仑相互作用时,两个电子的 $S = 1$ 和 $S = 0$ 态之间出现了能量差异,也就是交换能。请根据 Pauli 不相容原理、Hartree-Fock 近似和两个电子的自旋来解释自旋交换能的物理意义。为什么 $S = 1$ 态比 $S = 0$ 态的能量低?

[10-15]请解释 $S = 0$ 激子不能快速地弛豫到较低能量 $S = 1$ 态的原因。

[10-16]推导非手性 SWNT 对应的式(10.8),并画出锯齿型和扶手椅型纳米管与图(10.3)类似的示意图。

[10-17]请画出具有 A_1、A_2 和 $\mathbb{E}$ 对称的 E_{11} 激子能级所具有的类似于图 10.4 的图。如果是 E_{22} 或 E_{12} 激子呢?需要注意的是,当解释 A_1 和 A_2 激子(见式(10.17))时,两种配置是耦合的。

[10-18]为什么式(10.17)中的加号对应于反对称 A_2 激子?讨论价带和导带的波函数在 C_2 旋转下如何改变。

[10-19]比较式(10.18)与式(9.10)的对数部分,并讨论结果。

[10-20]证明 E_{33}^{S} 或 E_{44}^{S} 激子的有效质量大于 E_{11}^{S} 或 E_{22}^{S} 的有效质量。

[10-21] 通过考虑氢原子的 1s 能量,证明当电子和空穴的有效质量变大时,激子的束缚能也变大。据此证明 E_{33}^{S} 或 E_{44}^{S} 激子的激子束缚能大于 E_{11}^{S} 或 E_{22}^{S} 激子的激子束缚能。

[10-22] 当周围材料的介电常数 κ_{env} 很大时,哪个激子会感受到更大的 κ_{env} ,是 E_{11}^{S} 激子还是 E_{33}^{S} 激子? 通过这些激子的电场来说明。

[10-23] 对于 $2n+m=$常数的家族,哪种 SWNT 具有更大的有效质量,是近扶手椅型 SWNT 还是近锯齿型 SWNT?

[10-24] 利用 K 点与 Γ 点在垂直于切割线方向上的距离为 $K\Gamma=(2n+m)/3$ 这一事实,阐述说明在二维布里渊区中,对应于 S1 类和 S2 类半导体性 SWNT 中 E_{11}^{S} 到 E_{44}^{S} 跃迁的切割线。

[10-25] 对于 E_{11}^{S} 跃迁,哪类半导体性 SWNT 具有较大的有效质量,是 S1 类还是 S2 类? 对于 E_{22}^{S}, 情况又如何呢?

第 11 章

利用紧束缚方法计算拉曼光谱

本章侧重于拉曼光谱计算所涉及的物理知识，以第 9 章实验所观察到的共振拉曼光谱和第 10 章所讨论的光学跃迁激子物理为基础。除了由于共振效应导致的强E_{laser}依赖性之外，如前面所述，拉曼强度也依赖于式(5.20)分子中矩阵元强度。在第 9 章的 RBM 强度(I_{RBM})分析中，可以假设矩阵元为一个常数，该过程对于准确地提取共振跃迁能量 E_{ii} 来说已经足够了。但是，I_{RBM} 强烈地依赖于 SWNT 的手性，也就是 (n,m) 指数，此依赖性就要求对矩阵元进行详细的计算。这些计算只有在获得第 10 章所建立的基本电子结构之后才能够实现，这些计算并不仅仅有益于解释 I_{RBM} 的(n,m)依赖性，同时也是发展电子-光子和电子-声子耦合背后基本物理的深入理解所必须的，这些相互作用将强烈地影响所观测到的拉曼光谱。另外，拉曼强度还取决于共振窗口宽度 γ_r ，该参数会导致共振条件的展宽，但同时也能避免式(5.20)分母出现奇点。参数 γ_r 背后的科学也可以通过计算获得，这些相关的效应都会在本章讨论。

很多物理现象都来源于石墨烯各向异性的光学吸收，这些内容也会在本章讨论。尽管本章着重于 I_{RBM} 对(n,m)指数的依赖性以及解释这种依赖性的理论描述，但是这里仅仅将 RBM 特征作为一个研究的例子，这是因为 RBM 具有丰富的性质，也因为实验和理论在理解 RBM 特征方面都发展得很完善。这里所讨论的理论对于描述石墨烯系统的拉曼响应来说也很重要。

11.1 节将介绍在计算石墨烯和碳纳米管拉曼光谱时会涉及的几个基本考虑；11.2 节将总结碳纳米管中拉曼强度对(n,m)依赖性的实验结果，基于简单紧束缚理论的电子结构计算结果在 11.3 节有所讨论；11.4~11.7 节将概述计算拉曼强度和计算电子和声子态以及各种矩阵元所涉及的原理；11.8 节将呈现拓展到激子计算所涉及的参数；11.9 节将所有结果结合在一起，将碳纳米管一阶拉曼强度的计算公式化；11.10 节将介绍参数 γ_r 的物理意义；11.11 节将给出一个简短总结。

11.1 拉曼光谱计算的基本考虑

当计算sp^2碳的拉曼强度时,需要很多计算程序来计算相关的物理性质,如电子能带结构和声子色散关系。采用声子本征矢量,利用键极化率理论就能够获得非共振条件下的拉曼强度。其中,声子振幅引起的极化与声子振动幅度成正比[31,278]。正如前面所讨论的,由于非共振拉曼理论不能解释在sp^2碳中所观察到的有趣现象而仅仅只能作为对称性分析的基础,因此共振拉曼散射对于描述碳纳米管的结果非常重要。为了计算共振拉曼光谱,需要掌握更多的物理性质,如光学偶极跃迁矩阵元和电子-声子矩阵元。特别是当要考虑sp^2碳的一般结构(纳米管、畸变石墨烯等)时,不仅需要考虑 π 电子相互作用,而且也需要考虑 2s 和 σ 电子。这里,先从简单紧束缚方法建立一些基本原理开始,然后利用扩展紧束缚方法进行更为细节的计算,这时仅仅需要考虑 π 电子或者需要考虑 2s,σ 和 π 电子的组合。因此,11.3 节将在简单紧束缚框架之内讨论电子能带结构和声子色散关系,11.4 节在扩展紧束缚框架内进一步讨论电子能带结构和声子色散关系,然后本章余下部分将在扩展紧束缚模型下更为细致地讨论光学偶极跃迁矩阵元和电子-声子矩阵元。另外,在 SWNT 情况下,还必须考虑激子态、激子-光子相互作用、激子-声子相互作用以及它们各自的矩阵元。考虑电子-声子或者激子-声子矩阵元后,通过评估光生载流子的寿命可以确定共振窗口。与科恩异常效应相关的声子寿命也可以通过电子-声子和激子-声子相互作用来计算得到。基于紧束缚方法,研究者已经发展了计算sp^2碳拉曼光谱的计算机程序。

一旦确定矩阵元的程序包组可用时,第一性原理方法就能够做相应的计算。但是,大多数软件包并没有包含用来计算电子-光子或者电子-声子矩阵元的程序。而且,采用第一性原理计算来获得共振拉曼光谱或者拉曼激发谱轮廓常常需要花费大量的计算时间。11.3 节所介绍的紧束缚方法对于应用到sp^2碳材料相应的性质计算是非常有用的。本章将给出内容的基本描述。关于声子寿命,请参考第 8 章的内容。

本章不会详细阐述计算方法,而是通过介绍有关文献和计算程序之间的关系来概述计算的原理。这种分析对于读者理解什么对分析实验拉曼数据是必要的,以及哪些对理解所观测现象的关键点是非常有用的。

11.2 RBM 强度对(n,m)依赖关系的实验

为了分析矩阵元对于拉曼散射截面的重要性,下面比较了不同(n,m)

SWNT 在满足共振条件下($E_{laser} = E_{ii}$)的 RBM 强度。"超生长"水辅助单壁纳米管 RBM 光谱已经被广泛分析过了,包括其共振能量 E_{ii} 以及它们所遵循的 $\omega_{RBM} = (227/d_t)\text{cm}^{-1}$ 的关系,后者对于(n,m)的指认非常重要(见第 9 章)。这些拉曼光谱将有助于强度的准确分析,本章将会就此详细介绍。

高分辨透射电子显微镜(HRTEM)成像可以用于实验获取一个给定超生长样品的 d_t 分布,并应用于 RRS 表征[349]。这里假设不同手性角的 SWNT 在生长过程中具有相同的丰度。由于给定直径的不同(n,m)种类的数目与 d_t 成线性关系,(n,m)SWNT 的相对数量可以用 d_t 的分布与 $1/d_t$ 的乘积来表示。同时,由于右手系和左手系同分异构体在典型样品中出现的概率是相同的,因此手性 SWNT 的数量是非手性数量的 2 倍。图 11.1(a)给出了强度校正后的实验 RRS 成像图,其中强特征峰与 RBM 在对应于 E_{ii}跃迁的共振拉曼散射相关①。注意,图 11.1(a)中峰和峰之间强度变化,尤其是 $2n + m =$ 常数那一支的强度变化。当手性角从大变到小时,RBM 信号变得更强。由于每一个光谱 $S_{(\omega,E_{laser})}$ 是单个 SWNT 对所有 SWNT 所观测到强度的贡献之和,所以光谱强度可以写为

$$S_{(\omega,E_{laser})} = \sum_{n,m}\left[\text{Pop}_{(n,m)} I_{(n,m)}^{E_{laser}} \frac{\Gamma/2}{(\omega - \omega_{RBM})^2 + (\Gamma/2)^2}\right] \tag{11.1}$$

式中:$\text{Pop}_{(n,m)}$ 为(n,m)纳米管种类的数量;Γ 为纳米管 RBM 洛伦兹线型半高全宽的实验平均值, $\Gamma = 3\text{cm}^{-1}$;ω_{RBM} 为 RBM 的频率,而 ω 是其拉曼频移。

样品中每一根纳米管都为 RBM 的 RRS 光谱贡献一个洛伦兹峰,在给定激发激光能量 E_{laser} 时,单根(n,m)纳米管 RBM 斯托克斯过程的总积分面积为

$$I_{(n,m)}^{E_{laser}} = \left|\frac{\mathcal{M}}{(E_{laser} - E_{ii} + i\gamma_r)(E_{laser} - E_{ph} - E_{ii} + i\gamma_r)}\right|^2 \tag{11.2}$$

式中:$E_{ph} = \hbar\omega_{RBM}$ 为 RBM 声子的能量; E_{ii} 为对应于第 i 阶激子跃迁的能量; γ_r 为阻尼因子;$\mathcal{M}$为(n,m)纳米管 RBM 声子拉曼散射的矩阵元。E_{ii} 和 ω_{RBM} 的数值可以由实验确定 (见第 9 章)。$\mathcal{M}$和 γ_r 可以根据式(11.1)拟合实验测得 RBM 的 RRS 成像图获得,即

$$\begin{cases} \mathcal{M} = \left[\mathcal{M}_A + \dfrac{\mathcal{M}_B}{d_t} + \dfrac{\mathcal{M}_C\cos(3\theta)}{d_t^2}\right]^2 \\ \gamma_r = \gamma_A + \dfrac{\gamma_B}{d_t} + \dfrac{\gamma_C\cos(3\theta)}{d_t^2} \end{cases} \tag{11.3}$$

式中:$\mathcal{M}_i$ 和 γ_i($i = A,B,C$)是可调参数,也考虑了它们对(n,m)或者等同于对(d_t,θ)的依赖性。

---

① 对实验 RRS 成像图的详细分析会发现一些低强度特征峰,它们与交叉偏振的跃迁 E_{12}^{S}和 RBM 倍频模有关。原则上,可以忽略这些交叉偏振和倍频特征,因为它们对 RRS 成像图的总贡献小于 4%。

对于激子跃迁 E_{22}^{S} 以及 E_{11}^{M} 的较低分支，$\mathcal{M}_i$ 和 γ_i 的最佳值已经列于表 11.1,其中 d_t 的单位为 nm，γ_r 的单位为 meV,$\mathcal{M}$的单位为任意单位,后者是因为拉曼强度通常也由任意单位给出。

将式(11.2)~式(11.3)的数值代入式(11.1),可以得到图 11.1(b)所模拟的 RRS 成像图,很好地解释了图 11.1(a)所示的实验结果。为了理解式(11.3)所描述的$\mathcal{M}$和 γ_r 对(n,m)的依赖性,11.3 节将从理论上论述它们对(n,m)的依赖性。在讨论矩阵元和共振窗口宽度的直接计算之前,先介绍电子和声子态的计算。

表 11.1　金属性(M)、半导体性Ⅰ类(S1)和Ⅱ类(S2)纳米管的拟合参数 $\mathcal{M}_i$ 和 γ_i(这些参数可用于式(11.3),其中 d_t 的单位为 nm，$\mathcal{M}_i$ 用任意单位,而 γ_i 的单位为 meV)

类型	$\mathcal{M}_A$	$\mathcal{M}_B$	$\mathcal{M}_C$	γ_A	γ_B	γ_C
$\mathcal{M}$	1.68	0.52	5.54	23.03	28.84	1.03
S1	-19.62	29.35	4.23	-3.45	65.10	7.22
S2	-1.83	3.72	1.61	-10.12	42.56	-6.84

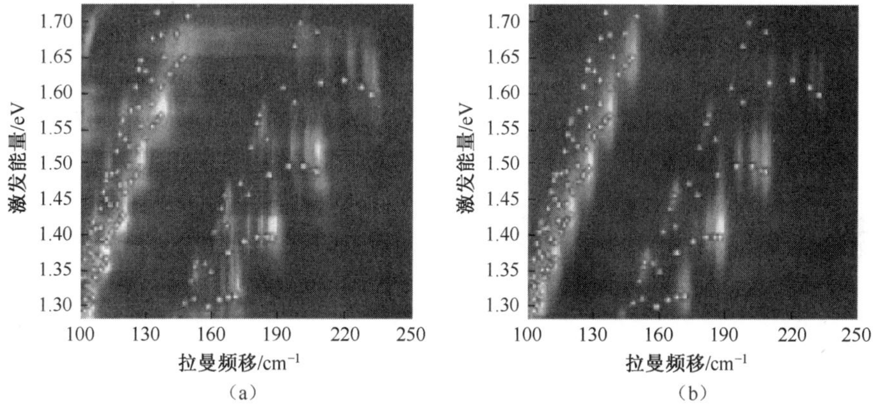

图 11.1　(见彩图)(a)径向呼吸模的实验 RRS 成像图。强度校正已通过测量一个标准泰诺林样品来完成;(b)在与(a)相同的激光能量范围内通过式(11.1)所计算得到的模拟成像图[349]。

11.3　电子结构的简单紧束缚计算

本节首先回顾计算sp^2碳电子能带所采用的紧束缚方法;然后将这种方法应用于石墨的电子能带结构。在一个严格的周期系统中,一个能带的任意波函数都满足 Bloch 定理[118]。Bloch 函数是满足 Bloch 定理的一个基函数,Bloch 函数的典型例子就是平面波和紧束缚波函数。通过求解波矢 $\boldsymbol{k}$ 的哈密顿量,一大组(完备的)的平面波函数就能够精确地描述能带。平面波展开的计算精确度取决于对一个设定了截止能量的给定原胞的计算中采用了多少个波函数来展开。在能带计算中平面波展开主要用于第一性原理计算,往往没有明确地给出固体结构或者分子所包含的原子种类。至于只考虑sp^2碳系统的情况,紧束缚方法在理解其物理过程和节省计算时间方面是非常有用的。

如 2.2 节所述,紧束缚波函数 $\Psi_j(\boldsymbol{k})$,其中 j 表示能带指数,可以通过少量的紧束缚 Bloch 波函数 $\Phi_{j'}$ 的线性组合得到,即

$$\Psi_j(\boldsymbol{k},\boldsymbol{r}) = \sum_{j'=1}^{N} C_{jj'}(\boldsymbol{k})\,\Phi_{j'}(\boldsymbol{k},\boldsymbol{r}) \quad (j=1,2,\cdots,N) \tag{11.4}$$

式中:$C_{jj'}(\boldsymbol{k})$ 为需要确定的系数;N 为原胞中原子轨道的数目。

从原胞中的一个原子轨道 φ_j ,可以构建如下的紧束缚 Bloch 函数 Φ_j :

$$\Phi_j(\boldsymbol{k},\boldsymbol{r}) = \frac{1}{\sqrt{N_u}}\sum_{R}^{N_u} \mathrm{e}^{\mathrm{i}\boldsymbol{k}\cdot\boldsymbol{R}}\,\varphi_j(\boldsymbol{r}-\boldsymbol{R}) \quad (j=1,2,\cdots,N) \tag{11.5}$$

其中,求和过程对晶体的 N_u 个晶格矢量 $\boldsymbol{R}$ 进行。哈密顿量和重叠矩阵 $H_{jj'}(\boldsymbol{k})$ 和 $\mathcal{S}_{jj'}(\boldsymbol{k})$ 可分别表示为

$$H_{jj'}(\boldsymbol{k}) = \langle \Phi_j \mid \mathrm{H} \mid \Phi_{j'} \rangle,\ \mathcal{S}_{jj'}(\boldsymbol{k}) = \langle \Phi_j \mid \Phi_{j'} \rangle \quad (j,j'=1,2,\cdots,N) \tag{11.6}$$

薛定谔方程可以用联立方程组给出,即

$$\sum_{j'=1}^{N} H_{jj'}(\boldsymbol{k})\,C_{ij'} = E_i(\boldsymbol{k})\sum_{j'=1}^{N} \mathcal{S}_{jj'}(\boldsymbol{k})\,C_{ij'} \quad (i=1,2,\cdots,N) \tag{11.7}$$

定义如下的一个列矢量:

$$\boldsymbol{C}_i = \begin{bmatrix} C_{i1} \\ \vdots \\ C_{iN} \end{bmatrix} \tag{11.8}$$

然后式(11.7)可以表示为

$$HC_i = E_i(\boldsymbol{k})\,\mathcal{S}\,\boldsymbol{C}_i \tag{11.9}$$

通过利用数值计算对每个 $\boldsymbol{k}$ 所给定的 H 和$\mathcal{S}$进行对角化,就可以得到能量本征值 $E_i(\boldsymbol{k})$ 和本征函数 $\boldsymbol{C}_i(\boldsymbol{k})$ ①

① 如果存在一个满足 $\boldsymbol{AC}=\boldsymbol{EBC}$ 的正定厄米矩阵 $\boldsymbol{B}$,就可以采用 LAPAC 数据库(zhegv)对厄米矩阵 $\boldsymbol{A}$ 进行对角化,“zhegv”子程序将给出 $E_i(\boldsymbol{k})$和 $\boldsymbol{C}_i(\boldsymbol{k})$。

表 11.2 少层石墨烯和石墨的第三近邻紧束缚(3NNTB)参数。除了 s_0-s_2 无量纲外,其他所有参数的单位都是电子伏特。来源于 LDA 和 GW 计算的拟合参数也列于表中。3NN 哈密顿量在石墨(石墨烯层)的整个三维(二维)布里渊区里是有效的[350]。

TBP	3NNTB-GW①	3NNTB-LDA①	实验值②	3NNTB-LDA③	ΔR 对④
γ_0^1	-3.4416	-3.0121	-5.13	-2.79	$a/\sqrt{3}$,AB
γ_0^2	-0.7544	-0.6346	1.70	-0.68	a,AA 和 BB
γ_0^3	-0.4246	-0.3628	-0.418	-0.30	$2a/\sqrt{3}$,AB
s_0	0.2671	0.2499	-0.148	0.30	$a/\sqrt{3}$,AB
s_1	0.0494	0.0390	-0.0948	0.046	a,AA 和 BB
s_2	0.0345	0.0322	0.0743	0.039	$2a/\sqrt{3}$,AB
γ_1	0.3513	0.3077	—	—	c,AA
γ_2	-0.0105	-0.0077	—	—	$2c$,BB
γ_3	0.2973	0.2583	—	—	$(a/\sqrt{3},c)$,BB
γ_4	0.1954	0.1735	—	—	$(a/\sqrt{3},c)$,AA
γ_5	0.0187	0.0147	—	—	$2c$,AA
$E_0$⑤	-2.2624	-1.9037	—	-2.03	
Δ⑥	0.0540⑦	0.0214	—	—	

①拟合 LDA 和 GW 计算结果[350];
②Bostwick 等人拟合 APERS 实验[351];
③Reich 等人拟合 LDA 计算[115];
④一对 A 和 B 原子在平面内和平面外的距离;
⑤π 轨道相对于真空能级的能量位置;
⑥多层石墨烯 A 和 B 原子之间对角项的区别;
⑦由于无意掺杂剂的杂质掺杂能级,被调整过以重现石墨中 Δ 的实验值。

$\boldsymbol{H}$ 的 ij 矩阵元可以表示为

$$\begin{aligned}\boldsymbol{H}_{ij}(\boldsymbol{k}) &= \frac{1}{N_u}\sum_{R,R'} \mathrm{e}^{\mathrm{i}k(R-R')}\langle \varphi_i(r-R') \mid \boldsymbol{H} \mid \varphi_j(r-R)\rangle \\ &= \sum_{\Delta R} \mathrm{e}^{\mathrm{i}k(\Delta R)}\langle \varphi_i(r-\Delta R) \mid \boldsymbol{H} \mid \varphi_j(r)\rangle \end{aligned} \tag{11.10}$$

式中:$\Delta R = R - R'$ 为石墨中两个碳原子之间的距离,如图 11.2 所示。

在式(11.10)第二个等号右边,利用了 $\langle \varphi_i(r-R') \mid \boldsymbol{H} \mid \varphi_j(r-R)\rangle$ 仅取决于 ΔR 的事实。类似地,$\mathcal{S}$可以表述为

$$\mathcal{S}_{ij}(\boldsymbol{k}) = \sum_{\Delta R} \mathrm{e}^{\mathrm{i}k(\Delta R)}\langle \varphi_i(r-\Delta R) \mid \varphi_j(r)\rangle \tag{11.11}$$

基于对 $\varphi_j(\boldsymbol{r})$ 原子轨道的认知,式(11.10)和式(11.11)中 $\boldsymbol{H}$ 和 $\boldsymbol{S}$ 的紧束缚参数对一些最近邻 ΔR 可以分别由 $\langle \varphi_i(r-\Delta R) | \boldsymbol{H} | \varphi_j(r) \rangle$ 和 $\langle \varphi_i(r-\Delta R) | \varphi_j(r) \rangle$ 定义。紧束缚参数一旦给定就可以重现从角分辨光发射谱(APPES)实验或者第一性原理计算所获得的原子能量色散数据。表 11.2 列出了图 11.2 所示的 3NN(耦合 3 个石墨烯层的多至第三近邻紧束缚参数)模型的典型参数组[350]。

如表 11.2 所列,很多研究组目前已经得到了石墨、碳纳米管和石墨烯的一系列紧束缚参数。图 11.2 给出了式(11.10)中哈密顿量紧束缚参数的定义,其中各碳原子对中两个碳原子之间距离与表 11.2 中相应的 ΔR [350]分别对应。紧束缚参数记号 γ_i 遵循了 Slonczewski 和 Weiss 的定义,其中 $\gamma_0^j(j=1,2,3)$ 分别表示第 j 近邻平面参数,一直到第三近邻(3NN)。如果仅考虑第一布里渊区 K 点附近的输运性质时,平面内最近邻参数 γ_0^1 已经足够。但是,当要进一步考虑 K 点附近的光学跃迁现象时,就有必要考虑更高近邻项(图 11.2)的参数 γ_0^2 和 γ_0^3 [115]。参数 γ_1、γ_3 和 γ_4 表示相邻石墨烯层碳原子之间的相互作用(图 11.2),而参数 γ_2 和 γ_5 耦合了次近邻石墨烯层碳原子之间的相互作用。γ_3 和 γ_4 引入了一个依赖于 $\boldsymbol{k}$ 的层间相互作用,而 γ_2 决定了在三维布里渊区沿 KH 方向所具有的微小能量色散,这导致了一个电子和一个空穴载流子包,这已在半金属石墨中观察到。

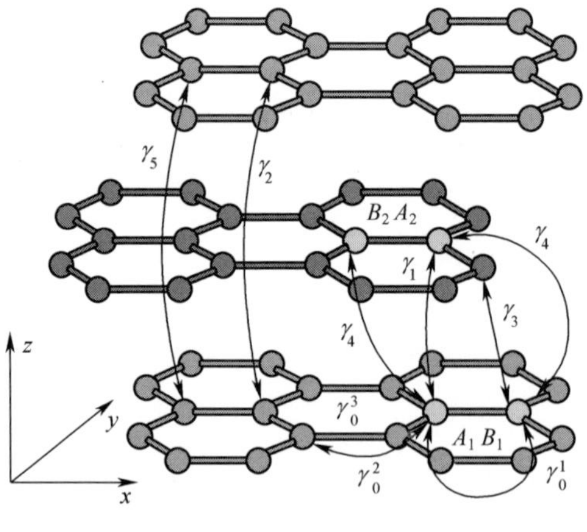

图 11.2　各种 Slonczewski-Weiss 参数的识别,Slonczewski-Weiss 参数可以用来描述石墨中距离间隔为 ΔR 的一对碳原子的紧束缚参数[350]。

至于交叠紧束缚参数,即式(11.11)中的 s_0、s_1、s_3,仅考虑平面内参数就足够了。这些参数对于描述石墨价带和导带之间相对于费米能量的非对称性是非常必要的。石墨的这些参数值为导带提供了相比价带来说更大的能带宽度,这与石墨详细的光学和输运测试结果是一致的[16]。

11.4 电子结构的扩展紧束缚计算

11.3 节所得到的简单紧束缚参数是对于石墨或者少层石墨烯的 π 轨道而言。当考虑不同直径的 SWNT 时,由于圆柱管表面的卷曲使 π 轨道和 σ 轨道(等价地说,$2p_x$ 和 $2p_y$ 与 2s 轨道)混合,对每一个 SWNT 直径都必须考虑新的紧束缚参数。另外,当优化键长或者几何结构时,就需要计算紧束缚参数与各种 C—C 键的函数关系。

扩展紧束缚(ETB)计算是对 π、σ 和 2s 轨道的紧束缚计算,其中一对轨道或者特殊 ΔR 的紧束缚参数都是相关 C—C 键长的函数。紧束缚参数的函数可以通过几个sp^2分子或者固体的第一性原理计算得到,以便能重现许多sp^2材料所优化的 C—C 键长或者键角。对于碳系统,Porezag 已经计算出了紧束缚参数随 C—C 键长的变化关系[263],该计算已用于直径小于 1nm 单壁纳米管的优化计算[182]。比较小直径 SWNT 的 ETB 计算很好地再现了已观察到光学跃迁能量的家族图案①。这些所观察到的家族图案通常认为是由卷曲效应所致。

量子化学计算的大部分精力都放在如何采用半经典方法来计算这些紧束缚参数与周期表中不同元素的键长之间的函数关系上。MNDO、MINDO、AM3 和 PM5 都是常见半经典方法中各种参数组的名字,它们已经广泛用于许多化学分子能级的计算软件包中,如 MOPAC 和 Gaussian 等。ETB 或者半经典方法的一个优势在于优化结构的计算非常容易,因而计算速度也快。因此,尽管第一性原理计算已经广泛应用,但事实上半经典计算还经常用于初始值的初步确定。

11.5 声子的紧束缚计算

如 3.2 节所提到,声子能量色散可以通过一组连接一些最近邻原子的弹簧来计算,这些理论计算通常都要拟合实验上所测量声子色散曲线。例如,中子或 X 射线非弹性散射测量,以获得各种弹性参数。描述这些振动的运动方程可以表示为

$$M_i \ddot{\boldsymbol{u}}_i = \sum_j \boldsymbol{K}^{(ij)}(\boldsymbol{u}_j - \boldsymbol{u}_i) \quad (i = 1,2,\cdots,N) \tag{11.12}$$

① (n,m)SWNT 如果满足 $2n+m=$常数,其光学跃迁能量 E_{ii}将彼此相似。当画出 E_{ii}与直径的函数关系时,就可以看到满足 $2n+m=$常数时 SWNT 的图案。所观察到的图案也称为家族图案,称 $2n+m$ 的值为家族数(见 10.4.4 节)。

式中：M_i 为第 i 个原子的质量；$\boldsymbol{K}^{(ij)}$ 为一个 3×3 力常数张量。

对 j 的求和要遍历所有第 j 近邻原子，以重现出声子能量色散关系。当使用 Bloch 定理来推导 $\boldsymbol{u}_i$ 的表达式以得到声子波矢为 $\boldsymbol{q}$，频率为 ω 的振动幅度时，可以得到

$$\boldsymbol{u}_{\boldsymbol{q}}^{(i)} = \frac{1}{\sqrt{N_u}}\sum_{\boldsymbol{R}_i} \mathrm{e}^{\mathrm{i}(\boldsymbol{q}\cdot\boldsymbol{R}_i-\omega t)}\,\boldsymbol{u}_i \tag{11.13}$$

其中，求和需遍历晶体原胞中第 i 个原子的所有 $N_u\boldsymbol{R}_i$ 矢量。关于 $\boldsymbol{u}_{\boldsymbol{q}}^{(i)}(i=1,2,\cdots,N;N$ 是原胞中原子数）的公式可由下式给出[31]：

$$\left[\sum_j \boldsymbol{K}^{(ij)} - M_i\omega^2(\boldsymbol{q})I\right]\boldsymbol{u}_{\boldsymbol{q}}^{(i)} - \sum_j \boldsymbol{K}^{(ij)}\mathrm{e}^{\mathrm{i}\boldsymbol{q}\cdot\Delta\boldsymbol{R}_{ij}}\boldsymbol{u}_{\boldsymbol{q}}^{(j)} = 0 \tag{11.14}$$

式中：I 为一个 3×3 的单位矩阵；$\Delta\boldsymbol{R}_{ij}=\boldsymbol{R}_i-\boldsymbol{R}_j$ 为第 i 个原子相对于第 j 个原子的相对坐标。

式（11.14）实际上是含有 $3N$ 个未知变量 $\boldsymbol{u}_{\boldsymbol{q}} \equiv (\boldsymbol{u}_{\boldsymbol{q}}^{(1)},\boldsymbol{u}_{\boldsymbol{q}}^{(2)},\cdots,\boldsymbol{u}_{\boldsymbol{q}}^{(N)})^t$ 的方程组，对于一个特定的矢量 $\boldsymbol{k}$，可以通过对角化括号内的 $3N\times3N$ 矩阵来求解，也就是通常所说的动力学矩阵。这里只需要寻找到每一个 $\boldsymbol{q}$ 点的 $\boldsymbol{u}_{\boldsymbol{q}}\neq0$ 非平庸解。

11.5.1 拉曼光谱的键极化率理论

一旦获得声子的本征波矢 $\boldsymbol{u}_{\boldsymbol{k}}$，就可以利用键极化率理论估计出拉曼强度。原胞中 N 个原子的拉曼强度 $I_{\eta'\eta}(\omega)$ 可用半经典键极化模型计算[352-353]：

$$I_{\eta'\eta}(\omega) \propto \omega_{\mathrm{L}}\omega_{\mathrm{S}}^3\sum_{f=1}^{3N}\frac{\langle n(\omega_f)\rangle+1}{\omega_f}\left|\sum_{\alpha\beta}\eta'_\alpha\eta_\beta P_{\alpha\beta,f}\right|^2\delta(\omega-\omega_f) \tag{11.15}$$

式中：ω_{L}、ω_{S} 和 ω_f 分别为入射光、散射光①和 Γ 点第 f 个声子频率、$\boldsymbol{\eta}$ 和 $\boldsymbol{\eta}'$ 为入射光和散射光偏振对应的单位矢量；$\langle n(\omega_f)\rangle=1/(\exp(\hbar\omega_f/k_{\mathrm{B}}T)-1)$ 是声子的 Blotzmann 占据数，而 $\boldsymbol{P}_{\alpha\beta,f}$ 是电子极化张量相对于 C—C 键改变的微分，其中 α 和 β 是笛卡儿坐标分量。键极化率理论可以应用于石墨、石墨烯和纳米管。

极化张量受到声子振动的调制，其中电子极化 $\boldsymbol{P}_{\alpha\beta,f}$ 正比于声子振动的幅度。通过某些计算，可以得到[31]

$$\begin{aligned}\boldsymbol{P}_{\alpha\beta,f} = -\sum_{\ell B}\Bigg[&\frac{\boldsymbol{R}_0(\ell,B)\cdot\boldsymbol{\chi}(\ell\mid f)}{R_0(\ell,B)}\cdot\Bigg\{\left(\frac{\alpha'_{\parallel}(B)+2\alpha'_{\perp}(B)}{3}\right)\delta_{\alpha\beta}\\ &+(\alpha'_{\parallel}(B)-\alpha'_{\perp}(B))\left(\frac{R_{0\alpha}(\ell,B)R_{0\beta}(\ell,B)}{R_0(\ell,B)^2}-\frac{1}{3}\delta_{\alpha\beta}\right)\Bigg\}\end{aligned}$$

---

① 由于入射光和散射光满足 $\omega_{\mathrm{L}}\sim\omega_{\mathrm{S}}$，可以说强度正比于 ω_{S}^4，如同 5.5 节所讨论的。

$$
+\left(\frac{\alpha_{\parallel}(B)-\alpha_{\perp}(B)}{R_0(\ell,B)}\right)\left\{\frac{R_{0\alpha}(\ell,B)\cdot\chi_{\beta}(\ell\mid f)-R_{0\beta}(\ell,B)\cdot\chi_{\alpha}(\ell\mid f)}{R_0(\ell,B)}\right.
$$

$$
\left.-\frac{\boldsymbol{R}_0(\ell,B)\cdot\boldsymbol{\chi}(\ell\mid f)}{R_0(\ell,B)}\cdot\frac{2R_{0\alpha}(\ell,B)R_{0\beta}(\ell,B)}{R_0(\ell,B)^2}\right\}\Bigg] \tag{11.16}
$$

式中:$\boldsymbol{\chi}(\ell\mid f)$ 为第 ℓ 个原子的第 f 个简正模的单位矢量; B 为原胞中连接第 ℓ 个原子的键;$\boldsymbol{R}(\ell,B)$ 为从第 ℓ 个原子到近邻原子 ℓ' 相连的键 B 所对应的矢量; $\alpha'_{\parallel}(B)$ 和 $\alpha'_{\perp}(B)$ 是 $\alpha_{\parallel}(B)$ 和 $\alpha_{\perp}(B)$ 的径向导数,即

$$
\alpha'_{\parallel}(B)=\frac{\partial\alpha_{\parallel}(B)}{\partial R(\ell,B)},\ \alpha'_{\perp}(B)=\frac{\partial\alpha_{\perp}(B)}{\partial R(\ell,B)} \tag{11.17}
$$

很多研究组已经报道了 $\alpha_{\parallel}(B)$、$\alpha_{\perp}(B)$、$\alpha'_{\parallel}(B)$ 和 $\alpha'_{\perp}(B)$ 的数值与两碳原子间或者碳-氢原子之间键长度的经验函数关系,碳纳米管的这些值已经列于表 11.3中。

表 11.3　单壁碳纳米管以及多种碳基分子的键长和拉曼极化参数

分子	键长/Å	$\alpha_{\parallel}+2\alpha_{\perp}$ /Å^3	$\alpha_{\parallel}-\alpha_{\perp}$ /Å^3	$\alpha'_{\parallel}+2\alpha'_{\perp}$ /Å^2	$\alpha'_{\parallel}-\alpha'_{\perp}$ /Å^2
$CH_4$①	C-H(1.09)	1.944			
$C_2H_6$①	C-C(1.50)	2.016	1.28	3.13	2.31
$C_2H_4$①	C=C(1.32)	4.890	1.65	6.50	2.60
C_{60}①	C-C(1.46)		1.28	2.30±0.01	2.30±0.30
	C=C(1.40)		0.32±0.09	7.55±0.40	2.60±0.36
C_{60}①	C-C(1.46)		1.28±0.20	1.28±0.30	1.35±0.20
	C=C(1.40)		0.00±0.20	5.40±0.70	4.50±0.50
SWNT①	C=C(1.42)		0.07	5.96	5.47
SWNT①	C=C(1.42)		0.04	4.7	4.0

①S. Guha 等[352];

②D. W. Snoke 等[354];

③A. M. Rao 等(工作[136]所用数据但尚未发表);

④R. Saito 等[278]

因此,一旦得到声子本征矢量,采用合适的键极化参数(表 11.3)经验值就可以得到拉曼强度。这里所获得的拉曼强度对应于非共振拉曼信号。但是,根据这些结果也可以定性地描述哪些拉曼活性模具有相对较强的信号,或者如何通过改变光偏振方向来改变拉曼信号。

11.5.2 力常数组的非线性拟合

力常数矩阵可以通过最小化如下定义的 F 的最小二乘方值得到,即

$$F = \sum_{k} \frac{(f_{\boldsymbol{k}}^{\text{obs.}} - f_{\boldsymbol{k}}^{\text{cal.}})^2}{\sigma_{\boldsymbol{k}}^2} \tag{11.18}$$

式中:$f_{\boldsymbol{k}}^{\text{obs.}}$、$f_{\boldsymbol{k}}^{\text{cal.}}$ 和 $\sigma_{\boldsymbol{k}}$ 分别为观察所得的声子频率、计算所得的声子频率以及在 $\boldsymbol{k}$ 点所观察到的声子频率的误差棒(或权重)。

力常数组可以通过非线性拟合过程来确定,以便最小化 F 。由于在参数空间存在很多 F 的局域最小值,因此当使用大量的力常数时,拟合过程并不容易。为了从局域最小值逃避出来以达到全局最小值从而避免拟合遇到的问题,需要一些计算机技术①。

表 11.14 列出了用 ϕ 标记的力常数,包括了最早 Jishi 等拟合非弹性中子散射数据所得的结果[123]、Grüneis 等[133]和 Dubay 等[124]的理论数据,Maultzsch 等拟合非弹性 X 射线散射数据的结果和 zimmerman 等人的理论结果。给定 C—C 键的力常数矩阵张量 $\boldsymbol{K}_{ij}$ 可以通过旋转 x 轴上两个碳原子对的对角矩阵来计算,相对于 C—C 键方向,可以对这些对角元 ϕ_{r}、ϕ_{ti} 和 ϕ_{to} 进行清晰的定义[31]。

需要考虑的一个重要物理量就是力常数求和法则[356],该法则用来对声学声子施加频率 $\omega = 0$ 的约束条件。由于所有力常数 $\boldsymbol{K}_{ij}$都是第 i 个原子和第 j 个原子之间的内力,因此对于系统而言不存在总力;否则,材料将自动围绕其质心移动或者转动。由于内力总和为零,因此平移不变性自动满足。但是,有限数目的力常数组并不总能保证不存在围绕质心的旋转。当考虑围绕第 i 个原子的旋转时,如果第 j 个切向力常数 $\phi_{\text{ti}}^{(j)}$ 和 $\phi_{\text{to}}^{(j)}$ [355]满足下列条件:

$$\sum_{j}^{n} n_j \phi_t^{(j)} \Delta R_{ij}^2 = 0 \quad (t = \text{ti},\text{或者 to}) \tag{11.19}$$

则第 i 个原子附近势能的相应增加就会消失。这里 n_j 和 ΔR_{ij} 分别是从第 i 个原子原始位置到第 j 个原子的数目和相对距离。对于石墨烯的情况,有 4 个切向声子模,也就是,iTA、iTO、oTA 和 oTO 模,其中 $\phi_{\text{ti}}^{(j)}$ 和 $\phi_{\text{to}}^{(j)}$ 需满足式(11.19)。对于径向运动的力常数组,由于力和 ΔR_{ij} 相互平行,没有力矩产生。此力常数求和法则对于找到声学声子模在布里渊区 Γ 点的零数值非常重要。在其他 $\boldsymbol{k}$ 点处,由于动力学矩阵是正的厄密矩阵,声子本征矢量不可能为负值,或者不可能存在虚部。式(11.19)所给出的力常数法则可以用于非线性拟合过程(如拉格朗日乘积方

---

① 非线性拟合过程取决于所考虑的系统,这里没有达到全局最小值的捷径。接近全局最小值的一个推荐方法是,一个个地增加参数,在增加一个额外的参数时要采用前面计算已优化的数值作为初始值。

法),或者可以简单定义最外部的力常数参数,以保证满足式(11.19)。

表 11.4 石墨的力常数,单位为 10^4dyn/cm。其中,下标 r、ti 和 to 分别表示径向、平面内横向以及平面外横向的力常数。

拟合的力常数	Jishi 等中子[123]	Grüneis 等理论[133]	Dubay 等从头计算[124]	Maultzsch 等X 射线[129]	Zimmerman 等的理论[355]
$\phi_r^{(1)}$	36.50	40.37	44.58	39.28	41.80
$\phi_r^{(2)}$	8.80	2.76	7.31	6.34	7.60
$\phi_r^{(3)}$	3.00	0.05	-5.70	-6.14	-0.15
$\phi_r^{(4)}$	-1.92	1.31	1.82	2.53	-0.69
$\phi_{ti}^{(1)}$	24.50	25.18	11.68	11.36	15.20
$\phi_{ti}^{(2)}$	-3.23	2.22	-3.74	-3.18	-4.35
$\phi_{ti}^{(3)}$	-5.25	-8.99	6.67	9.27	3.39
$\phi_{ti}^{(4)}$	2.29	0.22	0.52	-0.40	-0.19
$\phi_{to}^{(1)}$	9.82	9.40	10.00	10.18	10.20
$\phi_{to}^{(2)}$	-0.40	-0.08	-0.83	-0.36	-1.08
$\phi_{to}^{(3)}$	0.15	-0.06	0.51	-0.46	1.00
$\phi_{to}^{(4)}$	-0.58	-0.63	-0.54	-0.44	-0.55

11.6 电子-光子矩阵元的计算

电子-光子矩阵元可以借助于 π 电子的电偶极跃迁来计算。在一个原子内从电子的一个 π(2p)态到一个非占据 π 态之间的光偶极跃迁是禁戒的。因此,π 和 π^* 能带之间的光学跃迁对于如下所示的最近邻电子-光子矩阵元是可能的。

偶极跃迁的微扰哈密顿量为

$$H_{\mathrm{opt}} = \frac{\mathrm{i}e\hbar}{m}\boldsymbol{A}(t)\cdot\nabla \tag{11.20}$$

式中:$\boldsymbol{A}$ 为矢量势。

这里,采用库仑规范 $\nabla\cdot\boldsymbol{A}(t)=0$,在这种情况下,光的电场可以用 $\boldsymbol{E}=\mathrm{i}\omega\boldsymbol{A}$ 表示。接下来只考虑有线偏振光的情况,因此矢量势为

$$\boldsymbol{A} = \frac{-\mathrm{i}}{\omega}\sqrt{\frac{I}{c\,\epsilon_0}}\exp(\pm\mathrm{i}\omega t)\boldsymbol{P} \tag{11.21}$$

式中:$\boldsymbol{P}$ 定义为 $\boldsymbol{E}$ 方向的单位矢量(极化矢量);I 为光的强度($\mathrm{W/m^2}$);ϵ_0 为采用国际单位制的真空介电常数;"±"号对应于频率为 ω 的光子的发射("+")或者吸

收（“-”）。

从 $\boldsymbol{k}=\boldsymbol{k}_l$ 的初态 l（记为 $\boldsymbol{\Psi}^l(\boldsymbol{k}_l)$）到 $\boldsymbol{k}=\boldsymbol{k}_f$ 的末态 f（记为 $\boldsymbol{\Psi}^f(\boldsymbol{k}_f)$）的光学跃迁矩阵元可定义为

$$\boldsymbol{M}_{\mathrm{opt}}^{fl}(\boldsymbol{k}_f,\boldsymbol{k}_l)=\langle\boldsymbol{\Psi}^f(\boldsymbol{k}_f)\mid H_{\mathrm{opt}}\mid\boldsymbol{\Psi}^l(\boldsymbol{k}_l)\rangle \tag{11.22}$$

式(11.22)的电子-光子矩阵元可以进行如下计算，即

$$\boldsymbol{M}_{\mathrm{opt}}^{fl}(\boldsymbol{k}_f,\boldsymbol{k}_l)=\frac{e\hbar}{m\omega_\rho}\sqrt{\frac{I_{\mathrm{p}}}{CE_0}}\,\mathrm{e}^{\mathrm{i}(\omega_f-\omega_l\pm\omega)t}\boldsymbol{D}^{fl}(\boldsymbol{k}_f,\boldsymbol{k}_l)\cdot\boldsymbol{P} \tag{11.23}$$

其中，初态 l 和末态 f 之间的电偶极矢量 $\boldsymbol{D}^{fl}(\boldsymbol{k}_f,\boldsymbol{k}_l)$ 可定义为

$$\boldsymbol{D}^{fl}(\boldsymbol{k}_f,\boldsymbol{k}_l)=\langle\boldsymbol{\Psi}^f(\boldsymbol{k}_f)\mid\nabla\mid\boldsymbol{\Psi}^l(\boldsymbol{k}_l)\rangle \tag{11.24}$$

对于一个给定的偏振 $\boldsymbol{P}$，当 $\boldsymbol{D}$ 平行于 $\boldsymbol{P}$ 时，光学吸收（或者受激发射）达到最大，而当 $\boldsymbol{D}$ 垂直于 $\boldsymbol{P}$ 时，光学吸收为零。

11.6.1 石墨烯的电偶极矢量

现在考虑石墨烯的电偶极矢量[220]。式(11.4)的波函数在 $n=2$ 时为 $\boldsymbol{\Psi}(\boldsymbol{k})=C_A\boldsymbol{\Phi}_A(\boldsymbol{k},\boldsymbol{r})+C_B\boldsymbol{\Phi}_B(\boldsymbol{k},\boldsymbol{r})$，其中 $\boldsymbol{\Phi}$ 是石墨烯 A 和 B 格点的 $2\mathrm{p}_z$ 原子轨道的 Bloch 波函数。因此，石墨烯的电偶极矢量为

$$\begin{aligned}\boldsymbol{D}^{fl}(\boldsymbol{k}_f,\boldsymbol{k}_l)=&C_B^{f*}(\boldsymbol{k}_f)\,C_A^l(\boldsymbol{k}_l)\langle\boldsymbol{\Phi}_B(\boldsymbol{k}_f,\boldsymbol{r})\mid\nabla\mid\boldsymbol{\Phi}_A(\boldsymbol{k}_l,\boldsymbol{r})\rangle\\&+C_A^{f*}(\boldsymbol{k}_f)\,C_B^l(\boldsymbol{k}_l)\langle\boldsymbol{\Phi}_A(\boldsymbol{k}_f,\boldsymbol{r})\mid\nabla\mid\boldsymbol{\Phi}_B(\boldsymbol{k}_l,\boldsymbol{r})\rangle\end{aligned} \tag{11.25}$$

因为 $2\mathrm{p}_z$ 轨道以及 ∇ 的 $\partial/\partial z$ 分量相对于 z 镜像平面都具有奇对称性，所以 $\boldsymbol{D}$ 的 z 分量为零。当将 Bloch 函数扩展到一个原子轨道中，$\langle\boldsymbol{\Phi}_A(\boldsymbol{k}_f,\boldsymbol{r})\mid\nabla\mid\boldsymbol{\Phi}_B(\boldsymbol{k}_l,\boldsymbol{r})\rangle$ 的主要项为最近邻原子间的原子矩阵元，即

$$m_{\mathrm{opt}}=\langle\phi(\boldsymbol{r}-\boldsymbol{R}_{\mathrm{nn}})\mid\frac{\partial}{\partial x}\mid\phi(\boldsymbol{r})\rangle \tag{11.26}$$

式中：$\boldsymbol{R}_{\mathrm{nn}}$ 为最近邻原子沿着 x 轴的矢量。

当在 $\boldsymbol{K}=(0,\ -4\pi/(3a))$ 附近的 $\boldsymbol{k}$ 点采用近似参数 C_A 和 C_B 时，有

$$\begin{cases}C_A^{\mathrm{c}}(\boldsymbol{K}+\boldsymbol{k})=\dfrac{1}{\sqrt{2}},C_B^{\mathrm{c}}(\boldsymbol{K}+\boldsymbol{k})=\dfrac{-k_y+\mathrm{i}k_x}{\sqrt{2}k}\\[2ex]C_A^{\mathrm{v}}(\boldsymbol{K}+\boldsymbol{k})=\dfrac{1}{\sqrt{2}},C_B^{\mathrm{v}}(\boldsymbol{K}+\boldsymbol{k})=\dfrac{k_y-\mathrm{i}k_x}{\sqrt{2}k}\end{cases} \tag{11.27}$$

式中：上角标 c 和 v 分别为价带和导带。

电偶极矢量可以由下式给出：

$$\boldsymbol{D}^{\mathrm{cv}}(\boldsymbol{K}+\boldsymbol{k})=\frac{3m_{\mathrm{opt}}}{2k}(k_y,\ -k_x,0) \tag{11.28}$$

图 11.3(a)用箭头画出了 $\boldsymbol{D}^{\mathrm{cv}}(\boldsymbol{k})$ 在石墨烯整个二维布里渊区的归一化方

向。在 K 点附近,箭头显示了一种旋涡行为。注意,图 11.3 显示了 $\boldsymbol{D}^{cv}(\boldsymbol{k})$ 在 K 和 K' 点附近的旋转方向刚好相反。

图 11.3(b)在等高图中画出了以 m_{opt} 为单位(见式(11.26))的振子强度 $O(\boldsymbol{k})$ 数值,这里 $O^{cv}(\boldsymbol{k})$ 定义为

$$O^{cv}(\boldsymbol{k}) = \sqrt{\boldsymbol{D}^{cv*}(\boldsymbol{k}) \cdot \boldsymbol{D}^{cv}(\boldsymbol{k})} \tag{11.29}$$

图 11.3(b)清楚地表明,振子强度 $O^{cv}(\boldsymbol{k})$ 在布里渊区 M 点具有最大值而在 Γ 点具有最小值。尽管对于每根碳纳米管,需要各自考虑电偶极矢量与其直径和螺旋角之间的关系[220,358-359],但依赖于 $\boldsymbol{k}$ 的 $O^{cv}(\boldsymbol{k})$ 与单壁碳纳米管依赖于类型的光致发光强度相关[357]。

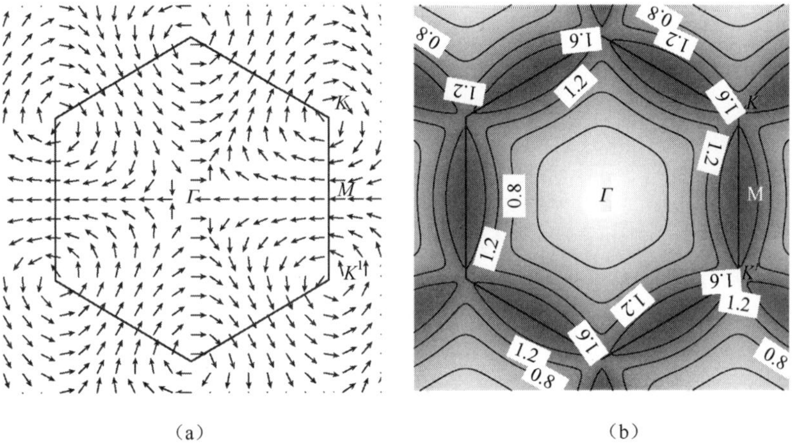

图 11.3 在整个二维布里渊区中:(a)归一化电偶极矢量 $\boldsymbol{D}^{cv}(\boldsymbol{k})$ 与 $\boldsymbol{k}$ 的函数关系图;(b)以 m_{opt} 为单位的振子强度与 $\boldsymbol{k}$ 的函数关系图。两相邻等高线间的间隔为 0.4 m_{opt},区域颜色越深,振动强度越大[220]。

为了获得光学吸收强度,对于给定的偏振矢量 $\boldsymbol{P} = (p_x, p_y, p_z)$,只取内积 $\boldsymbol{D}^{cv}(\boldsymbol{k}) \cdot \boldsymbol{P}$ 中与 k_x 和 k_y 成线性关系的项,即

$$\boldsymbol{P} \cdot \langle \Psi^{c}(\boldsymbol{k}) \mid \nabla \mid \Psi^{v}(\boldsymbol{k}) \rangle = \pm \frac{3\, m_{opt}}{2k}(p_y k_x - p_x k_y) \tag{11.30}$$

此结果表明在二维布里渊区中的线 $p_y k_x - p_x k_y = 0$ 在给定 $\boldsymbol{P} = (p_x, p_y)$ 的光学吸收变成一个节点。但是,在石墨烯中,光学跃迁事件将在 K 点附近沿着准能量等高图发生,因此在图 11.3(b)中并没有看到节点。如果可以进行 $\boldsymbol{k}$ 依赖的光学吸收测试,此节点便能够从实验上确定。

11.7 电子-声子相互作用的计算

电子-声子相互作用可以通过晶格振动修正的紧束缚参数来描述。本节将采用一种不同的标记来重写式(11.4)和式(11.5)中的波函数,此标记非常适合于计算电子-声子矩阵元[222],即

$$\Psi_{a,\boldsymbol{k}}(\boldsymbol{r}) = \frac{1}{\sqrt{N_u}}\sum_{s,o} C_{s,o}(a,\boldsymbol{k}) \sum_{\boldsymbol{R}_t} \mathrm{e}^{\mathrm{i}\boldsymbol{k}\cdot\boldsymbol{R}_t}\phi_{t,o}(\boldsymbol{r}-\boldsymbol{R}_t) \tag{11.31}$$

式中:$s=A$ 和 B 为标记石墨烯中每一个独立碳原子的指数;$\boldsymbol{R}_t$ 为相对于原点的等价原子位置;$\phi_{t,o}$ 分别表示在 $\boldsymbol{R}_t$ 处轨道 $o=2\mathrm{s},2\mathrm{p}_x,2\mathrm{p}_y$ 和 $2\mathrm{p}_z$ 的波函数。原子波函数选定为实际波函数①。

当考虑势能项 V 时,则可以用原子势能来表示,即

$$V = \sum_{R_t}\nu(\boldsymbol{r}-\boldsymbol{R}_t) \tag{11.32}$$

式中:ν 为一个中性赝原子的 Kohn-Sham 势[263]。

初态 $\Psi_\mathrm{i}=\Psi_{a,\boldsymbol{k}}$ 和末态 $\Psi_\mathrm{f}=\Psi_{a',\boldsymbol{k}'}$ 的势能矩阵元为

$$\begin{aligned}\langle \Psi_{a',\boldsymbol{k}'}(\boldsymbol{r}) \mid V \mid \Psi_{a,\boldsymbol{k}}(\boldsymbol{r})\rangle &= \frac{1}{N_u}\sum_{s',o'}\sum_{s,o} C^*_{s',o'}(a',\boldsymbol{k}')\,C_{s,o}(a,\boldsymbol{k}) \\ &\quad\times\sum_{u'}\sum_{u}\mathrm{e}^{\mathrm{i}(-\boldsymbol{k}'\cdot\boldsymbol{R}_{u',s'}+\boldsymbol{k}\cdot\boldsymbol{R}_{u,s})}m(t',o',t,o)\end{aligned} \tag{11.33}$$

其中,原子势能的矩阵元 $m(t',o',t,o)$ 由下式给出:

$$m(t',o',t,o) = \int\phi_{s',o'}(\boldsymbol{r}-\boldsymbol{R}_{t'})\Big\{\sum_{\boldsymbol{R}_{t''}}\nu(\boldsymbol{r}-\boldsymbol{R}_{t''})\Big\}\phi_{s,o}(\boldsymbol{r}-\boldsymbol{R}_t)\mathrm{d}\boldsymbol{r} \tag{11.34}$$

原子矩阵元 m 来自于 3 个原子中心 $\boldsymbol{R}_t$、$\boldsymbol{R}_{t'}$ 和 $\boldsymbol{R}_{t''}$ 的积分。当所有原子的中心都彼此不同时,可以忽略 m。当只考虑两个中心的积分时,m 分别包含了如下的离位和在位矩阵元 m_α 和 m_λ:

$$\begin{cases} m_\alpha = \int\phi_{s',o'}(\boldsymbol{r}-\boldsymbol{R}_{t'})\Big\{\nu(\boldsymbol{r}-\boldsymbol{R}_{t'})+\nu(\boldsymbol{r}-\boldsymbol{R}_t)\Big\}\phi_{s,o}(\boldsymbol{r}-\boldsymbol{R}_t)\mathrm{d}\boldsymbol{r} \\ m_\lambda = \int\phi_{s',o'}(\boldsymbol{r}-\boldsymbol{R}_t)\Big\{\sum_{\boldsymbol{R}_{t'}\neq\boldsymbol{R}_t}\nu(\boldsymbol{r}-\boldsymbol{R}_{t'})\Big\}\phi_{s',o}(\boldsymbol{r}-\boldsymbol{R}_t)\mathrm{d}\boldsymbol{r} \end{cases} \tag{11.35}$$

① 将球谐函数 Y_{lm} 的 m 和 $-m$ 态结合起来就可以得到实际的原子波函数。

当考虑声子模 $\boldsymbol{S}(\boldsymbol{R}_t)$ 的强度时，由于晶格振动引起的势能改变量为

$$\delta V = \sum_{R_t} \nu[\boldsymbol{r} - \boldsymbol{R}_t - \boldsymbol{S}(\boldsymbol{R}_t)] - \nu(\boldsymbol{r} - \boldsymbol{R}_t)$$

$$\approx - \sum_{\boldsymbol{R}_t} \nabla\nu(\boldsymbol{r} - \boldsymbol{R}_t) \cdot \boldsymbol{S}(\boldsymbol{R}_t) \tag{11.36}$$

在一阶微扰理论下，电子-声子矩阵元可定义为[203,222,360-362]

$$\boldsymbol{M}_{a,\boldsymbol{k}\to a',\boldsymbol{k}'} = \langle \Psi_{a',\boldsymbol{k}'}(\boldsymbol{r}) \mid \delta V \mid \Psi_{a,\boldsymbol{k}}(\boldsymbol{r}) \rangle$$

$$= -\frac{1}{N_\mu} \sum_{s',o'} \sum_{s,o} C^*_{s',o'}(a',\boldsymbol{k}')\, C_{s,o}(a,\boldsymbol{k})$$

$$\times \sum_{u',u} \mathrm{e}^{\mathrm{i}(-\boldsymbol{k}'\cdot\boldsymbol{R}_{u',s'}+\boldsymbol{k}\cdot\boldsymbol{R}_{u,s})} \delta m(t',o',t,o) \tag{11.37}$$

式中：$\delta m(t',o',t,o)$ 为原子形变势，δm 也可以分为两部分，即

$$\delta m = \delta m_a + \delta m_\lambda \tag{11.38}$$

式中：δm_a 和 δm_λ 分别为离位和在位的形变势，可以表示为

$$\begin{cases} \delta m_a = \int \phi_{s',o'}(\boldsymbol{r} - \boldsymbol{R}_{t'}) \left\{ \nabla\nu(\boldsymbol{r} - \boldsymbol{R}_{t'}) \cdot \boldsymbol{S}(\boldsymbol{R}_{t'}) + \nabla\nu(\boldsymbol{r} - \boldsymbol{R}_t) \cdot \boldsymbol{S}(\boldsymbol{R}_t) \right\} \phi_{s,o}(\boldsymbol{r} - \boldsymbol{R}_t)\mathrm{d}\boldsymbol{r} \\ \delta m_\lambda = \delta_{R_t,R_{t'}} \int \phi_{s',o'}(\boldsymbol{r} - \boldsymbol{R}_{t'}) \times \left\{ \sum_{\boldsymbol{R}_{t''}\neq\boldsymbol{R}_{t'}} \nabla\nu(\boldsymbol{r} - \boldsymbol{R}_{t''}) \cdot \boldsymbol{S}(\boldsymbol{R}_{t''}) \right\} \phi_{s',o}(\boldsymbol{r} - \boldsymbol{R}_{t'})\mathrm{d}\boldsymbol{r} \end{cases} \tag{11.39}$$

其中，离位和在位的原子形变势是对非对角和对角哈密顿矩阵元的修正，两者具有相同的数量级[363]。

当使用 Slater-Koster 简图来构建两个碳原子之间的紧束缚哈密顿矩阵元[263]时，可以选择让碳原子 2p 轨道沿着或者垂直于连接两个碳原子之间的键。4 个基本跳跃积分和交叠积分整数为(ss)、(sσ)、(σσ)和(ππ)。采用与构建形变势矩阵元 $\langle \phi \mid \nabla\nu \mid \phi \rangle$ 同样的过程。引入如下矩阵元：

$$\begin{cases} \boldsymbol{\alpha}_p(\tau) = \int \phi_\mu(\boldsymbol{r})\, \nabla\nu(\boldsymbol{r}) \phi_\nu(\boldsymbol{r} - \boldsymbol{\tau})\mathrm{d}\boldsymbol{r} = \alpha_p(\boldsymbol{\tau})\hat{I}(\boldsymbol{\alpha}_p) \\ \boldsymbol{\lambda}_p(\tau) = \int \phi_\mu(\boldsymbol{r})\, \nabla\nu(\boldsymbol{r} - \boldsymbol{\tau})\, \phi_\nu(\boldsymbol{r})\mathrm{d}\boldsymbol{r} = \lambda_p(\boldsymbol{\tau})\hat{I}(\boldsymbol{\lambda}_p) \end{cases} \tag{11.40}$$

式中：$\hat{I}(\boldsymbol{\alpha}_p)$ 和 $\hat{I}(\boldsymbol{\lambda}_p)$ 为描述离位和在位形变势矢量 $\boldsymbol{\alpha}_p$ 和 $\boldsymbol{\lambda}_p$ 的单位矢量[363]，$p = \mu\nu$；2p 轨道 $\phi_\mu(\phi_\nu)$ 可以选择沿着或者垂直于连接两个碳原子之间的方向，

τ 为两个原子之间的距离①。

图 11.4 显示了 2s、σ 和 π 原子轨道在图(a)离位 $\boldsymbol{\alpha}_p$ 和图(b)在位 $\boldsymbol{\lambda}_p$ 原子形变势的非零矩阵元。

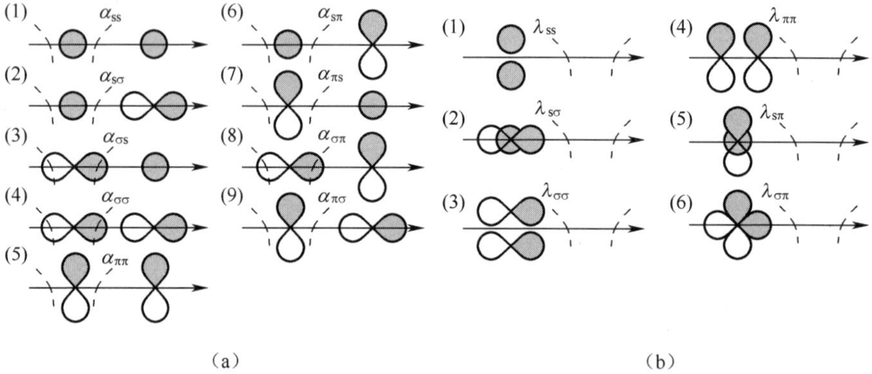

图 11.4 (a)9 个非零的离位形变势矢量 $\boldsymbol{\alpha}_p$，虚线表示原子势能；(b)6 个非零的原位形变势矢量 $\boldsymbol{\lambda}_p$，虚线表示原子势能。$\boldsymbol{\lambda}_{ss}$、$\boldsymbol{\lambda}_{\sigma\sigma}$ 和 $\boldsymbol{\lambda}_{\pi\pi}$ 的两个相同轨道可以通过彼此的移动来描述[222]。

图 11.5 给出了 $\boldsymbol{\alpha}_p$ 和 $\boldsymbol{\lambda}_p$ 的计算值与两碳原子的原子间距离的函数关系[222]。当 $r = 1.42\text{Å}$，即原子与其最近邻原子之间的键长时，有 $\alpha_{\pi\pi} \approx 3.2\text{eV/Å}$ 和 $|\lambda_{\pi\pi}| \approx 7.8\text{eV/Å}$ 和 $|\alpha_{\pi\sigma}| \approx 24.9\text{eV/Å}$。为了计算式(11.37)中每一个声子模的电子-声子矩阵元，声子模 $(\nu,\boldsymbol{q})$ 的原子振动强度 $\boldsymbol{S}(\boldsymbol{R}_t)$ 可以由下式计算，即

$$\boldsymbol{S}(\boldsymbol{R}_t) = A_\nu(\boldsymbol{q})\sqrt{\bar{n}_\nu(\boldsymbol{q})}\,\boldsymbol{e}^\nu(\boldsymbol{R}_t)\,\mathrm{e}^{\pm i\omega_\nu(\boldsymbol{q})t} \tag{11.41}$$

式中：± 号分别对应于声子发射（+）和声子吸收（−）；A、$\bar{n}$、$\boldsymbol{e}$ 和 ω_v 分别为声子振幅、数目、本征矢量和频率。

在平衡状态下，式(11.41)中的声子数目由声子 ν 的 Bose-Einstein 分布函数 $n_\nu(\boldsymbol{q})$ 确定，即

$$n_\nu(\boldsymbol{q}) = \frac{1}{e^{\hbar w_v/k_B T} - 1} \tag{11.42}$$

式中：$T = 300\text{K}$ 对应的是常温下的晶格温度；k_B 为玻耳兹曼常数。

对于声子发射，声子数目 $\bar{n} = n + 1$，而对于声子吸收，$\bar{n} = n$。零点声子振动

① 从矩阵元 $\boldsymbol{\alpha}_p$ 可以推导出另一个矩阵元，

$$\boldsymbol{\beta}_p(\boldsymbol{\tau}) = \int\phi_\mu(\boldsymbol{r})\,\nabla\nu(\boldsymbol{r}-\boldsymbol{\tau})\phi_v(\boldsymbol{r}-\boldsymbol{\tau})\,\mathrm{d}\boldsymbol{r} = \int\phi_v(\boldsymbol{r})\,\nabla v(\boldsymbol{r})\phi_\mu(\boldsymbol{r}+\boldsymbol{\tau})\,\mathrm{d}\boldsymbol{r} = \beta_p(\boldsymbol{\tau})\hat{\boldsymbol{I}}(\boldsymbol{\beta}_p)$$

然而，式中的积分可以用 α 项来表示[222]。

幅度为

$$A_\nu(\boldsymbol{q}) = \sqrt{\frac{\hbar}{N_u m_C \omega_v(\boldsymbol{q})}} \tag{11.43}$$

声子本征矢量 $\boldsymbol{e}^\nu(\boldsymbol{R}_t)$ 可以通过对角化式(11.14)的动力学矩阵获得。

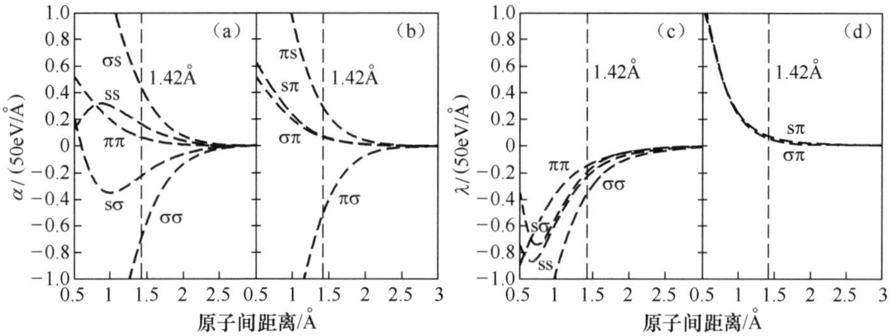

图 11.5 (a)、(b)$\boldsymbol{\alpha}_p$和(c)、(d)$\boldsymbol{\lambda}_p$与原子间距离的函数关系。垂直线对应于是 1.42Å,即石墨的 C—C 键距离[222]。

11.8 拓展到激子态

本节将介绍把电子-光子和电子-声子相互作用所用到的方式方法分别推广到激子-光子和激子-声子相互作用。关于本部分更为详细的阐述请参考原始文献[186,188]以及本书有关激子的章节(见第 10 章)。

对于纳米管来说,光激发的一对电子和空穴会形成一个激子。需要强调的是,石墨烯没有激子态。纳米管的激子束缚能很大(可达 1eV 数量级),激子在常温下也能存在。由于光激发到导带的电子以及被留在价带的空穴之间存在库仑相互作用,激子波函数在实空间中是局域的。当在电子结构计算中不明确地考虑库仑相互作用时,布洛赫定理对电子结构是成立的,因此波数 $\boldsymbol{k}$ 是一个好量子数。于是,可以将所有波函数以及它们的能量考虑为 $\boldsymbol{k}$ 的函数。$\boldsymbol{k}$ 的波函数在晶格中是非局域的。为了得到空间局域的波函数,可以将具有很多不同波矢 $\boldsymbol{k}$ 的布洛赫函数通过库仑相互作用进行相互混合,从而使激子能量最小化。这时通过傅里叶变换将实空间变换到 $\boldsymbol{k}$ 空间的数学图像是非常有用的。也就是说,当激子波函数在实空间更加局域化时,其在 $\boldsymbol{k}$ 空间将更为非局域化。如何对不同 $\boldsymbol{k}$ 态进行混合的方程就是所谓的 Bethe-Salpeter 方程[186]。

10.4.1 节已经讨论过 Bethe-Salpeter 方程。通过求解 Bethe-Salpeter 方程,可以得到具有质心动量 $\boldsymbol{q}$ 的激子波函数 $|\Psi_{\boldsymbol{q}}^n\rangle$,即

$$|\Psi_{\boldsymbol{q}}^{n}\rangle = \sum_{k} Z_{\boldsymbol{k}\mathrm{c},(\boldsymbol{k}-\boldsymbol{q})\mathrm{v}}^{n} c_{\boldsymbol{k}\mathrm{c}}^{+} c_{(\boldsymbol{k}-\boldsymbol{q})\mathrm{v}} |0\rangle \tag{11.44}$$

式中：$Z_{\boldsymbol{k}\mathrm{c},(\boldsymbol{k}-\boldsymbol{q})\mathrm{v}}^{n}$ 为 Bethe-Salpeter 方程的第 n 个($n=0,1,2,\cdots$)态的本征矢量；$c^{+}(c)$ 为在导(价)带产生(湮灭)一个具有 $\boldsymbol{k}(\boldsymbol{k}-\boldsymbol{q})$ 动量的电子；$|0\rangle$ 为基态。对 $\boldsymbol{k}$ 求和须遍历整个二维布里渊区(2D BZ)，$Z_{\boldsymbol{k}\mathrm{c},(\boldsymbol{k}-\boldsymbol{q})\mathrm{v}}^{n}$ 局域于 $\boldsymbol{k}$ 空间的 $\boldsymbol{k}$ 点附近,在该点产生了电子-空穴对。

11.8.1 激子-光子矩阵元

激子-光子矩阵元由 $\boldsymbol{k}$ 点电子-光子矩阵元 $D_{\boldsymbol{k}}$ 线性组合而成,所使用的权重因子为 $Z_{\boldsymbol{k}\mathrm{c},\boldsymbol{k}\mathrm{v}}^{n\,*}$,即

$$\boldsymbol{M}_{\mathrm{ex-op}} = \langle \Psi_{0}^{n} | \boldsymbol{H}_{\mathrm{el-op}} | 0\rangle = \sum_{\boldsymbol{k}} D_{\boldsymbol{k}} Z_{\boldsymbol{k}\mathrm{c},\boldsymbol{k}\mathrm{v}}^{n\,*} \tag{11.45}$$

式中：Ψ_{0}^{n} 为质心动量 $\boldsymbol{q}=0$ 的激子波函数。由于质心动量在光学跃迁前后必须守恒,因此仅考虑 $\boldsymbol{q}=0$ 的情况就足够了。

对于单壁碳纳米管,因为晶格结构围绕垂直于纳米管管轴方向且穿过 C—C 键中心的轴方向的 C_2 旋转操作是对称的,在六角晶格的 A 和 B 碳原子间做 C_2 交换操作等价于将 $\boldsymbol{k}$ 态变换到 $-\boldsymbol{k}$ 态。由于碳纳米管的激子波函数应该转换为 C_2 对称操作的一个不可约表示,因此可以得到具有 A_1、A_2、E 和 E^* 对称的激子(见 10.3.1 节)。例如,A_1 和 A_2 激子波函数在 C_2 旋转下分别是对称和反对称的,可以由下式给出：

$$|\Psi_{0}^{n}(A_{1,2})\rangle = \frac{1}{\sqrt{2}} \sum_{\boldsymbol{k}} Z_{\boldsymbol{k}\mathrm{c},\boldsymbol{k}\mathrm{v}}^{n} (c_{\boldsymbol{k}\mathrm{c}}^{+} c_{\boldsymbol{k}\mathrm{v}} \mp c_{-\boldsymbol{k}\mathrm{c}}^{+} c_{-\boldsymbol{k}\mathrm{v}}) |0\rangle \tag{11.46}$$

式中:$\boldsymbol{k}$ 和 $-\boldsymbol{k}$ 分别局域在 K 和 K' 点附近;而 $\mp$ 的 $-$ ($+$)对应于 $A_1(A_2)$ 激子①。

当使用关系 $D_{\boldsymbol{k}} = D_{-\boldsymbol{k}}$ 时,A_1 和 A_2 激子的激子-光学(ex-op)矩阵元为

$$\begin{cases} \boldsymbol{M}_{\mathrm{ex-op}}(A_1^n) = 0 \\ \boldsymbol{M}_{\mathrm{ex-op}}(A_2^n) = \sqrt{2} \sum\limits_{\boldsymbol{k}} D_{\boldsymbol{k}} Z_{\boldsymbol{k}\mathrm{c},\boldsymbol{k}\mathrm{v}}^{n\,*} \end{cases} \tag{11.47}$$

式(11.47)直接表明 A_1 激子是暗态而 A_2 激子是亮态,与群论预测的结果完全一致(10.3.2 节)[218]。由于激子波函数在空间上具有局域性,与对应的电子-光子矩阵元相比,激子-光子矩阵元得到大大增强(100 倍的数量级)。

11.8.2 激子-声子相互作用

使用产生和湮灭算符,声子模 $(\boldsymbol{q},\nu)$ 的电子-声子耦合具有如下形式：

---

① 令人疑惑但确实正确的是,式(11.47)的"-"对应于一个对称波函数而"+"对应于一个反对称波函数。

$$H_{\text{el-ph}} = \sum_{kq\nu} [M^{\nu}_{k,k+q}(\text{c})c^{+}_{(k+q)\text{c}}c_{k\text{c}} - M^{\nu}_{k,k+q}(\text{v})c^{+}_{(k+q)\text{v}}c_{k\text{v}}](b_{q\nu} + b^{+}_{q\nu}) \tag{11.48}$$

式中：$M(\text{c})$（$M(\text{v})$）为导带（价带）的电子-声子矩阵元；$b^{+}_{q\nu}$（$b_{q\nu}$）是波矢为 $\boldsymbol{q}$ 的第 ν 个声子的产生（湮灭）算符。

从式(11.48)可以得到初态 $|\Psi^{n1}_{q1}\rangle$ 和末态 $|\Psi^{n2}_{q2}\rangle$ 之间的激子-声子矩阵元，即

$$\begin{aligned} \boldsymbol{M}_{\text{ex-ph}} &= \langle \Psi^{n2}_{q2} | \boldsymbol{H}_{\text{el-ph}} | \Psi^{n1}_{q1} \rangle \\ &= \sum_{k} [M^{\nu}_{k,k+q}(\text{c})\, Z^{n2*}_{k+q,k-q1}\, Z^{n1}_{k,k-q1} - M^{\nu}_{k,k+q}(\text{v})\, Z^{n2*}_{k+q2,k}\, Z^{n1}_{k+q2,k+q}] \end{aligned} \tag{11.49}$$

其中，$\boldsymbol{q} = \boldsymbol{q}_2 - \boldsymbol{q}_1$ 保证了动量守恒。可以看到，激子-声子相互作用可以通过对以激子波函数为权重的电子-声子矩阵元 $M^{\nu}_{k,k+q}$ 取平均值得到。

因为相对于能带态来说，激子波函数对应的激子和声子之间相互作用的面积减少了，所以与激子-光子矩阵元相比较而言，激子-声子矩阵元并没有显著增强。

11.9 共振拉曼过程的矩阵元

将以上讨论的所有矩阵元集中起来，可以计算因电子-声子相互作用导致的一阶斯托克斯拉曼强度，即

$$I_{\text{el}} = \left| \frac{1}{L} \sum_{k} \frac{D^2_{k}[M_{\text{el-ph}}(k \to k, \text{c}) - M_{\text{el-ph}}(k \to k, \text{v})]}{[E - E_{\text{cv}}(k) + \text{i}\gamma_r][E - E_{\text{cv}}(k) - E_{\text{ph}} + \text{i}\gamma_r]} \right|^2 \tag{11.50}$$

式中：γ_r 为定义共振拉曼窗口的展宽因子，γ_r 值可以通过光激发载流子的寿命[308,364]并利用不确定性原理计算得到。

光激发载流子的寿命可以通过电子-声子（激子-声子）相互作用发射一个声子的跃迁概率计算得到。更多细节请参考 11.10 节关于共振拉曼窗口的内容。

当把激子-光子和激子-声子相互作用应用于单壁碳纳米管时，它们所导致的拉曼强度为

$$\begin{aligned} I_{\text{ex}} &= \left| \frac{1}{L} \sum_{a} \frac{M_{\text{ex-op}}(a) M_{\text{ex-ph}}(a \to b) M_{\text{ex-op}}(b)}{[E - E_a + \text{i}\gamma_r][E - E_a - E_{\text{ph}} + \text{i}\gamma_r]} \right|^2 \\ &= \left| \frac{1}{L} \sum_{a} \frac{M_{\text{ex-op}}(a)^2 M_{\text{ex-ph}}(a \to a)}{[E - E_a + \text{i}\gamma_r][E - E_a - E_{\text{ph}} + \text{i}\gamma_r]} \right|^2 \end{aligned} \tag{11.51}$$

在式(11.51)的第二行中，假设了虚态 b 可以用真实态 a 近似。对于一阶

拉曼散射过程的情况,因为 $\boldsymbol{q}=0$,式(11.49)的矩阵元可以简化为

$$M_{\text{ex-ph}} = \sum_{\boldsymbol{k}} \left[M^{\nu}_{\boldsymbol{k},\boldsymbol{k}}(\mathrm{c}) - M^{\nu}_{\boldsymbol{k},\boldsymbol{k}}(\mathrm{v}) \right] |Z_{\boldsymbol{k},\boldsymbol{k}}|^2 \tag{11.52}$$

当考虑二阶拉曼强度时,需要考虑 $\boldsymbol{q} \neq 0$ 的声子散射。在这种情况下 A_2 和 E 激子态的激子-声子相互作用是非常重要的,其中 E 激子态包含了 K 点附近的电子和 K' 点附近的空穴,反之亦然。

本章已显示,可以结合许多计算程序来计算共振拉曼光谱和拉曼强度。另外,利用电子-声子(或者激子-声子)相互作用,可以通过计算光激发载流子的寿命(见 9.2.1 节)得到共振窗口宽度 γ_r。而且,通过金属能带的电子-声子相互作用,可以估计出在科恩异常情况下的拉曼光谱宽度(见 8.4 节)。还存在很多利用这些相互作用的可能性,例如有关相干声子光谱的研究[365]。

11.10 共振窗口宽度的计算

共振窗口宽度或者式(11.51)量子力学拉曼激发谱轮廓中的 γ_r 值是与不确定性原理相联的载流子寿命相关的。通常,拉曼光谱对载流子寿命最主要的贡献在于发射或者吸收声子的非弹性散射过程。本节将介绍如何通过考虑电子-声子矩阵元[203,222]和费米黄金定则来计算载流子寿命[360]。对于金属系统(M-SWNT),电子-等离激元耦合的贡献将进一步缩短寿命(使得 γ_r 值变宽),详细讨论见文献[308]。

光激发电子散射到另一个电子态的跃迁率可以通过声子散射来估计。此跃迁率的倒数称为驰豫时间 τ[357,361],它与共振窗口(即 γ_r 值)成反比。γ_r 值与 τ 满足不确定性原理:

$$\gamma_r = \frac{\hbar}{\tau} \tag{11.53}$$

单位时间内第 ν 个声子模把一个激发电子从初态 $\boldsymbol{k}$ 散射到所有可能的末态 $\boldsymbol{k}'$ 的跃迁率可以通过费米黄金定则来得到[357],即

$$\frac{1}{\tau_\nu} = W^{\nu}_{\boldsymbol{k}} = \frac{S}{8\pi M\, d_{\mathrm{t}}} \sum_{\mu',\boldsymbol{k}'} \frac{|D_\nu(\boldsymbol{k},\boldsymbol{k}')|^2}{\omega_\nu(\boldsymbol{k}'-\boldsymbol{k})} \left[\frac{\mathrm{d}E(\mu',\boldsymbol{k}')}{\mathrm{d}\boldsymbol{k}'} \right]^{-1} \cdot \left\{ \frac{\delta(\omega(\boldsymbol{k}') - \omega(\boldsymbol{k}) - \omega_\nu(\boldsymbol{k}'-\boldsymbol{k}))}{e^{\beta\hbar\omega_\nu(\boldsymbol{k}'-\boldsymbol{k})} - 1} + \frac{\delta(\omega(\boldsymbol{k}') - \omega(\boldsymbol{k}) + \omega_\nu(\boldsymbol{k}'-\boldsymbol{k}))}{1 - e^{-\beta\hbar\omega_\nu(\boldsymbol{k}'-\boldsymbol{k})}} \right\} \tag{11.54}$$

式中:S、M、d_{t}、β 和 μ' 分别为石墨烯原胞的面积,一个碳原子的质量、单壁碳纳米管的直径、$1/k_{\mathrm{B}}T$ 和末态的切割线指数;$D_\nu(\boldsymbol{k},\boldsymbol{k}')$ 是第 ν 个声子模把一个电子从 $\boldsymbol{k}$ 态散射到 $\boldsymbol{k}'$态的矩阵。

驰豫过程严格地满足能量-动量守恒。式(11.54)括号中的两项分别表示能量为 $\hbar\omega_\nu(\boldsymbol{k}'-\boldsymbol{k})$ 的第 ν 阶声子的吸收和发射过程。

将此结果应用到 S-SWNT 的情况,只要考虑电子-声子耦合模型[308],就能够得到与实验吻合的 γ_r 值。可以看出,γ_r 值显示出对于 S-SWNT 手性和直径的严重依赖性。但是,对 M-SWNTγ_r 值的计算需要考虑额外的贡献项,比如可能来自电子-等离激元的相互作用,这是因为:如果仅考虑电子-声子的相互作用,所计算的结果与实验结果不一致,也就是说,与实验结果相比,计算结果低估了 γ_r 值。这里必须考虑新的物理机制,如导带的激发电子和与两线性能带相关的等离激元之间的相互作用。为了将详细的电子-等离激元效应应用于 γ_r 值的计算,还需要进行更多深入的研究。

11.11 小　　结

本征 SWNT 样品的直径分布可以通过 HRTEM 测定,该结果可以与相同样品的径向呼吸模 RRS 成像图相比较。在手性角均等分布的假设下,可以确定 SWNT 径向呼吸模 RRS 截面,且它可以用一个简单的经验公式来描述。因此,可利用 RBM 强度来反推样品的直径分布。

基于石墨烯和碳纳米管的电子和声子紧束缚模型,作者从理论上阐述了所观察到的(n,m)依赖的矩阵元和共振窗口宽度,同时也介绍了激子。这些计算方法不仅对于解释 RBM 结果非常重要,而且对于更普遍地解释sp^2碳系统的拉曼光谱也非常重要。

11.12 思　考　题

[11-1]考虑两个碳原子的两个 π 轨道,假设哈密顿量和重叠矩阵的最近邻紧束缚参数分别为 γ_0 和 s_0 ,试推导成键轨道和反成键轨道的本征能量。

[11-2]写出单层石墨烯的紧束缚哈密顿矩阵。考虑以下两种情况:(1)仅考虑最近邻相互作用;(2)考虑到第三近邻相互作用。

[11-3]在思考题[11-2]中,在考虑重叠矩阵元情况下写出相应的哈密顿矩阵。

[11-4]写出双层石墨烯的紧束缚哈密顿矩阵。考虑以下两种情况:(1)只考虑 γ_1 带参数;(2)考虑 γ_1、γ_3 和 γ_4 带参数。在双层石墨烯中,还需要考虑能量 E_0^e 。

[11-5]在考虑从 γ_0 到 γ_5 的带参数时,写出三层石墨烯的紧束缚哈密顿量矩阵。对于三层石墨烯的情况,也需要考虑区分 A 和 B 碳原子的能量 Δ 。

[11-6]对于双层石墨烯,写出其能带色散的解析解。在 K 点附近的能量色散

关系中 γ_3 和 γ_4 所起的作用是什么？

[11-7] 对于单层石墨烯，明确地写出 ϕ_{ti} 和 ϕ_{to} 的力常数求和规则之间的关系。

[11-8] 说明当使用力常数模型时，面内和面外声子模在动力学矩阵中是退耦合的。

[11-9] 对于 K 点附近的声子，如果考虑超胞结构，就可以考虑把 K 点声子模折叠到 Γ 点的布里渊区折叠方式。哪种超胞结构才能得到 K 点声子模的布里渊区折叠方式？

[11-10] 讨论用 l、m 和 n 原子量子数标记的原子轨道之间的选择定则。写出把 2p 轨道作为初态时光学跃迁允许的态。

[11-11] 证明真空中光的电场 $\boldsymbol{E}$ 和矢量势 $\boldsymbol{A}$ 之间的关系为 $\boldsymbol{E} = \mathrm{i}\omega \boldsymbol{A}$ 。

[11-12] 利用波印亭矢量，$I = EB/\mu_0 = E^2/(\mu_0 c)$ ，推导式(11.21)。

[11-13] 利用最简单的紧束缚哈密顿量，写出式(11.27)在 $\boldsymbol{K} = (0, -4\pi/(3a))$ 附近的波函数系数。

[11-14] 在 $\boldsymbol{K}' = (0, 4\pi/(3a))$ 附近，写出波函数的系数，并推导电偶极矢量 $\boldsymbol{D}^{cv}(\boldsymbol{K}' + \boldsymbol{k}) = [3m_{opt}/2k](-k_y, k_x, 0)$ 。解释在 K 和 K' 点 $\boldsymbol{D}^{cv}(\boldsymbol{k})$ 的旋转方向相反。

[11-15] 当晶体势(见式(11.32))具有周期性时，说明式(11.33)的矩阵元只有在 $k = k'$ 时具有非零值。

[11-16] 图 11.6 给出了另一组离位形变势 $\boldsymbol{\beta}_p$ 。将 $\boldsymbol{\beta}_p$ 和图 11.4 的 $\boldsymbol{\alpha}_p$ 相比较，证明 $\boldsymbol{\beta}_p$ 和 $\boldsymbol{\alpha}_p$ 满足以下关系：

$$\begin{cases} \boldsymbol{\beta}_{ss} = -\boldsymbol{\alpha}_{ss}, \boldsymbol{\beta}_{s\sigma} = \boldsymbol{\alpha}_{\sigma s}, \boldsymbol{\beta}_{\sigma s} = \boldsymbol{\alpha}_{s\sigma} \\ \boldsymbol{\beta}_{\sigma\sigma} = -\boldsymbol{\alpha}_{\sigma\sigma}, \boldsymbol{\beta}_{\pi\pi} = -\boldsymbol{\alpha}_{\pi\pi}, \boldsymbol{\beta}_{s\pi} = \boldsymbol{\alpha}_{\pi s} \\ \boldsymbol{\beta}_{\pi s} = \boldsymbol{\alpha}_{s\pi}, \boldsymbol{\beta}_{\sigma\pi} = -\boldsymbol{\alpha}_{\pi\sigma}, \boldsymbol{\beta}_{\pi\sigma} = -\boldsymbol{\alpha}_{\sigma\pi} \end{cases} \tag{11.55}$$

[11-17] 考虑 E 激子波函数，证明 E 激子态对光学吸收(或者发射)没有贡献。

[11-18] 当考虑一个光激发载流子通过电子-声子相互作用发射一个声子时，通过简图说明，在石墨烯中共有 24 种可能的且满足能量-动量守恒的末态。

[11-19] 当式(11.48)的第二项考虑空穴的散射时，解释为什么在 $-M^{\nu}_{\boldsymbol{k},\boldsymbol{k}+\boldsymbol{q}}(\mathrm{v})$ 中会出现负号。

[11-20] 当激发能量不与占据和非占据态之间的能量间隔共振时，含时微扰理论表明光学跃迁到可能实态的概率不为零。现在考虑一个虚态，其能量由光能量决定。试证明，虚态可以用实态的线性组合来表达。特别地，当虚态位置非常靠近实态时，证明实态的系数接近于 1，因此可以用实态来近似处理虚态。

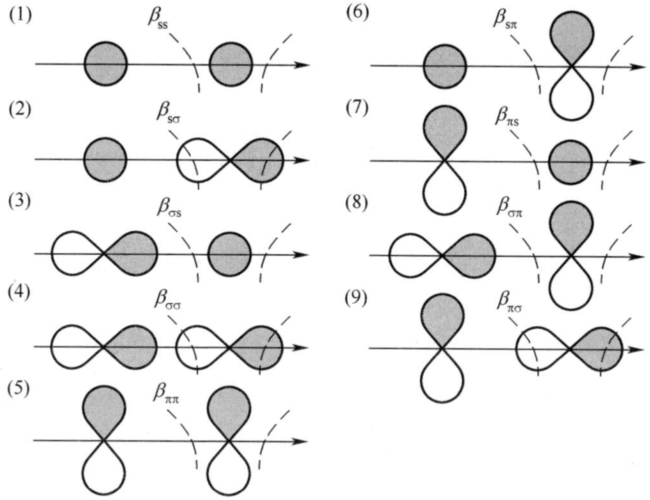

图 11.6　9 个非零的离位形变势矢量 $\boldsymbol{\beta}_p$（虚线表示原子势能）

第 12 章

色散的 G′带和高阶散射的双共振过程

所有sp^2碳材料在 $2500\sim2800cm^{-1}$频率范围内都具有强拉曼特征，如图 1.5 所示。与 G 带（$1585cm^{-1}$）一起，光谱的这种高频信号也是sp^2碳材料的拉曼指纹，被称为 G′带①以强调它是类石墨sp^2碳的一个拉曼允许振动模。有趣的是，G′带是一个二阶双声子过程，更有趣的是，它的频率表现出对激发光能量的强依赖性。由于拉曼活性模的频率通常不依赖于激光激发能量，因此这种色散行为（$\omega_{G'}=\omega_{G'}(E_{laser})$）在拉曼散射中是不寻常的。与许多其他拉曼峰（例如，图 4.14 所示的 $2450cm^{-1}$和 $3240cm^{-1}$附近的特征峰）一起，sp^2碳的 G′带可以归于高阶拉曼光谱一类，该类光谱通常包含了倍频模及和频模（见 4.3.2 节）。特别地，G′带是与石墨烯 K 点附近声子相关的二阶过程，受双共振过程激活，这就是它具有色散现象的原因，也因此导致此振动模对石墨烯电子/声子结构的任何扰动都具有很强的依赖性。基于此原因，G′特征峰为表征sp^2纳米碳提供了非常灵敏的探针。例如，G′带可以用来区分单层石墨烯和伯纳尔堆垛双层石墨烯，如 4.4.3 节所讨论，也可以用于探测 SWNT 的电子结构。本章将讨论这些高阶拉曼散射过程背后的科学问题，以及通常如何利用它们来表征sp^2纳米碳。特别地，本章将概述sp^2碳拉曼光谱中最强的二阶拉曼模（G′带）的许多特征和性质。12.1 节将考虑高阶拉曼过程的一般性质，12.2 节将概述石墨烯的双共振现象，12.3 节将其推广到其他光谱特征峰。严格地说，应该将这种效应称为“多共振过程”，因为可能会有两个以上的共振过程发生，如 12.2.1 节所述。但是，大多数实验结果都可以用双共振来解释，因为在大部分文献中均用此名称，在这里仍沿用这个名称。12.4 节将讨论碳纳米管的双共振过程，而 12.5 节则为本章的简单总结。

---

① 在石墨烯文献中，也称 G′带为 2D 带。这里使用传统的 G′带标记，是因为以下原因：G′带不是缺陷诱导的过程，而 D 和 D′带是由缺陷诱导的拉曼特征（参见第 13 章）；2D 通常用于表示二维系统，并且在 sp^2 碳文献中也可这么使用。

12.1 高阶拉曼过程的一般性质

双声子发射过程是一个二阶拉曼过程,一般通过考虑极化率张量的非简谐项进行经典的描述(见4.3.1节),即

$$\boldsymbol{\alpha} = \boldsymbol{\alpha}_0 + \boldsymbol{\alpha}_1 \sin(\omega_{\boldsymbol{q}} t) + \frac{\partial^2 \boldsymbol{\alpha}}{\partial Q_1 \partial Q_2} Q_1 Q_2 \tag{12.1}$$

式中:Q_1 和 Q_2 为两个声子的振幅。式(12.1)的最后一项给出了两个声子的拉曼频移 $\pm\omega_1 \pm \omega_2$。

在量子力学中,双声子过程可以采用四阶微扰理论来描述,并且散射强度可以利用式(5.22)和式(5.23)计算,重写如下:

$$I(\omega, E_{\text{laser}}) \propto \sum_i \left| \sum_{m', m'', \omega_1, \omega_2} J_{m', m''(\omega_1, \omega_2)} \right|^2 \tag{12.2}$$

其中,求和需要遍历两个所有可能的中间电子态 m 和 m' 以及对应的声子频率 ω_1 和 ω_2,在对散射振幅取平方之后,还需要对所有可能的初态求和。$J_{m', m''}$ 由下式给出:

$$J_{m', m''(\omega_1, \omega_2)} = \frac{M^{\text{d}}(\boldsymbol{k}, im'') M^{\text{ep}}(-\boldsymbol{q}, m'' m') M^{\text{ep}}(\boldsymbol{q}, m'm) M^{\text{d}}(\boldsymbol{k}, mi)}{(E_{\text{laser}} - \Delta E_{mi} - \text{i}\gamma_{\text{r}})(E_{\text{laser}} - \Delta E_{m'i} - \hbar\omega_1 - \text{i}\gamma_r)} \cdot \frac{1}{(E_{\text{laser}} - \Delta E_{m''i} - \hbar\omega_1 - \hbar\omega_2 - \text{i}\gamma_r)} \tag{12.3}$$

式(12.3)与式(5.23)略有不同,因为加上了展宽因子 γ_r①,可以给出共振窗口的宽度,也就是,与激发态寿命相关的能量不确定性,也可以避免当系统处于共振状态时出现 J 无穷的情况。图12.1显示了一个双声子斯托克斯拉曼过程的费曼图。当然,与一般的一阶过程类似(见5.3节),此双声子过程可能具有不同的散射顺序,每个不同的过程都应该分开来考虑,如果要利用相似的Feynman图对高阶过程的强度进行精确分析的话。一般来说,对于入射(i)和散射(s)电子需要满足下面的能量和动量守恒:

$$E_{\text{s}} = E_{\text{i}} \pm E_{\boldsymbol{q}_1} \pm E_{\boldsymbol{q}_2} \tag{12.4}$$

$$\boldsymbol{k}_{\text{s}} = \boldsymbol{k}_{\text{i}} \mp \boldsymbol{q}_1 \mp \boldsymbol{q}_2 \tag{12.5}$$

其中,式(12.4)的+(−)和式(12.5)的 −(+)分别对应于波矢为$\boldsymbol{q}_1$和$\boldsymbol{q}_2$的两个声子的吸收和发射。考虑到入射和散射光子 $\boldsymbol{k}_{\text{s}} \approx \boldsymbol{k}_{\text{i}}$(见4.3.2节)的情况,动量守恒要求$\boldsymbol{q}_2 \approx -\boldsymbol{q}_1$。

---

① 原则上,式(12.3)的3个 γ_r 因子可以是不同的。但是,目前没有可用的实验证据来提供每个 γ_r 因子各自的值。

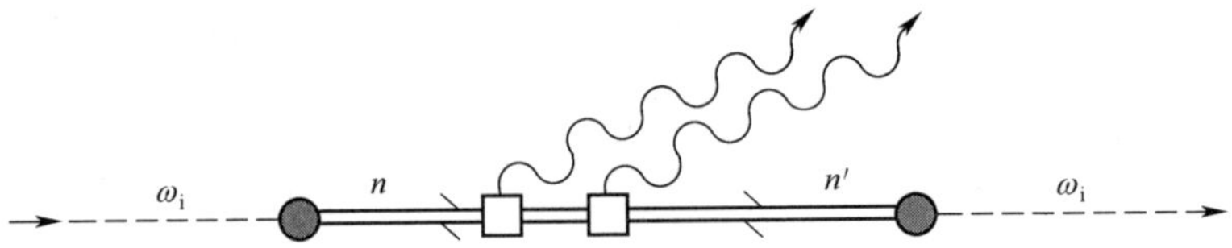

图 12.1　双声子斯托克斯拉曼过程的费曼图

任何一个涉及相同拉曼活性（$M^{ep} \neq 0$）声子模两次且只要满足 $\boldsymbol{q}_2 = -\boldsymbol{q}_1$ 的双声子散射过程，都可以给出具有双倍频率的拉曼光谱。这样一个过程可以在任何固体中观察到。但是，任何 $\boldsymbol{q} \neq 0$ 波矢的声子都可以参与到双声子过程中，因此在没有任何共振效应存在的情况下，相应的拉曼信号变得比较宽。此外，与式(12.1)的$\boldsymbol{\alpha}_1$项相比①，非简谐(或四阶)微扰相对比较弱。有趣的是，sp^2碳材料电子和声子结构非常特殊，以至于可以发生与某些特定选择的内部电子-声子散射过程相关的共振过程。这些共振过程强烈地增强了与特定声子相关的二阶拉曼光谱，该共振过程也就是 12.2 节所阐述的双共振(DR)拉曼过程[159]。然后该过程在sp^2碳材料中产生了独特的拉曼光谱。这里有以下两个因素主导了拉曼强度，从而增强了特定声子散射过程的概率：

(1) 双共振条件，同时通过减小式(12.3)分母中 3 个因子中的两个来增大式(12.3)的 J 。

(2) 强的电子-声子矩阵元，通过增强式(12.3)的分子来增大式(12.3)的 J 。以下几节将讨论这两个因素是如何在石墨烯(见 12.2 节)和碳纳米管(见 12.4 节)中发生的，主要集中于 G′ 带，因为它是最强的 DR 特征峰，也是色散性最强的特征峰之一。12.3 节将 DR 过程推广到了sp^2纳米碳拉曼光谱的更多特征峰的理解中。

12.2　石墨烯的双共振过程

本节回顾了 12.1 节所介绍的双共振(DR)过程在石墨烯的情况，12.2.1 节开始对双共振过程进行更为详细的描述。紧接着 12.2.2 节讨论了这种现象对 E_{laser} 的依赖关系，然后 12.2.3 节讨论这种现象对石墨烯层的数目的依赖关系。12.2.4 节还阐述了如何将 G′ 带应用于表征石墨烯样品沿晶轴 c 方向的堆垛顺序。

① 该图不同于分子的高阶拉曼光谱，后者的声子振幅可以大到足够增强非简谐效应，并且其电子能级是离散的(不显示出 $\boldsymbol{q}$ 依赖效应)。

12.2.1 双共振过程

当给定能量的一个光子入射到单层石墨烯时,它将在动量空间中把一个电子从价带垂直激发到导带(图 12.2(a)的灰色箭头)。由于石墨烯能带不具有能隙,因此对任意的 E_{laser},总会有一个波矢为 $\boldsymbol{k}$ 的电子满足 $E_{\text{laser}} = E^{c}(\boldsymbol{k}) - E^{v}(\boldsymbol{k})$。然后,位于 $\boldsymbol{k}$ 处的光生电子将通过发射一个波矢为 $\boldsymbol{q}$ 的声子而被散射到 $\boldsymbol{k}-\boldsymbol{q}$ 的态,如图 12.2(a)黑色箭头所示。图 12.2(a)的声子发射属于谷间散射,其中声子 $\boldsymbol{q}$ 矢量连接着布里渊区中位于 K 和 K' 点附近的两个能带。如果石墨烯的振动结构中存在波矢为 $\boldsymbol{q}$、能量为 $E_{\boldsymbol{q}}$ 的声子,则该声子能够连接这两个导带电子态,那么该声子散射过程是共振的。然后就发生了双共振过程(电子-光子和电子-声子散射,如图 12.2(a)两个实心点所示)。

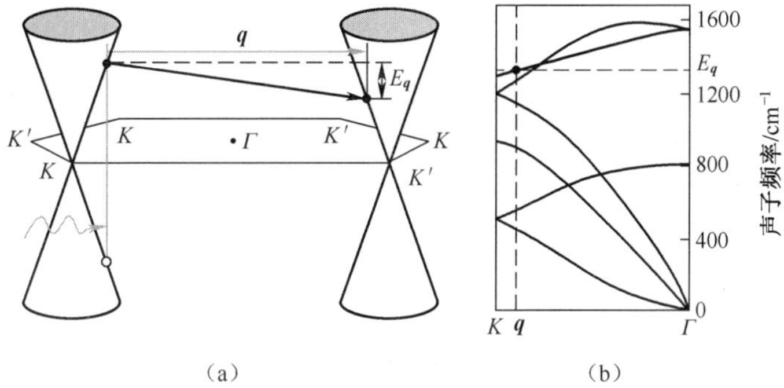

图 12.2 (a)用来描述石墨烯六边形布里渊区位于 K 和 K' 点处费米能级附近的电子色散(能量对于动量)的锥体,在双共振过程中发生的光诱导电子-空穴的形成和单电子-单声子散射过程分别用灰色和黑色箭头指示;(b)石墨烯的声子色散[366],其中从 Γ 点测量的声子波矢 $\boldsymbol{q}$ 和能量 $E_{\boldsymbol{q}}$ 已用点表示。

采用这个现象的量子力学描述,如图 12.2 描述了上述的两个过程。由于它们最小化了式(12.3)分母中的前两项,因此可以得到一个很大的散射振幅 J。整个拉曼过程要求两个声子波矢为 $\boldsymbol{q}$ 和 $-\boldsymbol{q}$ 以满足动量守恒,入射光子导致的电子空穴对产生以及紧接着通过发射散射光导致的电子-空穴复合如图 12.3 所示。图 12.3 给出的是相应的谷内双声子散射过程,其中声子 $\boldsymbol{q}$ 矢量连接了相同 K(或 K')点的两个导带态。谷内和谷间(从 K 到 K' 或从 K' 到 K,见图 12.2)散射过程在石墨烯中都可以发生。

图 12.3(a)~(c)所示过程表示的是斯托克斯过程,其中图(a)入射和/或图(b)散射光子都参与到了共振过程,还有就是内部的电子-声子散射过程。图 12.3(b)所示的电子-声子共振散射使得式(12.3)分母的第二项最小化,而与入射(散射)光子的共振则使式(12.3)分母的第一(第三项)最小

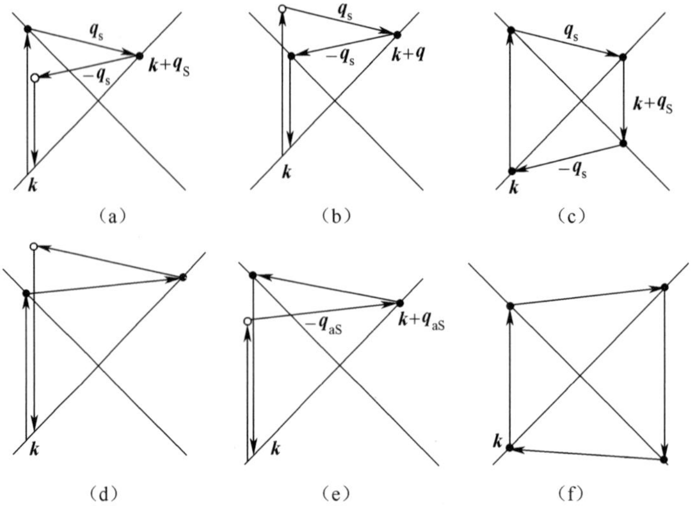

图 12.3 所有的多共振拉曼过程,具有两个电子-声子散射事件,同时需要 $\boldsymbol{q}$ 和 $-\boldsymbol{q}$ 声子以保证动量守恒,以及电子-空穴复合以实现散射光发射。与入射光共振的双共振显示于(a),而与散射光共振的双共振显示于(b)。完全的共振过程显示于(c),其中 $-\boldsymbol{q}$ 散射也发生于空穴。(a)~(c)显示的是斯托克斯(S)过程,而(d)~(f)显示的是相应的反斯托克斯(aS)过程[160,178,367,368]。

化。图 12.3(d)~(f)显示了各自对应的反斯托克斯过程。需要注意的是,对于相同的激光激发线,斯托克斯和反斯托克斯过程的双共振过程将会涉及不同的 $\boldsymbol{q}$ 矢量 ($\boldsymbol{q}_S \neq \boldsymbol{q}_{aS}$)。更详细的讨论可以参见文献[367]。

谷间和谷内双共振双声子过程分别与 2700cm^{-1}附近(G′带)和 3240cm^{-1}附近的倍频模有关。3240cm^{-1}峰来源于图 12.2(b)中靠近 Γ 点且接近声子色散中频率最大的一个 $\boldsymbol{q} \neq 0$ 声子的二阶过程,这种谷内过程所涉及的动量传递 $\boldsymbol{q}$ 很小。G′特征峰的强度比 3240cm^{-1}特征峰的强得多的原因与它们所涉及的是谷内散射还是谷间散射过程无关,而是与电子-声子矩阵元有关。K 点附近 G′带相关声子的电子-声子矩阵元比 Γ 点附近 3240cm^{-1}峰相关的声子强很多。

非常有趣的是,单层石墨烯的 G′带比一阶拉曼允许的 G 带更强。某些观点认为,这表明 G′带的主导过程不是双共振过程,实际上是如图 12.3(c)所示的全共振散射过程[369-370]。但是,这个非常强的 G′带强度也与 K 点和 Γ 点附近声子之间不同的电子-声子矩阵元有关。这是对的,也就是图 12.3(c)和(f)的全共振过程在原则上应该比含有虚态(非共振)的其他共振过程更有可能发生。但是,这仅当电子和空穴的电子色散关系是对称的时候才有效。由于石墨烯中电子波函数重叠导致价带和导带具有不同的规范化,这就引起了电子-空穴色散的不对称。出于这个原因,两个过程会选择具有稍微不同矢量 $\boldsymbol{q}$ 的 DR 声子。这种不对称性相对较小,这在借助于镜像能带锥体的石墨烯电子结构的一般描述中通常是可以忽略的。还需要更多的理论和实验工作来充分理解电子-声子与空穴-声子散射之间的差别。例如,矩阵元之间的差异尚未在理论上清楚地阐述。

能量色散的斜率 $\partial E/\partial k$ 称为群速度。当仅考虑初始 $\boldsymbol{k}$ 的群速度方向时,被散射的 $\boldsymbol{k}-\boldsymbol{q}$ 态存在两种可能性,如图 12.4 所示,其中每个谷间(图 12.4(a)和(c))和谷内(图 12.4(b)和(d))散射过程都对应有背向(图 12.4(a)和(b))和前向(图 12.4(c)和(d))散射配置。这里,背向(前向)散射意味着群速度的方向在散射之后发生(不发生)改变。谷间散射相应的 $\boldsymbol{q}$ 矢量大小由下式给出:

$$q = \mathrm{K} + q_{\mathrm{DR}} = \mathrm{K} + k + k' \approx \mathrm{K} + 2k\ (\text{背向散射}) \tag{12.6}$$

$$q = \mathrm{K} + q_{\mathrm{DR}} = \mathrm{K} + k - k' \approx \mathrm{K}\ (\text{前向散射}) \tag{12.7}$$

式中:K 为 K 和 K' 点之间的距离,此处 $k(k')$ 是从 K 点起开始测量的,这意味着 q_{DR} 是从 $K(K')$ 点起开始测量的声子波矢距离。

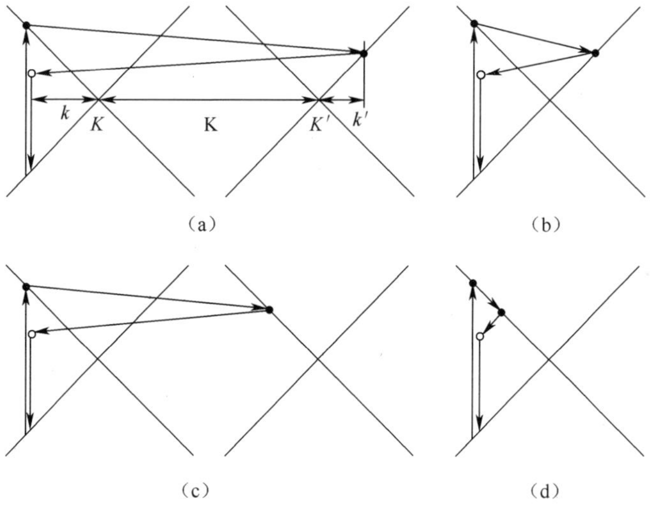

图 12.4 (a)、(c)谷间和(b)、(d)谷内散射的双共振斯托克斯拉曼过程。这里(a)、(b)与具有 $q_{\mathrm{DR}} = k + k'$ 的背散射过程有关,而(c)、(d)与具有 $q_{\mathrm{DR}} = k - k'$ 的前向散射过程相关,其中 k 和 k' 从 K 点起开始测量。K 是 K 和 K' 点之间的距离,$k(k')$ 是共振态与 $K(K')$ 点之间的距离,已定义于(a)[160,178,367-368]。

对于谷内散射的情况,只需在式(12.6)和式(12.7)中取 K=0。由于声子能量与被激发的电子能级相比通常很小, $k \approx k'$,这两个双共振条件近似于 $q_{\mathrm{DR}} = 2k$ 和 $q_{\mathrm{DR}} = 0$[158-160]。正如前面所述, $q_{\mathrm{DR}} \approx 2k$ 波矢导致了 G′带,而

$q_{DR} \approx 0$ 波矢导致了一个非常接近于 K 点的 iTO 声子的双共振特征峰，与图 4.14在 $2450cm^{-1}$附近观察到的拉曼峰一致（见第 14 章拉曼峰的指认总结）。然而，关于 $2450cm^{-1}$特征峰（由 G^* 标识）的起源仍存在一些争议，这是由于 ω_{G^*} 也与另一个和频模的频率一致，该拉曼模将于 12.3 节进一步讨论。因为相消干涉条件恰好在 $q_{DR} \approx 0$ 时满足，可预期 $q_{DR} \approx 0$ 过程的强度要比 $q_{DR} \approx 2k$ 过程要弱很多[371]。然而，图 4.14 所显示 $2450cm^{-1}$峰的不对称线型（类似于态密度形状）似乎表明其来源于满足双共振过程的 $\boldsymbol{q}$ 矢量声子的态密度，这将在下面讨论。

虽然所有重要的双共振条件都已经介绍了，但由于石墨烯是二维材料，目前所讨论的图像还不是一个完整的故事。对于给定的激光能量，不仅图 12.2所示的电子-空穴激发过程是共振的，而且由 E_{laser} 所定义的这些锥体中圆圈上的任何类似过程都是共振的（图 12.5）。此外，连接 K 和 K' 周围相应两圆上任意两点的波矢所对应的声子实际上都是满足双共振（DR）机制的，如图 12.5所示[367]（为了简单起见，这里忽略了石墨烯在 $K(K')$ 附近等面能的三角弯曲效应）。具有波矢 $\boldsymbol{q}$ 的声子连接起 K 和 K' 周围分别以 k 和 k' 为半径的圆周上的两点，其中 k 和 k' 之间差别（对于 $k \neq k'$）来自于电子发射声子后的能量损失①。通过矢量 $\boldsymbol{q}$ 平移到 Γ 点，并考虑 K 和 K' 点附近所有可能的初态和末态，

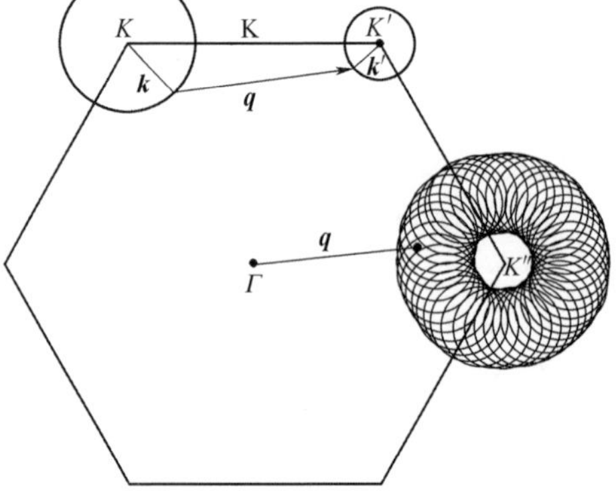

图 12.5　涉及波矢为$-\boldsymbol{q}$ 的声子发射的一种双共振（DR）斯托克斯拉曼过程。所有声子波矢 $\boldsymbol{q}$ 的集合与分别在 K 和 K' 点周围两圆上的两点之间的跃迁相关，产生了 K'' 附近小圆的集合，它们遵循了矢量求和规则 $\boldsymbol{q} = \boldsymbol{K} - \boldsymbol{k} + \boldsymbol{k}'$（这里忽略了三角弯曲效应）。需要注意的是，这些圆的集合被约束在半径分别为 $q_{DR} = k + k' \approx 2k$ 和 $q_{DR} = k - k' \approx 0$ 的两个圆之间的区域。K 和 K' 点周围圆半径之间的差异很小，因此围绕 K'' 的相应内圆的半径也比较小，这里只是为了清楚地表示双共振过程的概念而进行了人为放大[367]。

① 这里 $\boldsymbol{q}$ 是从 Γ 点起测量的真实声子波矢，而在定义 q_{DR}时，k 和 k'是从 K 点起测量的。

就生成了如图 12.5 所示的类圆环图。因此,有一大组的 $\boldsymbol{q}$ 矢量满足双共振条件。但是,这里也存在一个高密度的满足 DR 机制的声子波矢量 $\boldsymbol{q}$,从 Γ 点起测量的该波矢 $\boldsymbol{q}$ 的末端在图 12.5 所示"类圆环"的内圆和外圆上。因此,在 K'' 附近的内圆和外圆(图 12.5)的半径分别为 $k-k'$ 和 $k+k'$ 。正如由一维模型(见式(12.6)和式(12.7))所精确给出的那样,这些是与满足双共振条件的 $\boldsymbol{q}$ 矢量的密度奇点相关联的声子,可预期这些声子对二阶拉曼散射过程起到了重要作用。但是,对于完整的描述和线型分析,二维模型的考虑会产生一个不对称的态密度,它与图 4.14 观察到 $2450\mathrm{cm}^{-1}$特征峰的不对称线型是一致的。

12.2.2 $\omega_{G'}$频率对激发光能量的依赖性

如 12.2.1 节所述,当具有给定能量 E_{laser} 的光子入射到石墨烯时,它将电子从价带激发到导带。该电子可以被具有满足双共振条件的合适声子波矢 $\boldsymbol{q}$ 和声子能量 $E_{\boldsymbol{q}}$ 的声子共振散射。图 12.6 表明,如果改变 E_{laser} ,满足双共振条件的合适声子的波矢 $\boldsymbol{q}$ 和能量 $E_{\boldsymbol{q}}$ 也会改变。这种效应导致了 G′带的色散性质,即 G′带拉曼峰来自一个谷间双共振(DR)拉曼过程,该过程涉及 K 点附近波矢为 $\boldsymbol{k}$ 的一个电子和波矢大小为 $q_{\mathrm{DR}}\approx 2k$ 的两个 iTO 声子,其中 k 和 q_{DR} 均从 K 点起开始测量(见 12.2.1 节)。

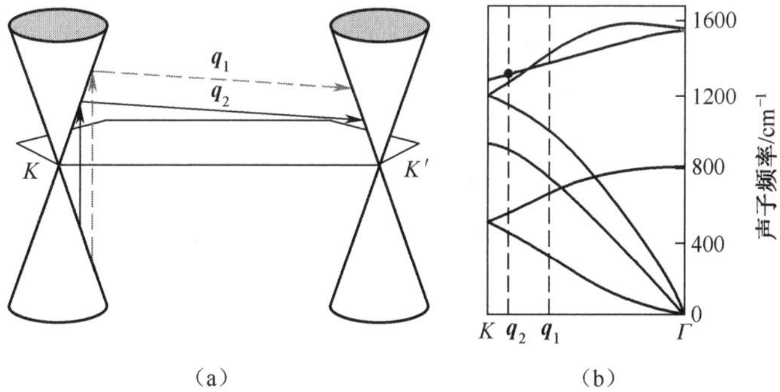

图 12.6 (a)在两个不同激发激光能量下(分别与声子波矢$\boldsymbol{q}_1$和$\boldsymbol{q}_2$相关,由灰色和黑色箭头指示),双共振过程中所发生的光诱导电子-空穴对形成和单电子-单声子散射事件;(b)石墨烯的声子色散,其中满足双共振条件要求的且对应于上述两个 E_{laser} 的声子波矢 $\boldsymbol{q}$ 也在图中以波矢$\boldsymbol{q}_1$和$\boldsymbol{q}_2$标出。

图 12.7(a)给出不同激光激发能量所测试的在 G* 带(约 $2450\mathrm{cm}^{-1}$)和 G′带(约 $2700\mathrm{cm}^{-1}$)范围内的拉曼光谱。G* 带能够由 $\boldsymbol{q}\approx 0$ 的 DR 关系来解释,或者由应用于谷间散射过程的 $q\approx 2k$ 关系来解释,但会涉及一个 iTO 声子和一个 LA 声子[371,382]。图 12.7(b)给出了石墨烯和乱层石墨(其中石墨烯层之间的

堆叠是随机的)的 G′ 频率 $\omega_{G'}$ 和 G* 频率 ω_{G^*} 与 E_{laser} 的函数关系。

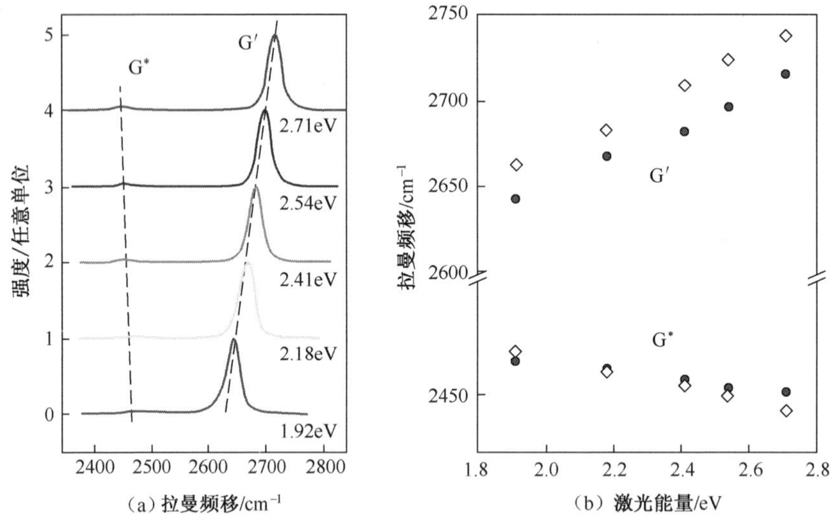

图 12.7 (见彩图)(a)1.92eV,2.18eV,2.41eV,2.54eV 和 2.71eV 激光所激发的单层石墨烯的 G′ 和 G* 带的拉曼光谱;(b) $\omega_{G'}$ 和 ω_{G^*} 对 E_{laser} 的依赖关系。红色圆圈对应于石墨烯的数据,菱形对应于乱层石墨的数据[372]。

G′带表现出高度色散的行为,对于单层石墨烯 $(\partial\omega_{G'}/\partial E_{laser}) \approx 88cm^{-1}/eV$,对于乱层石墨有 $95cm^{-1}/eV$[372],而对于碳纳米管有 $106cm^{-1}/eV$(见 12.4 节和文献[173])。G* 带表现出不太明显的色散性,单层石墨烯和乱层石墨的色散为 $(\partial\omega_{G^*}/\partial E_{laser}) \approx -20 \sim -10cm^{-1}/eV$,符号均为负,对于碳纳米管无效[373]。12.3 节会进一步讨论 G* 特征。

为了分析图 12.7(b)的实验数据,必须考虑第 2 章和第 3 章所讨论的单层石墨烯中电子和声子的色散。在 K 点附近,电子和声子色散可以分别用线性关系近似地表示为 $E(k)=\hbar\nu_F k$ 和 $E(q_{DR})=\hbar\nu_{ph}q_{DR}$,其中 $\nu_F=\partial E(k)/\partial k$ 和 $\nu_{ph}=\partial E(q)/\partial q$ 分别为 K 点附近电子和声子的速度(通常 ν_F 称为费米速度,$\nu_F \approx 10^6 m/s$)。k 和 q_{DR} 分别是从 K 点起测量的电子和声子波矢,所以双共振拉曼的一般近似条件为

$$\begin{cases} E_{laser} = 2\nu_F k \\ E_{ph} = \nu_{ph} q_{DR} \\ q_{DR} = k \pm k' \end{cases} \tag{12.8}$$

式中:E_{laser} 和 E_{ph} 分别为激光和声子的能量;k' 为位于石墨烯布里渊区 K' 点附近的被散射电子的波矢大小。

需要记住,这里处理的是和频模,因此所观察到的 E_{ph} 必须反映这种组合。

例如,对于 G′带,所观察到的 G′带能量为 $E_{G'} = 2E_{ph}$,其中 E_{ph} 是在 q_{DR} 处 iTO 声子模的能量①。式(12.8)所做的另一个常用近似为 $q_{DR} = k + k' \approx 2k$,那么 $E_{G'}$ 可以写为

$$E_{G'} = 2\frac{\nu_{ph}}{\nu_F}E_{laser} \tag{12.9}$$

使用 DR 拉曼特征峰来定义电子和声子色散关系的一个缺点在于所测量的数值取决于 ν_{ph} 和 ν_F ,并且想知道其中一个值必须先知道另一个值。除了这个问题,由于科恩异常,石墨烯 K 点附近声子色散的物理特性是相当复杂的。科恩异常已经在 8.2 节讨论 G 带($q \to 0$)时有所涉及, $q \to K$ 的声子也会发生科恩异常。iTO 声子的高频特点与 K 点附近科恩异常结合在一起就导致了所观察到的 $\omega_{G'}$ 强色散行为。由于 ν_{ph} 和 ν_F 依赖于涉及多体效应的复杂物理问题,因此关于它们的确切值仍然处于争论之中[86,355,366]。

12.2.3 G′带对石墨烯层数的依赖性

由于 G′带的色散行为,可以根据这种色散行为来表征石墨烯层并从层的数目和这些层的堆垛方式等角度来区分石墨烯的不同类型(图 12.8)。为了解释这种行为,首先介绍 AB 伯纳尔堆垛(也发生于石墨)双层石墨烯的电子性质,这是因为这种双层石墨烯结构可以由共振拉曼散射来探测。由于石墨烯的电子结构随着层堆垛而变化(见 2.2.4 节),层堆垛的这些变化可以通过双共振特征模来探测,并且通过 G′带来探测最为灵敏。双层石墨烯(图 12.8(b))具有比单层石墨烯(图 12.8(a))更为丰富的 G′带光谱,这是因为它具有由两个导带和两个价带组成的特殊能带结构(图 12.9)。根据 AB 堆垛双层石墨烯的双共振(DR)拉曼过程,在每条激光线的拉曼光谱实验结果中,可能分辨出 4 个洛伦兹峰[86,374]。因此,DR 拉曼模型可以将双层石墨烯的电子和声子色散与 $\omega_{G'}$ 对 E_{laser} 依赖关系的实验结果联系起来[192]。

图 12.9(a)给出了双层石墨烯组成 G′带的每个拉曼子峰频率(共 4 个子峰,如图 12.9(b)~(e)所示)与 E_{laser} 之间的函数关系。遵循选择规则(见第 6 章)的每一个 DR 拉曼过程都会产生 G′带的一个子峰,在图 12.9 中标记为 $P_{ij}(i,j = 1,2)$[192],它们分别连接两个能带 E_i 和 E_j 。由于 iTO 声子沿 KM 方向随波矢 $\boldsymbol{q}$ 的增加其频率也增加,因此,对于给定 E_{laser} 能量, G′峰的最高频率与 P_{11} 过程相关联,也具有最大波矢($\boldsymbol{q}_{11}$)。最小波矢 $\boldsymbol{q}_{22}$ 与过程 P_{22} 相关联,产生了 G′带中频率最低的子峰。G′带的两个中间频率峰与 P_{12} 和 P_{21} 过程相关联[192]。增加层的数目会增加 G′带可能散射过程的数量。三层石墨烯已经有

① 只有当存在晶体无序时,才能观察到一阶 $q \neq 0$ 的声子,如第 13 章所述。

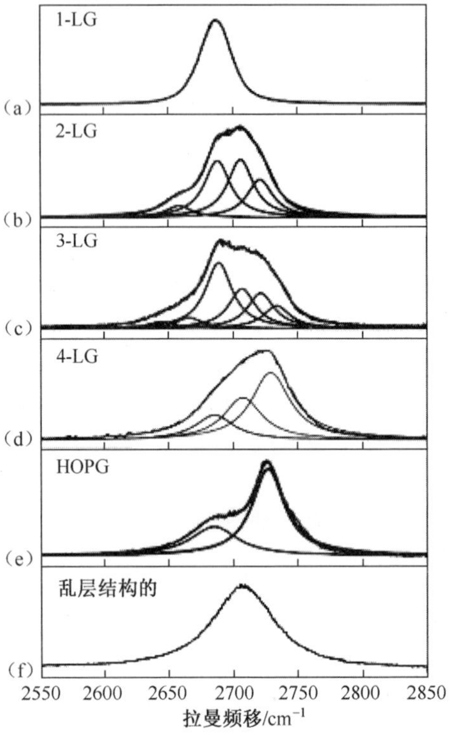

图 12.8 E_{laser} = 2.41eV 激光所测量的单层石墨烯(a)、双层石墨烯(b)、三层石墨烯(c)、四层石墨烯(d)、高定向热解石墨(e)和乱层石墨的 G′拉曼带(f)。G′拉曼带的劈裂从单层到三层石墨烯逐渐增大,然后从四层石墨烯到高定向热解石墨又逐渐消失[84]。

15 种可能性[98,217],但是这些峰之间的频率间隔还不够大,以至于不能分辨出每个散射过程(图 12.8(c))。对于 N 层石墨烯($N > 3$),情况变得更加复杂,尽管在典型的 E_{laser}(如 2.41eV)下,G′带光谱从表面上看开始变得更加简单(图 12.8(d)的 4-LG),在高定向热解石墨中收敛到双峰结构(HOPG, $N \to \infty$,图 12.8(e))。HOPG 的 G′带双峰结构(图 12.8(e))是无限个允许的 DR 过程卷积的结果,最终是由三维电子和声子色散所决定的。用于理解从单层石墨烯到体石墨(HOPG)拉曼光谱 G′带演化过程的几何方法已经在文献[375]有所讨论。

12.2.4 根据 G′光谱表征石墨烯层的堆垛次序

在分离石墨烯之前的很长一段时间内,由于 G′带对堆垛次序非常敏感[155-157],拉曼光谱已经用于表征石墨沿 c 轴的结构顺序。Nemanich 和 Solin

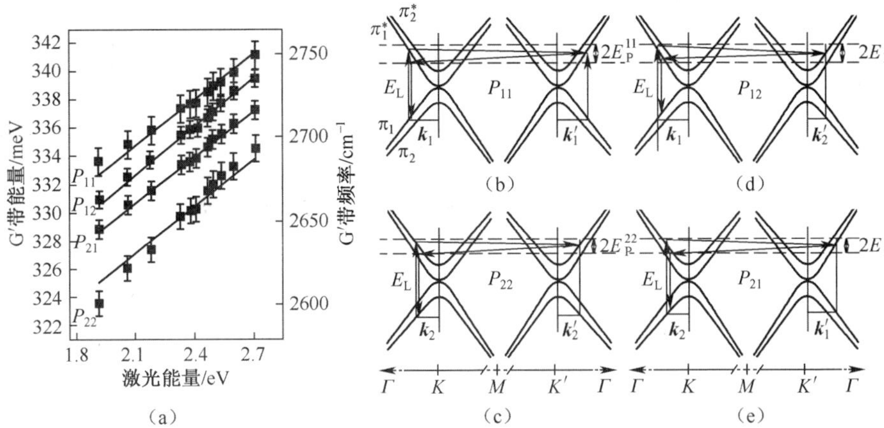

图 12.9 (a)双层石墨烯中所观察到的 G′带 4 个峰的频率与 E_{laser} 的函数关系曲线，这 4 个峰来自于(b)~(e)所示的 4 个过程，组成了(a)中依赖于激光能量的双层石墨烯的 G′带[192]。

首先发现，多晶石墨和结晶石墨拉曼光谱的 G′带轮廓分别有一个峰和两个峰[150-151]。Lespade 等[155-156]对在不同温度 T_{htt} 热处理的碳材料进行拉曼光谱学研究，并观察到，通过增加 T_{htt}，G′带从一个峰变化到两个峰(图 12.8(e)、(f))。他们认为这种演变现象与样品的石墨化程度有关系，并提出结晶石墨中 G′带双峰结构的根源与沿 c 轴的堆垛顺序有关。最近，对 G′带从单层到少层石墨烯[86,197,374]以及从二维到三维的完整演变(从一个到两个峰)都已经进行系统的定量研究了(参见 12.2.3 节和文献[376])。此外，Barros 等已经利用 G′带来识别沥青基石墨泡沫中由于二维和三维石墨相共存而导致的 3 个 G′带拉曼峰[82]。

最后，需要提到的是，CVD 生长石墨烯的层间堆垛通常不是 AB 伯纳尔堆垛，在包含单层和双层石墨烯的样品区域，这种对称性的降低会导致一个更宽的单 G′峰[71,377, 378]。因此，使用 G′带拉曼光谱来指认层的数目时需要非常小心，因为 G′带的谱线形状也与这些层的堆垛顺序强烈相关。

12.3 双共振过程的推广：其他拉曼模

sp^2 碳显示出数种和频模以及倍频模，图 12.10 给出了石墨晶须[379]的情况。原则上，在拉曼光谱中应该能观察到声子色散曲线中与满足双共振条件的所有声子支相关的拉曼特征峰[160]。在图 12.10 所示的光谱中，在 $1650cm^{-1}$ 以下所观察到的许多峰实际上是由缺陷激活的单声子带,将在第 13 章讨论。在 $1650cm^{-1}$ 以上所观察到的拉曼峰都是多阶和频模以及倍频模,其中一些也是被缺陷激活的。

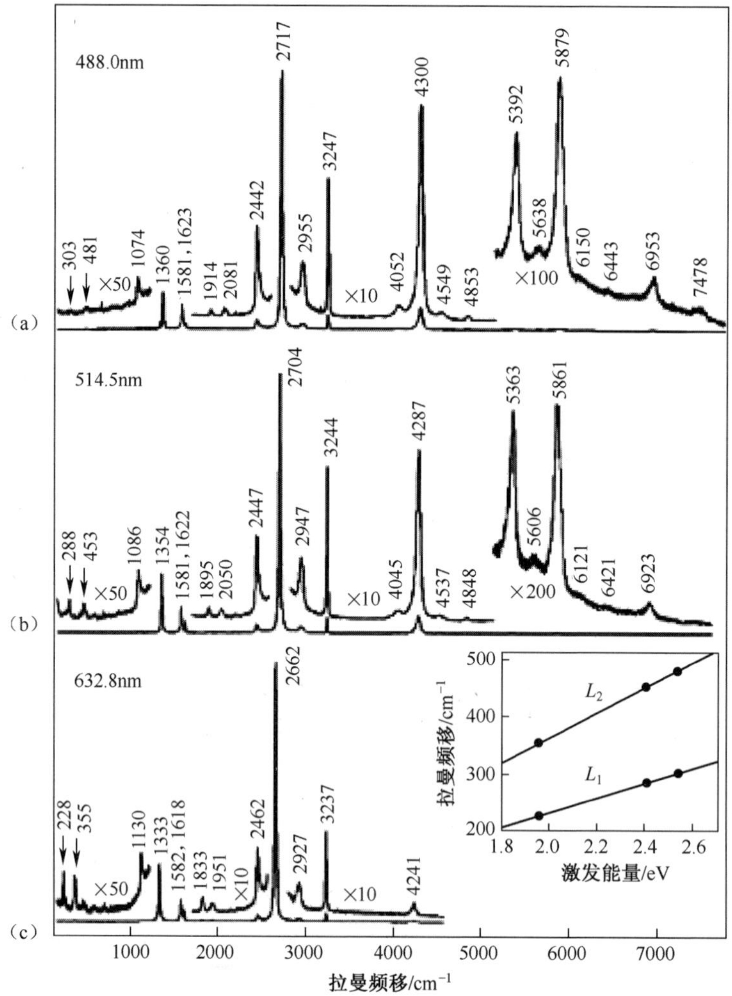

图 12.10 (a)~(c)三种不同激光波长(激发能量)所激发的石墨晶须拉曼光谱[379]。注意,一些声子的频率随 E_{laser} 而变化,而一些则不变。在 $1650cm^{-1}$ 以上观察到的拉曼特征都是多阶和频模以及倍频模,在 $1650cm^{-1}$ 以下观察到的一些峰实际上是由缺陷激活的单声子带,将在第 13 章讨论。(c)中插图显示了标记为 L_1 和 L_2 峰的细节, L_1 和 L_2 色散峰在理论上可以用缺陷激活的双共振单声子过程来解释(见第 13 章),分别涉及 iTA 和 LA 声学声子支[160]。

如图 12.10 所示，双共振峰的频率随着 E_{laser} 的改变而改变，它们可以使用 DR 理论拟合到图 12.11 所示的石墨双声子色散图上（见 12.2.2 节）。图 12.11 显示的数据点都满足 $q_{DR} \approx 2k$ 的 DR 背向共振条件，Γ 和 K 附近的那些数据点分别来自谷内和谷间散射过程。实际上，在拉曼光谱中没有典型的特征可以将谷内和谷间散射过程相关的拉曼峰相互区分开来，甚至也无法区分 $q_{DR} \approx 2k$ 或 $q_{DR} \approx 0$ 的共振条件。从实验上所知道的只是每个拉曼峰对 E_{laser} 的依赖关系，它们必须满足其中一个 DR 过程并符合预期的声子色散关系。

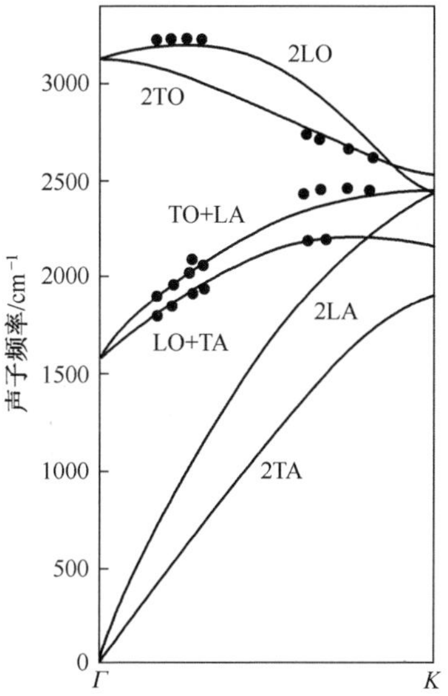

图 12.11 拉曼光谱中基于二阶双共振峰所得到的石墨双声子色散（圆圈）。实线是采用从头计算所得的色散曲线，计算时考虑了全对称不可约表示的和频模以及倍频模[371]。

例如，被指认为 iTO+LA 和频模（图 12.11 的 TO+LA）的那些接近 K 的数据点也可以指认为 $q_{DR} \approx 0$ 的过程，这是因为该和频模具有非常弱的（或者没有）色散[373]。支持这种指认的证据是这个峰具有非对称的类 DR 声子态密度的线型，而与之相悖的是，恰巧在 $q = K$ 处的 DR 拉曼过程会发生相消干涉现象[129]。关于 K 点附近 iTO+LA 和频模的指认仍存在争论，需要在将来进一步予以澄清。Γ 附近的色散行为非常清楚，相关指认是无可置疑的[380]。

12.4 碳纳米管的双共振过程

对于一个离散 SWNT，信号主要集中于一个由范霍夫奇点决定的特定光学跃迁 E_{ii}，因此可以说“色散”性将会表现为“量子化”行为。共振的多能带效应可以在 SWNT 束中观察到。图 12.12(a)的垂直条纹给出了一个给定共振带的共振窗口。图 12.12(b)中出现在 400~1200cm^{-1}光谱范围的振动模统称为中频模(IFM),因为它们的频率位于常见的 RBM 和 G 模之间。IFM 特征峰可以归属于和频模(oTO±LA[381-382]),但这些振动模究竟是拉曼活性的还是无序性诱导的(见第 13 章),目前尚不清楚。理论把这些现象与沿管长度方向的量子限制相联系[383],也已经找到了一些支持该效应的实验证据[384]。IFM 图像尚未被完全理解,但它体现了双共振效应的普适性。这里有必要进行评论的是,色散特征峰的 DR 理论实际上是一个声子非弹性散射事件加上一个由缺陷激活的弹性散射事件而发展起来的,如 D 带。

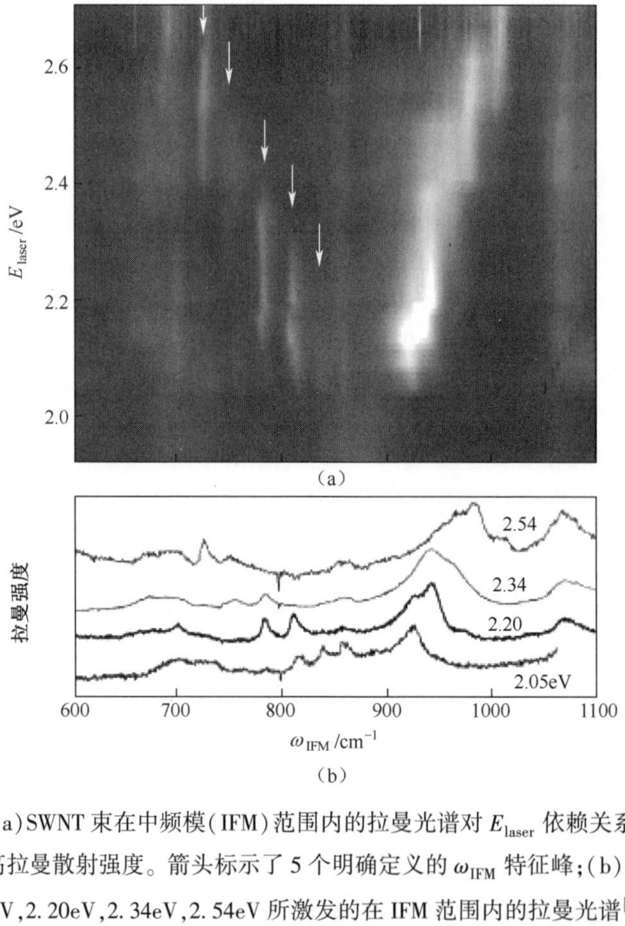

图 12.12 (a)SWNT 束在中频模(IFM)范围内的拉曼光谱对 E_{laser} 依赖关系的二维图。亮区域表示高拉曼散射强度。箭头标示了 5 个明确定义的 ω_{IFM} 特征峰;(b)激光 E_{laser} 为 2.05eV,2.20eV,2.34eV,2.54eV 所激发的在 IFM 范围内的拉曼光谱[381]。

与其他sp^2碳类似,碳纳米管光谱的 G′拉曼特征峰提供了关于半导体性和金属性 SWNT 电子结构的独特信息。尽管已经观察到了源自 SWNT 一维结构的某些独特特征,但类似于石墨烯,SWNT 也表现出色散行为。12.4.1 节将展示 SWNT 束的 G′带行为,其中大多数(n,m)依赖的独特性已被平均化了,但是 SWNT 和石墨烯之间仍然存在着紧密关系,在实验上也仍然能够观察到一些反常结果。12.4.2 节将讨论离散纳米管的 G′带,其中也将讨论与其一维结构相关的反常效应。考虑到与多层石墨烯的类似之处,碳纳米管具有双壁纳米管(DWNT)、三壁和 MWNT 等。但是,有关 DWNT 的科研文献正在快速增长。由具有不同性质(半导体性或金属性)的外管和内管组成的 DWNT 的不同性质具有复杂性和丰富性,为此大课题提供了大量超出本书范围的详细讨论[289, 385, 386]。很多层的 MWNT 具有大直径的纳米管,因此其性质接近于石墨[387]。

12.4.1 SWNT 束的 G′带

SWNT 束表现出了单根纳米管所没有的特性。其中,特别有趣的是观察到了 SWNT 束新奇的 G′带色散。图 12.13(a)的插图显示了 SWNT 束 $\omega_{G'}$ 频率的色散。对所观察到的 SWNT 束 $\omega_{G'}$ 频率与 E_{laser} 的依赖关系进行线性色散拟合[173]可得,即

$$\omega_{G'} = 2420 + 106E_{laser} \tag{12.10}$$

然而,与石墨烯和石墨不同的是,当从数据点中减去线性色散后,SWNT 束 G′带色散随 E_{laser} 变化表现出一种叠加的振荡行为,如图 12.13(a)所示。这种行为不直接与电子结构的独特性相关,而是源自 $\omega_{G'}$ 对管径的依赖关系。

由于纳米管壁依赖于 d_t 的卷曲所导致的力常数软化,所测量 SWNT 的 G′带频率依赖于管径。离散纳米管的实验表明,$\omega_{G'}$ 的 d_t 依赖关系具有如下行为[389],即

$$\omega_{G'} = \omega_{G'_0} - 35.4/d_t \tag{12.11}$$

式中:$\omega_{G'_0}$ 为在石墨烯中所观察到的依赖于激光能量的频率值(纳米管直径无限大的极限情况),图 12.13(a)所观察到的振荡行为与 $\omega_{G'}$ 对直径的依赖性相关。

图 12.13(b)的垂直线表示在 G′带色散实验中所使用 SWNT 束的直径范围。当按图 12.13(b)箭头所指示方向移动来增加激发光能量时(如高于 1eV 时改变 E_{laser} 使其在 E_{22}^{S} 子带内移动),不同直径的不同 SWNT 先后进入和离开与特定光学跃迁 E_{ii} 所对应的共振窗口。通过增加激光能量,直径减小,因此会增加因双共振过程所致的预期能量。当与 E_{laser} 相应的共振条件满足时,例如,从 E_{22}^{S} 跳跃到 E_{11}^{M} (E_{laser} = 1.5eV),直径就直接跳到更大的数值。这个过程调制了 $\omega_{G'}$ 的色散,就观察到了如图 12.13(a)所示 $\omega_{G'}$ 与 E_{laser} 关系曲线的振荡行为。

---

① 译者注:原书中式(12.10) 有误,译者已改正。

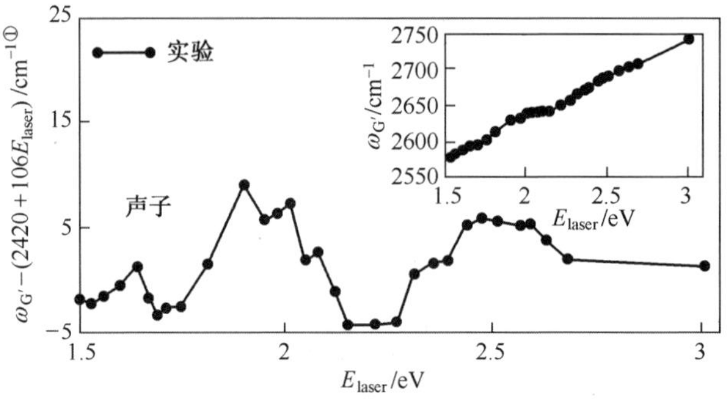

（a）

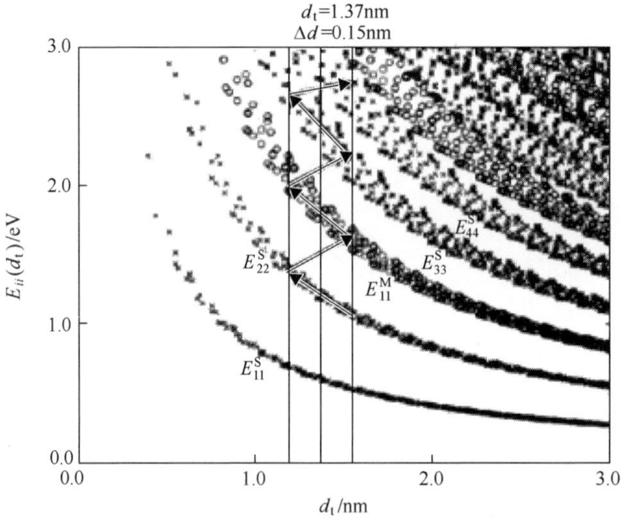

（b）

图 12.13 (a)从文献[173]所获得的 SWNT 束样品的 G′带数据 $\omega_{G'}$ 的振荡色散，数据是将插图中 $\omega_{G'}$ 与 E_{laser} 关系的数据减去线性色散 $2420 + 106E_{laser}$ 之后得到的；(b)光跃迁能 E_{ii} 与 SWNT 直径的函数关系(Kataura 曲线)，垂直线表示用于(a)中 G′带的色散实验所用 SWNT 束的直径范围 1.37nm±0.15nm[388]。

需要澄清的是，图 12.13 所观察到的“连续” G′ 带频率的色散是 SWNT 束中不同纳米管靠近和远离共振的结果，这样就探测到了所有非折叠二维布里渊区。对于离散 SWNT 来说，信号主要集中于一个由范霍夫奇点决定的特定光学跃迁 E_{ii}，可以说“色散”行为是量子化的(见 12.4 节，图 12.12 关于 IFM 的结果)。为了充分理解 G′ 带的一维限制效应，需要讨论基于离散 SWNT 级别的实验结果(见 12.4.2 节主要内容)。

① 译者注：原书中图 12.13(a)中纵坐标有误，译者已改正。

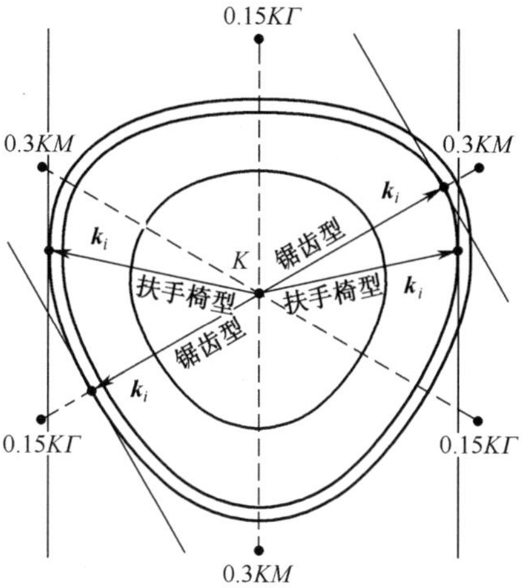

图 12.14　两个金属性 SWNT(一个锯齿型,一个扶手椅型)在石墨烯非折叠二维布里渊区中的切割线,带箭头的波矢 $\boldsymbol{k}_i$ 指向范霍夫奇点发生的位置[390]。

12.4.2　G′带对(n,m)的依赖性

本节提供了对单壁纳米管 G′带一维限制效应的理解。在 SWNT 中,共振条件限制于 $E_{\text{laser}} \approx E_{ii}$(范霍夫奇点之间的跃迁能量)。该效应将导致 $\omega_{G'}$ 对 SWNT 直径(见 12.4.1 节)和手性角的依赖性。

图 12.14 给出了分别为锯齿型和扶手椅型的两个金属性 SWNT 在非折叠石墨烯二维布里渊区中的切割线。在切割线与等能量曲线相切的地方会出现范霍夫奇点①,这就导致了手性角依赖于激发态 $\boldsymbol{k}_i$。这些态对在 SWNT 中所观察到的主要光学光谱有贡献,包括双共振特征。因此,碳纳米管中这些切割线的存在将影响由双共振过程[158-160]产生的色散拉曼特征峰[388]。这些效应对于许多 DR 特征峰都是普遍存在的(见 12.3 节),但这里只讨论最强的双共振拉曼特征峰,也就是 G′带,这是因为 G′带色散非常大,可以为这种效应提供最准确的实验结果。

图 12.15(a)、(b)分别显示了从半导体性和金属性离散纳米管观察到的 G′带双峰拉曼特征,其中这些纳米管的 (n,m) 指数分别被指认为 (15,7) 和 (27,3) [176]。G′带拉曼特征峰存在两个峰,表明入射 E_{laser} 光子和散射 $E_{\text{laser}} - E_{G'}$ 光子分别与同一根纳米管的两个不同范霍夫奇点发生了共振。图 12.15(a)、(b)中 G′带线型下方分别将 E_{laser} 和 $E_{\text{laser}} - E_{G'}$ 定义为石墨烯层二维布里渊区偏外的和偏内的等能曲线,还标出了与共振 vHS 相对应的波矢。对于石墨的双共振过程,

① 图 12.14 的等能量必须考虑三角弯曲效应才能印证实验所观察到的完整的手性依赖关系。

电子-声子相互作用的动量守恒使电子 $\boldsymbol{k}$ 和声子 $\boldsymbol{q}$ 的波矢通过 $\boldsymbol{q}\approx-2\boldsymbol{k}$ 关系①进行耦合,其中电子和声子波矢都是从布里渊区中距离最近的 K 点起测量的[393]。对于碳纳米管的双共振过程,叠加在二维布里渊区上切割线的引入改变了等式关系 $\boldsymbol{q}=-2\boldsymbol{k}$,使得纳米管中的相关等式与石墨烯或石墨稍有不同,这是碳纳米管对于双共振过程所允许的 $\boldsymbol{k}$ 矢量不再连续所导致的[390]。

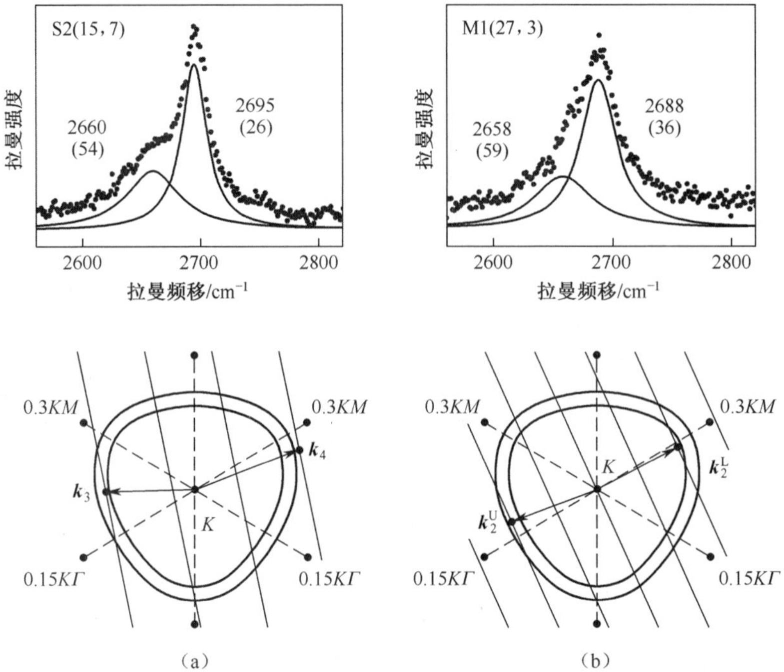

图 12.15　半导体性(15,7)(a)和金属性(27,3)(b)SWNT 的 G′ 带拉曼光谱,分别显示了双峰结构[390-392]。图下部显示了非折叠布里渊区的 K 点附近区域,其中,入射 $E_{\text{laser}}=2.41\text{eV}$ 和散射 $E_{\text{laser}}-E_{G'}=2.08\text{eV}$。光子能量的等能量曲线,以及共振范霍夫奇点的切割线和波矢($E_{33}^{S}=2.19\text{eV}$,$E_{44}^{S}=2.51\text{eV}$,$E_{22}^{M(L)}=2.04\text{eV}$ 和 $E_{22}^{M(U)}=2.31\text{eV}$)都已显示于图中。

图 12.15(a)、(b)的两个峰可以与波矢为 $\boldsymbol{q}_i=-2\boldsymbol{k}_i$ 的声子模相关联,其中 $i=3,4,2\text{L},2\text{U}$ 分别对应于 E_{33}^{S}、E_{44}^{S}、E_{22}^{ML} 和 E_{22}^{MH} 范霍夫奇点②,图 12.15 下部显示了相应的电子波矢 $\boldsymbol{k}_i$。图 12.15(a)所示 S-SWNT 的共振波矢 $\boldsymbol{k}_3$ 和 $\boldsymbol{k}_4$ 具有不

① 式(12.6)仅提供了模数的考虑。$\boldsymbol{k}$ 和 $\boldsymbol{q}$ 之间正确的矢量关系应带有负号。

② M-SWNT 的 E_{22}^{M} 态密度劈裂成两个峰(较高(H)和较低(L)能量峰),但扶手椅型纳米管除外,因为在其频率处发生了简并。

同的大小，$k_4 - k_3 \cong K_1/3$，这导致了声子波矢差为其 2 倍，即 $q_4 - q_3 \cong 2K_1/3 = 4d_t/3$，因此 G′ 带拉曼特征峰的劈裂来自于 K 点的声子色散 $\omega_{ph}(\boldsymbol{q})$ 。相反，图 12.15(b)所示金属性纳米管(M-SWNT)的共振波矢 $\boldsymbol{k}_2^{L}$ 和 $\boldsymbol{k}_2^{H}$ 具有大致相等的大小且相互处于与 K 点相对的方向，因此金属性纳米管 G′ 带拉曼特征峰的劈裂来自于 K 点附近声子色散 $\omega_{ph}(\boldsymbol{q})$ 的各向异性[390]，称为声子三角弯曲效应。总的来说，离散碳纳米管双共振拉曼特征峰中双峰结构的存在是与基于切割线所描述的量子限制效应相关联的。相应地，在二维石墨烯材料中没有观察到双共振拉曼特征峰的双峰结构，如单层石墨烯。如上所述，在三维石墨材料中所观察到的 G′ 带双峰结构可以归结于层间耦合[157]。

最后，G′ 带并不是 SWNT 中具有(n,m)依赖关系的唯一特征峰。实际上，所有双共振特征峰都会表现出这种依赖性。色散行为越强，(n,m)依赖性就越大。纳米管直径越小，频率移动效应就越大。其他和频模(如 Γ 点附近的 iTO+LA 和频模)对(n,m)的依赖关系已有详细研究[380]。

12.5 小　　结

本章介绍了双共振效应，这对于解释 sp^2 碳材料的和频模以及倍频模的观察非常重要。可以把许多强和弱的拉曼峰指认为双声子二阶双共振过程，同时其他一些拉曼峰为单声子无序激活的过程，将在第 13 章讨论。对于不同的 sp^2 碳结构(单层与多层石墨烯、纳米带、具有不同直径和手性角的纳米管等)，拉曼峰频率通常会表现出微小区别，总的来说，峰频率反映了服从双共振选择定则的石墨烯声子色散关系，这种声子色散效应使得可以用光散射的方法来探测布里渊区内部的声子。这通常很难用光测量来实现，因为光子动量相对于一般材料布里渊区的动量范围来说非常小，因此通常用中子或电子散射来研究这些现象。这些特征峰对具体 sp^2 结构非常敏感，特别是拉曼强度很高的 G′ 带，因此成为测定石墨烯层的数目和石墨的堆垛次序的有力工具，同时也可用来研究碳纳米管各种手性依赖的物理性质。总的来说，双共振拉曼带对 sp^2 碳的电子和振动结构的变化非常敏感，可以作为探测这些效应的灵敏探针。

12.6 思　考　题

[12-1] 极化矢量 $\boldsymbol{P}$ 由 $\boldsymbol{P}=\boldsymbol{\alpha E}$ 来表示，其中 $\boldsymbol{\alpha}$ 是极化率张量，由式(12.1)给出。当 $\boldsymbol{E} = \boldsymbol{E}_0\exp(\mathrm{i}\omega t)$ ，$Q_i = Q_i^0\exp(\mathrm{i}\omega_i t)$ ($i = 1,2$)时，证明式(12.1)的最后一项给出了 $\omega \pm\omega_1 \pm\omega_2$ 的频率项。

[12-2] 在光吸收或声子发射的光学过程中，光学过程发生的概率正比于含时微

扰理论中电磁微扰矩阵元的平方。请解释如何从微扰理论获得能量守恒和动量守恒。特别地，证明由于不确定性原理，这些守恒定律并不总是必要的，但在短时间或短长度时会变得很重要。

[12-3] 式(12.4)的符号 $\pm$ 分别对应于波矢为 $\boldsymbol{q}_1$ 和 $\boldsymbol{q}_2$ 声子的吸收和发射，在式(12.5)对应的动量守恒定律下，通过图解二维布里渊区中的散射过程来解释不应该使用 $\pm$ 而使用 $\mp$ 的原因。

[12-4] 使用式(12.2)和式(12.3)时，当一个、两个或三个分母出现最小化时，分析涉及波矢 $\boldsymbol{q}$ 和 $-\boldsymbol{q}$ 两个声子的二阶拉曼过程强度是如何变化的(选择 γ_r 为常数值并绘制出共振窗口)。试对图12.3所描述6个过程的强度进行比较性分析。

[12-5] 讨论图12.3(c)、(f)的三共振过程如何依赖于价带和导带的对称性。在此讨论中，说明当电子和空穴色散的斜率不同时，总强度会如何改变。分析结果与 γ_r 和声子线宽 $\Gamma_{\boldsymbol{q}}$ 的函数关系。

[12-6] 由于石墨烯 K 点附近的电子色散可以由费米速度 $\nu_F = 1\times10^6$m/s 表征，以及 G′ 带色散可以由 $(\partial\omega_{G'}/\partial E_{\text{laser}}) \approx 88\text{cm}^{-1}/\text{eV}$ 给出，请确定石墨烯 iTO 声子支的声子色散。将找到的结果与 3.1.3 节所描述的力常数模型所获得的结果进行比较。此分析可以看到为什么在力常数模型中没有考虑的电子-声子耦合对于描述 K 点附近的声子色散是非常重要的，并据此解释 G′ 带的色散行为。

[12-7] 利用电子和声子的能量色散，定性地解释如何获得图12.5中 K 和 K' 点附近的圆。如果 $E_{\text{laser}} = 2.41\text{eV}$，声子频率为 1350cm^{-1}，试估计这些圆的直径，并将它与 ΓK 距离进行比较。

[12-8] 假设所有圆是规则的(不变形的)圆，对可能 DR 过程的矢量 $\boldsymbol{q}$，画出声子态密度与能量的函数关系，如图12.5所示。这里假设声子色散与波矢 $\boldsymbol{q}$ 在二维布里渊区中从 K 点算起的距离成正比。

[12-9] 考虑 K 点附近的电子和声子色散，对 G′ 带(谷间过程)来说，请计算斯托克斯和反斯托克斯过程之间的频率差，这与图12.3(a)、(d)所描述的谷内散射过程中的斯托克斯和反斯托克斯过程等价。

[12-10] 考虑根据双共振条件 $q \approx 0$，能预测具有依赖于 E_{laser} 的色散行为吗？解释为什么。

[12-11] 绘制类似于图12.5的图，但请考虑三角弯曲效应。在考虑三角弯曲效应后，在双共振特征峰中会期待有哪些差异？

[12-12] 请推导式(12.9)。

[12-13] 考虑：(1) G′ 平均色散度 $(\partial\omega_{G'}/\partial E_{\text{laser}}) = 106\text{cm}^{-1}/\text{eV}$；(2) 由式(12.11)所给出的 G′ 带直径依赖性；(3) Kataura 图。对于上述的3

种情况，当考虑SWNT直径分布范围为$1.2 \leqslant d_t \leqslant 1.6$nm时，请定量描述SWNT束的G′带可能展现的振荡行为。对于哪些直径分布，振荡行为会变成平均的线性色散？对一个给定的SWNT，请分析这些结果与G′带拉曼峰宽度的函数关系。

[12-14]解释在声子色散关系中考虑三角弯曲效应后，将如何产生G′带对手性角θ的依赖关系，这里假设SWNT具有相同d_t，θ从0°变化到30°。

[12-15] n层石墨烯(n为奇数)存在镜面对称性，其中镜面平行于石墨烯层。π能带和声子模关于镜面操作要么对称(S)要么反对称(AS)。讨论S和AS能带的4种可能组合下光学跃迁和电子-声子相互作用的选择定则。当n是偶数时，情况又如何？

[12-16]从图12.3(a)、(b)可以看出，相同的($\boldsymbol{q}$,$-\boldsymbol{q}$)波矢对可以参与到石墨烯的入射和散射双共振过程。当入射光和散射光与SWNT的两种不同光跃迁能量共振时，请解释为什么在SWNT的G′带中能观察到两个峰。

[12-17]解释为什么不可能存在两个声子的和频模参与的二阶拉曼过程，其中一个涉及谷内散射事件而另一个涉及谷间散射事件。

[12-18]解释除了扶手椅型纳米管，E_{ii}^{M}态密度(DOS)将从K点附近的两个切割线劈裂成两个峰。在二维布里渊区中，请对E_{ii}^{M}的每个i标出能量较高DOS峰所对应的切割线。

第13章

sp^2碳拉曼光谱的无序效应

一般来说，无序诱导的对称性破缺对确定材料的性质，诸如输运性质和光生载流子弛豫等，产生了重要影响。特别地，具有高对称性的sp^2碳对于对称性破缺的缺陷很敏感。通过严重依赖于晶体对称性的光谱可以灵敏地观察无序和对称性破缺[95,118]。在sp^2杂化的碳系统中，无序的存在导致了在它们的共振拉曼光谱中出现一系列丰富而有趣的现象，使得拉曼光谱学成为表征sp^2碳材料无序性最为灵敏和最为有效的技术之一。因此，拉曼光谱已经成为一种关键的手段，被广泛地用于鉴定不同碳结构sp^2网络中的无序性，这些碳材料包括类金刚石碳、无定形碳、纳米结构碳以及碳纤维、纳米管和纳米角等[20,168,394]。

图13.1(a)显示了晶体石墨烯一阶拉曼允许的G带的拉曼光谱。当用低浓度Ar^+离子($10^{11}Ar^+/cm^2$)轰击石墨烯时，会引入点缺陷，利用$E_{laser}=2.41eV$激发无序石墨烯，其拉曼光谱在$1345cm^{-1}$和$1626cm^{-1}$处会出现两个新的尖锐拉曼峰，如图13.1(b)所示。这两个峰被分别命名为D和D′带，以标记它们是由缺陷(disorder)诱导的拉曼峰。这两个峰是色散的，当利用514nm波长(2.41eV)的激光激发时，可以观察到它们位于这两个特殊的频率。最后，如果用大剂量离子($10^{15}Ar^+/cm^2$)严重破坏周期性系统时，其拉曼光谱会出现类似于石墨烯高能量光学声子支的态密度线型(图13.1(c))[194-195]。

sp^2碳拉曼光谱中无序诱导的拉曼峰的基本描述来源于第12章所讨论的双共振模型，也与以下考虑有关。对称性要求只有布里渊区中心的声子($\boldsymbol{q}=0$)是一阶拉曼允许的①。该要求来自于动量守恒，而动量守恒又与平移对称性相关。在晶格中引入无序会引起的晶体平移对称性破缺效应，直接导致动量守恒的破坏，从而激活了布里渊区内部$\boldsymbol{k}$点非中心声子的激活。无序诱导的晶格扭曲也会引起其他基于对称性的选择定则的失效，因此也能激活在完整晶体结构中因对称性而禁戒的$\boldsymbol{q}=0$声子。例如，位于$850cm^{-1}$的面外TO声子模不是拉曼活性的而是红外活性的，当体石墨存在缺陷时，在其拉曼光

① 并不是所有布里渊区中心的声子都是拉曼活性的。只有声子表现为一个对称的二阶张量，例如，xy，x^2-y^2，它才是拉曼活性模(见第6章)。

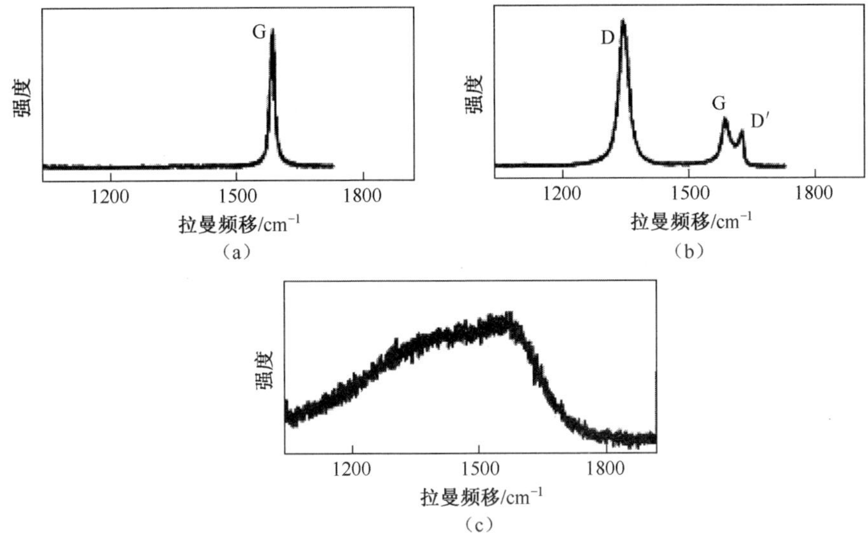

图 13.1 放置于 SiO_2 衬底上的晶体石墨烯(a)、缺陷石墨烯(b)和完全无序单层石墨烯的一阶拉曼光谱(c)。所有光谱都是用 E_{laser} = 2.41eV 激发的[195]。

谱中可以观察到一个较弱的拉曼峰。通常,晶体材料拉曼光谱的无序效应导致的结果包括拉曼允许峰(如 G 和 G′)的展宽,与对称性禁戒散射过程相关的新拉曼峰的出现(如 D 和 D′),以及在高度无序晶体中类声子态密度光谱的观测。这些变化都与大量的对称性破缺和为保证动量守恒所引入的新矢量所激活的新散射过程有关。

本章在 13.1 节简要介绍了缺陷诱导拉曼效应的一般量子力学描述。13.2 节详细考虑了缺陷诱导的双共振散射过程,该过程在基于电子和声子色散关系的基础上描述了无序诱导拉曼峰的频率和它们对 E_{laser} 的依赖关系。13.3 节讨论了 D 和 D′峰的强度,也就是,它们是如何随无序度的增加而演化的。这里介绍了两个系统,离子轰击的石墨烯和纳米石墨,其中的无序分别体现为点缺陷和边界。13.4 节给出了锯齿型边界所具有的特殊对称性,因此尽管在锯齿型边界光谱中能观察到 D′特征峰,但是 D 带双共振散射过程却是禁戒的。这是利用拉曼光谱学研究缺陷的“原子级结构”的首次尝试,这些结果也可以用于区分锯齿型和扶手椅型石墨烯边界和晶畴边界。13.5 节详细地讨论了在一维碳纳米管中所发现的无序,包括无序所引起的 G 带多峰结构。13.6 节讨论了一个不同的概念,也就是由于局域电子和声子能量的重整化所导致的缺陷对拉曼允许峰的影响。此效应已经在利用近场光学探测掺杂 SWNT 的 G′特征峰时被观察到了[191]。13.7 节对本章进行总结。

13.1 弹性散射事件的量子描述

对于 SWNT 拉曼光谱中无序诱导效应的全量子描述来说,有必要计算基于双共振散射过程[80]的无序诱导拉曼带的拉曼强度 $I(\omega, E_{\text{laser}})$,它由下式给出:

$$I(\omega, E_{\text{laser}}) = \sum_i \left| \sum_{a,b,c,\omega_{\text{ph}}} \frac{\boldsymbol{M}_{\text{op}}(\boldsymbol{k}, ic)\boldsymbol{M}_{\text{def}}(-\boldsymbol{q}, cb)\boldsymbol{M}_{\text{ep}}(\boldsymbol{q}, ba)\boldsymbol{M}_{\text{op}}(\boldsymbol{k}, ai)}{\Delta E_{ai}(\Delta E_{bi} - \hbar\omega_{\text{ph}})(\Delta E_{ci} - \hbar\omega_{\text{ph}})} \right|^2 \tag{13.1}$$

式中: $\Delta E_{ai} = (E_{\text{laser}} - (E_a - E_i) - \mathrm{i}\gamma_r)$, γ_r 为展宽因子;下标 i、a、b 和 c 分别为初态、激发态、电子被声子散射后的第一个散射态以及电子被缺陷散射后的第二个散射态; $\boldsymbol{M}_{\text{op}}$、$\boldsymbol{M}_{\text{ep}}$ 和 $\boldsymbol{M}_{\text{def}}$ 分别为电子-光子、电子-声子和电子-缺陷散射矩阵元。

因为从 b 到 c 是一个缺陷诱导的弹性散射过程,所以有 $E_b = E_c$ 。因此,式(13.1)的新特征就是 M_{def} 矩阵元的出现,它描述了缺陷参与的弹性散射。如上所述,在量子力学中,散射过程能够以不同的顺序发生,例如,在双共振过程中先发生弹性散射也是可能的,因此也需要将其纳入考虑之中。对一个给定的初态和末态 i ,在对式(13.1)进行平方之前,需要对所有可能的中间态进行求和。

从电子态 $\boldsymbol{k}$ 到 $\boldsymbol{k}'$的弹性电子散射可以用以下矩阵元描述,即

$$\boldsymbol{M}_{\boldsymbol{k}'\boldsymbol{k}} = \langle \Psi^{\mathrm{c}}(\boldsymbol{k}') | V | \Psi^{\mathrm{c}}(\boldsymbol{k}) \rangle \tag{13.2}$$

式中: $\Psi^{\mathrm{c}}(\boldsymbol{k})$ 为单层石墨烯在波矢 $\boldsymbol{k}$ 处的导带波函数; $V = V_0 + V_{\text{def}}$ 为晶体势(V_0)和缺陷微扰势(V_{def})的哈密顿量势能项; $\Psi(\boldsymbol{k})$ 可以用 Bloch 波函数 Φ_s 展开,而 Φ_s 可以用原子波函数 $\phi(r - R_s)$ 来描述(见第 2 章),所以式(13.2)可写为

$$\boldsymbol{M}_{\boldsymbol{k}'\boldsymbol{k}} = \frac{1}{N_u} \sum_{s,s'} C_{s'}^*(\boldsymbol{k}')\, C_s(\boldsymbol{k}) \sum_{R_s, R_{s'}} \exp(-\mathrm{i}k'R_{s'} + \mathrm{i}kR_s)\, V_{s's} \tag{13.3}$$

式中: $V_{s's}$ 为用 $\langle \phi(R_{s'}) | V | \phi(R_s) \rangle$ 定义 V 的原子矩阵元。

当 $V = V_0$ 时, $V_{s's}$ 只与 $R_{s'} - R_s$ 有关,而 $\boldsymbol{M}_{\boldsymbol{k}'\boldsymbol{k}}$ 也只有在 $\boldsymbol{k}' = \boldsymbol{k}$ 时①才不为零,这蕴含了晶体的动量守恒。当从位点 s' 处移走一个碳原子,原子紧束缚矩阵元 $\langle \phi(R_{s'}) | V | \phi(R_s) \rangle$ 包含 s' 的项变为零,然后就发生了从 $\boldsymbol{k}$ 到 $\boldsymbol{k}'$的弹性散射。当在最近邻相互作用下考虑紧束缚方法时,对于位点 s' 的最近邻原子,紧束缚 γ_0 参数为零。这意味着当为 3 个最近邻 s 位点加入参数 $-\gamma_0$ 作为 V_{def} 的紧束缚参数时,式(13.3)在 $\boldsymbol{k}' \neq \boldsymbol{k}$ 时将变为

---

① 倒扣散射过程 $\boldsymbol{k}' = \boldsymbol{k} + \boldsymbol{G}$($\boldsymbol{G}$ 是倒易晶格矢量)也可以发生。

$$M_{k'k} = -\frac{\gamma_0}{N_u} C_{s'}^*(k') C_s(k) \sum_{R_s} \exp(-ik'R_{s'} + ikR_s) \quad (13.4)$$

其中,对 R_s 的求和只针对 s' 原子的 3 个最近邻原子。

但是,$\boldsymbol{M}_{k'k}$ 的这个表达式太简单了,为这个表达式加入一个基本修正是必要的。由于缺失的原子杂质势 $-\gamma_0$ 与电子结构的紧束缚参数 γ_0 处于同一个数量级,矩阵元不能用最低阶的微扰理论来表述,需要考虑更高阶的修正项。为了得到这样的高阶项,必须考虑由于此缺陷存在对波函数 $\Psi^c(\boldsymbol{k})$ 导致的修正。事实上,电子在缺陷附近被散射对 $\Psi^c(\boldsymbol{k})$ 施加的微扰使得许多具有不同波矢的 $\Psi^c(\boldsymbol{k}')$ 波函数($\boldsymbol{k}' \neq \boldsymbol{k}$)与 $\Psi^c(\boldsymbol{k})$ 进行杂化。这时,杂质势 V_{def} 就可定义为未被微扰的势和加入缺陷后的势之间的变化量。在存在杂质势 V_{def} 的情况下,被微扰的波函数 $\boldsymbol{\Phi}$ 可由下式给出:

$$\Phi(\boldsymbol{k}) = \Psi^c(\boldsymbol{k}) + \sum_{\boldsymbol{k}'} \frac{\langle \Psi^c(\boldsymbol{k}') \mid V_{\text{def}} \mid \Psi^c(\boldsymbol{k}) \rangle}{E(\boldsymbol{k}') - E(\boldsymbol{k}) + i\gamma} \Psi^c(\boldsymbol{k}') \quad (13.5)$$

式中:γ 为由于缺陷散射引起的有限载流子寿命而导致的展宽因子(由不确定性原理引入)。

需要指出的是,$\Phi(\boldsymbol{k})$ 并不是“以 $\boldsymbol{k}$ 的函数”的意思,而是说它是被 $\Psi^c(\boldsymbol{k})$ 的修正项更改的。因此,可将式(13.5)代入式(13.2)来重新定义 $M_{k'k}$,可得

$$\begin{aligned} M_{k'k} &= \langle \Phi(\boldsymbol{k}') \mid V_{\text{def}} \mid \Phi(\boldsymbol{k}) \rangle \\ &= \langle \Psi^c(\boldsymbol{k}') \mid V_{\text{def}} \mid \Psi^c(\boldsymbol{k}) \rangle + \sum_{\boldsymbol{k}''} \frac{\langle \Psi^c(\boldsymbol{k}') \mid V_{\text{def}} \mid \Psi^c(\boldsymbol{k}'') \rangle \langle \Psi^c(\boldsymbol{k}'') \mid V_{\text{def}} \mid \Psi^c(\boldsymbol{k}) \rangle}{E(\boldsymbol{k}'') - E(\boldsymbol{k}) + i\gamma} \end{aligned} \quad (13.6)$$

式(13.6)给出了弹性散射矩阵元下一阶的修正。由于在式(13.6)中考虑的是弹性散射,即 $E(\boldsymbol{k}') = E(\boldsymbol{k})$,$\gamma$ 值不可以忽略。对二阶含时微扰使用费米黄金定则,可以得到 γ 值正比于 $|\boldsymbol{M}_{k'k}|^2$ 的求和,它与 $\boldsymbol{k}$ 态的寿命成反比,γ 值可以自洽地确定。当用 $\Phi(\boldsymbol{k}')$ 替代式(13.5)最后一项的 $\Psi^c(\boldsymbol{k}')$,可以迭代地得到微扰系列项的展开式。相应地,$\boldsymbol{M}_{k'k}$ 也可以通过迭代确定。这种无限项次的散射矩阵元展开式称为 $\boldsymbol{T}$ 矩阵[396-397]。在这里不详细介绍关于 $\boldsymbol{T}$ 矩阵的量子理论,但需要指出的是,$\boldsymbol{T}$ 矩阵的计算对讨论弹性散射很有必要。

还有一个重要事实是,进行 $V_{\text{def}}(\boldsymbol{r})$ 到 $\boldsymbol{q}$ 空间的傅里叶变换可以获得 $V_{\text{def}}(\boldsymbol{q})$,这也决定了缺陷势的范围。当 V_{def} 是一个短程势时,如点缺陷,因为从 K 到 K' 谷(反之亦然)的谷间散射很重要,所以对 $V_{\text{def}}(\boldsymbol{q})$ 的主要贡献来源于大范围内的 $\boldsymbol{q}$ 值。但是,如果 V_{def} 是一个长程势,则谷内散射占主导。对于谷内散射的情况,量子干涉效应将使得背向散射缺失,这对单壁碳纳米管的情况尤为明显[396-397]。

图 13.2 显示了具有扶手椅型边界的纳米带在 1.90eV(实线)、2.30eV(虚

线)和 2.70eV(点线)3 个不同激光能量激发下 D 带拉曼强度的计算结果[395]。此处的缺陷为具有扶手椅型原子结构的边界，sp^2 周期性在边界键处因原子缺失而被破坏。弹性矩阵元在计算时取了式(13.2)中 $\boldsymbol{M}_{k'k}$ 的最低阶，在这里以解析形式给出[395]。当扶手椅型边界出现在 x 方向时，$\boldsymbol{k}$ 的 k_x 分量的动量是守恒的，而 k_y 改变了其符号(通过反射)，对应于谷间散射。锯齿型边界的 $\boldsymbol{M}_{k'k}$ 矩阵元对谷间散射没有贡献①，这意味着在锯齿型边界处 D 带强度为零，和实验观察结果一致(见 13.4 节)。

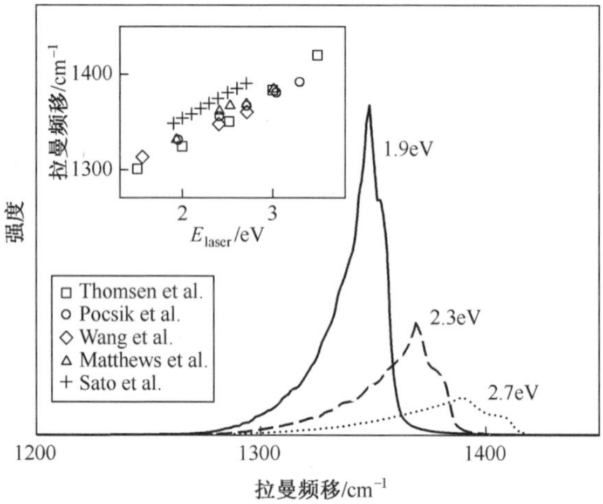

图 13.2 具有扶手椅型边界的纳米带在 E_{laser} 为 1.90eV(实线)、2.30eV(虚线)和 2.70eV(点线)激光激发下所计算得到的 D 带拉曼光谱[395]。插图给出了不同工作获得的 ω_D 和 E_{laser} 之间的函数关系[159,395,398-400]，十字叉表示此处的计算结果[395]。

当把图 13.2 的结果与实验进行比较时，理论很好地描述了 D 带特征峰频率对 E_{laser} 的依赖性(图 13.2 的插图)。D 带拉曼峰来源于 K 点附近 $\boldsymbol{q}\approx 2\boldsymbol{k}$ 的 iTO 声子支，正如双共振过程所描述[159-160]，这将在 13.2 节详细讨论。但是，目前对于散射强度行为还没有完全准确的描述，例如，强度对 E_{laser} 和纳米带宽度的依赖关系，导致非对称 D 带线型非常重要的矩阵元对 $\boldsymbol{q}$ 的依赖性。这不但是因为还没有准确地考虑 $\boldsymbol{T}$ 矩阵，而且也因为还没有自洽地考虑其他因素，如声子相干长度和共振窗口宽度 γ。因此，本章只是尝试地给出如何从量子力学角度来处理这个过程。同时也表明，关于无序诱导的拉曼特征峰的准确描述，特别是在拉曼强度的准确量子力学描述方面，仍然期待更多的研究工作。

---

① 对于锯齿型边界，k_x 改变其符号，这就对应于谷内散射(K 到 K，或者 K' 到 K')。

13.2 缺陷诱导拉曼峰的频率:双共振过程

缺陷打破了一阶拉曼允许声子的动量守恒条件 $\boldsymbol{q}=0$,因此,原则上,任意涉及布里渊区非中心($\boldsymbol{q}\neq 0$)的内部声子的散射过程都是允许的。但是,正如第12章所讨论,sp^2 碳材料的共振电子-声子散射过程连接了真实的电子态(图 13.3(a)),这就最小化了式(13.1)的分母,也就是,这些共振过程是优先的并具有特别高的跃迁概率,因此这些双共振散射过程主导了 sp^2 碳材料的拉曼光谱。虽然完美晶体的动量守恒只对 $\boldsymbol{q}=0$ 的单声子或者 $\boldsymbol{q}_1-\boldsymbol{q}_2=0$ 的双声子散射过程才成立,如第 12 章所述,但是无序的存在使得动量守恒可以通过缺陷的弹性散射过程而得到满足,如图 13.3(a)的短线箭头所示。

因此,用第 12 章所讨论的双共振过程可以很好地解释缺陷诱导拉曼峰的频率,当然,还需要考虑一些特殊的细节。例如,从频率分析来看,图 13.3 所示的D 带和 D′带的散射过程都是一个声子的过程,它们与图 4.14 在 2700cm^{-1}(G′~2D)和 3240cm^{-1}(G″~2D′)处观察到的双声子过程紧密相关。图 13.3(b)画出了 D、D′和 G′带频率的色散关系,即它们的频率对 E_{laser} 的依赖关系。G′带相应的斜率约为 $100\text{cm}^{-1}/\text{eV}$,是 D 带斜率($50\text{cm}^{-1}/\text{eV}$)的 2 倍。D′带具有较弱的色散性,斜率约为 $10\text{cm}^{-1}/\text{eV}$[394]。但是,D 带和 G′带之间不存在精确的匹配(即 $\omega_{G'}\neq\omega_{2D}$),这是因为它们的物理过程有一些不同。如 12.2.1 节所述,不同的矢量 $\boldsymbol{q}$($\boldsymbol{q}_{\text{S}}\neq\boldsymbol{q}_{\text{aS}}$)使得斯托克斯过程和反斯托克斯过程具有不同的双共振过程。该情况也可以推广到无序诱导的其他带以及更多的情况:在单声子斯托克斯双共振过程中,如果考虑弹性散射可以发生在非弹性声子散射之前或者之后,也将引入不同的波矢 $\boldsymbol{q}$(图 13.4)[80,367]。

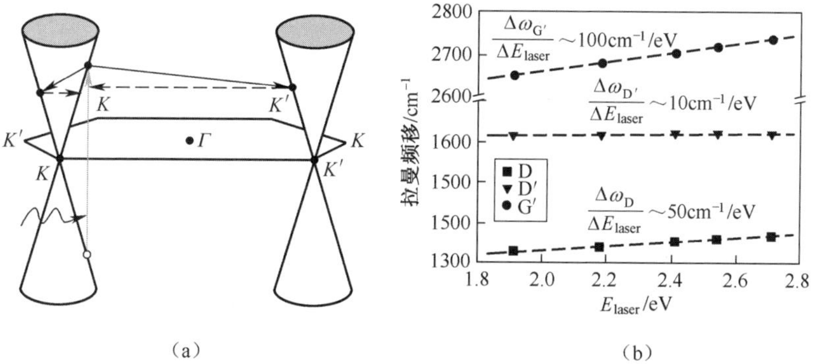

图 13.3 (a)石墨烯六边形布里渊区的 K 和 K' 点处靠近费米面的能带结构示意图,光诱导产生的电子-空穴对用灰色箭头表示,D 带(谷间)和 D′带(谷内)的两个共振电子-声子散射过程用黑色箭头表示,虚线箭头表示了缺陷参与的弹性散射;(b)D、D′和 G′带频率对激光能量的依赖关系或者色散关系。

D 带和 D′带并不是无序sp^2材料拉曼光谱中仅有的无序诱导的单声子拉曼峰(图 12.10)。石墨烯 6 个色散声子支的任意和频或者倍频都可能发生类似于 12.3 节所讨论的双声子过程。无序诱导的拉曼频率可以对应于石墨烯的任何 6 个声子支,这些声子支必须具有满足双共振条件的适当波矢。谷内和谷间双共振过程分别以 Γ 和 K (或者 K')点附近的声子为媒介,通过改变 E_{laser} ,可以同时改变由式(12.8)所确定的参与共振的 $\boldsymbol{k}$ 和 $\boldsymbol{q}$ 值。因此,利用电子能带结构信息,通过考虑谷间和谷内过程,可以分别确定 K 和 Γ 点附近的声子色散关系。对于谷间和谷内过程,所观察到的拉曼频率和声子色散关系之间的拟合都依赖于二阶共振过程的不同可能性。图 13.4 举例说明了谷内斯托克斯拉曼散射过程的 4 个过程,它们与 D′带相关。

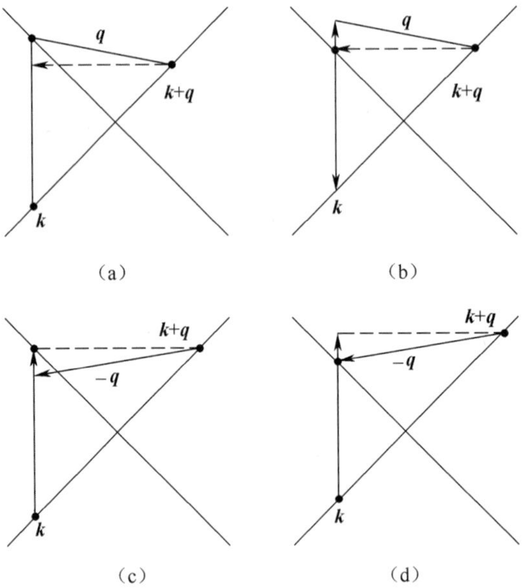

图 13.4　4 个不同的单声子谷内二阶双共振斯托克斯过程。对于每个过程,虚线表示一个弹性散射过程,黑点指出了共振点。对于双声子二阶过程,每个图的虚线应该改为非弹性声子发射过程,因此只有(a)和(d)过程对于双声子散射过程是可能的[160]（分别对应于图 12.3(a)和图 12.3 (d))。

图 13.5(a)给出了无序诱导双共振拉曼峰与 E_{laser} 之间的依赖关系,这是考虑线性能带色散(见第 2 章)以及图 13.5(b)的声子色散曲线后得到的。图 13.5(a)下方水平轴所显示的 E_{laser} 坐标值与上方水平轴所显示的从 Γ 到 $K/4$ 和从 $3K/4$ 到 K 的声子波矢 $\boldsymbol{q}$ 之间具有一一对应的关联关系。这些 $\boldsymbol{q}$ 值也显示于图 13.5(b)中,并与满足 $\boldsymbol{q} \approx 2\boldsymbol{k}$ 关系(见式(12.8))的谷内和谷间散射过程有关[160]。需要指出, E_{laser} 与 $\boldsymbol{k}$,继而 E_{laser} 与 $\boldsymbol{q}$ 之间的线性关系只在 $E_{laser} < 3.0\text{eV}$ 范

围内成立(图 2.10)。图 13.5(b)垂直点线显示了波矢 $\boldsymbol{q}$ 满足 $E_{\text{laser}} < 3.0\text{eV}$ 条件的极限。通过比较图 13.5(a)和图 13.5(b),很容易将双共振拉曼峰与石墨的 6 个不同声子支关联起来。实心和空心圆分别对应于 K 和 Γ 点的声子模。非色散的拉曼峰也已在图 13.5(a)看到,它们来源于 $\boldsymbol{q} \approx 0$ 的双共振条件(见式(12.6)和式(12.7),及相应正文)。

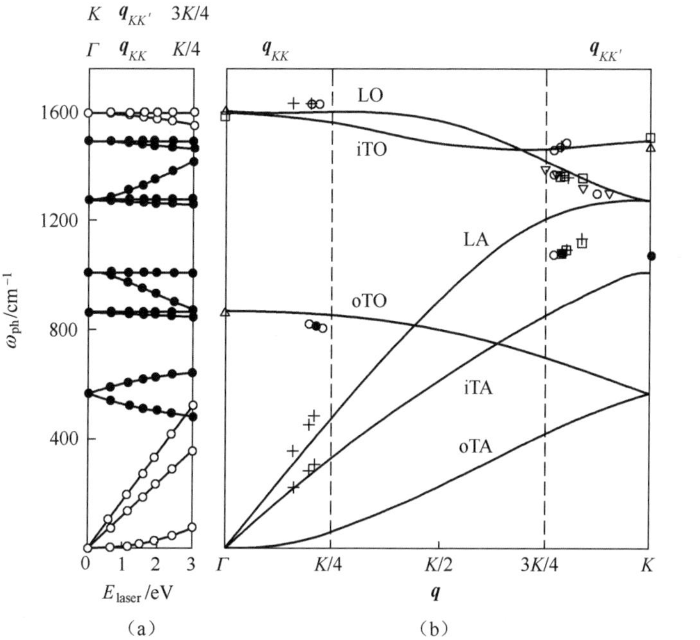

图 13.5 (a)在双共振条件下所计算的石墨烯拉曼频率与 E_{laser}(下方水平轴)和在 $\Gamma-K$ 轴上所对应的 $\boldsymbol{q}$ 矢量(上方水平轴)之间的函数关系,实心和空心圆分别对应于 K 和 Γ 点附近的声子模。从 Γ 到 $K/4$ 的 $\boldsymbol{q}_{KK}$ 矢量用空心圆表示,而从 $3K/4$ 到 K 的 $\boldsymbol{q}_{KK'}$ 矢量用实心圆表示;(b)6 个石墨声子色散曲线(线)以及实验所观察到的与双共振理论一致的拉曼峰(符号标记)[160]。

最后,通过利用图 13.5(a)所给出的 E_{laser} 和 $\boldsymbol{q}$ 之间的关系,可以从几个已发表论文中利用不同激光线所观察到各种 sp^2 碳(图 12.10)的拉曼频率中提取出实验数据,并将所有数据点画于图 13.5(b)中。需要注意的是,拉曼光谱并没有提供任何信息来说明这些峰是来自于谷内还是谷间散射过程,以及它们是否遵循 $\boldsymbol{q} \approx 0$ 或者 $\boldsymbol{q} \approx 2\boldsymbol{k}$ 的共振条件。因此,可以通过考虑那些能最好地拟合图 13.5(b)中的声子色散来选择可能的散射指认。偏差可能来自于错误的散射指认或者不精确的声子色散关系。事实上,这些双共振拉曼峰的指认已经被广泛地用于改进 sp^2 纳米碳的声子理论模型。

13.3 拉曼强度分析量化石墨烯和纳米石墨的无序度

正如 13.2 节所讨论，sp^2碳拉曼光谱中无序诱导特征峰的频率可以用双共振模型来解释。要将拉曼光谱发展成为表征sp^2材料无序度的一个有力工具，还需要解决的问题包括如何将特定缺陷与它们对应的无序化过程联系起来，以及如何得到晶格中该类缺陷数目的定量信息。如 13.1 节所简单介绍，还需要更多的实验和理论工作研究对无序诱导的拉曼过程进行准确的量子力学描述。目前已完成部分工作并建立起了一些唯象模型，下面将进行详细介绍。

非晶碳领域的大量工作催生了碳材料中非晶化轨迹的系统描述（图 4.7（c））。但是，为了得到这些现象的定量描述，需要同时在动量空间（$\boldsymbol{k}$ 空间）和实空间（$\boldsymbol{r}$ 空间）中探测结构无序对电子和声子性质的效应，这意味着拉曼光谱学需要与显微实验结合起来。例如，透射电子显微镜（TEM）或者扫描隧道显微镜（STM）可以在原子级别分辨率下探测电子态的局域表面密度来表征晶体 $\boldsymbol{r}$ 空间的无序度。同时，进行原位 TEM 和拉曼测试原则上也是可以实现的。但是，上述实验需要特殊的实验装置以及特殊的样品制备方法。通常来说，因为光学光谱所探测的体积受到光穿透深度的限制，而 STM 对表面最为敏感，所以 STM 和拉曼光谱无法容易地互联起来。在该背景下，从石墨剥离出石墨烯片的可能性提供了一个理想条件，使得可以把显微和光谱测量相互关联起来，一起从 $\boldsymbol{r}$ 空间和 $\boldsymbol{k}$ 空间探测碳材料的无序效应。下面将讨论这一研究方向的初步成果。

13.3.1 离子轰击引入的零维缺陷

离子注入的可控使用在sp^2碳的缺陷研究方面已经是一个很成熟的技术[401]。这些实验通常采用不同离子浓度、不同离子种类以及不同离子能量等变量来进行的。低剂量的低质量离子会引入点缺陷。增加离子剂量会导致点缺陷密度的增加并最终导致破坏区域之间的相互重叠。本节将讨论Ar^+轰击对 HOPG[402] 和石墨烯所造成的损坏效应[194-195] 以及它与离子剂量的函数关系。

人们对单层石墨烯样品进行了连续的Ar^+轰击以及拉曼光谱实验[194]。这里采用了低能量离子（90eV）在石墨烯层引入结构缺陷，实验已证明该能量几乎不会超过影响表面碳原子位置的阈值，从而避免了级联效应①。轰击离子浓度跨越了用于离子注入实验的常用剂量，从10^{11} Ar^+/cm^2，即对应于每 4×10^4 个 C 原子有一个缺陷，一直到10^{15} Ar^+/cm^2，即石墨烯开始变成完全无序。STM 图像

① 级联效应指的是一个具有很大能量的被散射 C 原子反复地轰击另一个 C 原子。类似现象也可以在多米诺骨牌的链式反应中观察到。

表明一直到10^{12} Ar^+/cm^2，离子轰击诱导的缺陷都是彼此分离的，只是STM图的每一个缺陷都造成一个相当大无序的区域（半径约为1nm）。当剂量接近10^{13} Ar^+/cm^2时，无序区域开始合并，表面变成一系列有序和无序区域的混合。当剂量大到10^{14} Ar^+/cm^2及以上时，六角晶体结构已经不再能够通过STM探测电子态局域密度来观察到了。对于每一个浓度下STM图像的分析可以得到缺陷浓度，从而可以提取出缺陷之间的平均距离，$L_D = \sigma^{-1/2}$，其中σ为缺陷浓度。因此，σ和L_D的数值可以由STM图像通过缺陷直接计数得到[194]。对于10^{15} Ar^+/cm^2这样的高离子浓度，当缺陷开始合并时，可以认为缺陷浓度的增加与轰击时间成正比。

图13.6显示了单层石墨烯经上述离子轰击后的拉曼光谱。从本征样品（底部光谱）到最低轰击剂量（10^{11} Ar^+/cm^2）时，D带过程已经激发了，表现出相对于G峰非常弱的强度。当轰击离子剂量在$10^{11} \sim 10^{13}$ Ar^+/cm^2范围内时，无序诱导峰的强度逐渐增大。位于约$1620cm^{-1}$处的第二个无序诱导拉曼峰也逐渐变得明显，但这里先不关注这个特征峰。当剂量大于10^{13} Ar^+/cm^2时，拉曼光谱开始出现明显的展宽，最后表现出类似于石墨烯声子态密度（PDOS）的线型。从10^{14} Ar^+/cm^2（顶端光谱）到10^{15} Ar^+/cm^2（没有给出）剂量后，拉曼散射峰发展成类PDOS的线型，表现出线型继续展宽而拉曼峰频率保持不变。

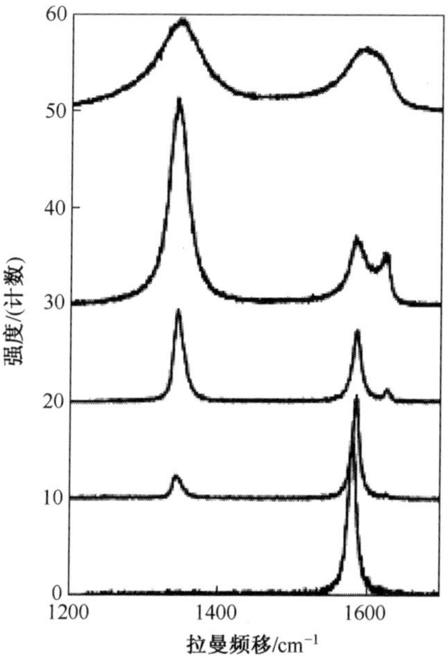

图13.6 放置于SiO_2衬底的单层石墨烯在$\lambda = 514nm$激光激发下的一阶拉曼光谱随着Ar^+轰击后的演化情况。从下到上的离子剂量分别为0 Ar^+/cm^2、10^{11} Ar^+/cm^2、10^{12} Ar^+/cm^2、10^{13} Ar^+/cm^2、10^{14} Ar^+/cm^2。图中光谱垂直排列以便于分辨[194]。

量化单层石墨烯中无序的演化可以通过画出 I_D/I_G 数据与缺陷平均距离 L_D 之间的函数关系来获得，如图 13.7 所示。这里 I_D/I_G 是通过考虑固定峰位的 D 带（$1345cm^{-1}$）和 G 带（$1585cm^{-1}$）之间的强度比值得到的。I_D/I_G 具有与 L_D 非单调的依赖关系，开始随着 L_D 的增加而增加，直到 $L_D \approx 3.5nm$ 时，I_D/I_G 出现峰值，而当 $L_D > 3.5nm$ 时，该值逐渐减小。此结果与为石墨纳米微晶提出的非晶化轨迹类似（见 4.4.1 节）。这种行为表明，两种无序诱导且相互竞争的机制都对拉曼 D 带有贡献。这些竞争机制是讨论 I_D/I_G 与 L_D 之间依赖关系唯象模型的基础，下面将详细进行阐述（见 13.3.2 节）。

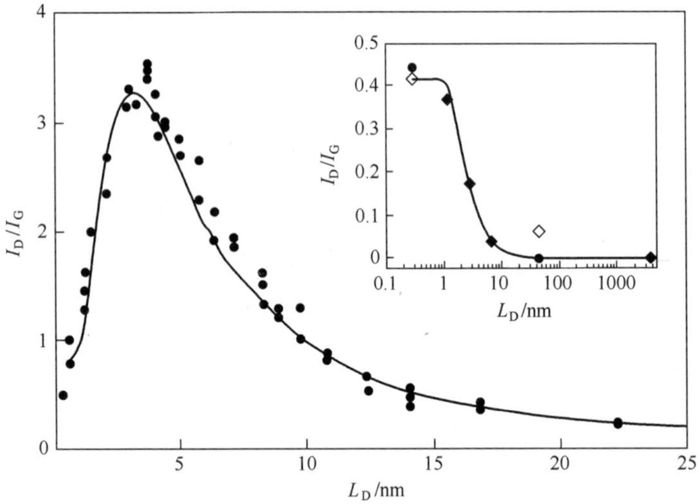

图 13.7　3 个不同单层石墨烯样品的 I_D/I_G 数据点与离子轰击过程所诱导的缺陷的平均间距 L_D 之间的函数关系。实线为根据式（13.7）对实验数据的拟合结果。插图给出了两个样品 I_D/I_G 与在对数坐标下的 L_D 之间的关系：①约 50 层石墨烯样品；②2mm 厚的 HOPG 样品，其测量值通过 $(I_D/I_G) \times 3.5$ 进行了归一化。

13.3.2　局域激活模型

图 13.7 显示的结果可以进行一定的建模处理，即假设一个离子对石墨烯片的单次轰击可以用两个特征长度来描述，这里记为 r_A 和 r_S（$r_A > r_S$），它们是从轰击点起所测量的两个圆区域的半径（图 13.8）。在稍小半径 r_S 以内，轰击导致的结构无序发生了。可以将此区域称为结构无序或者 S 区域。在距离大于 r_S 而小于 r_A 的范围内，晶格结构有所保留，但是与缺陷的近邻导致石墨烯布里渊区 K 和 K' 谷附近的布洛赫函数发生了混合，从而使得选择定则被破坏，进

而导致了 D 带的增强。可以将此区域称为缺陷激活或者 A 区域。定性来说，只有当电子-空穴对在足够靠近缺陷的区域内产生并且所激发电子(或者空穴)能够存在足够长时间以便为拉曼光谱所探测的时候，电子-空穴激发才能够"看到"结构缺陷。如果拉曼散射过程发生在距离缺陷区域大于 $l = r_A - r_S$ 的距离时，波矢 $\boldsymbol{k}$ 对于分析散射选择规则是一个好量子数。那些保持着完好有序的区域将只会显著地贡献于 G 带。因此可以给出如下关于 I_D/I_G 的唯象模型与两缺陷的平均间距 L_D 之间的函数关系：

$$\frac{I_D}{I_G}(L_D) \propto I_D(L_D) = C_A f_A(L_D) + C_S f_S(L_D) \tag{13.7}$$

式中：I_G 为一个常数(与 L_D 无关)；f_A 和 f_S 分别为在薄片中 A 和 S 区域的简单比例。

尽管 A 和 S 区域都能够破坏动量守恒而导致 D 带产生，但是 A 区域对 D 带的贡献最显著，而 S 区域由于晶格结构的破坏而对 D 带的贡献相对较小。

现在描述用来创建 I_D/I_G 比值唯象模型的随机模拟(图 13.8(b)~(e))。图 13.8(a)使用浅灰色标识结构无序(S)区域，而使用深灰色标识缺陷激活(A)区域。石墨烯薄片在离子轰击下的结构演化可以通过在(55nm×55nm)薄片上随意地选择一系列轰击位置来模拟。对于每一个事件定义了以下相应的规则：①本征区域(图 13.8(b)~(e)的白色区域)可能转化为 S(浅灰)或者 A(深灰)区域，这取决于轰击点周围的近邻区域；②类似地，A 区域可以转化为 S(浅灰)；③ S 区域始终保持为 S 区域。然后，对于最初的本征石墨烯层，随着轰击数目增加，它将逐渐被激活，导致 D 带的提高；随后大部分结构无序区域持续扩张，导致 D 带的减弱。石墨烯层在与图 13.6 中相同氩离子剂量轰击下的演化过程的模拟快照如图 13.8(b)~(e)所示。轰击过程的随机模拟表明，随机选择离子轰击点并结合式(13.7)，选择参数为 $C_A = 4.56$，$C_S = 0.86$，$r_A = 3\text{nm}$ 和 $r_S = 1\text{nm}$，就可以给出图 13.7 的整条曲线，与该图的实验结果(点)吻合得非常好[194]。

图 13.7 的非单调行为可以通过考虑以下因素来理解：在低缺陷浓度时(L_D 比较大)，对散射有贡献的所有面积正比于缺陷的数目，给出了 $I_D/I_G = (102 \pm 2)/L_D^2$，该表达式在 $L_D > 2r_A$ 时与实验数据吻合得很好。当继续增加缺陷浓度时，缺陷激活区域开始重叠而这些区域最终将饱和。所以 D 带强度达到最大值后，继续增加缺陷浓度将会降低 D 带的强度，这时石墨烯片开始以结构无序区域占主导。

特征标度 $r_S = 1\text{nm}$ 与 STM 图片所看到的无序结构的平均尺寸完美吻合，该特征标度定义了结构无序区域。此参数应该不是普适的，是离子轰击过程所特有的。在激光能量为 2.41eV 时，石墨烯中缺陷诱导共振拉曼散射的拉曼驰豫

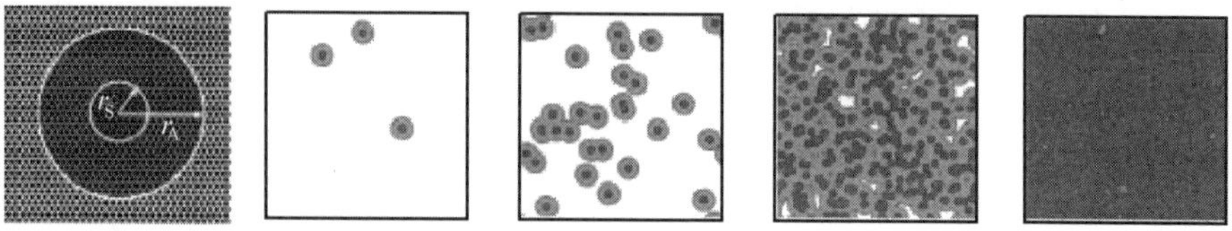

(a)　　(b)　　(c)　　(d)　　(e)

图 13.8 （见彩图）(a)“激活” A 区域(深灰色)和“结构无序” S 区域(暗灰色)的定义,半径是从轰击点开始测量的,轰击点在模拟中是随机选择的;(b)~(e)给出了石墨烯模拟单元的 55nm×55nm 部分,分别给出了在不同缺陷浓度下石墨烯层的结构演化的快照图:(b) $10^{11}Ar^+/cm^2$;(c) $10^{12}Ar^+/cm^2$;(d) $10^{13}Ar^+/cm^2$;(e) $10^{14}Ar^+/cm^2$,与图 13.6 的剂量类似[194]。

长度 l 大致为 $l = r_A - r_S = 2\text{nm}$ ①。式(13.7)的 C_A 参数是石墨烯中 I_D/I_G 比值可能达到的最大值,这将发生在以下假设情况下,即在任意位置 $K - K'$ 波矢混合都是允许的,但碳原子的六角形网络没有被破坏。C_A 应该用电子–声子矩阵元来定义,的确,$C_A = 4.56$ 与 iTO 声子在 Γ 和 K 点之间所估计的电子–声子耦合比值大致吻合[366]。C_S 参数是在高度无序极限情况下 I_D/I_G 的比值,目前还没有相关的理论分析。

最后,从实际应用角度来说,建立 I_D/I_G 和 L_D 之间联系的公式是很重要的,该公式可以通过求解离子轰击过程的速率方程(见思考题)得到。整个区域 $(0 \to L_D \to \infty)$ 可以用下式拟合,即

$$\frac{I_D}{I_G} = C_A \frac{r_A^2 - r_S^2}{r_A^2 - 2r_S^2}\left[\exp\left(\frac{-\pi r_S^2}{L_D^2}\right) - \exp\left(\frac{-\pi(r_A^2 - r_S^2)}{L_D^2}\right)\right] + C_S\left[1 - \left(\frac{-\pi r_S^2}{L_D^2}\right)\right] \tag{13.8}$$

用式(13.8)拟合图 13.7 的数据,可以得到 $C_A = 4.2 \pm 0.1$,$C_S = 0.87 \pm 0.05$,$r_A = (3.00 \pm 0.03)\text{nm}$ 和 $r_S = (1.00 \pm 0.04)\text{nm}$,与实验结果以及计算模型所获得的参数都吻合很好[194]。

目前,模型为准确地量化石墨烯的缺陷浓度 σ,或者等价地说,缺陷之间的平均距离($L_D = \sigma^{-1/2}$)提供了一种方法。在缺陷开始重叠之前($L_D > 6\text{nm}$),出现预期的行为,即 $I_D/I_G = A/L_D^2$,其中 $A = (102 \pm 2)\text{nm}^2$。当缺陷开始相互重叠后,两种无序机制开始竞争,式(13.8)就可以用于定量分析以确定每一种机制的相对重要性。目前,石墨烯所得到的结果与离子轰击 HOPG[402] 所得到

① 这里讨论的是激发电子的驰豫长度,不应该与声子的驰豫长度相混淆。

的结果类似,尽管在细节上还是有一些区别。首先,对于 HOPG 来说,由于还有来自未受到轰击的下面石墨烯层的贡献,因此 G 带强度总是很大;其次,对石墨烯来说,当离子浓度高于 10^{15} Ar^+/cm^2 时,光谱强度降低,表明石墨烯层基本上完全非晶化或者部分毁坏。对于 HOPG 来说,当离子浓度高于 10^{15} Ar^+/cm^2 时,I_D/I_G 饱和且在拉曼光谱中不会观察到进一步的变化,这是因为各层的大部分都已经无序化并且/或者受损。这种行为可以从图 13.7 的插图看出,它给出了不同厚度的两种 HOPG 样品 I_D/I_G 的演化情况。尽管其绝对值,由于取决于未受到轰击的下面石墨烯层的数目而有所差别(图 13.7 插图的菱形数据来自于更厚的 HOPG 样品,其数值按×3.5 进行了归一化),但 I_D/I_G 值随离子剂量增加都呈现先增加后饱和的趋势。

石墨烯薄片的 I_D/I_G 作为 L_D 函数的演化依赖于层的数目 N,相关研究已得到一定的发展[195]。所观察到 I_D/I_G 随 N 的变化行为清楚地表明,试验所用的低能量离子(90eV)不足以导致级联效应,但是该过程一般局限于每一次离子轰击引入一个缺陷的情况。对于少层石墨烯样品($N=1,2,3$),归一化的 I_D/I_G 随着缺陷数量(增加"激活区域"[194])的增加而增加,随后饱和并减少。这种减少主要是来自于激活区域被"无序区域"所占据,与先前 1-LG 的阐述一致[194]。但是,N 越大,对于大离子剂量情况下 I_D/I_G 的减少就越不明显。对于许多层石墨烯(约 50 层或者更多),由于总是有更多的石墨烯层被轰击,因此归一化 I_D/I_G 随缺陷数量增加的演化是单调的增加。

总而言之,本节给出了点缺陷对应的无序诱导 D 带强度演化背后基本机制的清晰图像,它可以通过结构损坏区域和 D 带激活区域之间相对于总面积的竞争给出。由于该模型基本上就是几何相互竞争的问题,因此当从离子轰击石墨烯所导致的"零维"缺陷问题转移到以石墨烯纳米晶或者石墨晶体的边界所体现的"一维"缺陷问题时,可能会得到不同的结果。这些纳米晶系统确实代表了一种广泛研究的系统,通常可以通过对由溅射制备的类金刚石碳膜进行热退火得到[168],这将在下一节讨论。

13.3.3 纳米晶边界的一维缺陷

1970 年 Tuinstra 和 Koenig[148-149]系统地研究了不同面内晶体尺寸 L_a 的石墨样品的拉曼光谱和 X 射线衍射。他们指出,D 带和 G 带强度之比(I_D/I_G)与 L_a 成反比,这里 L_a 是通过 X 射线衍射峰的宽度确定的。在这项先驱性工作之后,I_D/I_G 比值常被用来估计无序碳材料的 L_a 大小。Knight 和 White[403]随后总结了使用 $\lambda=514.5\text{nm}$($E_{laser}=2.41\text{eV}$)激光线激发的各种石墨系统的拉曼光谱,并推导出了一个可以通过 I_D/I_G 比值来确定 L_a 的经验表达式[403]。而后,一个普适关系式被发展出来,给出了在可见光范围内任意激光能量下纳米石墨系

统 I_D/I_G 和 L_a 之间的关系,将在下面论述[404]。

图 13.9(a)、(b)显示了两张在玻璃衬底上沉积 6nm 高 HOPG 微晶的共焦拉曼成像图。图 13.9(a)显示了微晶的拉曼成像图,是通过画出 G 带强度的空间分布获得的,而 13.9(b)给出了无序诱导 D 带强度的空间分布情况,这里微晶的边界非常显著。图 13.9(c)显示了两个拉曼光谱,一个来自于微晶内部的点,另一个来自于边界。图 13.9(a)~(c)清楚地表明,在整个石墨表面上 G 带强度是均匀的,而 D 带强度局域于晶体结构不完美的区域,它们大部分位于微晶的边界。也需要注意的是,D 带强度随边界而变化,且 D 带强度取决于光的偏振方向以及边界处的原子结构,在 13.4 节将详细讨论。

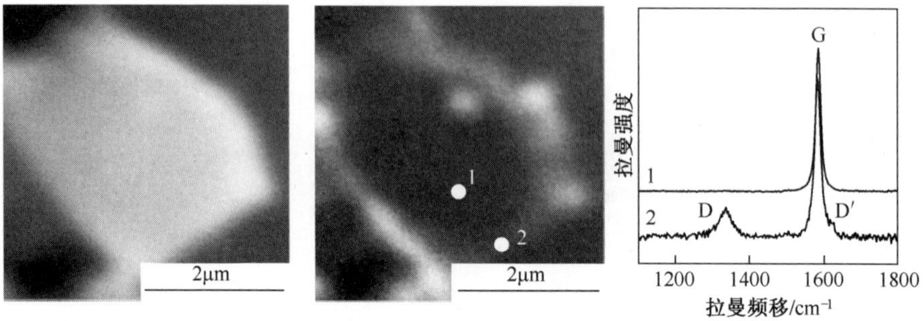

图 13.9 玻璃衬底上石墨纳米微晶的 G 带(a)和 D 带(b)的共焦(300nm 分辨率)拉曼成像图,(c)在区域 1 和区域 2(图(b)的白色圆圈)处所获得的拉曼光谱。激发光来源于 HeNe 激光器($\lambda = 633$nm),实验配置如文献[394]所描述。

在评估 I_D/I_G 与微晶维度的依赖关系时,可以考虑与 L_a 平方的关系,这时 G 带强度应该按 $I_G \propto L_a^2$ 变化。但是,D 带强度依赖于能激活 D 带的边界宽度 δ,由 $I_D \propto L_a^2 - (L_a - 2\delta)^2$ 给出。所以,强度比值就由下式给出:

$$\frac{I_D}{I_G} = \alpha\left[4\left(\frac{\delta}{L_a} - \frac{\delta^2}{L_a^2}\right)\right] \tag{13.9}$$

式中:α 依赖于合适的矩阵元[394]。

在 $L_a \gg \delta$ 的极限条件下,式(13.9)可以简化为 Tuinstra-Koenig 关系式,即

$$\frac{I_D}{I_G} = \frac{C(E_{laser})}{L_a} \tag{13.10}$$

其中,经验常数 $C(E_{laser})$ 的数值随文献的不同而不同。但可以预见,一旦测得受离子轰击的石墨烯(13.3.2 节)中 D 带散射的驰豫长度和矩阵元比值,这些数值就可以直接代入而得到 α 和 δ。但是,这些因子依赖于结构无序区域的面

积 S_S ,这在纳米石墨中并没有很好地定义。图 13.10 显示了在 L_a = 65nm 的微晶样品表面所测得的具有原子分辨级别的两个扫描隧道显微镜(STM)图像。在这些图像中所观察到的碳原子的排列方式表明这些样品是由纳米石墨微晶组成,但在晶粒之间却具有一个清晰且无序的晶畴边界[405]。与这些晶畴边界相关联的变化可能是不同文献给出了不同 I_D/I_G 与 L_a 之间关系的原因。

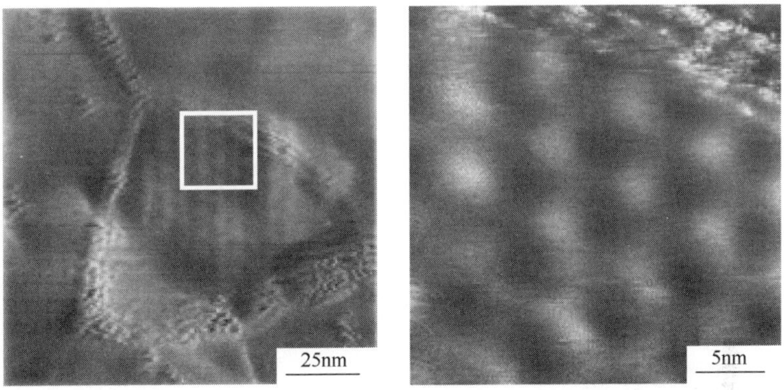

(a)　　　　　　　　　　(b)

图 13.10　从尺寸为 L_a = 65nm 的纳米石墨微晶样品的表面所获得的具有原子分辨的扫描隧道显微镜(STM)图像;(a)晶体表面可以观察到莫尔条纹,(b)为(a)中白色方框区域的放大图。

另外,虽然 1984 年就已发现经验常数 $C(E_{laser})$ 依赖于 E_{laser} ,但 $C(E_{laser})$ 的定量描述直到最近才建立起来[404],所用实验结果来源于在不同温度 T_{htt} 热处理类金刚石碳薄(DLC)膜所制备的具有不同 L_a 的纳米石墨[404]。热处理前,sp^3 和 sp^2 碳相都共存于样品中,但 sp^3 相在 T_{htt} > 1600℃ 时完全消失[406]。

当温度 T_{htt} > 1800℃ 时,不同热处理温度所制备样品的 STM 图显示,这些样品对应于纳米石墨微晶的聚集体,且随着 T_{htt} 升高, L_a 逐渐增大。对于在不同 T_{htt} 下热处理过的样品,利用同步辐射所得 X 射线(100)衍射峰的演化也给出了微晶尺寸 L_a 的测量, L_a 可以根据 Scherrer 关系 $L_a = 1.84\lambda/\beta\cos\theta$ 来进行估计,其中 λ 为同步辐射光源波长(0.120nm), θ 是(100)衍射峰的位置, β 是石墨在 2θ (单位为 rad)单位下(100)峰的半高宽[404]。通过 X 射线衍射所测得的平均微晶尺寸处于 20~500nm 的范围之内,且 X 射线数值与从 STM 图像所直接获得的结果吻合得很好[376,404-405]。

图 13.11(a)显示了在常温下利用 5 个不同 E_{laser} 激光(1.92eV,2.18eV,2.41eV,2.54eV 和 2.71eV)测试的 T_{htt} = 2000℃ 样品(L_a = 35nm)的 D、G、D′带的拉曼光谱。光谱以 G 带强度进行了归一化,清楚地显示出 I_D/I_G 显著地依赖于 E_{laser} 。图 13.11(b)给出了在 E_{laser} = 1.92eV 激光激发不同 T_{htt}(也就是不同

微晶尺寸 L_a)样品的拉曼光谱[404]。

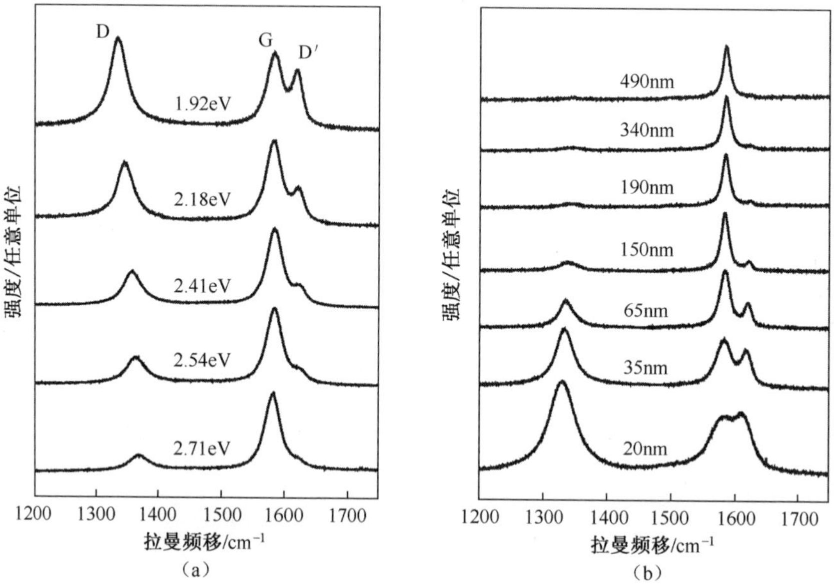

图 13.11 (a)在2000℃热处理后的纳米石墨样品(L_a = 35nm)在 5 个不同激光(1.92eV, 2.18eV, 2.41eV, 2.54eV 和 2.71eV) 激发下的一阶拉曼光谱;(b)具有不同纳米微晶尺寸 L_a (以 nm 为单位)的纳米石墨样品在 1.92eV 激光激发下的一阶拉曼光谱[404]。

图 13.12 显示了所有样品的 I_D/I_G 与 $1/L_a$ 之间的关系图,采用了图 13.11 中 5 个不同 E_{laser} 数值。需要注意的是,对于一个给定的样品, I_D/I_G 严重依赖于 E_{laser} ,而所有这些曲线在 $(I_D/I_G)E_{laser}^4$ 与 $(1/L_a)$ 之间的关系图中可以归结为同一条曲线,如图 13.12(b)所示,这表明,对于相同的 L_a 样品, I_D/I_G 反比于 E_{laser} 的四次方。因此,对于可见光范围内的任意激光线,可以得到如下的确定纳米石墨微晶尺寸 L_a 的普适公式[404]:

$$L_a(\mathrm{nm}) = \frac{560}{E_{laser}^4}\left(\frac{I_D}{I_G}\right)^{-1} = (2.4\times10^{-10})\lambda_{laser}^4\left(\frac{I_D}{I_G}\right)^{-1} \tag{13.11}$$

其中,激光激发分别以 E_{laser}(eV) 和 λ(nm)形式给出。

13.3.4 绝对拉曼散射截面

因为拉曼信号严重地依赖于具体的设备(具体的光学元件)、准直情况和激发波长,所以测量拉曼散射过程的绝对散射截面是没有意义的。这就是使用强度比值 I_D/I_G 来系统地定量样品无序度的原因。因为 D 带和 G′带都涉及了一

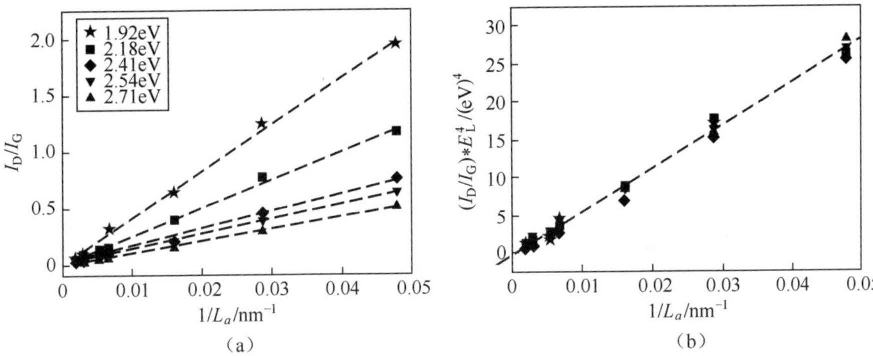

图 13.12 (a)纳米石墨样品在 5 个不同激光能量激发下的 I_D/I_G 强度比与 $1/L_a$ 的函数关系;(b)图(a)中所显示的所有曲线归结到 $(I_D/I_G)E_L^4$ 与 $(1/L_a)$ 函数关系的同一曲线,此处 $E_L = E_{laser}$ [404]。

个非常相似的声子(谷间 iTO 声子,$\boldsymbol{q} \approx 2\boldsymbol{k}$),所以,部分工作认为应该选用强度比 $I_D/I_{G'}$。D 带和 G′带都严重依赖于能量,且不同拉曼设备具有不同的效率。

Cancado 等[405]完成了所有的校准过程并测量了 D、G、D′和 G′带(见 5.5 节)的绝对拉曼散射截面。在这个工作中,I_D/I_G 对 L_a 的依赖关系来源于 I_D,而 I_G 在所测试的 L_a 范围内不依赖于 L_a (20~500nm)。对于 E_{laser} 的依赖关系,双共振特征峰,例如 I_D,显示出不依赖于 E_{laser} 的特点,而从散射理论(见 5.5 节文献[405])可以预见 I_G 显示出 E_{laser}^4 的依赖关系。到目前为止还不知道这种 E_{laser}^4 依赖性是否也会在零维(如离子注入)缺陷中观察到。事实上,sp^2 碳拉曼光谱的一个待开发的领域就是双共振特征峰的强度是由什么定则来决定的。Sato 等(见 13.1 节和文献[395])和 Basko[370]已在此方向做了部分理论工作,但这些结果都还不足以解释实验观察到的结果。

13.4 缺陷诱导的选择定则对边界原子结构的依赖性

除了缺陷的量化问题,讨论无序是怎样依赖于具体缺陷也是很重要的。在区分一个到另一个不同缺陷的研究中,一个成功例子就是石墨样品的边界研究,通过分析碳六边形相对于边界轴向的取向从而把锯齿型边界排布从扶手椅型或者任意原子边界结构中区分出来[161]。就像这里所讨论,扶手椅型(锯齿型)边界结构可以通过 D 带的出现(消失)来从光谱学上区分开来。这个效应可以通过将双共振理论应用到一个半无限石墨晶体并考虑缺陷的一维特征来理解,这将在下面讨论。

石墨相关材料拉曼光谱中无序诱导特征峰的最普遍情况发生在由小微晶

聚集而成的样品中。在这种情况下，晶体边界形成了实空间中的缺陷。由于晶体具有不同的尺寸且它们边界也是任意取向的，缺陷波矢显示出了所有可能的方向和大小。因此，存在具有动量与声子动量完全相反的缺陷总是可能的，这就为连接 K 和 K' 点附近两圆上任意两点的双共振过程提供了可能。在这种情况下，D 带强度是各向同性的，不依赖于光的偏振方向。但是，对于边界来说，由于双共振过程并不能发生在连接 K 和 K' 点附近两圆上任意两点之间，因此 D 带强度是各项异性的。由于实空间的边界缺陷是局域在垂直于边界的方向上，而在倒空间中则在此方向上是完全地非局域，这样一个缺陷的波矢可以认为是垂直于梯度边界的任意数值。因此，与梯度边界相关联的缺陷具有一维特征，且它只能在垂直于边界的方向上转移动量。

图 13.13(a)显示了锯齿型(上)和扶手椅型(下)边界的原子结构，彼此之间成150°。与扶手椅型边界相关的波矢可以表示为$\boldsymbol{d}_a$，与锯齿型边界对应的则是$\boldsymbol{d}_z$。图 13.13(b)显示了与图 13.13(a)所示实空间晶格所对应石墨烯的第一布里渊区。对于谷间散射来说，只有扶手椅型$\boldsymbol{d}_a$矢量能够连接分别以两不等价 K 和 K' 点为中心的两个圆上的两点。考虑到普通激发光能量小于 3eV，K 和 K' 点附近圆的半径还不足够大到允许锯齿型$\boldsymbol{d}_z$矢量来连接任意的 $\boldsymbol{k}'$ 和 $\boldsymbol{k}$ 态。因此，对于完美的锯齿型边界，与此缺陷相关联的谷间双共振散射过程是不可能发生的。也就是说，图 13.13(b)所描述的机制表明，D 带的散射过程对于锯齿型边界是禁戒的[161]。

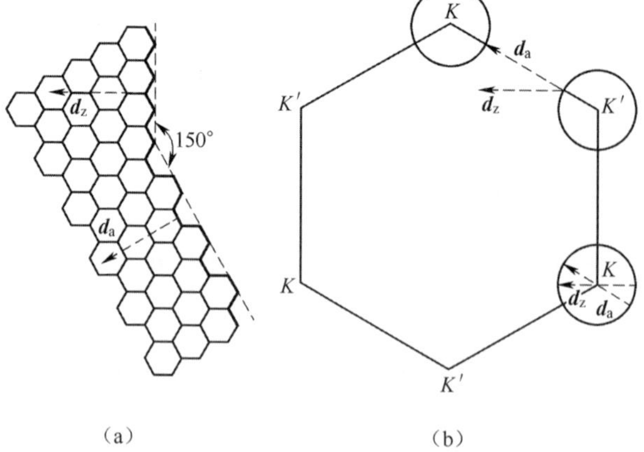

图 13.13 (a)锯齿型和扶手椅型取向边界结构的示意图，锯齿型边界和扶手椅型边界分别散射具有沿着 $\boldsymbol{d}_z$ 和 $\boldsymbol{d}_a$ 方向动量的电子；(b)石墨烯第一布里渊区，显示了缺陷诱导的谷间和谷内散射过程。由于 $\boldsymbol{d}_z$ 不能连接 K 和 K' 点，缺陷诱导的双共振谷间散射过程在锯齿型边界处是禁戒的[161]。

另外,位于 1620cm^{-1}处的 D′带是通过谷内散射过程产生的,所连接的两点属于在 K(或者 K')点附近的同一个圆上(见图 13.13(b)的 K 点)。由于$\boldsymbol{d}_a$和$\boldsymbol{d}_z$都能满足谷内散射过程,基于此原因,D′带的观察与边界结构是无关的。

最后,当测量扶手椅型边界时,D 带强度将严重地依赖于光的偏振方向相对于边界的方向。当入射光偏振方向沿着边界时,D 带强度将达到一个最大值,而当光的偏振方向与边界方向垂直时,D 带强度为零。此结果与理论计算所预测的石墨烯光吸收(发射)的各项异性(见 11.6.1 节中式(11.30))有关,由下式给出[220]:

$$W_{\mathrm{abs,ems}} \propto |\boldsymbol{P} \times \boldsymbol{k}|^2 \tag{13.12}$$

式中:$\boldsymbol{P}$ 为光吸收(发射)过程中入射(散射)光的偏振方向;$\boldsymbol{k}$ 为从 K 点起计算的电子波矢。将式(13.12)与相对于边界 D 带强度的光偏振方向依赖性关联起来是本章末的思考题之一。

总之,一维边界缺陷选择了缺陷诱导拉曼过程所关联的电子和声子波矢,这导致 D 带拉曼强度依赖于边界的原子结构(扶手椅型边界较强而锯齿型边界弱)。因此,该讨论展示了人们在提高关于缺陷结构对sp^{2}碳系统拉曼光谱影响方面的理解所做的努力,这对于表征纳米石墨基器件中的缺陷是非常有用的。此处所讨论的选择定则的第一个实验证据是从石墨边界发展来的[161]。但是,单层石墨烯也显示了类似的结果[407-408]。有趣的是,到目前为止,已经观察到了 D 带强度的变化,但并没有观察到 D 带完全消失却同时出现 D′带的情况。此结果表明,目前为止拉曼光谱所测试的都不是完美的锯齿型边界结构。需要强调的是,拉曼光谱提供了一个用来区分扶手椅型和锯齿型边界的简单方法。当然,高分辨透射电子显微镜也提供了另外一种实验方法。

13.5 碳纳米管拉曼光谱的无序特性

当考虑碳纳米管时,电子结构的量子限制将会约束双共振过程,类似于前面关于 G′带的讨论。SWNT 束的 D 带可以观察到多峰结构[409]以及振荡的色散行为[410]。由于量子限制效应,离散碳纳米管的 D 带通常只能观察到一个尖锐的拉曼峰(D 带的 FWHM 小到 7 cm^{-1}[242])。另外,在 514nm (2.41eV)激光激发下,也观察到 D 带频率依赖于纳米管直径的行为,即

$$\omega_{\mathrm{D}} = 1354.8 - 16.5/d_t \tag{13.13}$$

该结果和 D 带是与 G′带相关的单声子过程(见式(12.11))的结论大致吻合。

目前,科学家们已经在量化 SWNT 的缺陷方面做了很多努力,包括研究被辐射的样品[411]或研究将 SWNT 切成不同长度的样品[412]。增加缺陷的浓度或者减小纳米管的长度都能观察到 D 带强度的明显增强。但是,与 13.3 节讨论

石墨烯[194]和纳米石墨[404]所得到的结果相比,由于缺乏实空间的直接表征,目前这些结果并不能完全定量化。

现在还有一些方面尚不清楚,比如金属性 SWNT 的 D 带强度往往比半导体性 SWNT 的要强。尽管有一些基于双共振过程的理论已经努力诠释了这个问题[413],但预测仍然不完整。还需要提及的是,SWNT 的双共振过程可以导致 G 带的多峰结构。随后有人也建议,缺陷 SWNT 中 G 带光谱的某些峰也可能来自双共振过程[237,414],见下面的讨论。

图 13.14 显示了从 SWNT 光纤的两个不同区域所获得的 G 带拉曼光谱,两区域如图 13.14(a)的插图所示。左边光谱来源于位置 1,即纤维的中心。图 13.14(b)显示了位置 2(同一根纤维的边界处)的 G 带拉曼光谱,该位置可预期存在错乱排布和缺陷(如结构的缺陷或者杂质)。位置 2 的 G 带强度远低于位置 1,大约是位置 1 拉曼峰强度的 1/35。在位置 2 所观察到的光谱具有很多拉曼峰,与位置 1 的光谱明显不同。这里采用了 8 个洛伦兹峰对位置 2 的光谱进行了拟合,拟合所得的拉曼峰可归结于一阶允许的拉曼峰以及几个不同的双共振缺陷诱导峰。例如,图 13.14(b)的插图给出了箭头所指两个峰的频率与 E_{laser} 的依赖关系。插图的实线是预测的 G 带双共振特征峰与 E_{laser} 的依赖关系[160,237]。色散峰看起来与双共振机制吻合很好,而非色散行为可以很好地拟合位置 2 所观察到的较低频率的拉曼峰,可以将其指认为 G 带中一阶拉曼允许的 TO 声子峰。现在还不清楚这些峰如何与具体的边界缺陷相联系的。这再次表明,还需要更多的工作来定量分析碳纳米管的无序诱导特征峰,以便 RRS 技术能够成为表征sp^2碳材料中无序的一种更有力的工具。

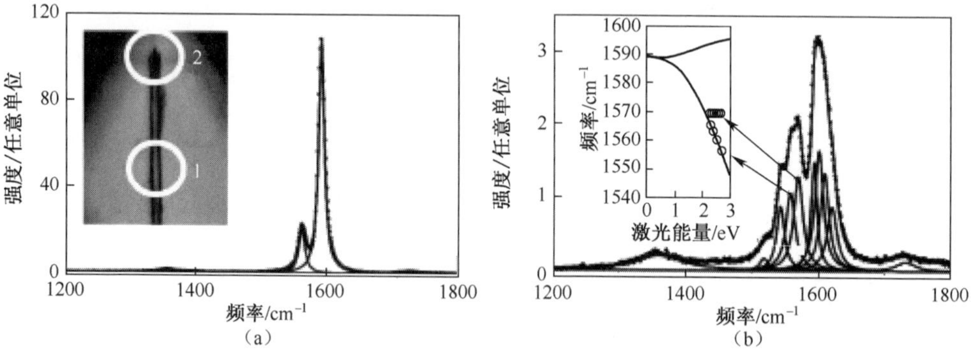

图 13.14 整齐排列 SWNT 束纤维 G 带的共振拉曼光谱(E_{laser} = 2.71eV)。
(a)插图给出了样品的光学图像,光谱是从位置 1(见(a)中插图)测得的,光沿着光纤方向偏振,光谱(b)是从位置 2 测得的;(b)中插图给出了箭头所指的两峰与 E_{laser} 的依赖关系。
插图中的实线是 G 带双共振特征峰与 E_{laser} 依赖关系的预测结果[415]。

13.6 近场探测所揭示的局域效应

除了动量守恒的破坏,无序的存在还可能改变局域电子和声子结构。G′带(见第12章)不是一个无序诱导的特征峰,但是它可以用来探测与无序有关的电子和振动结构的改变。石墨烯层的二维区别于三维的堆垛方式就是一个说明G′带能提供重要信息的例子(见12.2.4节)。高度结晶的三维石墨具有两个G′峰(图12.8(e))。当层间堆垛次序失去时,将开始发展为单峰特征,与石墨烯一致,且该峰位于有序石墨G′线型的两个峰中间(图12.8(f))[394]。更有趣的是,还能观察到一个红移的G′带的局域发射,该峰与负电荷缺陷所引起的纳米管晶格局域畸变有关。缺陷位置最初是通过D带强度的局域变化来确定的,见下面的讨论[191]。

图13.15显示了单根SWNT的近场拉曼光谱、近场光致发光谱以及它们对应的空间形貌图。近场技术能够获取空间分辨率小于衍射极限Δx($\Delta x \sim \lambda_{laser}/2$)的光谱信息[416]。特别地,图13.15(a)、(b)分别显示了$\Delta x \sim 30$nm的光致发光图像和拉曼光谱图像。同一根SWNT的近场显微图像如图13.15(c)~(f)所示。图13.15(c)给出了该SWNT的近场光致发光图像,其图像衬度是由位于$\lambda_{em}=900$nm的光致发光峰(图13.15(a))的光谱积分面积来标定的。该图最显著的特征就是沿着SWNT所显示出的高度空间局域的光致发光发射。通过观察图13.15(f)所示的纳米管形貌图,可以确认该明显的特征,同时也可以从图13.15(d)所示的位于1590cm^{-1}处G带的近场拉曼图像中看出。从图13.15(d)可以观察到,G带拉曼散射沿着整个纳米管都存在,而从图13.15(e)中可以观察到缺陷诱导(D带,1300cm^{-1})拉曼散射强度的局域增强,而在相同位置也探测到了激子发射。已知缺陷可以作为电子-空穴对复合(如激子发射)的捕获中心,这就为图13.15(c)、(e)之间所观察到的关联提供了深入的认识。

有趣的是,当扫描缺陷点测试拉曼光谱时,可以观察到很多拉曼特征峰都存在突变。Maciel等[191]显示了SWNT的替位掺杂将导致G′带光谱的改变,这是由于电荷诱导电子和振动能量的重整化引起的。图13.15(g)显示了从同一根SWNT沿着局域D带和光致荧光发射所观察到的位置(图13.15(e)的圆圈)移动时所测试的G′带拉曼光谱。图13.15(g)中用“*”标记的两个光谱就是在这个缺陷位置测得的,在G′带位置观察到了一个新峰。这个新峰的频率和强度分别依赖于掺杂类型和掺杂程度[417-419]。这使得G′带可以作为研究和量化掺杂的一种探针。由于D带也与非晶碳以及其他缺陷sp^{2}结构有关,与D带相比,使用G′带来研究和量化掺杂更为准确。

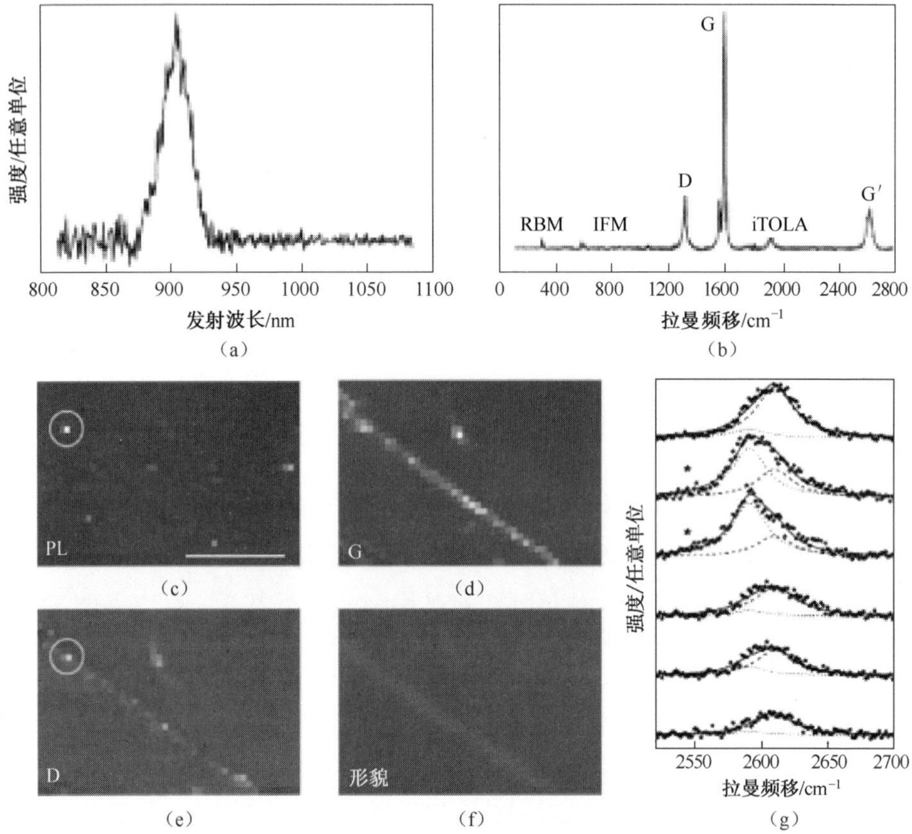

图 13.15　半导体性 SWNT 的局域激子发射。(a)位于 λ_{em} = 900nm 的光致发光发射谱；(b)从同一 SWNT 样品所测得的拉曼光谱。根据 RBM 光谱位置 ω_{RBM} = 302cm^{-1} 和 λ_{em} = 900nm 可以确定出该管为(9,1)；(c)SWNT 的近场光致发光成像图，显示了局域激子发射；(d)～(e)同一 SWNT 样品的近场拉曼图像，其中图像衬度由 G 带和 D 带的光谱积分面积提供；(f)相应的形貌图像，圆圈显示了局域的光致发光(c)和缺陷诱导(D 带)的拉曼散射(e)，(c)中标度棒长度为 250nm；(g)(9,1)SWNT 在缺陷附近 G′带光谱的演化情况。光谱是沿着纳米管方向以 25nm 为步长所测得的，显示了缺陷诱导的 G′峰(点状洛伦兹线型)。星号标出了在局域光致发光和缺陷诱导 D 带散射的空间位置所测量的结果(分别见(c)和(e)的圆圈)[191]。

13.7　小　　结

本章讨论了如何利用拉曼光谱来探测 sp^2 纳米碳中的缺陷。动量守恒的破缺以及双共振机制使得 E_{laser} 依赖的共振拉曼光谱成为探测电子和声子色散关系的有力手段。与双声子双共振峰类似,无序诱导峰是光学光谱的一个重大突破,因为考虑到动量守恒条件,对布里渊区内部声子色散的探测通常只能用中子、电子或者 X 射线散射等手段来完成。另外,探测粒子尺寸、层间堆垛、缺陷浓度、边界结构和掺杂,甚至单个缺陷等可能性都显示了光学光谱技术的新能力,这些都超越了晶体晶格的简单分析。这里,纳米科学正为用一个全新的视角来研究材料科学提供了可能。

13.3.2 节所介绍的唯象模型可以很好地描述 D 带强度随缺陷浓度增加的演化情况。但是,决定双共振特征峰强度背后的物理机制仍然是一个开放性的问题。很明显,近场拉曼光谱的逐渐应用将为物性探索打开一个全新的世界。尽管该研究领域仍然存在许多技术上的困难,但近场技术看起来能为纳米碳的拉曼光谱研究提供无限的机遇。

13.8 思考题

[13-1]在式(13.3)中,如果 V 在晶体中是周期性的,说明除了第一布里渊区的 $\boldsymbol{k}'=\boldsymbol{k}$,该矩阵元都为零。在这里需要使用的条件为 $\langle\phi(\boldsymbol{R}_{s'})\mid V\mid\phi(\boldsymbol{R}_s)\rangle$ 仅仅依赖于 $\boldsymbol{R}_{s'}-\boldsymbol{R}_s$。证明当 $\boldsymbol{k}'=\boldsymbol{k}+\boldsymbol{G}$ 时,矩阵元具有较大数值,其中 $\boldsymbol{G}$ 为倒易晶格矢量。

[13-2]用 $\Phi(\boldsymbol{k}')$ 迭代地替换式(13.5)最后一项里的 $\Psi^c(\boldsymbol{k}')$,获得式(13.5)中波函数的下一阶修正项。

[13-3]利用前面的结果,推导式(13.6)。

[13-4]更高阶修正项可以类似地通过用 $\Phi(\boldsymbol{k}')$ 迭代地替换式(13.5)中最后一项的 $\Psi^c(\boldsymbol{k}')$ 得到。采用这种方法,得到 $\Phi(\boldsymbol{k}')$ 和 $\boldsymbol{M}_{\boldsymbol{k}'\boldsymbol{k}}$ 的一般表达式。

[13-5]查阅关于散射理论的一些书籍,解释矩阵 $\boldsymbol{T}$ 可以表示为 $\boldsymbol{T}=V+VG_0\boldsymbol{T}$ 或者 $\boldsymbol{T}=V+VGV$,其中 $V\equiv H-H_0$ 是杂质势算符,而 H 和 H_0 分别表示微扰和未微扰哈密顿量,$G=(E-H)^{-1}$ 和 $G_0=(E-H_0)^{-1}$ 分别表示微扰和未微扰的格林函数。使用适当的基函数来说明,对于任意算符都可以得到一个矩阵,并写出矩阵 $\boldsymbol{T}$。

[13-6]在散射理论中,会很经常使用矩阵 $\boldsymbol{S}$。解释矩阵 $\boldsymbol{T}$ 和矩阵 $\boldsymbol{S}$ 之间的区别。使用矩阵 $\boldsymbol{T}$ 和 $\boldsymbol{S}$ 各有什么优缺点?

[13-7]考虑石墨烯 K 点附近的电子和声子色散,推导出一个定量表达式来解释,为什么 K 点附近 iTO 声子 $\omega(\boldsymbol{q})$ 的双共振中,单声子和双声子过程中有 $\omega_{G'}\neq 2\omega_D$,其中 $\boldsymbol{q}$ 为声子波矢。

[13-8]画出单层石墨烯中所有可能的缺陷诱导的双共振单声子过程的简图,包括斯托克斯和反斯托克斯,谷内和谷间过程。

[13-9]用线性近似考虑石墨烯的电子色散,即 $E^{\pm}(k) = \pm \hbar \nu_F |\boldsymbol{k}|$,其中 ν_F 为电子费米速度 $\nu_F = \sqrt{3}(\gamma_0 a/2\hbar)$,$a = \sqrt{3}\, a_{C-C}$ 是石墨烯的晶格常数,$a_{C-C} = 1.42$Å 是最近邻 C-C 原子间距。在 $E_{laser} = 1.98$eV 和 $E_{laser} = 2.41$eV 激发条件下,请计算满足单声子缺陷诱导双共振条件的波矢对 $(\boldsymbol{q},\boldsymbol{k})$。考虑图 13.5(b)的声子色散,给出前面这两条激光线下应该观察到的所有缺陷诱导拉曼峰的大致频率。请检查结果并与图 13.5(a)的数值进行比较。

[13-10]用10^{11} Ar^+/cm^2和10^{15} Ar^+/cm^2离子剂量轰击单层石墨烯时,计算每个 C 原子感受到的Ar^+轰击诱导的缺陷数目。

[13-11]在 D 带强度对Ar^+离子轰击依赖性的唯象模型中,考虑 S_S、S_A 和 S_T 分别为石墨烯薄片的结构所破坏的、所激活的和全部区域的面积,N 为 Ar^+离子碰撞数。采用速率方程(dS_S/dN 和 dS_A/dN)并且考虑在 $\sigma = 0$ 时的初始条件 $f_S = 0$ 和 $f_A = 0$ 的情况下,请推导出式(13.8)。

[13-12]推导式(13.9)。假设边界宽度 δ 对实验上所观察到 I_D/I_G 的 E_{laser}^4 依赖关系有贡献。δ 应该随着 E_{laser} 如何变化才能得到该关系?在这种情况下,对于点缺陷诱导的 D 带,I_D/I_G 与 E_{laser} 将会有什么样的依赖关系?

[13-13]证明 $(560/E_{laser}^4) = 2.4 \times 10^{-10}\lambda^4$,如式(13.11)所示。

[13-14]解释为什么式(13.12)将导致扶手椅型边界 D 带具有可观察的偏振依赖性,并证明当入射和散射光都与边界方向成 θ 角时,D 带强度具有如下的角度依赖关系:$I_D \propto \cos\theta^4$。

[13-15]计算一个具有扶手椅型边界且宽度为 L_a 的纳米带的谷间矩阵元 $\boldsymbol{M}_{k'k}$。这里假设一个电子被扶手椅型边界散射。证明此假设使的D/G 强度比对宽度的依赖性满足如下关系:$I_D/I_G \propto L_a^{-2}$。此关系至今在实验上仍未观察到,还需要更多实验和理论方面的努力。

[13-16]在受主掺杂(p 型掺杂)情况下,G′带将向高频方向移动,而在施主掺杂(n 型掺杂)情况下则向低频方向移动。定性地解释掺杂将诱导电子和/或声子色散关系发生什么变化而产生这种移动。

第14章

sp^2 纳米碳拉曼光谱的总结

本章主要为各种sp^2纳米碳的拉曼特征行为提供一个简单的总结,主要聚焦于那些可以用于样品表征的性质。本书详细地讨论了拉曼光谱每个特征峰背后的物理性质,本章介绍了主要的结果,最后就sp^2纳米碳拉曼光谱的未来做一个简短的展望,作为结尾。

14.1 拉曼模指认、电子和声子色散

sp^2纳米碳的拉曼光谱是十分丰富多彩的,包括了一阶和更高阶的拉曼模,以及无序诱导的特征峰等。所有的拉曼特征峰都与石墨烯中位于 Γ 点、布里渊区内部以及靠近布里渊区边界的声子相关。其中,与内部点相关的声子模要么被高阶(和频模或者倍频模)过程激活,要么被缺陷诱导过程激活。布里渊区中心的声子模可以是色散的,因此,利用双共振(DR)模型(图12.11和图13.5)可以探测sp^2纳米碳的电子和声子色散。拉曼光谱采用DR模型来获得声子色散关系,相对于采用中子或者电子非弹性散射来说,优点是拉曼测试声子性质的简单性和高精确性,缺点是DR拉曼散射机制只能选择电子和声子的波矢模量$|\boldsymbol{k}|$和$|\boldsymbol{q}|$。因此,拉曼特征峰其实是由高对称性点 Γ 或 K 点附近声子的平均结果组成的。另外,这种响应同时依赖于电子和声子色散,所以需要使这两种色散去耦合的理论。表14.1总结了拉曼光谱中这些特征峰的指认。大部分标记都已经在本书介绍,脚注解释了该表所特有的标记。拉曼特征峰相关的数值通常会随sp^2结构(单层和多层石墨烯、石墨烯纳米带、不同直径和螺旋角的碳纳米管等)以及不同外界条件(温度、压力和环境等)的改变而显示出微小差别。因此,该表给出的是这些数值的平均结果。大多数高强度拉曼特征峰的特点总结分别见G带(14.2节);RBM(14.3节);G′带(14.4节);以及D带(14.5节)。

14.2 G 带

G 带背后的科学问题已在第 7 章和第 8 章讨论过。下面将 G 带基本性质的总结如下。

G1 G 带是sp^2碳的拉曼特征峰，所有sp^2碳中都可在 1585cm^{-1}附近观察到这么一个(或者多个)拉曼峰(图 1.5)。

G2 石墨烯在受到静水压时，ω_G 频率移动(见 7.11 节)。

G3 单轴拉伸石墨烯：G 峰会劈裂为 G^- 和 G^+，分别对应于沿着和垂直于拉伸方向的原子运动。随着拉伸程度加大，ω_G^+ 和 ω_G^- 都会发生红移(见 7.1 节)。

G4 掺杂石墨烯：轻掺杂情况(轻微地改变了 K 点附近的费米能级)，ω_G 蓝移(单层石墨烯情况参见 8.3.1 节，双层石墨烯情况见 8.3.2 节)；重掺杂水平，p(n)掺杂将导致蓝(红)移。

表 14.1　sp^2碳材料拉曼模的指认和频率行为

声子模①	ω/cm^{-1}②	Res.③	$\partial\omega/\partial E$④	备注⑤
iTA	288	DRd1	129	intraV($\boldsymbol{q}\sim2\boldsymbol{k}$, Γ 附近)
LA	453	DRd1	216	intraV($\boldsymbol{q}\sim2\boldsymbol{k}$, Γ 附近)
RBM⑥	$227/d_t$	SR	0	SWNT 半径振动 ·
IFM^-(oTO−LA)	750	DR2	−220	intraV+intraV($\boldsymbol{q}\sim2\boldsymbol{k}$, Γ 附近)
oTO	860	DRd1	0	intraV($\boldsymbol{q}\sim0$, Γ 附近)，IR 活性
IFM^+(oTO+LA)	960	DR2	180	intraV+intraV($\boldsymbol{q}\sim2\boldsymbol{k}$, Γ 附近)
D(iTO)	1350	DRd1	53	interV($\boldsymbol{q}\sim2\boldsymbol{k}$, K 附近)
G (iTO,LO)⑦	1585	SR	0	$\boldsymbol{q}=0$，也就是，在 Γ 点
D′(LO)	1620	DRd1	10	intraV($\boldsymbol{q}\sim2\boldsymbol{k}$, Γ 附近)
M^-(2oTO)	1732	DR2	−26	intraV+intraV($\boldsymbol{q}\sim2\boldsymbol{k}$, Γ 附近)
M^+(2oTO)	1755	DR2	0	intraV+intraV($\boldsymbol{q}\sim0$, Γ 附近)
iTOLA(iTO+LA)	1950	DR2	230	intraV+intraV($\boldsymbol{q}\sim2\boldsymbol{k}$, Γ 附近)
G^*(LA+iTO)	2450	DR2	−10	interV+interV($\boldsymbol{q}\sim2\boldsymbol{k}$, K 附近)⑧
G′(2iTO)[i]	2700	DR2	100	interV+interV($\boldsymbol{q}\sim2\boldsymbol{k}$, K 附近)
G+D	2935	DRd2	50	intraV+inter V⑩
D′+D	2970	DRd2	60	intraV+inter V⑩
2G	3170	SR	0	G 模的倍频模
G+D′	3205	DRd2	10	intraV+intraV
G″(2LO)⑨	3240	DR2	20	intraV+intraV($\boldsymbol{q}\sim2\boldsymbol{k}$, Γ 附近)

（续）

①一般用各石墨烯声子支标记这些拉曼峰。当文献中出现其他记号时，声子支将显示于后面的括号里； ②表中所采用的频率对应于 E_{laser} = 2.41eV 的激光所测的结果； ③共振的标记：SR：单共振，拉曼允许的；DR2：双共振，两个声子且拉曼允许的；DRd1：双共振，由缺陷和一个声子所激活的；DRd2：双共振，由缺陷和两个声子所激活的； ④声子色散通常指的是当激发光能量改变 1eV 时，声子频率在 cm^{-1} 单位下的改变值； ⑤符号 intraV：谷内散射；interV：谷间散射； ⑥径向呼吸模（RBM）只在碳纳米管中出现，是碳纳米管所特有的； ⑦iTO 和 LO 声子在石墨烯的 Γ 点是简并的。对纳米带和单壁碳纳米管来说，G 带会因对称性而劈裂为几个峰，情况在金属性和半导体性纳米管中有所区别。G 带频率强烈地依赖于掺杂和应变； ⑧G^* 的另一个指认为 2iTO（$\boldsymbol{q}\approx 0$，在 K 点附近），$\partial\omega/\partial E\sim 0$； ⑨通常也分别称 G′和 G″为 2D 和 2D′。严格来说，倍频模的指认不完全准确，因为在 D（D′）模的单声子发射光谱中所出现的弹性散射过程有两个，其中的一个在 G′（G″）模的双声子发射拉曼光谱中并不存在（见 12.2.1 节）。这里仅在出现缺陷诱导的特征峰时用字母 D 表示； ⑩该和频模包含了谷内（intraV）和谷间（interV）散射过程，因此弹性散射过程对一些和频模也同样存在

G5 温度：一般来说，随温度升高，ω_G 红移。会伴随着不同效应，如电子-声子重整化所导致的相关变化，声子-声子耦合以及由于热膨胀所导致的体积变化所引起的 ω_G 移动（见 8.2.1 节）。

G6 偏振：当选择光在石墨烯平面（垂直于石墨烯平面传播）内偏振时，旋转偏振方向对于无应变或者各向同性应变的石墨烯不会改变 G 带强度。如果石墨烯受到非各向同性的应变时，G^+ 和 G^- 峰的强度比 I_{G^+}/I_{G^-} 将给出应变方向（见文献[198,230,231]）。

G7 线宽：一般在 10～15cm^{-1}范围内，即使线宽会随应变、温度和掺杂而变化（见 8.3.1 节）。

G8 弯曲石墨烯薄片：G 带将劈裂为 ω_G^+ 和 ω_G^-，它们的原子振动分别沿着和垂直于折叠轴（见 7.2 节）。

G9 将石墨烯薄片卷曲成无缝的管（单壁碳纳米管）：①卷曲将使 G 带劈裂为 ω_G^+ 和 ω_G^-（见 4.12 节），对半导体性 SWNT，它们分别沿着（LO）和垂直（TO）于管/折叠轴（见 7.2.1 节）。对于金属性管，电子-声子耦合将软化 LO 模，因此 ω_G^+ 和 ω_G^- 实际上分别对应于 TO 和 LO 模。对于手性管的情况，ω_G^+/ω_G^- 与 I_{LO}/I_{TO} 严格成正比。②量子限制效应导致了 6 个拉曼活性 G 带拉曼峰的形成，6 个拉曼峰表现为类 LO（3 个）或类 TO（3 个）振动，其中两个为全对称 A_1 模，两个为 E_1 模，两个为 E_2 对称模（见 7.2.1 节）。由于退偏效应和特殊的共振条件，A_1 模通常在 G 带光谱中占主导地位。

G10 减小 SWNT 直径：增加卷曲效应，ω_G^- 发生更大频移。ω_G^- 频率移动可以用来测量 SWNT 的直径(见 7.2.2 节和式(7.15))。

G11 改变手性角:类 LO 模和类 TO 模之间的强度比值改变[274]。

G12 对 SWNT 束施加静水压将使 ω_G 移动[236,243]。

G13 对离散 SWNT 施加应变:静水压和单轴形变、扭转和弯曲等,改变 G^+ 和 G^-,依赖于 (n,m) (见 7.4 节)。

G14 掺杂 SWNT:改变 ω_G,主要作用于金属性 SWNT。掺杂具有丰富的 (n,m) 依赖性,掺杂通常会导致 G^-峰变窄和向高频移动(见 8.4 节),但对金属性 SWNT 来说,主要效应体现在 G^-峰展宽且向低频方向移动。

G15 温度改变:这方面 SWNT 和石墨烯具有类似效应。随着温度 T 的增加,SWNT 的 G 带拉曼峰出现展宽且向低频移动[242](见 8.2.1 节)。

G16 SWNT 的偏振分析:可以用来指认 G 带拉曼模的对称性(见 7.3.1 节和 7.3.2 节)。

14.3 径向呼吸模

RBM 背后的物理本质已经在第 9~11 章有所讨论。下面介绍 RBM 的一般性质。

RBM1　RBM 是判断纳米管存在的拉曼指纹特征,出现在 50~760cm^{-1}范围内的单个(或者多个)特征峰①(图 1.5)。

RBM2 ω_{RBM} 对直径 d_t 的依赖性,即

$$\omega_{\text{RBM}} = \frac{227}{d_t}\sqrt{1 + C_e d_t^2} \tag{14.1}$$

式中:C_e 表示可探测环境效应对 ω_{RBM} 的影响(nm^{-2})。表 9.1 给出了文献中对不同样品 RBM 结果进行拟合所得到的 C_e 值(9.1 节)

RBM3 ω_{RBM} 对手性角 θ 的依赖性:已预测该模会依赖于 SWNT 的直径和 E_{laser},但 ω_{RBM} 对 θ 依赖性比较弱,即使对于直径 $d_t < 1\text{nm}$ 的 SWNT,其 ω_{RBM} 的依赖性只能达到几个波数(见 9.1.5 节)。

RBM4 E_{laser} 依赖性:对于给定的 SWNT,RBM 峰强 $I(E_{\text{laser}})$ 是 E_{laser} 的函数,可以根据式(9.9)来评估。当入射光(E_{laser})或者散射光($E_{\text{laser}} \pm \hbar\omega_{\text{RBM}}$)的能量与 SWNT 光学跃迁能量 E_{ii} 共振时,RBM 将得到极大增强。

RBM5 光学跃迁能量 E_{ii}:可以通过经验式(9.10)计算获得 E_{ii},其中各个拟合参数已在 9.3.2 节具体讨论。其理论描述依赖于纳米管结构、激子效应和介电屏蔽的精确分析,已在第 10 章详细讨论。

---

① RBM 的最高频率(760cm^{-1})对应于(2,2)纳米管[420]。

RBM6 强度对 (n,m) 的依赖性：电子-光子和电子-声子矩阵元，以及共振展宽因子 γ_r 都严重依赖于 (n,m) 。此依赖性已经得到实验证实（见 11.2 节）和理论阐述（见第 11 章）。

RBM7 偏振特性：RBM 是全对称模。偏振依赖性由天线效应决定，当入射光和散射光都沿着管轴方向时，可以观察到强拉曼信号（见 9.2.3 节）。

RBM8 管-管相互作用：在双壁碳纳米管中，如果具有相同 (n,m) 内管的外部环绕着不同 (n',m') 纳米管，则可表现出不同的 ω_{RBM}。

RBM9 线宽：一般在 $3\mathrm{cm}^{-1}$范围之内。由于环境效应（见 9.1.4 节），其线宽可达到较大的数值（甚至增大一个数量级）。当测量 DWNT 内管的 RBM 或者在低温下测量 RBM 时[292-294]，其线宽可达到更小的数值（同样可能减小一个数量级）。

RBM10 由于 RBM 频率相对较低，ω_{RBM} 随温度、掺杂、应变和其他此类效应的变化并没有 G 带明显。但是，当在许多 SWNT 中考虑外界因素对单个 (n,m) 纳米管的影响时，RBM 将变得尤为重要，这是因为每个特定 (n,m) 纳米管的 RBM 都是唯一的（ ω_{RBM} 严重依赖于管径），而 G 带对于大多数 SWNT 都出现在相同的频率范围内（ d_{t} 依赖性很弱）。

RBM11 改变 E_{ii} ：如上所述，温度、应变或者环境介电常数的改变并不会显著改变 ω_{RBM} 。但是，这些因素将改变 E_{ii} ，而共振条件的变化将会改变 RBM 的强度。因此，RBM 可以用来灵敏地探测共振效应（见第 9 章），并有助于理解激子效应在理论描述所观察的拉曼光谱时的重要性（见第 10 章）。随着温度的升高，E_{ii} 减小，E_{ii} 随温度的变化也依赖于 (n,m) 。增大压力也可改变 E_{ii} ，E_{ii} 随压力的变化同样也依赖于 (n,m) 。这里 E_{ii} 的改变可以是正的也可以是负的，依赖于 i 和 $\mathrm{mod}(2n+m,3)$ 的类型。增加 SWNT 缠绕剂的介电常数会降低 E_{ii}（见 10.5.2 节）。

RBM12 斯托克斯和反斯托克斯 RBM 强度：RBM 特征峰的 S/aS 强度比对 E_{laser} 与 E_{ii} 之间的能量间隔非常敏感（见 9.2.2 节）。

14.4 G′带

G′带的物理性质已经在第 12 章有所讨论。下面列出 G′带的一般性质。

G′1 G′带：也是一个sp^2的拉曼指纹特征，作为在 $2500\sim2800\mathrm{cm}^{-1}$范围内的单个（或者多个）特征峰，可在所有$\mathrm{sp}^2$碳中观察到。

G′2 G′频率：当 $E_{\mathrm{laser}}=2.41\mathrm{eV}$ 时，$\omega_{\mathrm{G'}}$ 位于约 $2700\mathrm{cm}^{-1}$，但其频率会随着 E_{laser} 改变而改变（见 12.2.2 节）。对于单层石墨烯来说，G′带的色散率为 $\partial\omega_{\mathrm{G'}}/\partial E_{\mathrm{laser}}\cong 90\mathrm{cm}^{-1}/\mathrm{eV}$ 。该色散率随着sp^2纳米碳结构的改变而稍有改变

(见 12.2.2 节)。$\omega_{G'}$ 对sp^2具体结构的敏感性使得它成为鉴别石墨烯层的数量、少层石墨烯和石墨堆垛结构的有力工具,也可通过 $\omega_{G'}$ 和 G′带强度对直径和手性角的依赖性来表征 SWNT。

G′3 石墨烯层的数量:单层石墨烯的 G′带表现为单个的洛伦兹峰,且其强度比相应 G 带强度更大(2~4 倍)。相反,AB 伯纳尔堆垛 2-LG 的 G′带由 4 个洛伦兹峰组成,且 G′带强度相比于 G 带强度大大减弱(相同幅度或者更小)。对于 AB 堆垛的 3-LG,G′带可能有 15 个散射过程,但这 15 个峰在频率上非常靠近而很难完全把它们彼此分开。通常,3-LG 的 G′带可以用 6 个峰来拟合(见 12.2.3 节)。定向热解石墨(HOPG)显示为两个峰。而乱层石墨则只有单个的 G′峰,因此基于 G′带特征结构来指认石墨烯层的数量时需要非常小心。乱层石墨的单个 G′峰较单层石墨烯的 G′峰稍有蓝移($8cm^{-1}$)(见 12.2.4 节)。

G′4 堆垛方式:由于 HOPG(考虑三维结构)表现为双峰的 G′带特征,而乱层石墨(非 AB 堆垛,可以考虑为二维结构)表现为单个洛伦兹峰。因此,G′带的单峰和双峰特征可以用来鉴定实际石墨样品中存在的某种堆垛方式的数量(见 12.2.4 节)。

G′5 探测电子和声子色散:式(12.8)给出了双共振过程所选择的电子和声子波矢。通过改变 E_{laser},可以探测布里渊区内部的不同电子和声子。根据 G′带光谱特征可以探测 K 点附近的 iTO 声子,在此处具有最强的电子-声子耦合(见 12.2 节)。

G′6 掺杂:G′带特征峰可以用来指认石墨烯和 SWNT 的 p 型和 n 型掺杂。p(n)掺杂可导致 $\omega_{G'}$ 蓝移(红移)。移动大小取决于掺杂原子的类型,而掺杂和本征非掺杂情况之间 G′带的相对强度可以用于获得掺杂剂的浓度(见 13.6 节)。

G′7 SWNT 和 (n,m) 依赖性:碳纳米管显示出一个非常特别的 G′带特征,峰的数目及频率取决于 (n,m),这主要源自于卷曲诱导的应变以及电子和振动结构的量子限制效应。共振条件限制于 $E_{laser} \approx E_{ii}$ 和 $E_{laser} \approx E_{ii} + E_{G'}$,这一事实导致 $\omega_{G'}$ 依赖于 SWNT 的直径和螺旋角(见 12.4.2 节)。

14.5 D 带

D 带背后的物理机制已在第 13 章中讨论,下面列出了 D 带相关的一些性质。

D1 D 带:sp^2 碳中与缺陷直接相关的最主要拉曼信号。出现在 1250~1400cm^{-1}范围内的一个峰(图 1.5)。

D2 D 带频率:当 $E_{laser} = 2.41eV$ 时,ω_D 大约位于 $1350cm^{-1}$,但其频率会随

着 E_{laser} 的改变而改变(见 13.2 节)。单层石墨烯 ω_D 的色散为 $\partial\omega_D/\partial E_{laser} \approx 50cm^{-1}/eV$ 。随着sp^2纳米碳结构的改变,此色散会有些许变化(见第 13 章)。对于 SWNT 来说,频率 ω_D 依赖于纳米管直径,可参考式(13.13)。

D3 D 带强度:可以用来量化缺陷数量。纳米晶尺寸和Ar^+轰击剂量的相关效应已经用来表征 SWNT 和石墨烯的缺陷。已经建立起一个定量的唯象模型,以描述 D 带强度随缺陷数量的演化关系(见 13.3 节)。

D4 D 带线宽:和缺陷程度相关,D 带线宽可以从 $7cm^{-1}$(离散 SWNT 的观察值[242])变化到几百个波数(对于具有严重缺陷的碳材料,见图 13.6)。

D5 石墨烯边界类型:D 带散射在锯齿型边界是禁戒的。该性质可以用来分析边界结构并区分锯齿型和扶手椅型边界(见 13.4 节)。

D6 I_D/I_G 强度比:因为拉曼光谱的绝对强度测量是一项艰巨的工作,归一化强度比 I_D/I_G 被广泛地用来表征缺陷的数量。该比值不仅决定于缺陷数量,而且决定于激发激光能量,这是因为 $I_G \propto E_{laser}^4$,而对于石墨/石墨烯纳米晶, I_D 与 E_{laser} 无关(当在 1.9~2.7eV 范围内测量时,见 13.3.3 节和 13.3.4 节)。离子轰击石墨烯的 I_D/I_G 与 E_{laser} 的依赖关系还尚未建立。

D7 拉曼散射的相干长度:由于 D 带是由缺陷激发的,它只能在缺陷附近的相干长度 l 内才可能观测到。在文献[194]中,利用 $E_{laser} = 2.41eV$ 激发被离子轰击的石墨烯样品,所获得的相干长度为 $l = 2nm$ (见 13.3.2 节)。

14.6 展　望

在近一个世纪中,拉曼光谱已被用来研究sp^2材料的科学问题,揭示了有关它们电子和振动性质越来越多的基础问题。这一与时俱进的研究主要得益于实验技术、理论计算以及纳米科学的持续发展。对于未来的展望,在实验方面,近场光学使拉曼光谱的空间分辨率可低于衍射极限[191],拉曼光谱曾经的限制因素将不复存在。时间分辨的拉曼和相干声子光谱将为振动光谱提供新的前沿领域[43]。在理论方面,sp^2碳材料的简单性(在六边形结构中只有一种原子)使得紧束缚以及第一性原理计算有了新的发展,对电子和振动能级的描述达到了空前的精度。新的理论视角,如电子-电子关联、激子效应和电子-声子相互作用等已经被成功地应用于sp^2纳米碳,现在也可以应用到其他系统。在碳的研究领域中,从分子到晶体行为的转变,从缺陷的低标准到高标准的转变也可能需要细致的实验探究。来自单层原子或单根卷曲管拉曼信号的测量以及施加可控微扰(应变和掺杂等)到这些纳米材料的能力,都将在描述sp^2碳的物理方面继续保持史无前例的水平。这些认知也将带来更多的基础问题。从本书所讨论的研究获得的经验表明,拉曼光谱为寻找和解决这些必要的新物理提供了有力工具。

参考文献

[1] Bassani, F. and Pastori-Parravicini, G. (1975) *Electronic States and Optical Transitions in Solids*, Pergamon Press, Oxford.

[2] Kelly, B. T. (1981) in *Physics of Graphite*, Applied Science, London.

[3] Zhao, Y., Ando, Y., Liu, Y., Jisino, M., and Suzuki, T. (2003) *Phys. Rev. Lett.*, **90**, 187401.

[4] Fantini, C., Cruz, E., Jorio, A., Terrones, M., Terrones, H., Van Lier, G., Charlier, J.-C., Dresselhaus, M. S., Saito, R., Kim, Y. A., Hayashi, T., Muramatsu, H., Endo, M., and Pimenta, M. A. (2006) *Phys. Rev. B*, **73**, 193408.

[5] Charlier, J.-C., Eklund, P. C., Zhu, J., and Ferrari, A. C. (2008) Electron and phonon properties of graphene: their relationship with carbon nanotubes, in *Springer Series on Topics in Appl. Phys.*, vol. 111 (eds A. Jorio, M. S. Dresselhaus, and G. Dresselhaus), Springer-Verlag, Berlin, pp. 673-708.

[6] Dresselhaus, M. S., Dresselhaus, G., and Eklund, P. C. (1996) *Science of Fullerenes and Carbon Nanotubes*, Academic Press, New York, NY, San Diego, CA.

[7] Castro Neto, A. H., Guinea, F., Peres, N. M. R., Novoselov, K. S., and Geim, A. K. (2009) The Electronic Properties of Graphene. *Rev. Mod. Phys.*, **81**, 109-162.

[8] Castro Neto, A. H. and Guinea, F. (2007) *Phys. Rev. B*, **75**, 045404.

[9] Heremans, J., Olk, C. H., Eesley, G. L., Steinbeck, J., and Dresselhaus, G. (1988) *Phys. Rev. Lett.*, **60**, 452.

[10] Moore, A. W. (1973) in *Chemistry and Physics of Carbon* (eds P. L. Walker, Jr. and P. A. Thrower), Marcel Dekker, Inc., New York, **11**, 69.

[11] Moore, A. W. (1969) *Nature*, **221**, 1133.

[12] Moore, A. W. (1981) in *Chemistry and Physics of Carbon*, vol. 17 (eds P. L. Walker, Jr. and P. A. Thrower), Marcel Dekker, Inc., New York, p. 233.

[13] Moore, A. W., Ubbelohde, A. R., and Young, D. A. (1962) *Brit. J. Appl. Phys.*, **13**, 393.

[14] Ubbelohde, A. R. (1969) *Carbon*, **7**, 523.

[15] Spain, I. L., Ubbelohde, A. R., and Young, D. A. (1967) *Phil. Trans. Roy. Soc. (London) A*, **262**, 345.

[16] Dresselhaus, M. S., Dresselhaus, G., Sugihara, K., Spain, I. L., and Goldberg, H. A. (1988) Graphite Fibers and Filaments, in *Springer Series in Materials Science*, vol. 5, Springer-Verlag, Berlin.

[17] Bacon, R. (1960) *J. Appl. Phys.*, **31**, 283-290.

[18] Endo, M., Koyama, T., and Hishiyama, Y. (1976) *Japan. J. Appl. Phys.*, **15**, 2073-2076.

[19] Endo, M., Strano, M. S., and Ajayan, P. M. (2008) Potential applications of carbon nanotubes, in *Springer Series on Topics in Appl. Phys.*, vol. 111 (eds A. Jorio, M. S. Dresselhaus, and G. Dresselhaus), Springer-Verlag, Berlin, pp. 13-61.

[20] Jorio, A., Dresselhaus, M. S., and Dresselhaus, G. (2008) Carbon nanotubes: Advanced topics in the synthesis, structure, properties and applications, in *Springer Series on Topics in Appl. Phys.*, vol. 111, Springer-Verlag, Berlin.

[21] Kroto, H. W., Heath, J. R., O'Brien, S. C., Curl, R. F., and Smalley, R. E. (1985) *Nature (London)*, **318**, 162-163.

[22] Monthioux, M. and Kuznetsov, V. L. (2006) *Carbon*, **44**, 1621-1623, Guest Editorial.

[23] Radushkevich, L. V. and Luk'Yanovich, V. M. (1952) *Zh. Fiz. Khim.*, **26**, 88.

[24] Oberlin, A., Endo, M., and Koyama, T. (1976) *J. Crystal Growth*, **32**, 335-349.

[25] Iijima, S. and Ichihashi, T. (1993) *Nature (London)*, **363**, 603.

[26] Bethune, D. S., Kiang, C. H., de Vries, M. S., Gorman, G., Savoy, R., Vazquez, J., and Beyers, R. (1993) *Nature (London)*, **363**, 605.

[27] Iijima, S. (1991) *Nature (London)*, **354**, 56-58.

[28] Oberlin, A., Endo, M., and Koyama, T. (1976) *Carbon*, **14**, 133.

[29] Oberlin, A., Endo, M., and Koyama, T. (1976) *J. Crystal Growth*, **32**, 335-349.

[30] Oberlin, A. (1984) *Carbon*, **22**, 521.

[31] Saito, R., Dresselhaus, G., and Dresselhaus, M. S. (1998) *Physical Properties of Carbon Nanotubes*, Imperial College Press, London.

[32] Reich, S., Thomsen, C., and Maultzsch, J. (2004) *Carbon Nanotubes: Physical Concepts and Physical Properties*, Wiley-VCH Verlag GmbH, Weinheim.

[33] Joselevich, E., Dai, H., Liu, J., Hata, K., and Windle, A. H. (2008) Carbon nanotube synthesis and organization, in *Springer Series on Topics in Appl. Phys.*, vol. 111 (eds A. Jorio, M. S. Dresselhaus, and G. Dresselhaus), Springer-Verlag, Berlin, pp. 101-163.

[34] Terrones, M., Souza Filho, A. G., and Rao, A. M. (2008) Doped carbon nanotubes: Synthesis, characterization and applications, in *Springer Series on Topics in Appl. Phys.*, vol. 111 (eds A. Jorio, M. S. Dresselhaus, and G. Dresselhaus), Springer-Verlag, Berlin, pp. 531-566.

[35] Yamamoto, T., Watanabe, K., and Hernandez, E. R. (2008) Mechanical properties, thermal stability and heat transport in carbon nanotubes, in *Springer Series on Topics in Appl. Phys.*, vol. 111 (eds A. Jorio, M. S. Dresselhaus, and G. Dresselhaus), Springer-Verlag, Berlin, pp. 165-194.

[36] Yakobson, B. I. (1998) *Appl. Phys. Lett.*, **72**, 918.

[37] Spataru, C. D., Ismail-Beigi, S., Capaz, R. B., and Louie, S. (2008) Quasiparticle and excitonic effects: Topics in the synthesis, structure, properties and applications, in *Springer Series on Topics in Appl. Phys.*, vol. 111 (eds A. Jorio, M. S. Dresselhaus, and G. Dresselhaus), Springer-Verlag, Berlin, pp. 195-228.

[38] Ando, T. (2008) Role of the Aharonov-Bohm phase in the optical properties of carbon nanotube, in *Springer Series on Topics in Appl. Phys.*, vol. 111 (eds A. Jorio, M. S. Dresselhaus, and G. Dresselhaus), Springer-Verlag, Berlin, pp. 229-249.

[39] Saito, R., Fantini, C., and Jiang, J. (2008) Excitonic states and resonance Raman Spectroscopy on single-wall carbon nanotube, in *Springer Series on Topics in Appl. Phys.*, vol. 111 (eds A. Jorio, M. S. Dresselhaus, and G. Dresselhaus), Springer-Verlag, Berlin, pp. 251-285.

[40] Lefebvre, J., Maruyama, S., and Finnie, P. (2008) Photoluminescence: Science and applications: Topics in the synthesis, structure, properties and applications, in *Springer Series on Topics in Appl. Phys.*, vol. 111 (eds A. Jorio, M. S. Dresselhaus, and G. Dresselhaus), Springer-Verlag, Berlin, pp. 287-320.

[41] Ma, Y.-Z., Hertel, T., Vardeny, Z. V., Fleming, G. R., and Valkunas, L. (2008) Ultrafast spectroscopy of carbon nanotubes: Science and applications: Topics in the synthesis, structure, properties and applications, in *Springer Series on Topics in Appl. Phys.*, vol. 111 (eds A. Jorio, M. S. Dresselhaus, and G. Dresselhaus), Springer-Verlag, Berlin, pp. 321-352.

[42] Heinz, T. F. (2008) Rayleigh scattering spectroscopy, in *Springer Series on Topics in Appl. Phys.*, vol. 111 (eds A. Jorio, M. S. Dresselhaus, and G. Dresselhaus), Springer-Verlag, Berlin, pp. 353-368.

[43] Hartschuh, A. (2008) New techniques for carbon-nanotube study and characterization, in *Springer Series on Topics in Appl. Phys.*, vol. 111 (eds A. Jorio, M. S. Dresselhaus, and G. Dresselhaus), Springer-Verlag, Berlin, pp. 371-392.

[44] Kono, J., Nicholas, R. J., and Roche, S. (2008) High magnetic field phenomena in carbon nanotubes, in *Springer Series on Topics in Appl. Phys.*, vol. 111 (eds A. Jorio, M. S. Dresselhaus, and G. Dresselhaus), Springer-Verlag, Berlin, pp. 393-421.

[45] Avouris, P., Freitag, M., and Perebeinos, V. (2008) Carbon nanotube optoelectronics: Advanced topics in the synthesis, structure, properties and applications, in *Springer Series on Topics in Appl. Phys.*, vol. 111 (eds A. Jorio, M. S. Dresselhaus, and G. Dresselhaus), Springer-Verlag, Berlin, pp. 423-454.

[46] Wu, J., Walukiewicz, W., Shan, W., Bourret-Courchesne, E., Ager, J. W., Yu, K. M., Haller, E. E., Kissell, K., Bachilo, S. M., Weisman, R. B., and Smalley, R. E. (2004) *Phys. Rev. Lett.*, **93**(1), 017404.

[47] Biercut, M. J., Ilani, S., Marcus, C. M., and McEuen, P. L. (2008) Electrical transport in single wall carbon nanotubes, in *Springer Series on Topics in Appl. Phys.*, vol. 111 (eds A. Jorio, M. S. Dresselhaus, and G. Dresselhaus), Springer-Verlag, Berlin, pp. 455-492.

[48] Kavan, L. and Dunsch, L. (2008) Electrochemistru of carbon nanotubes: Advanced topics in the synthesis, structure, properties and applications, in *Springer Series on Topics in Appl. Phys.*, vol. 111, (eds A. Jorio, M. S. Dresselhaus, and G. Dresselhaus), Springer-Verlag, Berlin, pp. 567-604.

[49] Kalbac, M. ,Farhat, H. ,Kavan, L. ,Kong, J. ,and Dresselhaus,M. S. (2008) *Nanoletters*,**8**, 2532–2537.

[50] Affoune, A. M. , Prasad, B. L. V. , Sato, H. , Enok, T. , Kaburagi, Y. , and Hishiyama, Y. (2001) Experimental evidence of a single nano-graphene. *Chem. Phys. Lett.* , **348**(1-2), 17–20.

[51] Novoselov, K. S. , Geim, A. K. , Morozov, S. V. , Jiang, D. , Katsnelson, M. I. , Grigorieva, I. V. ,Dubonos,S. V. ,and Firsov,A. A. (2004) *Science*,**306**,666–669.

[52] Geim, A. K. and Novoselov, K. S. (2007) *Nat. Mater.* , **6**,183–191.

[53] Wallace, P. R. (1947) *Phys. Rev.* , **71**, 622.

[54] Lee, C. , Wei, X. , Kysar, J. W. , and Hone, J. (2008) *Science*, **321**(5887), 385.

[55] Bolotin, K. I. , Sikes, K. J. , Jiang, Z. , Klima, M. , Fudenberg, G. , Hone, J. , Kim, P. , and Stormer, H. L. (2008) *Solid State Commun.* , **146**, 351–355.

[56] Morozov, S. V. , Novoselov, K. S. , Katsnelson, M. I. , Schedin, F. , Elias, D. C. , Jaszczak, J. A. , and Geim, A. K. (2008) *Phys. Rev. Lett.* , **100**, 016602.

[57] Novoselov, K. S. , Geim, A. K. , Morozov, S. V. , Jiang, D. , Katsnelson, M. I. , Grigorieva, I. V. , Dubonus, S. V. , and Firsov, A. A. (2005) *Nature*, **438**, 197–200.

[58] Beenakker, C. W. J. (2008) *Rev. Mod. Phys.* , **80**, 1337–1354.

[59] Katsnelson, M. I. , Novoselov, K. S. , and Geim, A. K. (2006) *Nat. Phys.* , **2**, 620–625.

[60] Cheianov, V. V. and Falko, V. I. (2006) *Phys. Rev. B*, **74**, 041403(R).

[61] Pereira, J. M. Jr. , Mlinar, V. , Peeters, F. M. , and Vasilopoulos, P. (2006) *Phys. Rev. B*, **74**, 045424.

[62] Cheianov, V. V. , Falko, V. I. , and Altshuler, B. L. (2007) *Science*, **315**, 1252–1255.

[63] Beenakker, C. W. J. (2006) *Phys. Rev. Lett.* , **97**, 067007.

[64] Miao, F. , Wijeratne, S. , Zhang, Y. , Coskun, U. C. , Bao, W. , and Lau, C. N. (2007) *Science*, **317**, 1530–1533.

[65] Ossipov, A. , Titov, M. , and Beenakker, C. W. J. (2007) *Phys. Rev. B*, **75**, 241401 (R).

[66] Beenakker, C. , Akhmerov, A. , Recher, P. , and Tworzydo, J. (2007) *Phys. Rev. B*, **77**, 075409.

[67] Pederson, T. G. , Flindt, C. , Pedersen, J. , Mortensen, N. A. , Jauho, A. -P. , and Pedersen, K. (2008) *Phys. Rev. Lett.* , **100**, 136804.

[68] Park, C. -H. , Yang, L. , Son, Y. -W. , Cohen, M. L. , and Louie, S. G. (2008) *Nat. Phys.* , **4**, 213–217.

[69] Elias, D. C. , Nair, R. R. , Mohiuddin, T. M. G. , Morozov, S. V. , Blake, P. , Halsall, M. P. , Ferrari, A. C. , Boukhvalov, D. W. , Katsnelson, M. A. K. , and Novoselov, K. S. (2009) *Science*, **323**(5914), 610–613.

[70] Geim, A. K. (2009) *Science*, **324**, 1530.

[71] Berger, C. , Song, Z. , Li, X. , Wu, X. , Brown, N. , Naud, C. , Mayou, D. , Li, T. , Hass, J. , Marchenkov, A. N. , Conrad Conrad, E. H. , First, W. A. , and de Heer, P. N.

(2006) *Science*, **312**, 1191-1196.

[72] Kumazaki, H. and Hirashima, D. S. (2009) *J. Phys. Soc. Jpn.*, **78**, 094701-094706.

[73] Li, X., Wang, X., Zhang, L., Lee, S., and Dai, H. (2008) *Science*, **319**, 1229.

[74] Yang, X., Dou, X., Rouhanipour, A., Zhi, L., Rader, H. J., and Mullen, K. (2008) *J. Am. Chem. Soc.*, **130**(13), 4216-4217.

[75] Kosynkin, D. V., Higginbotham, A. L., Sinitskii, A., Lomeda, J. R., Dimiev, A., Price, B. K., and Tour, J. M. (2009) *Nature*, **458**(7240), 872-876.

[76] Jiao, L., Zhang, L., Wang, X., Diankov, G., and Dai, H. (2009) *Nature*, **458** (7240), 877-880.

[77] Dresselhaus, M. S. and Spencer, W. (2007) NAS Publication National Research Council, Condensed-Matter and Materials Physics: The Science of the World Around Us, Washington, D. C., The National Academies Press, 2007.

[78] Krishnan, R. S., Chandrasekharan, V., and Rajagopal, E. S. (1958) *Nature*, **182**, 518-520.

[79] McSkimin, H. J. and Andreatch, J. P. (1972) *J. Appl. Phys.*, **43**, 2944-2948.

[80] Dresselhaus, M. S., Dresselhaus, G., Saito, R., and Jorio, A. (2005) *Phys. Rep.*, **409**, 47-99.

[81] Klett, J., Hardy, R., Romine, E., Walls, C., and Burchell, T. (2000) *Carbon*, **38**, 953.

[82] Barros, E. B., Demir, N. S., Souza Filho, A. G., Mendes Filho, J., Jorio, A., Dresselhaus, G., and Dresselhaus, M. S. (2005) *Phys. Rev. B*, **71**, 165422.

[83] Cançado, L. G., Pimenta, M. A., Neves, R. A., Medeiros-Ribeiro, G., Enoki, T., Kobayashi, Y., Takai, K., Fukui, K., Dresselhaus, M. S., Saito, R., and Jorio, A. (2004) *Phys. Rev. Lett.*, **93**, 047403.

[84] Malard, L. M., Pimenta, M. A., Dresselhaus, G., and Dresselhaus, M. S. (2009) *Phys. Rep.*, **473**, 51-87.

[85] Dresselhaus, M. S., Jorio, A., Hofmann, M., Dresselhaus, G., and Saito, R. (2010) *Nano Lett.*, **10**(3), 751-758.

[86] Ferrari, A. C., Meyer, J. C., Scardaci, V., Casiraghi, C., Lazzeri, M., Mauri, F., Piscanec, S., Jiang, D., Novoselov, K. S., Roth, S., and Geim, A. K. (2006) *Phys. Rev. Lett.*, **97**, 187401.

[87] Yudasaka, M., Iijima, S., and Crespi, V. H. (2008) Single-wall carbon nanohorns and nanocones: Advanced topics in the synthesis, structure, properties and applications, in *Springer Series on Topics in Appl. Phys.*, vol. 111 (eds M. S. Dresselhaus, G. Dresselhaus and A. Jorio), Springer-Verlag, Berlin.

[88] Ferrari, A. C. and Robertson, J. (2000) *Phys. Rev. B*, **61**, 14095.

[89] http://nobelprize.org/nobel_prizes/physics/laureates/1930/ramanlecture.html.

[90] Dresselhaus, M. S., Dresselhaus, G., Rao, A. M., Jorio, A., Souza Filho, A. G., Samsonidze, G. G., and Saito, R. (2003) *Ind. J. Phys.*, **77B**, 75-99.

[91] Martin, R. M. and Falicov, L. M. (1975) *Light-Scattering in Solids* (ed. M. Cardona),

Springer-Verlag, Berlin, p. 80.

[92] Eisberg, R. and Resnick, R. (1974) Quantum physics of atoms, molecules, solids, nuclei and particles, in *Multielectron Atoms*, chap. 9, John Wiley & Sons, Inc., New York, N. Y.

[93] Slater, J. (1951) *Phys. Rev.*, **81**, 385.

[94] Dresselhaus, M. S., Dresselhaus, G., and Jorio, A. (2008) *Group Theory: Application to the Physics of Condensed Matter*, Springer-Verlag, Berlin.

[95] Kittel, C. (1986) *Introduction to Solid State Physics*, 6th edn, John Wiley & Sons, New York.

[96] Painter, G. S. and Ellis, D. E. (1970) *Phys. Rev. B*, **1**, 4747.

[97] Slonczewski, J. C. and Weiss, P. R. (1958) *Phys. Rev.*, **109**, 272.

[98] Malard, L. M., Guimarães, M. H. D., Mafra, D. L., Mazzoni, M. S. C., and Jorio, (2009) *Phys. Rev. B*, **79**, 125426.

[99] McClure, J. W. (1957) *Phys. Rev.*, **108**, 612.

[100] Slonczewski, J. C. and Weiss, P. R. (1958) *Phys. Rev.*, **109**, 272.

[101] Koshino, M. and Ando, T. (2008) *Phys. Rev. B*, **77**, 115313.

[102] Nakada, K., Fujita, M., Dresselhaus, G., and Dresselhaus, M. S. (1996) *Phys. Rev. B*, **54**, 17954-17961.

[103] Jia, X., Hofmann, M., Meunier, V., Sumpter, B. G., Campos-Delgado, J., Romo-Herrera, J. M., Son, H., Hsieh, Y. -P., Reina, A., Kong, J., Terrones, M., and Dreselhaas. M. S. (2009) Science, **323**, 1701-1705.

[104] Son, Y. W., Cohen, M. L., and Louie, S. G. (2006) *Phys. Rev. Lett.*, **97** (21), 216803.

[105] Han, M. Y., Oezyilmaz, B., Zhang, Y., and Kim, P. (2007) *Phys. Rev. Lett.*, **98** (20), 206805.

[106] Pisani, L., Chan, J. A., Montanari, B., and Harrison, N. M. (2007) *Phys. Rev. B*, **75** (6), 64418.

[107] Wang, N., Tang, Z. K., Li, G. D., and Chen, J. S. (2000) *Nature*, **408**, 50.

[108] Cabria, I., Mintmire, J. W., and White, C. T. (2003) *Phys. Rev. B*, **67**, 121406(R).

[109] Zare, A. (2008) *Raman Spectroscopy of Single Wall Carbon Nanotubes of different lengths.* PhD thesis, Massachusetts Institute of Technology, Department of Electrical Engineering and Computer Science, Doctor of Philosophy.

[110] Samsonidze, G. G., Saito, R., Jorio, A., Pimenta, M. A., Souza Filho, A. G., Grüneis, A., Dresselhaus, G., and Dresselhaus, M. S. (2003) *J. Nanosci. Nanotechnol.*, **3**, 431-458.

[111] Jishi, R. A., Inomata, D., Nakao, K., Dresselhaus, M. S., and Dresselhaus, G. (1994) *J. Phys. Soc. Jpn.*, **63**, 2252-2260.

[112] Dresselhaus, M. S. and Eklund, P. C. (2000) *Adv. Phys.*, **49**, 705-814.

[113] Kataura, H., Kumazawa, Y., Kojima, N., Maniwa, Y., Umezu, I., Masubuchi, S., Kazama, S., Zhao, X., Ando, Y., Ohtsuka, Y., Suzuki, S., and Achiba, Y. (1999) Proc. of the Int. Winter School on Electronic Properties of Novel Materials (IWEPNM'

99), in AIP *Conference Proceedings*, vol. 486 (eds H. Kuzmany, M. Mehring, and J. Fink), American Institute of Physics, Woodbury, N. Y., pp. 328–332.

[114] Blase, X., Benedict, L. X., Shirley, E. L., and Louie, S. G. (1994) *Phys. Rev. Lett.*, **72**, 1878.

[115] Reich, S., Maultzsch, J., Thomsen, C., and Ordejón, P. (2002) *Phys. Rev. B*, **66**, 035412.

[116] Dubay, O. and Kresse, G. (2003) *Phys. Rev. B*, **67**, 035401.

[117] Samsonidze, G. G., Barros, E. B., Saito, R., Jiang, J., Dresselhaus, G., and Dresselhaus, M. S. (2007) *Phys. Rev. B*, **75**, 155420.

[118] Ashcroft, N. W. and Merman, N. D. (1976) *Solid State Physics*, Holt, Rinehart and Winston, New York, NY, p. 141.

[119] Ferraro, J. R., Nakamoto, K., and Brown, C. W. (2003) *Introductory Raman Spectroscopy*, Academic Press, San Diego.

[120] Cohen–Tannoudji, C., Diu, B., and Laloe, F. (2009) *Quantum Mechanics*, (2 VOL SET), Amazon. com.

[121] Sala, O. (1996) *Fundamentos de Espectroscopia Raman e no Infravermelho*, Editora Unesp.

[122] Kuzmany, H. (2009) *Solid–State Spectroscopy: An Introduction*, Springer–Verlag, Berlin.

[123] Jishi, R. A., Venkataraman, L., Dresselhaus, M. S., and Dresselhaus, G. (1993) *Chem. Phys. Lett.*, **209**, 77–82.

[124] Dubay, O., Kresse, G., and Kuzmany, H. (2002) *Phys. Rev. Lett.*, **88**, 235506.

[125] Dresselhaus, G. and Dresselhaus, M. S. (1968) *Int. J. Quant. Chem.*, **IIS**, 333–345.

[126] Johnson, L. G. and Dresselhaus, G. (1973) *Phys. Rev. B*, **7**, 2275–2285.

[127] Aizawa, T., Souda, R., Otani, S., Ishizawa, Y., and Oshima, C. (1990) *Phys. Rev. B*, **42**, 11469.

[128] Oshima, C., Aizawa, T., Souda, R., Ishizawa, Y., and Sumiyoshi, Y. (1988) *Solid State Commun.*, **65**, 1601.

[129] Maultzsch, J., Reich, S., Thomsen, C., Requardt, H., and Ordejón, P. (2004) *Phys. Rev. Lett.*, **92**, 075501.

[130] Grüneis, A., Serrano, J., Bosak, A., Lazzeri, M., Molodtsov, S. L., Wirtz, L., Attaccalite, C., Krisch, M., Rubio, A., Mauri, F., and Pichler, T. (2009) *Phys. Rev. B*, **80**, 085423.

[131] Tanaka, T., Tajima, A., Moriizumi, R., Hosoda, M., Ohno, R., Rokuta, E., Oshimaa, C., and Otani, S. (2002) *Solid State Commun.*, **123**, 33–36.

[132] Ren, W., Saito, R., Gao, L., Zheng, F., Wu, Z., Liu, B., Furukawa, M., Zhao, J., Chen, Z., and Cheng, H. M. (2010) *Phys. Rev. B*, **81**, 035412.

[133] Grüneis, A., Saito, R., Kimura, T., Cançado, L. G., Pimenta, M. A., Jorio, A., Souza Filho, A. G., Dresselhaus, G., and Dresselhaus, M. S. (2002) *Phys. Rev. B*, **65**, 155405.

[134] Alon, O. E. (2001) *Phys. Rev. B*, **63**, 201403(R).

[135] Barros, E. B. , Jorio, A. , Samsonidze, G. G. , Capaz, R. B. , Souza Filho, A. G. , Mendez Filho, J. , Dresselhaus, G. , and Dresselhaus, M. S. (2006) *Phys. Rep.* , **431**, 261-302.

[136] Rao, A. M. , Richter, E. , Bandow, S. , Chase, B. , Eklund, P. C. , Williams, K. W. , Fang, S. , Subbaswamy, K. R. , Menon, M. , Thess, A. , Smalley, R. E. , Dresselhaus, G. , and Dresselhaus, M. S. (1997) *Science*, **275**, 187-191.

[137] Kürti, J. , Kresse, G. , and Kuzmany, H. (1998) *Phys. Rev. B*, **58**, R8869.

[138] Sanchez-Portal, D. , Artacho, E. , Solar, J. M. , Rubio, A. , and Ordejon, P. (1999) *Phys. Rev. B*, **59**, 12678-12688.

[139] Menon, M. , Richter, E. , and Subbaswamy, K. R. (1996) *J. Chem. Phys.* , **104**, 5875.

[140] Samsonidze, G. (2006) Photophysics of Carbon Nanotubes. PhD thesis, Massachusetts Institute of Technology, Department of Electrical Engineering and Computer Science, October.

[141] Piscanec, S. , Lazzeri, M. , Mauri, M. , Ferrari, A. C. , and Robertson, J. (2004) *Phys. Rev. Lett.* , **93**, 185503.

[142] Cardona, M. (1982) *Light-Scattering in Solids* (eds M. Cardona and G. Güntherodt), Springer-Verlag, Berlin, p. 19.

[143] Chou, S. G. , Plentz Filho, F. , Jiang, J. , Saito, R. , Nezich, D. , Ribeiro, H. B. , Jorio, A. , Pimenta, M. A. , Samsonidze, G. G. , Santos, A. P. , Zheng, M. , Onoa, G. B. , Semke, E. D. , Dresselhaus, G. , and Dresselhaus, M. S. (2005) *Phys. Rev. Lett.* , **94**, 127402.

[144] Leite, R. C. C. and Porto, S. P. S. (1966) *Phys. Rev. Lett.* , **17**, 1012.

[145] Alfano, R. R. and Shapiro, S. L. (1971) *Phys. Rev. Lett.* , **26**, 1247-1251.

[146] Song, D. , Wang, F. , Dukovic, G. , Zheng, M. , Semke, E. D. , Brus, L. E. , and Heinz, T. F. (2008) *Phys. Rev. Lett.* , **100**, 225503.

[147] Brown, S. D. M. , Jorio, A. , Corio, P. , Dresselhaus, M. S. , Dresselhaus, G. , Saito, R. , and Kneipp, K. (2001) *Phys. Rev. B*, **63**, 155414.

[148] Tuinstra, F. and Koenig, J. L. (1970) *J. Chem. Phys.* , **53**, 1126.

[149] Tuinstra, F. and Koenig, J. L. (1970) *J. Comp. Mater.* , **4**, 492.

[150] Nemanich, R. J. and Solin, S. A. (1977) *Solid State Commun.* , **23**, 417.

[151] Nemanich, R. J. and Solin, S. A. (1979) *Phys. Rev. B*, **20**, 392.

[152] Mernagh, T. P. , Cooney, R. P. , and Johnson, R. A. (1984) *Carbon*, **22**, 39-42.

[153] Tsu, R. , Gonzalez, J. H. , and Hernandez, I. C. (1978) *Solid State Commun.* , **27**, 507.

[154] Vidano, R. P. , Fishbach, D. B. , Willis, L. J. , and Loehr, T. M. (1981) *Solid State Commun.* , **39**, 341.

[155] Lespade, P. , Marchand, A. , Couzi, M. , and Cruege, F. (1984) *Carbon*, **22**, 375.

[156] Lespade, P. , Al-Jishi, R. , and Dresselhaus, M. S. (1982) *Carbon*, **20**, 427-431.

[157] Wilhelm, H. , Lelausian, M. , McRae, E. , and Humbert, B. (1998) *J. Appl. Phys.* , **84**, 6552-6558.

[158] Baranov, A. V. , Bekhterev, A. N. , Bobovich, Y. S. , and Petrov, V. I. (1987) *Opt. Spectrosk.* ,

62, 1036.

[159] Thomsen, C. and Reich, S. (2000) *Phys. Rev. Lett.*, **85**, 5214.

[160] Saito, R., Jorio, A., Souza Filho, A. G., Dresselhaus, G., Dresselhaus, M. S., and Pimenta, M. A. (2002) *Phys. Rev. Lett.*, **88**, 027401.

[161] Cançado, L. G., Pimenta, M. A., Neves, B. R., Dantas, M. S., and Jorio, A. (2004) *Phys. Rev. Lett.*, **93**, 247401.

[162] Mapelli, C. M., Castiglioni, C., Zerbi, G., and Müllen, K. (1999) *Phys. Rev. B*, **60**, 12710–12725.

[163] Castiglioni, C., Mapelli, C. M., Negri, F., and Zerbi, G. (2001) *J. Chem. Phys.*, **114**, 963.

[164] Negri, F., Emanuele, E., and Calabretta, R. A. (2002) *J. Comput. Meth. Sci. Engin.*, **2**, 133–141.

[165] Watson, M. D., Fechtenkoetter, A., and Muellen, K. (2001) *Chem. Rev.*, **101**(5), 1267–1300.

[166] Köter, K. et al. (2008) *J. Phys. Chem. C*, **112**, 10637–10640.

[167] Tommasini, M., Di Donato, E., Castiglioni, C., and Zerbi, G. (2005) *Chem. Phys. Lett.*, **414**, 166–173.

[168] Ferrari, A. C. and Robertson, J. (eds) (2004) Raman spectroscopy in carbons: from nanotubes to diamond. *Phyl. Trans. of the Royal Soc. A* **362**(1824), 2267–2565.

[169] Holden, J. M., Zhou, P., Bi, X. –X., Eklund, P. C., Bandow, S., Jishi, R. A., Das Chowdhury, K., Dresselhaus, G., and Dresselhaus, M. S. (1994) *Chem. Phys. Lett.*, **220**, 186–191.

[170] Thess, A., Lee, R., Nikolaev, P., Dai, H., Petit, P., Robert, J., Xu, C., Lee, Y. H., Kim, S. G., Rinzler, A. G., Colbert, D. T., Scuseria, G. E., Tománek, D., Fischer, J. E., and Smalley, R. E. (1996) *Science*, **273**, 483–487.

[171] Pimenta, M. A., Marucci, A., Empedocles, S., Bawendi, M., Hanlon, E. B., Rao, A. M., Eklund, P. C., Smalley, R. E., Dresselhaus, G., and Dresselhaus, M. S. (1998) *Phys. Rev. B Rapid*, **58**, R16016–R16019.

[172] Milnera, M., Kürti, J., Hulman, M., and Kuzmany, H. (2000) *Phys. Rev. Lett.*, **84**, 1324–1327.

[173] Pimenta, M. A., Hanlon, E. B., Marucci, A., Corio, P., Brown, S. D. M., Empedocles, S. A., Bawendi, M. G., Dresselhaus, G., and Dresselhaus, M. S. (2000) *Braz. J. Phys.*, **30**, 423–427.

[174] Kataura, H., Kumazawa, Y., Maniwa, Y., Umezu, I., Suzuki, S., Ohtsuka, Y., and Achiba, Y. (1999) *Synth. Met.*, **103**, 2555–2558.

[175] Liu, J., Fan, S., and Dai, H. (2004) *Bull. Mater. Res. Soc.*, **29**, 244–250.

[176] Jorio, A., Saito, R., Hafner, J. H., Lieber, C. M., Hunter, M., McClure, T., Dresselhaus, G., and Dresselhaus, M. S. (2001) *Phys. Rev. Lett.*, **86**, 1118–1121.

[177] Jorio, A., Pimenta, M. A., Souza Filho, A. G., Saito, R., Dresselhaus, G., and Dresselhaus,

M. S. (2003) *New J. Phys.*, **5**, 139.

[178] Saito, R., Grüneis, A., Samsonidze, G. G., Brar, V. W., Dresselhaus, G., Dresselhaus, M. S., Jorio, A., Cançado, L. G., Fantini, C., Pimenta, M. A., and Souza Filho, A. G. (2003) *New J. Phys.*, **5**, 157.

[179] Jorio, A., Souza Filho, A. G., Dresselhaus, G., Dresselhaus, M. S., Swan, A. K., Ünlü, M. S., Goldberg, B., Pimenta, M. A., Hafner, J. H., Lieber, C. M., and Saito, R. (2002) *Phys. Rev. B*, **65**, 155412.

[180] Bachilo, S. M., Strano, M. S., Kittrell, C., Hauge, R. H., Smalley, R. E., and Weisman, R. B. (2002) *Science*, **298**, 2361-2366.

[181] Kane, C. L. and Mele, E. J. (2003) *Phys. Rev. Lett.*, **90**, 207401.

[182] Samsonidze, G. G., Saito, R., Kobayashi, N., Grüneis, A., Jiang, J., Jorio, A., Chou, S. G., Dresselhaus, G., and Dresselhaus, M. S. (2004) *Appl. Phys. Lett.*, **85**, 5703-5705.

[183] Fantini, C., Jorio, A., Souza, M., Strano, M. S., Dresselhaus, M. S., and Pimenta, M. A. (2004) *Phys. Rev. Lett.*, **93**, 147406.

[184] Telg, H., Maultzsch, J., Reich, S., Hennrich, F., and Thomsen, C. (2004) *Phys. Rev. Lett.*, **93**, 177401.

[185] O'Connell, M. J. Bachilo, S. M., Huffman, X. B., Moore, V. C., Strano, M. S., Haroz, E. H., Rialon, K. L., Boul, P. J., Noon, W. H., Kittrell, C., Ma, J., Hauge, R. H., Weisman, R. B., and Smalley, R. E. (2002) *Science*, **297**, 593-596.

[186] Jiang, J., Saito, R., Samsonidze, G. G., Jorio, A., Chou, S. G., Dresselhaus, G., and Dresselhaus, M. S. (2007) *Phys. Rev. B*, **75**, 035407.

[187] Dresselhaus, M. S., Dresselhaus, G., Saito, R., and Jorio, A. (2007) *Annual Reviews of Physical Chemistry Chemical Physics* (eds S. R. Leone, J. T. Groves, R. F. Ismagilov, and G. Richmond), Annual Reviews, Palo Alto, CA, pp. 719-747.

[188] Jiang, J., Saito, R., Sato, K., Park, J. S., Ge. Samsonidze, G., Jorio, A., Dresselhaus, G., and Dresselhaus, M. S. (2007) *Phys. Rev. B*, **75**, 035405.

[189] Araujo, P. T., Maciel, I. O., Pesce, P. B. C., Pimenta, M. A., Doorn, S. K., Qian, H., Hartschuh, A., Steiner, M., Grigorian, L., Hata, K., and Jorio, A. (2008) *Phys. Rev. B*, **77**, 241403.

[190] Araujo, P. T., Jorio, A., Dresselhaus, M. S., Sato, K., and Saito, R. (2009) *Phys. Rev. Lett.*, **103**, 146802.

[191] Maciel, I. O., Anderson, N., Pimenta, M. A., Hartschuh, A., Qian, H., Terrones, M., Terrones, H., Campos-Delgado, J., Rao, A. M., Novotny, L., and Jorio, A. (2008) *Nat. Mater.*, **7**, 878.

[192] Malard, L. M., Nilsson, J., Elias, D. C., Brant, J. C., Plentz, F., Alves, E. S., Castro Neto, A. H., and Pimenta, M. A. (2007) *Phys. Rev. B*, **76**, 201401.

[193] Ni, Z. H., Wang, H. M., Kasim, J., Fan, H. M., Yu, T., Wu, Y. H., Feng, Y. P., Shen, Z. X. (2008) *J. Phys. Chem. C*, **112**, 10637-10640.

[194] Lucchese, M. M., Stavale, F., Ferreira, E. H., Vilane, C., Moutinho, M. V. O., Capaz,

R. B. ,Achete,C. A. ,Jorio,A. (2010) *Carbon*,**48**(5),1592–1597.

[195] Jorio,A. ,Lucchese,M. M. ,Stavale,F. ,Martins Ferreira,E. H. ,Moutinho,M. V. O. ,Capaz, R. B. ,and Achete,C. A. (2010) *J. Phys. Cond. Matt.* ,**22**,334204.

[196] Das,A. ,Pisana,S. ,Chakraborty,B. ,Piscanec,S. ,Saha,S. K. ,Waghmare,U. V. ,Novoselov, K. S. ,Krishnamurthy,H. R. ,Geim,A. K. ,Ferrari,A. C. ,and Sood,A. K. (2008) *Nat. Nanotech.* ,**3**,210.

[197] Gupta,A. ,Chen,G. ,Joshi,P. ,Tadigadapa,S. ,and Eklund,P. C. (2006) Nano Lett. , **6**,2667.

[198] Ni,Z. H. ,Yu,T. ,Lu,Y. H. ,Wang,Y. Y. ,Feng,Y. P. ,and Shen,Z. X. (2008) *ACS Nano*,**2**(11),2301–2305.

[199] Ni,Z. ,Wang,Y. ,Yu,T. ,You,Y. and Shen,Z. (2008) *Phys. Rev. B*,**77**,235403.

[200] Schiff,L. I. (1968) *Quantum Mechanics*,3rd edn,McGraw–Hill,New York.

[201] Morse,P. M. and Feshbach,H. (1953) *Methods of Theoretical Physics*,chap. 5,McGraw–Hill,New York.

[202] Yu,P. Y. and Cardona,M. (1995) Light scattering in solids II,in *Fundamentals of Semiconductors: Physics and Materials Properties*,vol. 52 (edsM. Cardona and G. Güntherodt),Springer.

[203] Jiang,J. ,Saito,R. ,Grüneis,A. ,Chou,S. G. ,Samsonidze,G. G. ,Jorio,A. ,Dresselhaus, G. ,and Dresselhaus,M. S. (2005) *Phys. Rev. B*,**71**,205420.

[204] Khan,K. and Allen,P. (1984) *Phys. Rev. B*,**29**,3341.

[205] Machón,M. ,Reich,S. ,Telg,H. ,Maultzsch,J. ,Ordejón,P. ,and Thomsen,C. (2005) *Phys. Rev. B*,**71**,035416.

[206] Trulson,M. O. and Mathies,R. A. (1986) *J. Chem. Phys.* ,**84**,2068.

[207] Loudon,R. (2001) *Adv. Phys.* ,**50**,813.

[208] Ganguly,A. K. and Birman,J. L. (1967) *Phys. Rev.* ,**162**,806.

[209] Menendéz,J. and Cardona,M. (1985) *Phys. Rev. B*,**31**,3696.

[210] Cantarero,A. ,Trallero–Giner,C. ,and Cardona,M. (1989) *Phys. Rev. B*,**39**,8388.

[211] Trallero–Giner,C. ,Cantarero,A. ,and Cardona,M. (1989) *Phys. Rev. B*,**40**,4030.

[212] Trallero–Giner,C. ,Cantarero,A. ,and Cardona,M. (1989) *Phys. Rev. B*,**40**,12290.

[213] Alexandrou,A. ,Trallero–Giner,C. ,Cantarero,A. ,and Cardona,M. (1989) *Phys. Rev. B*,**40**,1603.

[214] Gavrilenko,V. I. ,Martínez,D. ,Cantarero,A. ,Cardona,M. ,and Trallero–Giner,C. (1990) *Phys. Rev. B*,**42**,11718.

[215] Trallero–Giner,C. ,Cantarero,A. ,and Cardona,M. (1992) *Phys. Rev. B*,**42**,6601.

[216] Landau,L. D. and Lifshitz,E. M. (1973) *The Classical Theory of Fields*,vol. 2,4th revised english edn,Butterworth Heinemann,Amsterdam.

[217] Malard Moreira,L. (2009) Raman spectroscopy of graphene: probing phonons,electrons and electron–phonon interactions. PhD Thesis,Universidade Federal de Minas Gerais, Departamento de Fisica.

[218] Barros, E. B., Capaz, R. B., Jorio, A., Samsonidze, G. G., Souza Filho, A. G., Ismail-Beigi, S., Spataru, C. D., Louie, S. G., Dresselhaus, G., and Dresselhaus, M. S. (2006) *Phys. Rev. B Rapid*, **73**, 241406(R).

[219] Nugraha, A. R. T., Saito, R., Sato, K., Araujo, P. T., Jorio, A., Dresselhaus, M. S. (2010) *Appl. Phys. Lett.*, **97**, 091905.

[220] Grüneis, A., Saito, R., Samsonidze, G. G., Kimura, T., Pimenta, M. A., Jorio, A., Souza Filho, A. G., Dresselhaus, G., and Dresselhaus, M. S. (2003) *Phys. Rev. B*, **67**, 165402.

[221] Partoens, B. and Peeters, F. M. (2006) *Phys. Rev. B*, **74**, 075404.

[222] Jiang, J., Saito, R., Samsonidze, G. G., Chou, S. G., Jorio, A., Dresselhaus, G., and Dresselhaus, M. S. (2005) *Phys. Rev. B*, **72**, 235408.

[223] Saha, S. K., Waghmare, U. V., Krishnamurthy, H. R. and Sood, A. K. (2008) *Phys. Rev. B*, **78**, 165421.

[224] Jiang, J., Tang, H., Wang, B., and Su, Z. (2008) *Phys. Rev. B*, **77**, 235421.

[225] White, C. T., Roberston, D. H., and Mintmire, J. W. (1993) *Phys. Rev. B*, **47**, 5485.

[226] Jorio, A., Pimenta, M. A., Souza Filho, A. G., Samsonidze, G. G., Swan, A. K., Ünlü, M. S., Goldberg, B. B., Saito, R., Dresselhaus, G., and Dresselhaus, M. S. (2003) *Phys. Rev. Lett.*, **90**, 107403.

[227] Jorio, A., Dresselhaus, G., Dresselhaus, M. S., Souza, M., Dantas, M. S. S., Pimenta, M. A., Rao, A. M., Saito, R., Liu, C., and Cheng, H. M. (2000) *Phys. Rev. Lett.*, **85**, 2617-2620.

[228] Jorio, A., Souza Filho, A. G., Brar, V. W., Swan, A. K., Ünlü, M. S., Goldberg, B. B., Righi, A., Hafner, J. H., Lieber, C. M., Saito, R., Dresselhaus, G., and Dresselhaus, M. S. (2002) *Phys. Rev. B Rapid*, **65**, R121402.

[229] Saito, R., Dresselhaus, G., and Dresselhaus, M. S. (2000) *Phys. Rev. B*, **61**, 2981-2990.

[230] Huang, N., Yan, H., Chen, C., Song, D., Heinz, T. F., and Hone, J. (2009) *PNAS*, **106** (18), 7304-7308.

[231] Mohiuddin, T. M. G., Lombardo, A., Nair, R. R., Bonetti, A., Savini, G., Jalil, R., Bonini, N., Basko, D. M., Galiotis, C., Marzari, N., Novoselov, K. S., Geim, A. K., and Ferrari, A. C. (2009) *Phys. Rev. B*, **79**, 205433.

[232] Reich, S., Jantoljak, H., and Thomsen, C. (2000) *Phys. Rev. B*, **61**, R13389-R13392.

[233] Dresselhaus, M. S., Dresselhaus, G., Jorio, A., Souza Filho, A. G., and Saito, R. (2002) *Carbon*, **40**, 2043-2061.

[234] Reich, S., Thomsen, C., and Ordejón, P. (2001) *Phys. Rev. B*, **64**, 195416.

[235] Duesberg, G. S., Loa, I., Burghard, M., Syassen, K., and Roth, S. (2000) *Phys. Rev. Lett.*, **85**, 5436-5439.

[236] Thomsen, C., Reich, S., Goni, A. R., Jantoliak, H., Rafailov, P. M., Loa, I., Syassen, K., Journet, C., and Bernier, P. (1999) *Phys. Status Solidi (b)*, **215**, 435-441.

[237] Maultzsch, J., Reich, S., and Thomsen, C. (2002) *Phys. Rev. B*, **65**, 233402.

[238] Ajiki, H. and Ando, T. (1994) *Phys. B Condens. Matter*, **201**, 349.

[239] Marinopoulos, A. G. , Reining, L. , Rubio, A. , and Vast, N. (2003) *Phys. Rev. Lett.*, **91**,046402.

[240] Hwang, J. , Gommans, H. H. , Ugawa, A. , Tashiro, H. , Haggenmueller, R. , Winey, K. I. , Fischer, J. E. , Tanner, D. B. , and Rinzler, A. G. (2000) *Phys. Rev. B*, **62**, R13310-R13313.

[241] Rao, A. M. , Jorio, A. , Pimenta, M. A. , Dantas, M. S. S. , Saito, R. , Dresselhaus, G. , and Dresselhaus, M. S. (2000) *Phys. Rev. Lett.*, **84**, 1820-1823.

[242] Jorio, A. , Fantini, C. , Dantas, M. S. S. , Pimenta, M. A. , Souza Filho, A. G. , Samsonidze, G. G. , Brar, V. W. , Dresselhaus, G. , Dresselhaus, M. S. , Swan, A. K. , Ünlü, M. S. , Goldberg, B. B. , and Saito, R. (2002) *Phys. Rev. B*, **66**, 115411.

[243] Venkateswaran, U. D. , Rao, A. M. , Richter, E. , Menon, M. , Rinzler, A. , Smalley, R. E. , and Eklund, P. C. (1999) *Phys. Rev. B*, **59**, 10928-10934.

[244] Cronin, S. B. , Swan, A. K. , Ünlü, M. S. , Goldberg, B. B. , Dresselhaus, M. S. , and Tinkham, M. (2004) *Phys. Rev. Lett.*, **93**, 167401.

[245] Cronin, S. B. , Swan, A. K. , ünlü, M. S. , Goldberg, B. B. , Dresselhaus, M. S. , and Tinkham, M. (2005) *Phys. Rev. B*, **72**, 035425.

[246] Souza Filho, A. G. , Kobayasi, N. , Jiang, J. , Grüneis, A. , Saito, R. , Cronin, S. B. , Mendes Filho, J. , Samsonidze, G. G. , Dresselhaus, G. , and Dresselhaus, M. S. (2005) *Phys. Rev. Lett.*, **95**, 217403.

[247] Duan, X. , Son, H. , Gao, B. , Zhang, J. , Gao, B. , Wu, T. , Samsonidze, G. G. , Dresselhaus, M. S. , Liu, Z. , and Kong, J. (2007) *Nano Lett.*, **7**, 2116-2121.

[248] Pisana, S. , Lazzeri, M. , Casiraghi, C. , Novoselov, K. S. , Geim, A. K. , Ferrari, A. C. and Mauri, F. (2007) *Nat. Mater.*, **6**, 198.

[249] Zhang, Y. , Zhang, J. , Son, H. , Kong, J. , and Liu, Z. (2006) *JACS*, **127**, 17156-17157.

[250] Moos, G. , Gahl, C. , Fasel, R. , Wolf, M. , and Hertel, T. (2001) *Phys. Rev. Lett.*, **87**, 267402.

[251] Kampfrath, T. , Perfetti, L. , Schapper, F. , Frischkorn, C. , and Wolf, M. (2005) *Phys. Rev. Lett.*, **95**(18), 187403.

[252] Postmus, C. , Ferraro, J. F. , Mitra, S. S. (1968) *Phys. Rev.*, **174**, 983.

[253] Calizo, I. , Balandin, A. A. , Bao, W. , Miao, F. and Lau, C. N. (2007) *Nano Lett.*, **7**, 2645-2649.

[254] Raravikar, N. R. , Keblinski, P. , Rao, A. M. , Dresselhaus, M. S. , Schadler, L. S. , and Ajayan, P. M. (2003) *Phys. Rev. B*, **66**, 235424.

[255] Bassil, A. , Puech, P. , Tubery, L. , Bacsa, W. , and Flahaut, E. (2006) *Appl. Phys. Lett.*, **88**, 173113.

[256] Tan, P. H. , Deng, Y. , Zhao, Q. , and Cheng, W. (1999) *Appl. Phys. Lett.*, **74**, 1818.

[257] Ghosh, S. , Calizo, I. , Teweldebrhan, D. , Pokatilov, E. P. , Nika, D. L. , Balandin, A. A. , Bao, W. , Miao, F. , and Lau, C. N. (2008) *Appl. Phys. Lett.*, **92**, 151911.

[258] Lazzeri, M. and Mauri, F. (2006) *Phys. Rev. Lett.*, **97**, 266407.

[259] Popov, V. N. and Lambin, P. (2006) *Phys. Rev. B*, **73**, 085407.

[260] Sasaki, K., Saito, R., Dresselhaus, G., Dresselhaus, M. S., Farhat, H., and Kong, J. (2008) *Phys. Rev. B*, **77**, 245441.

[261] Farhat, H., Son, H., Samsonidze, G. G., Reich, S., Dresselhaus, M. S., and Kong, J. (2007) *Phys. Rev. Lett.*, **99**, 145506.

[262] Yan, J., Henriksen, E. A., Kim, P., and Pinczuk, A. (2008) *Phys. Rev. Lett.*, **101**, 136804.

[263] Porezag, D., Frauenheim, T., Köhler, T., Seifert, G., and Kaschner, R. (1995) *Phys. Rev. B*, **51**, 12947.

[264] Porezag, D. and Mark Pederson, R. (1996) *Phys. Rev. B*, **54**(11), 7830–7836.

[265] Jiang, A. *et al.* (unpublished).

[266] Malard, L. M., Nishide, D., Dias, L. G., Capaz, R. B., Gomes, A. P., Jorio, A., Axete, C. A., Saito, R., Achiba, Y., Shinohara, H., and Pimenta, M. A. (2007) *Phys. Rev. B*, **76**, 233412.

[267] Samsonidze, G. G., Saito, R., Jiang, J., Grüneis, A., Kobayashi, N., Jorio, A., Chou, S. G., Dresselhaus, G., and Dresselhaus, M. S. (2005) *Functional Carbon Nanotubes: MRS Symposium Proceedings, Boston, December* 2004 (eds D. L. Carroll, B. Weisman, S. Roth, and A. Rubio), Materials Research Society Press, Warrendale, PA p. HH7.2.

[268] Saito, R., Fujita, M., Dresselhaus, G., and Dresselhaus, M. S. (1992) *Phys. Rev. B*, **46**, 1804–1811.

[269] Ouyang, M., Huan, J. L., Cheung, C. L., and Lieber, C. M. (2001) *Science*, **292**, 702.

[270] Kavan, L., Dunsch, L., Kataura, H., Oshiyama, A., Otani, M., Okada, S. (2003) *J. Phys. Chem. B*, **107**, 7666–7675.

[271] Nguyen, K. T., Gaur, A., and Shim, M. (2007) *Phys. Rev. Lett.*, **98**, 145504.

[272] Wu, Y., Maultzsch, J., Knoesel, E., Chandra, B., Huang, M. Y., Sfeir, M. Y., Brus, L. E., Hone, J., and Heinz, T. F. (2007) *Phys. Rev. Lett.*, **99**, 027402.

[273] Bushmaker, A. W., Deshpande, V. V., Hsieh, S., Bockrath, M. W., and Cronin, S. B. (2009) *Nano Lett.*, **9**(2), 607–611.

[274] Saito, R., Jorio, A., Hafner, J. H., Lieber, C. M., Hunter, M., McClure, T., Dresselhaus, G., Dresselhaus, M. S. (2001) *Phys. Rev. B*, **64**, 085312–085319.

[275] Sasaki, K., Saito, R., Dresselhaus, G., Dresselhaus, M. S., Farhat, H., and Kong, J. (2008) *Phys. Rev. B*, **78**, 235405.

[276] Tsang, J. C., Freitag, M., Perebeinos, V., Liu, J., and Avouris, P. (2007) *Nat. Nanotech.*, **2**, 725.

[277] Souza Filho, A. G., Jorio, A., Samsonidze, G. G., Dresselhaus, G., Saito, R., and Dresselhaus, M. S. (2003) *Nanotechnology*, **14**, 1130–1139.

[278] Saito, R., Takeya, T., Kimura, T., Dresselhaus, G., and Dresselhaus, M. S. (1998) *Phys. Rev. B*, **57**, 4145–4153.

[279] Mahan, G. D. (2002) *Phys. Rev. B*, **65**, 235402.

[280] Venkateswaran, U. D., Masica, D. L., Sumanasekera, G. U., Furtado, C. A., Kim, U. J., and

Eklund, P. C. (2003) *Phys. Rev. B*, **68**, 241406(R).

[281] Hata, K., Futaba, D. N., Mizuno, K., Namai, T., Yumura, M., and Iijima, S. (2004) *Science*, **306**, 1362–1365.

[282] Araujo, P. T., Pesce, P. B. C., Dresselhaus, M. S., Sato, K., Saito, R., Jorio, A. (2010) *Physica E*, **42**(5), 1251–1261.

[283] Hartschuh, A., Pedrosa, H. N., Novotny, L., and Krauss, T. D. (2003) *Science*, **301**, 1354–1356.

[284] Strano, M. S. (2003) *J. Am. Chem. Soc.*, **125**, 16148–16153.

[285] Doorn, S. K., Heller, D. A., Barone, P. W., Usrey, M. L., and Strano, M. S. (2004) *Appl. Phys. A*, **78**, 1147.

[286] Paillet, M., Ponchara, P., and Zahab, A. (2006) *Phys. Rev. Lett.*, **96**, 039704.

[287] Araujo, P. T., Doorn, S. K., Kilina, S., Tretiak, S., Einarsson, E., Maruyama, S., Chacham, H., Pimenta, M. A., and Jorio, A. (2007) Third and fourth optical transitions in semiconducting carbon nanotubes. *Phys. Rev. Lett.*, **98**, 067401.

[288] Bachilo, S. M., Balzano, L., Herrera, J. E., Pompeo, F., Resasco, D. E., and Weisman, R. B. (2003) *J. Am. Chem. Soc.*, **125**, 11186–11187.

[289] Villalpando-Paez, F., Son, H., Nezich, D., Hsieh, Y. P., Kong, J., Kim, Y. A., Shimamoto, D., Muramatsu, H., Hayashi, T., Endo, M., Terrones, M., and Dresselhaus, M. S. (2008) *Nano Lett.*, **8**, 3879–3886.

[290] Villalpando-Paez, F., Muramatsu, H., Kim, Y. A., Farhat, H., Endo, M. M., Terrones, M., and Dresselhaus, M. S. (2009) *Nanoscale*, **2**, 406–411.

[291] Pfeiffer, R., Pichler, T., Kim, Y. A., and Kuzmany, H. (2008) Double-wall carbon nanotubes, in *Springer Series on Topics in Appl. Phys.*, vol. 111, (eds A. Jorio, M. S. Dresselhaus, and G. Dresselhaus), Springer-Verlag, Berlin, pp. 495–530.

[292] Pfeiffer, R., Kramberger, C., Simon, F., Kuzmany, H., Popov, V. N., and Kataura, H. (2004) *Eur. Phys. J. B*, **42**(3), 345–350.

[293] Pfeiffer, R., Simon, F., Kuzmany, H., and Popov, V. N. (2005) *Phys. Rev. B*, **72**(16), 161404.

[294] Pfeiffer, R., Simon, F., Kuzmany, H., Popov, V. N., Zolyomi, V., and Kurti, J. (2006) *Phys. Status Solidi (b)*, **243**(13), 3268–3272.

[295] Pfeiffer, R., Peterlik, H., Kuzmany, H., Simon, F., Pressi, K., Knoll, P., Rummeli, M. H., Shiozawa, H., Muramatsu, H., Kim, Y. A., Hayashi, T., and Endo, M. (2008) *Phys. Status Solidi (b)*, **245**(10), 1943–1946.

[296] Kuzmany, H., Plank, W., Pfeiffer, R., and Simon, F. (2008) *J. Raman Spectrosc.*, **39**(2), 134–140.

[297] Zhao, X., Ando, Y., Qin, L.-C., Kataura, H., Maniwa, Y., and Saito, R. (2002) *Chem. Phys. Lett.*, **361**, 169–174.

[298] Soares, J. S., Barboza, A. P. M., Araujo, P. T., Barbosa Neto, N. M., Nakabayashi, D., Shadmi, N., Yarden, T. S., Ismach, A., Geblinger, N., Joselevich, E., Vilani, C., Cançado,

L. G. , Novotny, L. , Dresselhaus, G. , Dresselhaus, M. S. , Neves, B. R. A. , Mazzoni, M. S. C. ,Jorio,A. (2010) *Nano Lett.* ,**10**,5043-5048.

[299] Jorio,A. ,Fantini,C. ,Pimenta,M. A. ,Capaz,R. B. ,Samsonidze,G. G. ,Dresselhaus,G. , Dresselhaus,M. S. ,Jiang,J. ,Kobayashi,N. ,Grüneis,A. ,and Saito,R. (2005) *Phys. Rev. B*,**71**,075401.

[300] Kürti,J. ,Zólyomi,V. ,Kertesz,M. ,and Sun,G. Y. (2003) *New J. Phys.* ,**5**,125.

[301] Farhat,H. ,Sasaki,K. ,Kalbac,M. ,Hofmann,M. ,Saito,R. ,Dresselhaus,M. S. ,and Kong, J. (2009) *Phys. Rev. Lett.* ,**102**,126804.

[302] Jorio,A. ,Souza Filho,A. G. ,Dresselhaus,G. ,Dresselhaus,M. S. ,Saito,R. ,Hafner,J. H. , Lieber,C. M. ,Matinaga,F. M. ,Dantas,M. S. S. ,and Pimenta,M. A. (2001) *Phys. Rev. B*,**63**,245416.

[303] Brown,S. D. M. ,Corio,P. ,Marucci,A. ,Dresselhaus,M. S. ,Pimenta,M. A. ,and Kneipp,K. (2000) *Phys. Rev. B Rapid*,**61**,R5137-R5140.

[304] Duesberg,G. S. ,Blau,W. J. ,Byrne,H. J. ,Muster,J. ,Burghard,M. ,and Roth,S. (1999) *Chem. Phys. Lett.* ,**310**,8-14.

[305] Azoulay,J. ,Debarre,A. ,Richard,A. ,and Tchenio,P. (2000) *J. Phys. IV France*,**10**, Pr8-223.

[306] Kneipp,K. ,Kneipp,H. ,Corio,P. ,Brown,S. D. M. ,Shafer,K. ,Motz,J. ,Perelman,L. T. , Hanlon,E. B. ,Marucci,A. ,Dresselhaus,G. ,and Dresselhaus,M. S. (2000) *Phys. Rev. Lett.* ,**84**,3470-3473.

[307] Hafner,J. H. ,Cheung,C. L. ,Oosterkamp,T. H. ,and Lieber,C. M. (2001) *J. Phys. Chem. B*,**105**,743.

[308] Park,J. S. ,Oyama,Y. ,Saito,R. ,Izumida,W. ,Jiang,J. ,Sato,K. ,Fantini,C. ,Jorio,A. , Dresselhaus,G. ,and Dresselhaus,M. S. (2006) *Phys. Rev. B*,**74**,165414.

[309] Rafailov,P. M. ,Jantoliak,H. ,and Thomsen,C. (2000) *Phys. Rev. B*,**61**,16179-16182.

[310] Souza Filho,A. G. ,Jorio,A. ,Hafner,J. H. ,Lieber,C. M. ,Saito,R. ,Pimenta,M. A. , Dresselhaus,G. ,and Dresselhaus,M. S. (2001) *Phys. Rev. B*,**63**,241404R.

[311] Ando,T. (2005) *J. Phys. Soc. Jpn.* , **74**,777-817.

[312] Miyauchi,Y. ,Oba,M. ,and Maruyama,S. (2006) *Phys. Rev. B*,**74**,205440.

[313] Jorio,A. ,Pimenta,M. A. ,Fantini,C. ,Souza,M. ,Souza Filho,A. G. ,Samsonidze,G. G. , Dresselhaus,G. ,Dresselhaus,M. S. ,and Saito,R. (2004) *Carbon*, **42**,1067-1069.

[314] Wang,Y. ,Kempa,K. ,Kimball,B. ,Carlson,J. B. ,Benham,G. ,Li,W. Z. ,Kempa,T. , Rybcznski,J. ,Herczynski,A. ,and Ren,Z. F. (2004) *Appl. Phys. Lett.* ,**85**,2607.

[315] Uryu,S. and Ando,T. (2006) *J. Phys. Soc. Jpn.* ,**75**,024707.

[316] Grüneis,A. ,Saito,R. ,Jiang,J. ,Samsonidze,G. G. ,Pimenta,M. A. ,Jorio,A. ,Souza Filho,A. G. ,Dresselhaus,G. and Dresselhaus,M. S. (2004) *Chem. Phys. Lett.* ,**387**, 301-306.

[317] Araujo,P. T. and Jorio,A. (2008) *Phys. Status Solidi* (*b*) ,**245**,2201-2204.

[318] Doorn,S. K. ,Araujo,P. T. ,Hata,K. ,and Jorio,A. (2008) *Phys. Rev. B*,**78**,165408.

[319] Ando, T. (1997) *J. Phys. Soc. Jpn.*, **66**, 1066-1073.

[320] Spataru, C. D., Ismail-Beigi, S., Capaz, R. B., and Louie, S. G. (2005) *Phys. Rev. Lett.*, **95**, 247402.

[321] Spataru, C. D., Ismail-Beigi, S., Benedict, L. X., and Louie, S. G. (2004) *Phys. Rev. Lett.*, **92**, 077402.

[322] Spataru, C. D., Ismail-Beigi, S., Benedict, L. X., and Louie, S. G. (2004) *Appl. Phys. A*, **78**, 1129-1136.

[323] Chang, E., Bussi, G., Ruini, A., and Molinari, E. (2004) *Phys. Rev. Lett.*, **92**, 113410.

[324] Perebeinos, V., Tersoff, J., and Avouris, P. (2004) *Phys. Rev. Lett.*, **92**, 257402.

[325] Perebeinos, V., Tersoff, J., and Avouris, P. (2005) *Phys. Rev. Lett.*, **94**, 027402.

[326] Pedersen, T. G. (2003) *Phys. Rev. B*, **67**, 073401.

[327] Zhao, H. and Mazumdar, S. (2005) *Synth. Met.*, **155**, 250.

[328] Capaz, R. B., Spataru, C. D., Ismail-Beigi, S., and Louie, S. G. (2006) *Phys. Rev. B*, **74**, 121401(R).

[329] Popov, V. N. (2004) *New J. Phys.*, **6**, 17.

[330] Reich, S., Thomsen, C., and Ordejón, P. (2002) *Phys. Rev. B*, **65**, 155411.

[331] Koster, G. F. (1957) *Solid State Physics*, Academic Press, New York, NY.

[332] Rohlfing, M. and Louie, S. G. (2000) *Phys. Rev. B*, **62**, 4927.

[333] Knupfer, M., Schwieger, T., Fink, J., Leo, K., and Hoffmann, M. (2002) *Phys. Rev. B*, **66**, 035208.

[334] Pichler, T. (2007) *Nat. Mater.*, **6**, 332-333.

[335] Gunnarsson, O. (2004) *Alkali-doped Fullerides*, World Scientific, Singapore, p. 282.

[336] Saito, R., Sato, K., Oyama, Y., Jiang, J., Samsonidze, G. G., Dresselhaus, G., and Dresselhaus, M. S. (2005) *Phys. Rev. B*, **71**, 153413.

[337] Knox, R. S. (1963) Theory of excitons, in *Solid State Physics*, suppl. 5 (eds F. Seitz, D. Turnbull, and H. Ehrenreich), Academic Press, New York.

[338] Saito, R., Fujita, M., Dresselhaus, G., and Dresselhaus, M. S. (1992) *Appl. Phys. Lett.*, **60**, 2204-2206.

[339] Wang, F., Dukovic, G., Brus, L. E., and Heinz, T. F. (2005) *Science*, **308**, 838-841.

[340] Maultzsch, J., Pomraenke, R., Reich, S., Chang, E., Prezzi, D., Ruini, A., Molinari, E., Strano, M. S., Thomsen, C., and Lienau, C. (2005) *Phys. Rev. B*, **72**, 241402(R).

[341] Qiu, X., Freitag, M., Perebeinos, V., and Avouris, P. (2005) *Nano Lett.*, **5**, 749-752.

[342] Ando, T. (2009) *J. Phys. Soc. Jpn.*, **78**, 104703.

[343] Sato, K., Saito, R., Jiang, J., Dresselhaus, G., and Dresselhaus, M. S. (2007) *Phys. Rev. B*, **76**, 195446.

[344] Miyauchi, Y., Saito, R., Sato, K., Ohno, Y., Iwasaki, S., Mizutani, T., Jiang, J., and Maruyama, S. (2007) *Chem. Phys. Lett.*, **442**, 394.

[345] Miyauchi, Y. and Maruyama, S. (2006) *Phys. Rev. B*, **74**, 035415.

[346] Murakami, Y., Einarsson, E., Edamura, T., and Maruyama, S. (2005) *Carbon*, **43**, 2664.

[347] Iwasaki, S., Ohno, Y., Murakami, Y., Kishimoto, S., Maruyama, S., and Mizutani, T. (2006) unpublished. paper at APS March Meeting, Baltimore, Maryland, 13 - 17, March, 2006.

[348] Ohno, Y., Iwasaki, S., Murakami, Y., Kishimoto, S., Maruyama, S., and Mizutan, T. (2006) *Phys. Rev. B*, **73**, 235427.

[349] Pesce, P. B. C., Araujo, P. T., Nikolaev, P., Doorn, S. K., Hata, K., Saito, R., Dresselhaus, M. S., and Jorio, A. (2010) *Appl. Phys. Lett.*, **96**, 051910.

[350] Grüneis, A., Attaccalite, C., Wirtz, L., Shiozawa, H., Saito, R., Pichler, T., and Rubio, A. (2008) *Phys. Rev. B*, **78**, 205425.

[351] Bostwick, A., Ohta, T., McChesney, J. L. (2007) *Solid State Commun.*, **143**, 63-71.

[352] Guha, S., Menéndez, J., Page, J. B., and Adams, G. B. (1996) *Phys. Rev. B*, **53**, 13106.

[353] Chantry, G. W. (1971) *The Raman Effect*, Dekker, New York, NY.

[354] Snoke, D. W., Cardona, M., Sanguinetti, S., and Benedek, G. (1996) *Phys. Rev. B*, **53**, 12641.

[355] Zimmerman, J., Pavone, P., and Cuniberti, G. (2008) *Phys. Rev. B*, **78**, 045410.

[356] Madelung, O. (1978) *Solid State Theory*, Springer-Verlag, Berlin.

[357] Oyama, Y., Saito, R., Sato, K., Jiang, J., Samsonidze, G. G., Grüneis, A., Miyauchi, Y., Maruyama, S., Jorio, A., Dresselhaus, G., and Dresselhaus, M. S. (2006) *Carbon*, **44**, 873-879.

[358] Saito, R., Grüneis, A., Samsonidze, G. G., Dresselhaus, G., Dresselhaus, M. S., Jorio, A., Cançado, L. G., Pimenta, M. A., and Souza, A. G. (2004) *Appl. Phys. A*, **78**, 1099-1105.

[359] Jiang, J., Saito, R., Grüneis, A., Dresselhaus, G., and Dresselhaus, M. S. (2004) *Carbon*, **42**, 3169-3176.

[360] Jiang, J., Saito, R., Grüneis, A., Dresselhaus, G., and Dresselhaus, M. S. (2004) *Chem. Phys. Lett.*, **392**, 383-389.

[361] Jiang, J., Saito, R., Grüneis, A., Chou, S. G., Samsonidze, G. G. Jorio, A., Dresselhaus, G., and Dresselhaus, M. S. (2005) *Phys. Rev. B*, **71**, 045417.

[362] Grüneis, A. (2004) Resonance Raman spectroscopy of single wall carbon nanotubes. PhD thesis, Tohoku University, Sendai, Japan, Department of Physics.

[363] Saito, R. and Kamimura, H. (1983) *J. Phys. Soc. Jpn.*, **52**, 407.

[364] Fantini, C., Jorio, A., Souza, M., Saito, R., Samsonidze, G. G., Dresselhaus, M. S., and Pimenta, M. A. (2005) *Phys. Rev. B*, **72**, 085446.

[365] Sanders, G. D. (2009) *Phys. Rev. B*, **79**, 205434.

[366] Lazzeri, M., Attaccalite, C., and Mauri, F. (2008) *Phys. Rev. B*, **78**, 081406(R).

[367] Cançado, L. G., Pimenta, M. A., Saito, R., Jorio, A., Ladeira, L. O., Grüneis, A., Souza Filho, A. G., Dresselhaus, G., and Dresselhaus, M. S. (2002) *Phys. Rev. B*, **66**, 035415.

[368] Saito, R., Grüneis, A., Cançado, L. G., Pimenta, M. A., Jorio, A., Souza Filho, A. G., Dresselhaus, M. S., and Dresselhaus, G. (2002) *Mol. Cryst. Liq. Cryst.*, **387**, 287-296.

[369] Basko, D. M. B. (2007) *Phys. Rev. B*, **76**, 081405(R).

[370] Basko, D. M. B. (2008) *Phys. Rev. B*, **78**, 125418.

[371] Maultzsch, J., Reich, S., and Thomsen, C. (2004) *Phys. Rev. B*, **70**, 155403.

[372] Mafra, D. L., Samsonidze, G., Malard, L. M., Elias, D. C., Brant, J. C., Plentz, F., Alves, E. S., and Pimenta, M. A. (2007) *Phys. Rev. B*, **76**, 233407.

[373] Shimada, T., Sugai, T., Fantini, C., Souza, M., Cançado, L. G., Jorio, A., Pimenta, M. A., Saito, R., Grüneis, A., Dresselhaus, G., Dresselhaus, M. S., Ohno, Y., Mizutani, T., and Shinohara, H. (2005) *Carbon*, **43**, 1049-1054.

[374] Park, J. S., Cecco, A. R., Saito, R., Jiang, J., Dresselhaus, G., and Dresselhaus, M. S. (2009) *Carbon*, **47**, 1303-1310.

[375] Cançado, L. G., Cecco, A. R., Kong, J., and Dresselhaus, M. S. (2008) *Phys. Rev. B*, **77**, 245408.

[376] Cançado, L. G., Takai, K., Enoki, T., Endo, M., Kim, Y. A., Mizusaki, H., Jorio, A., Coelho, L. N., Magalhaes-Paniago, R., and Pimenta, M. A. (2006) *Appl. Phys. Lett.*, **88**, 3106.

[377] Reina, A., Son, H., Liying Jiao, Fan, B., Dresselhaus, M. S., Liu, Z. F., and Kong, J. (2008) *J. Phys. Chem. C Lett.*, **112**, 17741-17749.

[378] Reina, A., Thiele, S., Jia, X., Bhaviripudi, S., Dresselhaus, M. S., Schaefer, J. A., and Kong, J. (2009) *Nano Res.*, **2**, 509-516.

[379] Tan, P., Hu, C. Y., Dong, J., Shen, W. C., and Zhang, B. F. (2001) *Phys. Rev. B*, **64**, 214301.

[380] Brar, V. W., Samsonidze, G. G. Dresselhaus, G., Dresselhaus, M. S., Saito, R., Swan, A. K., Ünlü, M. S., Goldberg, B. B., Souza Filho, A. G., and Jorio, A. (2002) *Phys. Rev. B*, **66**, 155418.

[381] Fantini, C., Jorio, A., Souza, M., Ladeira, L. O., Pimenta, M. A., Souza Filho, A. G., Saito, R., Samsonidze, G. G., Dresselhaus, G., and Dresselhaus, M. S. (2004) *Phys. Rev. Lett.*, **93**, 087401.

[382] Fantini, C., Jorio, A., Souza, M., Saito, R., Samsonidze, G. G., Dresselhaus, M. S., and Pimenta, M. A. (2005) *Phys. Rev. B*, **72**, 5446.

[383] Saito, R., Takeya, T., Kimura, T., Dresselhaus, G., and Dresselhaus, M. S. (1999) *Phys. Rev. B*, **59**, 2388-2392.

[384] Chou, S. G., Son, H., Zheng, M., Saito, R., Jorio, A., Kong, J., Dresselhaus, G., and Dresselhaus, M. S. (2007) *Chem. Phys. Lett.*, **443**, 328-332.

[385] Villalpando-Paez, F., Zamudio, A., Elias, A. L., Son, H., Barros, E. B., Chou, S. G., Kim, Y. A., Muramatsu, H., Hayashi, T., Kong, J., Terrones, H., Dresselhaus, G., Endo, M., Terrones, M., and Dresselhaus, M. S. (2006) *Chem. Phys. Lett.*, **424**, 345-352.

[386] Villalpando-Paez, F., Son, H., Nezich, D., Hsieh, Y. P, Kong, J., Kim, Y. A., Shimamoto, D., Muramatsu, H., Hayashi, T., Endo, M., Terrones, M., and Dresselhaus, M. S. (2009) *Nano Lett.*, **8**, 3879-3886.

[387] Tan, P. H., An, L., Liu, L. Q., Guo, Z. X., Czerw, R., Carroll, D. L., Ajayan, P. M.,

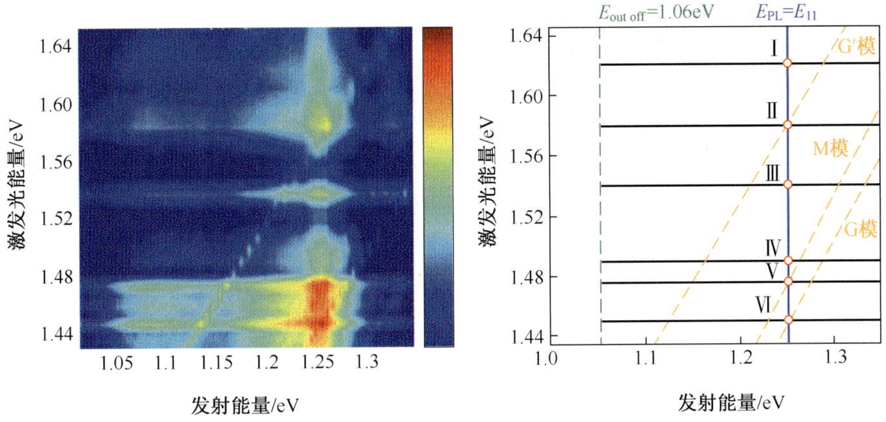

（a） （b）

图 4.3 （a）具有（6,5）高丰度 DNA-SWNT 样品的二维激发-发射等高线图。光谱强度用右边的对数坐标表示。（b）激发光能量-发射光子能量关系图中所观察到的光发射示意图。不同过程的具体描述见正文[143]。

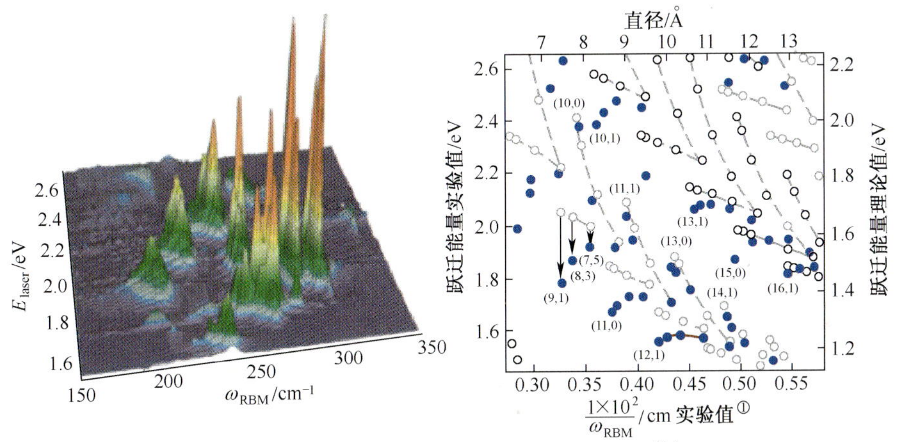

（a） （b）

图 4.13 （a）采用 76 条不同激发光线 E_{laser} [183]所测得 HiPCO SWNT 的 RBM 拉曼光谱[185]。为了对光谱强度和频率进行校准，每次 RBM 测试后都独自测量了 CCl_4溶液的非共振拉曼光谱。（b）实心圆是 Telg 等[184]从一个非常类似于（a）的实验分析得到 E_{ii} 与 ω_{RBM} 之间的函数关系。纵坐标“跃迁能量实验值”实际上表示激发光能量（ E_{laser} ）。空心圆显示了利用三阶近邻紧束缚模型计算所得的结果，可以看出即使在基于 π 键的紧束缚模型中考虑了更多近邻相互作用仍不足以正确地解释实验结果。灰色和黑色圆圈分别表示理论计算的半导体性（ E_{22}^{S} 和 E_{33}^{S} ）以及金属性（ E_{11}^{M} ）纳米管的光学跃迁能量。

① 原书有误，译者已改正。

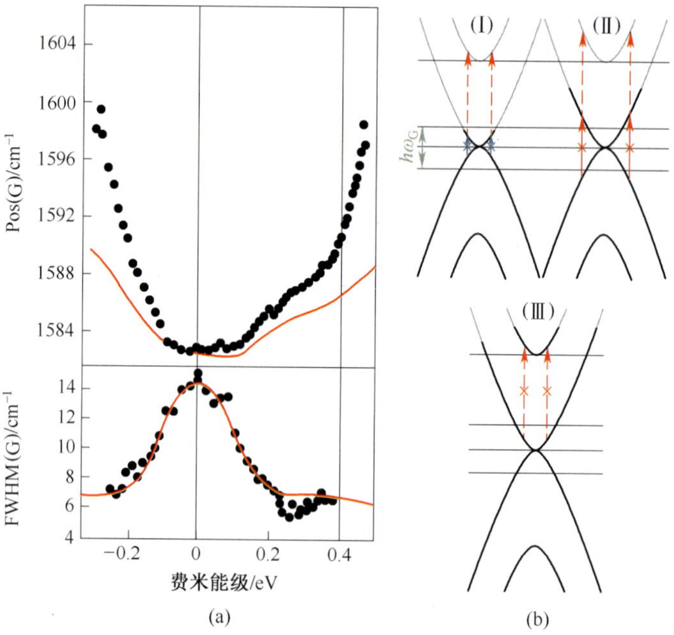

图 8.6　(a)掺杂双层石墨烯拉曼 G 带特征峰的峰值频率(Pos(G))和线宽(FWHM(G))与费米能量之间的函数关系。黑色圆圈:测量值;红线:有限温度非绝热近似计算结果。(b)3 个不同掺杂浓度下电子-声子耦合的示意图,掺杂情况已在电子能带中用粗线标出[262]。

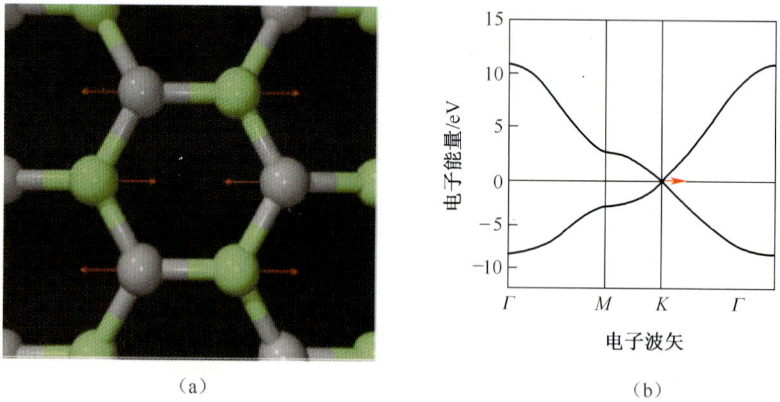

图 8.7　(a)箭头表示石墨烯 G 带模的原子运动。(b)红色箭头表示当 G 带 LO 声子位移发生时,$E(\boldsymbol{k})$ 示意图中 $\pi-\pi^*$ 交叉点的位移[117]。

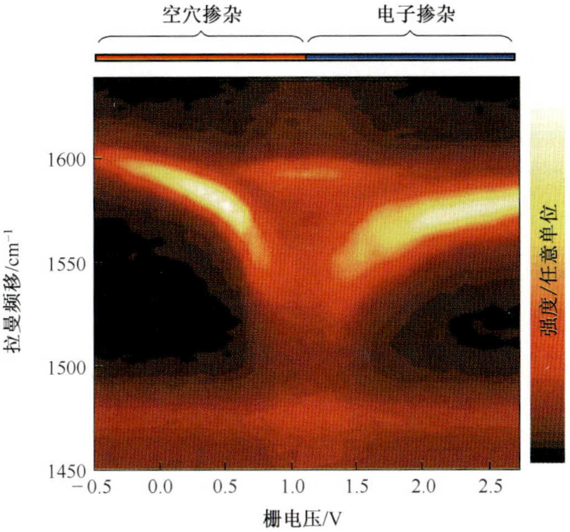

图 8.12　金属性单壁纳米管 G 带光谱的实验强度与电化学栅电压之间的函数关系图。对应于狄拉克点的电荷中性点为 1.2V[261]。

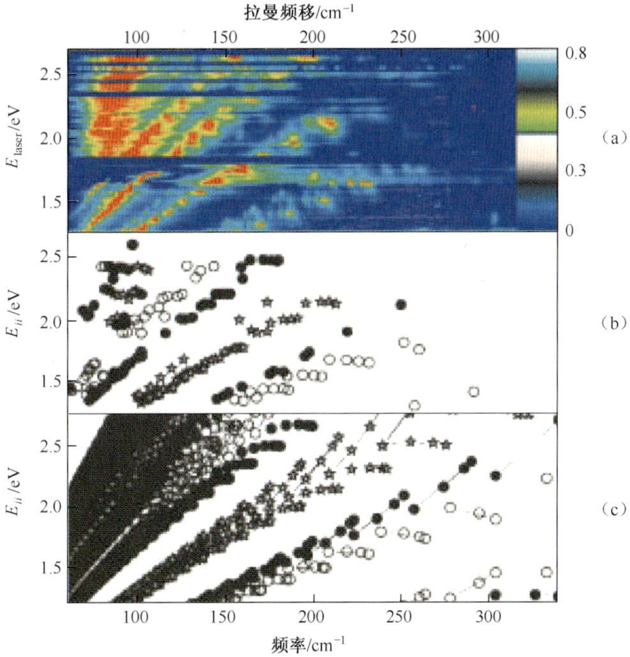

图 9.15　(a)"超生长"(S. G.)SWNT 样品 RBM 的共振拉曼图[189,317-318];(b)从(a)中共振窗口实验所获得的所有跃迁能量($E_{ii}^{S.G.}$)与 ω_{RBM} 函数关系的 Kataura 图;(c)由式(9.10)获得的 Kataura 图,计算所采用的参数是对(b)中数据点进行最佳拟合得到的。星号代表 M-SWNT,空心圆代表Ⅰ类 S-SWNT,实心圆代表Ⅱ类 S-SWNT[317]。

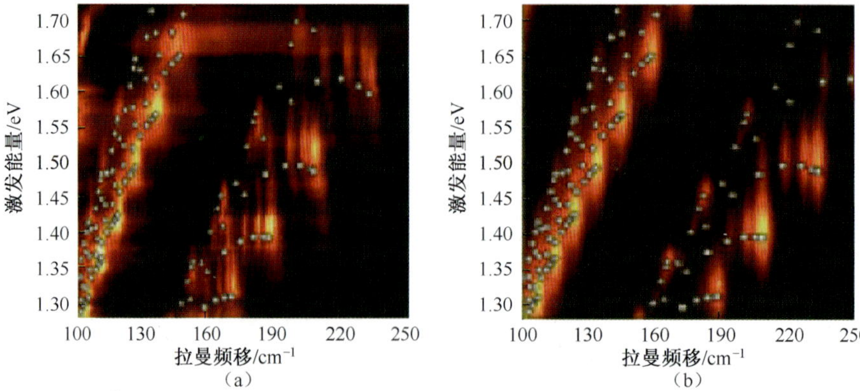

图 11.1 (a)径向呼吸模的实验 RRS 成像图。强度校正已通过测量一个标准泰诺林样品来完成;(b)在与(a)相同的激光能量范围内通过式(11.1)所计算得到的模拟成像图[349]。

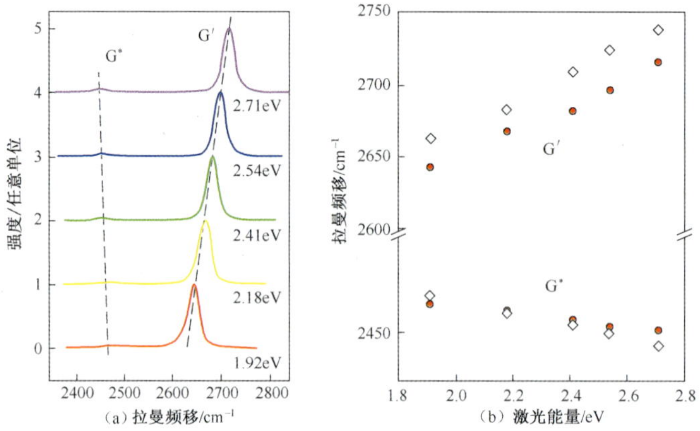

图 12.7 (a)1.92eV,2.18eV,2.41eV,2.54eV 和 2.71eV 激光所激发的单层石墨烯的 G′和 G* 带的拉曼光谱;(b) $\omega_{G'}$ 和 ω_{G^*} 对 E_{laser} 的依赖关系。红色圆圈对应于石墨烯的数据,菱形对应于乱层石墨的数据。数据来自文献[372]。

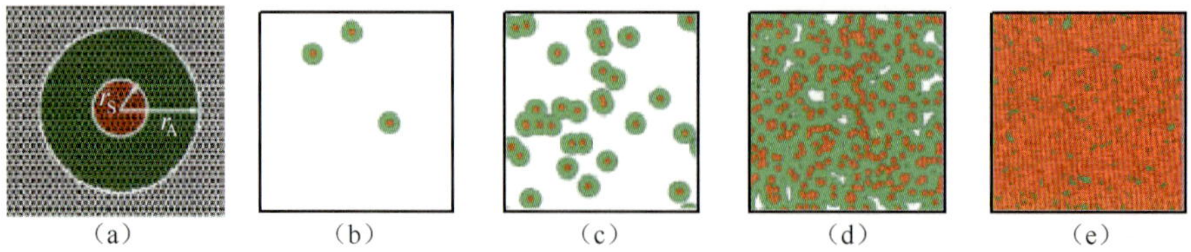

图 13.8 (a)"激活"A 区域(深灰色)和"结构无序"S 区域(暗灰色)的定义,半径是从轰击点开始测量的,轰击点在模拟中是随机选择的;(b)~(e)给出了石墨烯模拟单元的 55nm×55nm 部分,分别给出了在不同缺陷浓度下石墨烯层的结构演化的快照图:(b)10^{11} Ar^+/cm^2;(c) 10^{12} Ar^+/cm^2;(d)10^{13} Ar^+/cm^2;(e) 10^{14} Ar^+/cm^2,与图 13.6 的剂量类似[194]。

Zhang, N., and Guo, H. L. (2002) *Phys. Rev. B*, **66**, 245410.

[388] Souza Filho, A. G., Jorio, A., Dresselhaus, G., Dresselhaus, M. S., Saito, R., Swan, A. K., ünlü, M. S., Goldberg, B. B., Hafner, J. H., Lieber, C. M., and Pimenta, M. A. (2002) *Phys. Rev. B*, **65**, 035404.

[389] Souza Filho, A. G., Jorio, A., Samsonidze, G. G., Dresselhaus, G., Pimenta, M. A., Dresselhaus, M. S., Swan, A. K., Ünlü, M. S., Goldberg, B. B., and Saito, R. (2003) *Phys. Rev. B*, **67**, 035427.

[390] Samsonidze, G. G., Saito, R., Jorio, A., Souza Filho, A. G., Grüneis, A., Pimenta, M. A., Dresselhaus, G., and Dresselhaus, M. S. (2003) *Phys. Rev. Lett.*, **90**, 027403.

[391] Souza Filho, A. G., Jorio, A., Swan, A. K., Ünlü, M. S., Goldberg, B. B., Saito, R., Hafner, J. H., Lieber, C. M., Pimenta, M. A., Dresselhaus, G., and Dresselhaus, M. S. (2002) *Phys. Rev. B*, **65**, 085417.

[392] Souza Filho, A. G., Jorio, A., Samsonidze, G. G., Dresselhaus, G., Dresselhaus, M. S., Swan, A. K., Ünlü, M. S., Goldberg, B. B., Saito, R., Hafner, J. H., Lieber, C. M., and Pimenta, M. A. (2002) *Chem. Phys. Lett.*, **354**, 62-68.

[393] Saito, R., Jorio, A., Souza Filho, A. G., Dresselhaus, G., Dresselhaus, M. S., Grüneis, A., Cançado, L. G., and Pimenta, M. A. (2002) *Japan. J. Appl. Phys.*, **41**, 4878-4882.

[394] Pimenta, M. A., Dresselhaus, G., Dresselhaus, M. S., Cançado, L. G., Jorio, A., and Saito, R. (2007) *Phys. Chem. Chem. Phys.*, **9**, 1276-1291.

[395] Sato, K., Saito, R., Oyama, Y., Jiang, J., Cançado, L. G., Pimenta, M. A., Jorio, A., Samsonidze, G. G., Dresselhaus, G., and Dresselhaus, M. S. (2006) *Chem. Phys. Lett.*, **427**, 117-121.

[396] Ando, T. and Nakkanishi, T. (1998) *J. Phys. Soc. Jpn.*, **67**, 1704.

[397] Ando, T., Nakanishi, T., and Saito, R. (1998) *J. Phys. Soc. Jpn.*, **67**, 2857-2862.

[398] Pócsik, I., Hundhausen, M., Koós, M., and Ley, L. (1998) *J. Non-Crystall. Solids*, **227-230**, 1083-1086.

[399] Wang, Y., Aolsmeyer, D. C., and Mc-Creery, R. L. (1990) *Chem. Mater.*, **2**, 557.

[400] Matthews, M. J., Pimenta, M. A., Dresselhaus, G., Dresselhaus, M. S., and Endo, M. (1999) *Phys. Rev. B*, **59**, R6585.

[401] Dresselhaus, M. S. and Kalish, R. (1992) Ion implantation in diamond, graphite and related materials, in *Series in Materials Science*, vol. 22, Springer-Verlag, Berlin.

[402] Jorio, A., Lucchese, M. M., Stavale, F., Achete, C. A. (2009) *Phys. Status Solidi (b)*, **246**, 2689-2692.

[403] Knight, D. S. and White, W. B. (1989) *J. Mater. Res.*, **4**, 385.

[404] Cançado, L. G., Takai, K., Enoki, T., Endo, M., Kim, Y. A., Mizusaki, H., Speziali, N. L., Jorio, A., and Pimenta, M. A. (2008) *Carbon*, **46**, 272-275.

[405] Cancado, L. G., Jorio, A., Pimenta, M. A. (2007) *Phys. Rev. B*, **76**, 064304.

[406] Takai, K., Oga, M., Sato, H., Enoki, T., Ohki, Y., Taomoto, A., Suenaga, K., and Iijima, S. (2003) *Phys. Rev. B*, **67**, 214202.

[407] Casiraghi, C. , Hartschuh, A. , Qian, H. , Piscanec, S. , Georgi, C. , Fasoli, A. , Novoselov, K. S. , Basko, D. M. , and Ferrari, A. C. (2009) Raman Spectroscopy of Graphene Edges. *Nano Lett.* ,**9**(4),1433-1441.

[408] Gupta, A. K. , Russin, T. J. , Gutierrez, H. R. , and Eklund, P. C. (2009) Probing graphene edges via Raman scattering. *ACS Nano.* ,**3**,45-52.

[409] Zolyomi, V. , Kurti, J. , Grüneis, A. , Kuzmany, H. (2003) Origin of the Fine Structure of the Raman D Band in Single-Wall Carbon Nanotubes. *Phys. Rev. Lett.* ,**90**,157401.

[410] Brown, S. D. M. , Jorio, A. , Dresselhaus, M. S. , and Dresselhaus, G. (2001) *Phys. Rev. B*, **64**,073403.

[411] Hulman, M. , Skakalova, V. , Roth, S. , and Kuzmany, H. (2005) *J. Appl. Phys.* , **98**,024311.

[412] Chou, S. G. , Son, H. , Kong, J. , Jorio, A. , Saito, R. , Zheng, M. , Dresselhaus, G. , and Dresselhaus, M. S. (2007) *Appl. Phys. Lett.* ,**90**,131109.

[413] Maultzsch, J. , Reich, S. , and Thomsen, C. (2001) *Phys. Rev. B*,**64**,121407(R).

[414] Maultzsch, J. , Reich, S. , Schlecht, U. , and Thomsen, C. (2003) *Phys. Rev. Lett.* ,**91**,087402.

[415] Souza, M. , Jorio, A. , Fantini, C. , Neves, B. R. A. , Pimenta, M. A. , Saito, R. , Ismach, A. , Joselevich, E. , Brar, V. W. , Samsonidze, G. G. , Dresselhaus, G. , and Dresselhaus, M. S. (2004) *Phys. Rev. B*,**69**,R15424.

[416] Novotny, L. and Hecht, B. (2006) *Principles of Nano-Optics*, Cambridge University Press, Cambridge, UK.

[417] Maciel, I. O. , Pimenta, M. A. , Terrones, M. , Terrones, H. , Campos-Delgado, J. , and Jorio, A. (2008) *Phys. Status Solidi (b)*,**254**,2197-2200.

[418] Maciel, I. O. , Campos-Delgado, J. , Cruz-Silva, E. , Pimenta, M. , Sumpter, B. G. , Meunier, V. , Lopez-Uriaz, F. , Munoz-Sandoval, E. , Terrones, H. , Terrones, M. , and Jorio, A. (2009) *Nano Lett.* ,**9**,2267-2272.

[419] Maciel, I. O. , Campos-Delgado, J. , Pimenta, M. A. , Terrones, M. , Terrones, H. , Rao, A. M. , Jorio, A. (2009) *Phys. Status Solidi (b)*,**246**(11-12),2432-2435.

[420] Tang, Z. K. , Zhai, J. P. , Tong, Y. Y. , Hu, X. J. , Saito, R. , Feng, Y. J. , and Sheng, P. (2008) *Phys. Rev. Lett.* ,**101**,047402.